信息光子学与光通信系列丛书

丛书主编　任晓敏

光纤布拉格光栅理论与应用

Theory and Applications of Fiber Bragg Gratings

尹飞飞　戴一堂　编　著

北京邮电大学出版社
www.buptpress.com

内 容 简 介

光纤布拉格光栅是一种重要的光纤器件，可应用于光纤通信系统、光纤激光器等领域，同时也是周期性结构的重要代表之一。本书以最基本的布拉格光栅理论为基础，较为系统、完整地介绍了布拉格光栅的起源和发展历程、典型结构和特性、数学模型和仿真分析方法以及光纤布拉格光栅的设计和制作流程。本书着重介绍了光纤布拉格光栅在光信号处理和宽带处理应用的新进展。通过阅读本书，读者可以全面地了解与光纤布拉格光栅相关的原理、技术与近况。

本书可供从事光纤通信、光纤器件领域研究的科技人员参考，也适合光纤通信相关专业的高年级本科生与研究生阅读，亦可作为研究生相应课程的教学用书。

图书在版编目(CIP)数据

光纤布拉格光栅理论与应用 / 尹飞飞，戴一堂编著. -- 北京：北京邮电大学出版社，2019.4 (2022.4 重印)

ISBN 978-7-5635-5699-1

Ⅰ.①光… Ⅱ.①尹…②戴… Ⅲ.①光纤光栅—研究 Ⅳ.①TN25

中国版本图书馆 CIP 数据核字(2019)第 054878 号

书　　　名：光纤布拉格光栅理论与应用
著作责任者：尹飞飞　戴一堂　编著
责 任 编 辑：刘　颖
出 版 发 行：北京邮电大学出版社
社　　　址：北京市海淀区西土城路 10 号(邮编:100876)
发　行　部：电话:010-62282185　传真:010-62283578
E-mail：publish@bupt.edu.cn
经　　　销：各地新华书店
印　　　刷：唐山玺诚印务有限公司
开　　　本：720 mm×1 000 mm　1/16
印　　　张：16.25
字　　　数：335 千字
版　　　次：2019 年 4 月第 1 版　2022 年 4 月第 2 次印刷

ISBN 978-7-5635-5699-1　　定价：48.00 元

丛书总序

2013年联合国第六十八届会议决定将2015年设定为“International Year of Light and Light-based Technologies”，即光和光基技术国际年，简称国际光年。人类对光的探索可以追溯到两三千年以前，早在我国春秋战国时期，墨翟及其弟子所著的《墨经》中就记载了光的直线传播和光在镜面上的反射等现象。光学的发展漫长而曲折：1015年前后，伊本·海赛姆写成的《光学》(*Book of Optics*)，全面介绍了希腊学者对光的认识，对后世欧洲学者产生了巨大影响；1657年，费马(Fermat)得出著名的费马原理，并从原理出发推出了光的反射和折射定律，这两个定律奠定了几何光学的基础，光学开始真正成为一门科学；1815年，菲涅尔(Fresnel)的光的波动性理论是光学发展之路里程碑式的贡献；1861年，麦克斯韦建立起著名的电磁理论，该理论预言了电磁波的存在，这是继牛顿力学之后划时代的巨大贡献；1905年爱因斯坦运用量子论对光电效应提出了新的解释，说明了光具有粒子性；1965年华裔科学家高锟在光纤光导理论方面提出的通信新模式引起了世界信息通信技术的一次革命，高锟也由此被誉为“光纤之父”。

早期的光学主要研究物质的宏观光学特性，如光的折射、反射、衍射、成像和照明等，随着20世纪60年代初激光的出现，光学进入了现代光学的新阶段，人们着重于研究光子与物质相互作用、光子的本质，以及光子的产生、传播、探测等微观机制。光子学(Photonics)这一领域应运而生，光子学是研究以光子作为信息或能量载体的科学。光子学相对于传统的光学有如电子学相对于经典电学，光子学一经提出即引起世界的高度重视。

如今光子学技术已经广泛应用到工业、农业、交通、国防、环保、医疗、生活娱乐等各个领域，当前的因特网超过90%的信息数据通过高速光纤通信网传输；微纳米光学广泛应用在信息处理和存储上；光伏太阳能发电具有节省能源、降低污染等优势，正向数以千万计用户提供电力。在世界各国经济实力与国防力量的较量中，光子学也起着重要作用。光子学，特别是信息光子学技术的应用已经深入到人类活动的方方面面，与日常生活密不可分，我们应该让人们清楚地认识到光子学对人类生活所起到的巨大作用，以及对人类社会可持续发展产生的重要意义。

2015年是国际光年，也是著名光学科学家王大珩院士和著名光通信科学家叶培大院士(依托北京邮电大学的信息光子学与光通信国家重点实验室创始人)诞辰100周年;2016年又恰逢通信光纤和半导体双异质结构制备成功50周年，信息论的创始人香农诞辰100周年。值此之际，信息光子学与光通信国家重点实验室编写完成了本丛书，旨在促进信息光子学的进一步发展。希望读者通过本丛书能够了解该领域中的一些新的重要进展，产生某些新的思考。

谨此小序，欢迎交流斧正。

信息光子学与光通信国家重点实验室(北京邮电大学)

任晓敏　　徐坤

2016年8月

前　言

自1978年加拿大通信研究中心的Ken Hill博士制作得到世界上第一个永久性的光纤光栅已四十余年。经过四十余年的发展,光纤光栅在理论、形成机理、制作方法等方面都日趋成熟。目前光纤光栅已经成为光纤通信、光纤激光器、光纤传感中最重要的无源器件之一。随着光纤通信、光纤传感等系统的发展,光纤光栅的应用前景十分广阔。

在光纤布拉格光栅兴起的最初十几年中,人们对光纤布拉格光栅的认识是:光纤布拉格光栅是简单的“滤波器”。1999年,英国南安普顿大学光学研究中心的R. Feced博士等人提出分层剥离理论,该理论的结论是非常鼓舞人的:任何物理可实现的幅频和相频特性都可以设计对应的光纤布拉格光栅将其实现。分层剥离理论也提出了相应算法,可以简单地从频响重构得到光纤布拉格光栅的折射率分布。从此,人们开始进一步探索光纤布拉格光栅对光控制能力的边界,光纤布拉格光栅的理论得到了一次突破式发展。现在,光纤布拉格光栅已不再是用作简单的“滤波器”,更多的是用作完成各种不同功能的“信号处理器”;其频率响应不仅仅是规规矩矩的矩形反射谱,甚至可以是像相位编解码器那样形如噪声、但却内含密码的幅频响应。人们突然感受到了光纤布拉格光栅的潜力:如此简单的周期性结构,居然可以实现宽带或宽或窄、信道或单或多、色散或大或小等对外性能各异的器件,而其中的诀窍仅仅是对其周期性结构的包络作相应的调整。

本书以最基本的布拉格光栅理论为基础,较为系统、完整地介绍了布拉格光栅的起源和发展历程,典型结构和特性,数学模型和仿真分析方法,以及光纤光栅的设计和制作流程;尤其,本书重点介绍2000年之后光纤布拉格光栅领域所呈现的新理论和应用。同时,作者也希望本书的介绍能够启发读者对光纤布拉格光栅的发展、创新理论与应用的思考。

全书共分6章。第1章是绪论,介绍光纤布拉格光栅的历史起源;第2章介绍光纤布拉格光栅耦合模式基本理论;第3章介绍光纤布拉格光栅的数值仿真分析方法,并列举了典型光纤布拉格光栅的仿真实例;第4章介绍重构理论,通过重构就可以根据所需的光纤光栅的频率响应特性得到折射率调制分布;第5

章介绍多信道光纤布拉格光栅；第6章介绍重构在光纤布拉格光栅制作过程中的实际应用，利用重构对光纤制作过程进行修正，最终得到接近完美的光纤布拉格光栅频率响应。

本书是作者与合作者多年的研究工作总结。

本书可供从事光纤通信、光纤器件领域研究的科技人员参考，也适合光纤通信相关专业的高年级本科生与研究生阅读，亦可作为研究生相应课程的教学用书。鉴于作者水平有限，书中难免有不妥和错误之处，恳请读者指正和赐教。

作　者

目　　录

第1章 从光纤到光纤光栅

1.1 光纤布拉格光栅的历史

人们对光纤布拉格光栅的态度，侧面反映了对光信号处理前途的态度。

1.1.1 光纤和光纤器件

2009年10月6日是值得光纤通信领域的所有研究人员关注和记住的日子：瑞典皇家科学院向华裔物理学家高锟博士颁发了诺贝尔物理学奖，以表彰他在“有关光在纤维中的传输以用于光学通信方面”取得的突破性成就。1966年，高锟博士发表了一篇题为《光频率介质纤维表面波导》的论文，描述了长程及高信息量光通信所需绝缘性纤维的结构和材料特性，开创性地提出光导纤维在通信上应用的基本原理。自此，光纤开始深入长距离通信的各个领域，光纤本身的性能也得到迅速提升：

- 1970年，美国康宁公司三名科研人员马瑞尔、卡普隆、凯克用改进型化学相沉积法成功研制成传输损耗只有20 dB/km的低损耗石英光纤。
- 1972年，光纤的传输损耗降低至4 dB/km。
- 1974年，美国贝尔研究所发明了低损耗光纤制作法（即气相沉积法），使光纤传输损耗降低到1.1 dB/km。
- 1976年，光纤传输损耗被降低至0.5 dB/km。
- 1979年，该数值又被刷新至0.2 dB。
- 1990年，光纤传输损耗降低至0.14 dB/km，已经接近石英光纤的理论衰耗极限值、即0.1 dB/km。
- 2017年9月28日，美国康宁公司宣布已成功拉制10亿千米光纤。

两个因素决定了光纤在长途通信中的地位：光载波的超高频特性；光纤的超低损耗。前者保证了海量的信号可以承载到光这一特殊频段的电磁波之上，而后者则保证了光纤有能力将承载信号的光传播到地球上的任何地方。目前，单根光纤的通信容量已经可以轻松地突破100 Tbit/s。利用多股光纤制作而成的光缆已经铺遍全球，成为互联网、全球通信网络等的基石，它的应用是全球信息化进程的一次革命，构成了支撑我们信息社会的骨架。

在2010年全球光纤通信盛会上，光通信领域的科学家和研究人员汇聚一堂，共同庆祝这一盛事，并以“100 年的成就”给高锟博士对全球通信领域的贡献定位。巧合的是，100 年前(即 1909 年)，意大利科学家伽利尔摩·马可尼以实用无线电报通信的创始人获得了诺贝尔物理学奖，从此开创了无线电通信的时代，被世人称为“无线电之父”。该发明之后，“长途靠无线、短途靠有线”的通信模式，迅速成为世界主流。而光纤的发明给通信模式带来了巨大的变革，正如诺贝尔奖评委会的描述，“光流动在细小如线的玻璃丝中，它携带着各种信息数据传递向每一个方向，文本、音乐、图片和视频，因此能在瞬间传遍全球”。光纤发明后，通信方式演化为“长途靠有线、短途靠无线”的模式，高锟博士也成为名副其实的“光纤之父”。

光纤通过特殊的截面结构将光限制在其中，只能沿着光纤延时的方向传播。光信号在光纤内的传播，不可避免地要受到光纤这一载体的影响。因此，人们关注光纤的损耗，关注入纤功率增大后引发的非线性效应，关注入纤信号速率提高后凸显的光纤色散和偏振模色散，等等。光纤固有的这些效应，一直是人们设计和拉制光纤的时候重点关注的对象，它们是光纤通信容量的限制因素。然而，这些效应也可被人为地利用，从而实现某种特定的光信号处理，并成为光纤通信或其他应用所需要的手段。比如，可以对光纤材料进行掺杂和泵浦，使光纤具有增益特性，实现光信号的直接放大(即不通过光电和电光转换)；可以增强光纤芯径对光的束缚能力、提高模式色散，实现高色散系数的光纤，用来补偿普通的通信光纤内的色散；可以通过降低光纤的有效模场面积来实现光纤非线性效应的增强，达到高速光信号处理等目的。也就是说，光纤除具有众人熟知的光信号长距离传输能力外，还具有光信号处理的能力(只要我们对其材料或者结构进行有目的的修改)。上面提到的增益光纤、色散补偿光纤、高非线性光纤等，仅改造了光纤非常纤细的截面特性或者结构；更多的修改，可以发生在沿着光纤延伸方向的纵向上。比如，将两根光纤沿着延伸方向并行排列，使它们芯径之间的距离极大地缩减，两根光纤各自的模式不再独立，两者之间就会发生耦合，从而得到人们广泛使用的光纤耦合器(如图 1-1-1 所示)、光纤波分复用器等。另一种修改方式是，在光纤纵向使其结构不再均匀，形成某种周期性的变化。经过此修改方式后所得的结构即是本书将重点讲述的光纤光栅。

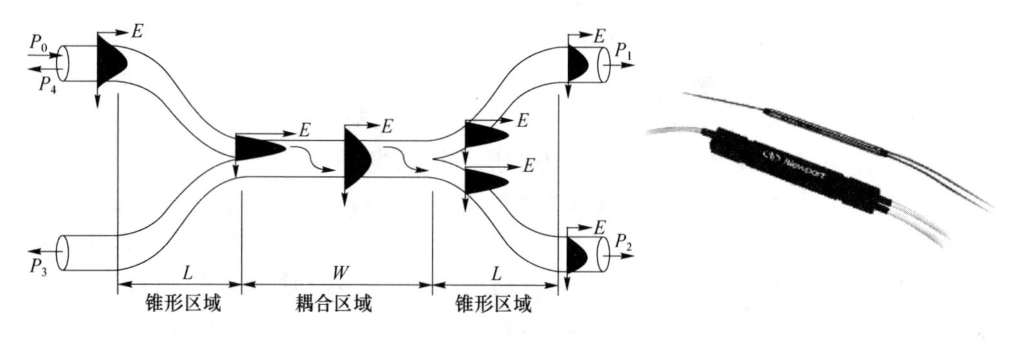

图 1-1-1 光纤耦合器

在光纤逐渐成为信息传输的重要载体的同时，基于光纤的各种器件也被人们寄予厚望，希望它们成为光纤系统中的重要角色。光纤器件最大的优势在于，能够和传输光纤兼容。既然要用到光纤系统中，功能器件和光纤必须物理连接。光纤器件只需要通过光纤焊接机就可以永久地与光纤连接，如图 1-1-2(a)所示。随着焊接技术的发展，光纤和光纤之间的连接损耗很快就被控制在 0.1 dB 以内。

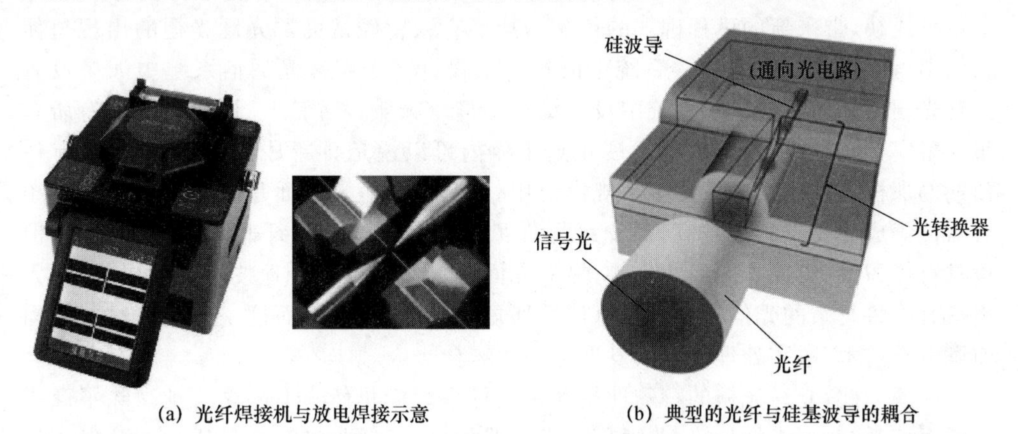

(a) 光纤焊接机与放电焊接示意　　(b) 典型的光纤与硅基波导的耦合

图 1-1-2　光纤的连接与耦合

而其他光器件与光纤的连接基本无法实现永久性焊接，通常需要微透镜等结构，通过精细对准等操作才能实现，如图 1-1-2(b)所示；而且，虽然绝大多数光器件的输入输出端口也是光波导，但由于材料和波导结构的差异，其模场结构与光纤的模场之间往往具有较大的变化，两者之间的模式转换既要求对准精度高，又难以达到极低的损耗。另外，集成光器件与光纤之间的耦合，当前仍缺乏有效的自动完成装备，仍属于劳动密集型操作，成本高。可见，光纤器件的优势是非常明显的。

在几十年的发展中，有几种确实或者曾经成为光纤系统的不可或缺的成员。最成功的当属掺铒光纤放大器(EDFA)，它的基本功能就是能够对覆盖十几纳米的光进行高增益的放大；而且，掺铒光纤放大器的材料特性，决定了它具有很长的弛豫振动周期，当光信号功率变化超过 MHz 时，放大器的放大特性是线性、格式无关的，即没有半导体放大器中所存在的严重的码型效应。掺铒光纤放大器的成功之处在于它使得波分复用技术成为可能；而波分复用技术在 20 世纪 90 年代席卷了整个光纤通信领域，极大地提高了光纤的通信容量，而且成功地将它在当时的有力的竞争对手——相干光纤通信技术——的研究拖后了十几年，直至波分复用系统完全成熟之后。光纤放大器的长弛豫振动周期产生了另一个奇妙之处，其增益可以与光脉冲的峰值功率无关，因而可以对峰值功率远超泵浦功率的光脉冲实现高增益放大。这使得光纤放大器在超短脉冲光源方面具有重要应用。光纤耦合器、功分器也是光纤系统中不可缺少的器件，虽然其从原理到制作过程都非常简单，但正是由于这种简单使其成本极低，从而大量地应用到光纤网络中。不可否认，掺铒光纤放大器或者光纤耦合器的功能都非常单一。实际上，即使较为复杂的光纤耦合器也只能具有较弱的频率选择性，比如用到掺铒光纤放大器中作为 980 nm 和 1 550 nm 两个波段的波分复用器。光纤系统需要具有更多功能的光纤器件，尤其是当波分复用、密集波分复用等技术发展起来之后，人们将眼光投向了光纤光栅。

人们曾经希望，光纤光栅能够像掺铒光纤放大器、光纤耦合器一样在光纤系统中不可或缺，带来新的里程碑式的革命。甚至有人曾经认为，“光纤光栅的出现迫使人们不得不重新考虑光通信系统中的每一个设计……将来光通信系统中如果没有光纤光栅就如同传统光学系统中没有镜片一样令人难以置信”。该论断的确有所夸张。事实上，光纤通信技术的发展在近十年内可以说是日新月异，光纤光栅没有像预期的那样在商用通信系统中大规模使用。究其原因，一方面是因为当前高速系统对器件集成化要求越来越高，而光纤器件虽然具有与通信光纤兼容的天然优势，但也具有体积大、集成难的天然劣势；另一方面是大规模数字处理技术的发展，使得人们具有了将复杂的光信号处理向电信号处理转移这一预期，而这一预期又恰好同当前微电子技术、数字处理技术的发展势头相吻合。

即使如此，光纤光栅的特殊性使其在光纤系统中仍然占有一席之地。除了商用光纤通信系统，在光纤传感、非通信用光纤器件中，光纤光栅往往是研究或开发人员经常想起和采纳的手段。这是因为，除之前所说的与光纤兼容外，在实现的功能上，光纤光栅具有下面两个与其他光器件有明显区别的特点。首先，光纤光栅基于其周期性结构和众所周知的布拉格条件，具有波长选择性，而该特性正是波分复用系统所需要的。其次，光纤光栅的载体仍然是损耗极低的光纤，因而其几何尺寸可以做得较大；由于与波长相关的光器件绝大多数都是基于干涉原理的，器件的尺寸大意味着其波长选择性的精度高，即光纤光栅在频域可以对光信号进行更为精细的处理。这些特性在光纤光栅的发展过程中都已经被认证。除此之外，光纤光栅的周期性结构可以推广到其他波导器件中。

1.1.2 光纤光栅的起源

光纤的诞生催生了各种对其近似或者精确描述的理论。不管理论简单还是复杂，它们都告诉我们，如果把光比作自由流动的水，那么光纤就是一根管道，它能够将光束缚在其内向前传输。光纤光栅，就像是水管内壁，垂直于水流方向假设人为刻的一排槽：当被束缚的光沿着光纤传播的时候，将被周期性地扰动。横向被束缚，纵向被周期性地扰动，是光纤光栅最直观的物理图像。很显然，“横向被束缚”是所有光波导所共有的物理过程；而“纵向被周期性地扰动”则是光纤光栅的特色。但如果我们追溯历史，并且放宽眼界，就会发现后一物理过程也并不是光纤特有的。光甚至更广义的电磁波受周期性结构的扰动而形成干涉条纹，是一个经典的模型①。

光的干涉现象，是历史上首次实际观察到的光的波动特性。伽柏在 1971 年获得

① ［印度］Ajoy Ghatak. 光学［M］. 4 版. 张晓光、席丽霞、余和军，译. 北京：清华大学出版社，2013.

诺贝尔物理学奖的时候说:"托马斯·杨于1801年通过一个出奇简单的实验,第一次令人信服地解释了光的波动本性……他让一束太阳光射入暗室,在暗室的前面放置一个带有两个针孔的黑屏,在黑屏后面一定距离放置一个白屏。他在一条亮线两边看到了两条微暗的线,这样的结果让他有足够的勇气去重复做这个实验。他使用了撒有食盐的火焰作为光源,来产生明亮的钠黄光。这次,他观察到了一系列规则排列的暗纹;第一次明确给出了光波与光波叠加能产生暗纹的证据。这个现象被称作干涉。托马斯·杨在之前就预料到了这个结果,因为他相信光的波动理论。"所谓干涉,是指光和光所必须满足的叠加规则。这一规则,在当时被称为波动特性,并且受限于当时的理论水平,科学家们只能唯像地利用三角函数对光进行描述。直到几十年后,詹姆斯·麦克斯韦天才般地指出光实际上是具有特殊频段的电磁场,并且给出了完美的数学描述。

对利用电磁理论描述的光而言,干涉叠加是无条件满足的;但要在实际中观察到稳定的干涉叠加,则要求参与叠加的光之间具有相干性,比如托马斯·杨在实验(如图1-1-3所示)中所用到的,由同一光源发射,但由两个小孔分开的两个光源。这两个点光源向四周发送光波,在空间中的任意点相遇,通过计算该任意点到两个点光源之间的相位差,就可以知道光场在该点是相干相长还是相干相消。那些完全相干相消、强度最小的点构成的曲线,被称为节线;对于两个完全相同的理想点光源,它们构成的节线是双曲线组。节线和节线之间,存在着相干相长之处;因而在这里,干涉现象的表现形式是,空间分布的明暗条纹,如图1-1-3所示。

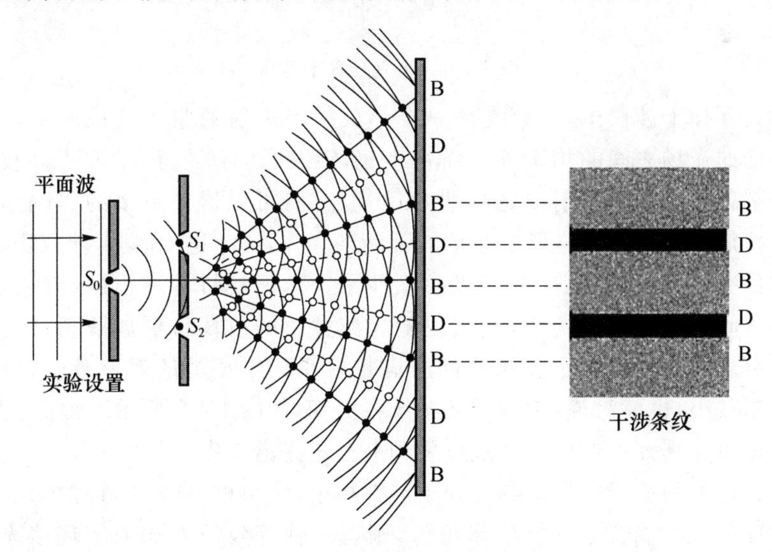

图1-1-3 杨氏双缝干涉实验示意图

在这个分布中,有两条特殊的分布线,即两个点光源的连接线向外的延长线部分。在那里,每个点到两个点光源之间的相位差是恒定的;也就是说,在这些地方,光场叠加导致这些地方具有恒定的场强。在这些地方我们看不到干涉导致的具有空间分布的干涉条纹；但干涉仍然存在，因为其场强仍然由该点到两个点光源之间的相位差决定。这个相位差，和光源所发射的光波的频率是相关的；这时候如果我们改变点光源的频率，相位差自然也随之改变，场强则同样能够经历从相干相长到相干相消的周期性过程。换句话说，在这种情况下，我们几乎可以在任意点处，观察到场强在频域中的明暗条纹分布。能够实现该功能的装置，包括由美国物理学家迈克耳孙发明，因 1887 年进行了迈克耳孙-莫雷实验得到了以太风测量零结果而闻名的迈克耳孙干涉仪，如图 1-1-4 所示。

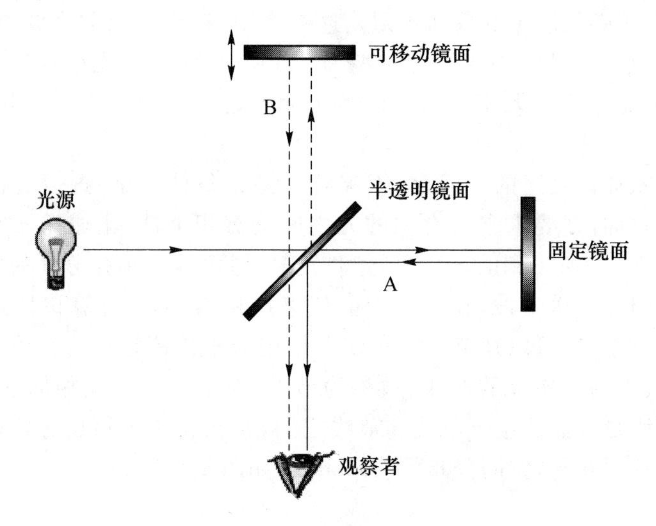

图 1-1-4 迈克耳孙干涉仪

在迈克耳孙干涉仪中，一束光被一个半反射半透射的膜片分成两束，从而保证了参与叠加的光场之间的相干性。而在 1897 年发明的法布里-珀罗干涉仪中，一束光被两个平行放置的半反射半透射膜片反复分割，可以保证更多的、具有相干性的光场参与叠加。除能够同样形成频域的干涉条纹外，法布里-珀罗干涉仪中参与干涉的光束数目更多，不再是以前的双光束干涉了。光束数目增多，意味着它们在两个反射膜片之间往返的距离更大，其相位随光波频率的改变将更加敏感；因而能够保证所有光束均满足最大相干相长或同时满足最小相干相消的频率范围也随光束数目的增大而减小，也就是说，频域干涉条纹将更细，如图 1-1-5 所示。因而，法布里-珀罗干涉仪比迈克耳孙干涉仪更多地应用到高分辨光谱学中。

为了让更多的相干性光束参与到干涉叠加中，法布里-珀罗干涉仪的两个膜片要求很高的反射率。倘若膜片反射率很低，则有一种等效的方式来实现多光束干涉：将反射膜片在空间上周期性展开来模拟多次反射的效果。这样，当光入射后，它被每个膜片所反射(多次反射可以在每个膜片反射率很低的近似下忽略掉)，所有的反射光束在入射端相干叠加，如图 1-1-6 所示。可以想象，该结构在频域的干涉条纹将具有和法布里-珀罗干涉仪相近的特性：反射层面数目越多，频域干涉条纹越细。法布里-珀罗干涉仪中两个膜片之间的反射保证了参与干涉的多光束之间的相位差别是严格相等的；既然新结构是用来模拟法布里-珀罗干涉仪的，那它也具有周期性，即相邻反射膜片之间的光程是相同的。

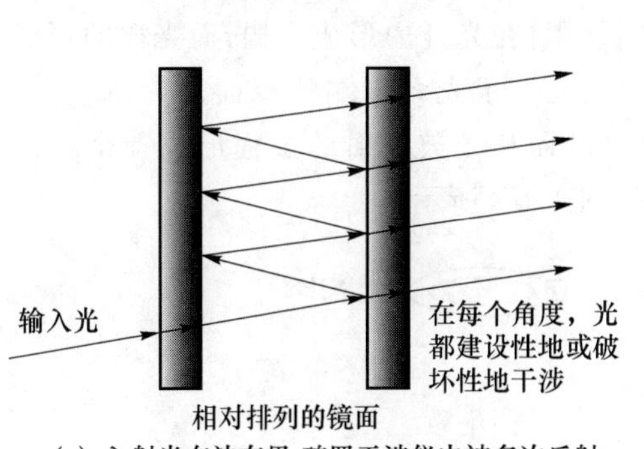

(a) 入射光在法布里-珀罗干涉仪内被多次反射，形成的多个透射光在输出端干涉叠加

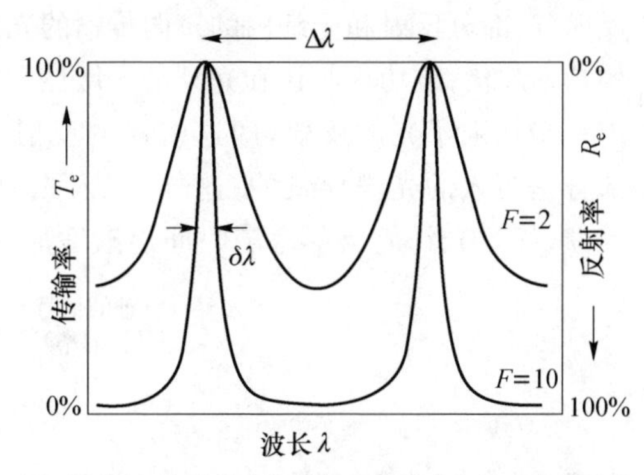

(b) 法布里-珀罗干涉仪的频率透射响应具有尖锐的峰

图 1-1-5 法布里-珀罗干涉仪原理与响应

干涉是大自然赋予我们的，在“空”和“频”两个维度对光进行有效控制（正如上面的条纹的形成过程，或者在某处增强光场，或者在某处抑制光场）的手段，并且被敏感的先贤们准确地捕捉到。从简单的双缝到复杂的周期性结构，干涉都在坚定不移地发挥着作用；实际上，周期性结构只不过是双缝干涉的复杂版本而已。而光纤光栅这一存在于光纤内部的周期性结构，也只不过是周期性结构的一种具体的表现形式。很自然地，光纤光栅必将具有周期性结构的共性。在前人坚实而又普适的基础上，光纤光栅的兴起只需要解决一个问题：如何在光纤内引入周期性结构。

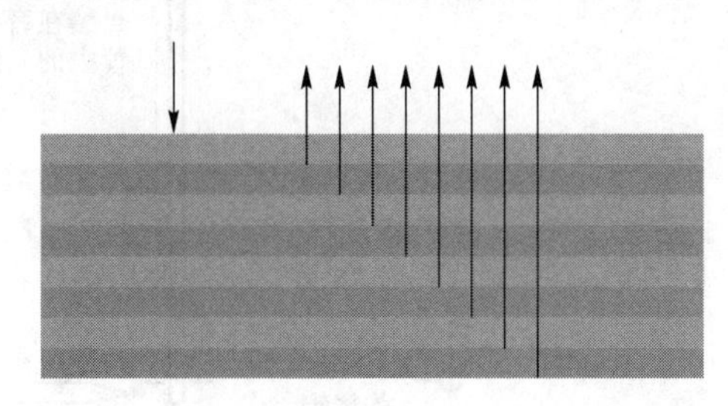

图 1-1-6 周期性结构带来的逐层反射

世界上第一个永久性的光纤光栅是 1978 年由加拿大通信研究中心的 Ken Hill 博士等人制作得到；更准确地说，是他们发现了光纤的光敏性。这次发现是一个很偶然的过程。当时的研究内容，是氩离子激光器输出的高强度可见光在掺锗光纤内引起的非线性效应；却意外发现入射的光会被反射回来，而且几分钟后反射率开始增大，直到反射率接近 100%。频谱测量发现，1 m 长的光纤具有一个很窄的反射峰；而且该反射谱对温度、应力均敏感。经过分析，研究人员认为这种反射是由于入射光在光纤内部写入

了一种周期性折射率起伏的结构,也就是布拉格光栅。根据推算,1 m 左右长度的光纤光栅,反射谱在频域将形成一个近似 200 MHz 的峰,这也与实验观察相吻合。光栅形成过程如下:在光入射到光纤的起始阶段,光纤末端的断面对光纤内的光有 4%的镜面反射,该部分反射和光纤内的正向传输的光形成部分驻波,即光功率在光纤内恒定分布的功率起伏;该功率起伏和光纤的光敏性共同作用,在光纤内形成光栅;而光栅的形成进一步加强了光的反射,即这时候的反射不光是由于光纤末端的镜面反射,更有一部分是写入的光栅导致的;这样,写入光栅的过程和光被反射的过程形成一个正向反馈,导致光纤的反射率随时间逐渐增加,如图 1-1-7 所示。

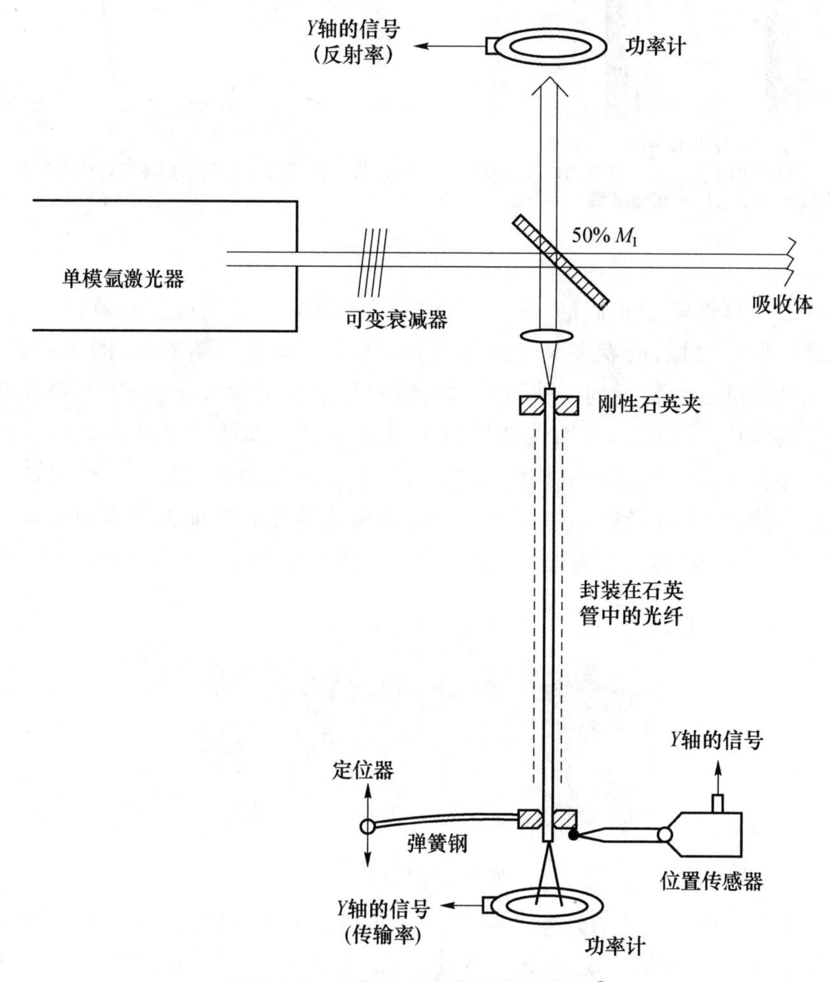

图 1-1-7 早期光纤光栅制作示意图①

① Hill K O, Meltz G. Fiber Bragg Grating Technology, Fundamentals and Overview[J]. Journal of Lightwave Technology, 1997, 15(8): 1263-1276.

在当时，掺锗光纤的非线性效应是一个重要的研究课题，而光敏性（即光纤折射率随光照强度增大而产生的永久性增大）是其中的一个重要发现。值得注意的是，光敏性和光纤内的克尔效应（即三阶非线性光学效应）是不同的，克尔效应表明光纤折射率会随着光强的增大而增大，但这种增大是暂时的：当入射光强降低甚至为零时，折射率变化也随之降低或至零。实际上，克尔效应几乎是瞬时的，折射率变化与入射光强成正比，而且与入射光的频率几乎无关。相反，光敏性是永久的，而且在Ken Hill 的实验中，形成的光栅的强度与光照的强度平方成正比，这意味着其机理包含了双光子吸收过程。当时的实验采用的氩离子光源波长为 488 nm，暗示了其倍频（即在紫外频段的 244 nm 的光源）将容易引起光纤的光敏性。

然而，这一发现的重要性，以及在未来可能引起的广泛关注，在当时并没有被察觉，它仅仅作为一个有趣的现象被仅有的几个研究组所关注，这种状态维持了近十年。原因可能是可见光引起的光敏性太弱，对光纤的掺锗水平要求很高，以致人们认为加拿大通信研究中心使用了一种"具有魔法"的光纤，这个实验在其他地方难以复制；而且，这种方法写入的光栅，其周期只能是入射的可见光波长的一半，其应用也只能限制在这个波长了。无论如何，Ken Hill 等人的工作为光纤光栅奠定了坚实的基础：在制作上，光纤的光敏性是关键；在理论上，它是一种周期性结构。因而，从那时开始，光纤光栅被广泛研究和应用只是个时间问题了。

1.1.3 光纤布拉格光栅的发展

1997 年 8 月，美国电气和电子工程师协会旗下著名的光波技术杂志 *Journal of Lightwave Technology* 发表了 3 篇围绕光纤光栅（而且主要是光纤布拉格光栅）的特邀文章，从 3 个方面将光纤光栅从其诞生到 20 世纪 90 年代末近二十年时间的发展做了综述："Fiber Bragg Grating Technology Fundamentals and Overview"的作者（光纤光栅发明人——加拿大通信研究中心的 Ken Hill 博士）重点介绍了光纤光敏性、光纤光栅制作等方面的发展；"Fiber Grating Spectra"的作者（美国罗切斯特大学的 Turan Erdogan 博士）重点介绍了光纤光栅在理论方面的研究进展；"Lightwave Applications of Fiber Bragg Gratings"的作者（美国贝尔实验室的 C. R. Giles 博士）重点介绍了光纤光栅在各个光纤系统中的应用和前景。

在 Ken Hill 发现了光敏性并制作了世界上第一个光纤光栅（当时被称为 Hill 光栅）之后的 10 年，该研究领域终于活跃了起来，因为 1989 年美国康涅狄格州联合技术研究中心的 G. Meltz 等人从前人的工作中领悟到，已经报道的光敏性包含了一个双光子吸收过程，而这个双光子吸收过程的低引发效率也正是已有光敏性低的重要原因；倘若直接让光纤吸收具有相应能量的一个单光子，那光敏性将会大大提升。通过计算，单光子应具有的能量约为 5 eV（即 245 nm）。更进一步，为了实现周期性的折射率起伏，G. Meltz 等人不再沿用 Ken Hill 之前报道的"内写入"方法，而是采用“边写入”的方式(如图 1-1-8 所示):首先,像杨氏双峰干涉装置那样,将 244 nm 的紫外光分为两束并让其以一定夹角叠加,干涉造成明暗相间的空间分布条纹;然后,将光纤放置于 244 nm 紫外光条纹中,由光敏性产生永久性的光纤光栅。该技术被称为全息写入技术,光纤材料的特殊性保证了全息技术的有效性:光纤的包层是纯的二氧化硅,对紫外光是透明的,而由于掺杂了锗,芯径可以强烈地吸收紫外线并引发光敏性。因而,基于全息技术的写入方法不需要把光纤的玻璃包层去掉,即不需要破坏光纤的物理结构。

G. Meltz 等人的工作的意义在于:首先,利用 244 nm 的紫外激光写入光纤光栅,使得可以产生的折射率起伏大大增加,这样只需很短的光纤光栅就可以实现对光的有效控制;其次,在全息写入的方式下,紫外激光强度在空间分布的周期(即光纤光栅折射率起伏的周期)可以通过两束紫外激光的夹角来控制,这样的话,即使写入光栅的光源波长为 244 nm,光栅的周期仍然可以很长,光栅的工作波长可以延伸至 1 300 nm、1 550 nm 等在光纤通信、光纤传感等领域广泛使用的波段。

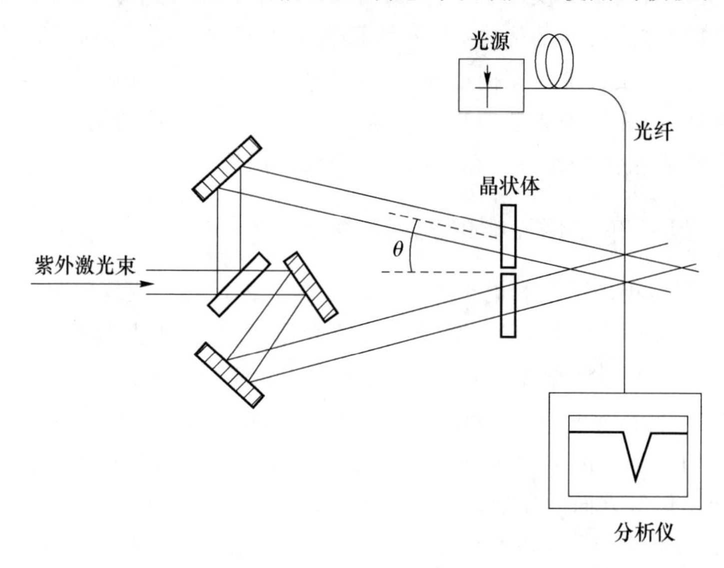

图 1-1-8　基于双光束干涉、边写入的光纤光栅制作方法(图片来源同图 1-1-7)

真正促使光纤光栅走向实用的,是 1993 年由 Ken Hill 等人提出的相位模板制作方法,如图 1-1-9 所示。双光束干涉法需要两束相干性很高的光才能在空间形成清晰的、对比度很高的明暗条纹,这就要求用于写入光栅的紫外激光本身就具有很好的相干性;而且由于光栅制作过程需要一段时间,该方法对装置的稳定性要求也很高。而相位模板替代实现了由一束紫外激光产生高质量相干条纹的过程。相位模板是条形的,由高纯度二氧化硅玻璃制成,它本身对紫外光是透明的。在相位模板的一面,利用光刻手段刻蚀形成一排周期性的“槽”;这些槽很浅,并且以近似为矩形的截面内嵌到模板内部。当近似为平面波的紫外光垂直穿过该表面的时候,其波前将被附加上一个周期性的相位调制，从而发生衍射。由于槽的周期很短，衍射光的能量大部分将被集中在0级以及正负1级内。然而，人们可以通过优化“槽”的深度来抑制0级衍射光的能量：在一般情况下，经过优化的相位模板衍射后，0级衍射光的能量可以被很好地抑制在总能量的5%以内，而大约40%的能量将被等分地分配到正负1级衍射光内。正负1级衍射光就会在模板后面干涉，产生明暗条纹；当把光纤几乎贴近到经过刻蚀的相位模板表面时，明暗条纹就可以转移到光纤内形成折射率周期性起伏，实现光纤光栅的制作。通过简单的计算可以发现，基于上述相位模板方法制作的光栅，其周期是相位模板周期的一半，即光栅周期和紫外光的波长无关。然而需要注意的是，为了抑制0级衍射光，每个相位模板刻蚀的槽的深度优化值和紫外光的波长是相关的；抑制0级的目的是使得干涉条纹对比度更高，更清晰。

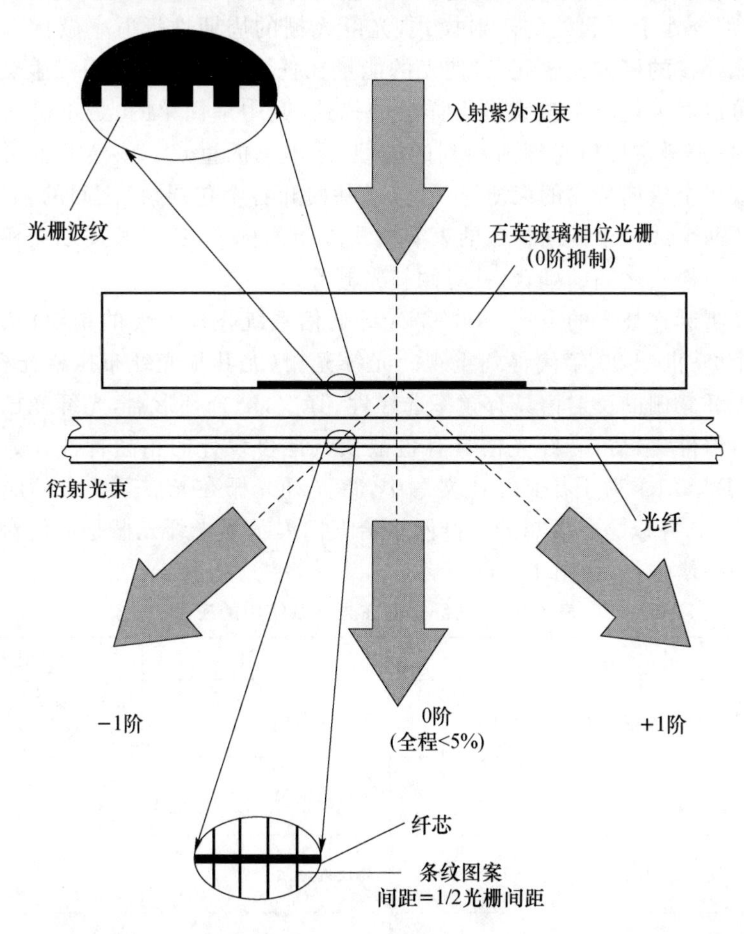

图 1-1-9　基于相位模板的光纤布拉格光栅制作方法(图片来源同图 1-1-7)

相位模板制作方法可以简化光纤光栅的制作过程，并提供光纤光栅的性能。虽然继承了全息写入的基本原理，但相比而言相位模板简化了光栅制作过程中的光路对准要求，降低了对制作平台稳定性的要求，也降低了对紫外光源相干性的要求，这样人们就可以利用更便宜的准分子紫外激光器来制作光纤光栅。相位模板制作方法的一个缺点，是模板直接决定了光纤光栅的周期，缺乏可调谐性；但可以通过施加应力等方式实现有限的波长调谐，调谐范围一般在 2 nm 左右。到目前为止，人们发明和制作了众多种类的相位模板来实现不同类型光纤光栅的规模化制作，包括切趾模板、相移模板、啁啾模板等。

在针对光纤光栅的建模和理论分析方面，人们很快就基于光波导理论中非常成熟的耦合模式理论对各类光纤光栅进行了详细的描述。光场在光纤内的分布远比如图 1-1-6 所示的情形要复杂得多，即使是单模光纤、工作在单模区域，光纤内部的光除了分布在正反向传输的基模之外，也有可能分布在大部分处于包层的高阶模式，以及大部分处于更远处的辐射模式，光纤光栅的周期性折射率微扰有可能将任意两个可能存在的模式关联起来，使光的能量在任意两个模式之间产生交换。耦合模式理论可以对上述复杂过程进行详尽的描述，其中最简单的，是正反向基模之间的耦合，也是光纤布拉格光栅所用到的模型，即本书的重点。该模型也可以近似地描述两个或多个反向传输的束缚模式（包括基模和各个包层模）之间的耦合；其他模型包括描述两个或多个同向传输的束缚模式之间的耦合（针对长周期光栅），以及描述基模和辐射模式之间的耦合（针对倾斜光栅等）。

相位模板制作技术的发明，正好是光纤通信系统飞速发展的初期，从而使光纤光栅在整个 20 世纪 90 年代得到重视。光纤光栅（尤其是光纤布拉格光栅）的特性为：首先，光纤光栅的反射谱具有频率选择性；其次，配合环形器，光纤光栅可以作为一个三端口器件；最后，光纤光栅具有色散及其他可设计的相频特性。美国贝尔实验室的 C. R. Giles 博士在其综述文章中，将光纤光栅在光波系统中的应用总结如表 1-1-1 所示。并以一张假想的光纤网络给人们展示了光纤光栅是如何对现有光纤系统功能进行增强的，如图 1-1-10 所示。

表 1-1-1 光纤光栅在光波系统中的应用

序号	应用	描述	主要参数
1	激光波长稳定(980 nm，1 480 nm)	窄带反射镜	带宽＝0.2～3 nm 反射率＝1%～10%
2	光纤激光器	窄带反射镜	带宽＝0.1～1 nm 反射率＝1%～100%
3	光纤放大器中的泵浦反射镜(1 480 nm)	高反射率反射镜	带宽＝2～25 nm 反射率＝100%
4	拉曼放大器(1 300 nm，1 550 nm)	几组高反射率反射镜	带宽＝1 nm 反射率＝100%
5	相位共轭系统中的泵浦反射镜(1 550 nm)和波长变换系统中的隔离滤波器	高反射率反射镜	带宽＝1 nm 反射率＝100%

续表

序号	应用	描述	主要参数
6	无源光网络中的温度传感器	高反射率、窄带反射镜	带宽＝0.1 nm 反射率＞90％
7	双向 WDM 系统中的隔离滤波器	配对的 WDM 光栅	带宽＝0.2～1 nm 反射率＝100％
8	WDM 解复用器(1 550 nm)	多个高反射率反射镜	带宽＝0.2～1 nm 隔离度＞30 dB
9	WDM 上下路滤波器(1 550 nm)	高隔离度反射镜	带宽＝0.1～1 nm 隔离度＞50 dB
10	长距离传输色散补偿(1 550 nm)	色散光栅	带宽＝0.1～10 nm 色散系数＝1 600 ps/nm
11	光纤放大器增益均衡器(1 530～1 560 nm)	长周期光栅	带宽＝30 nm 损耗＝0～10 dB

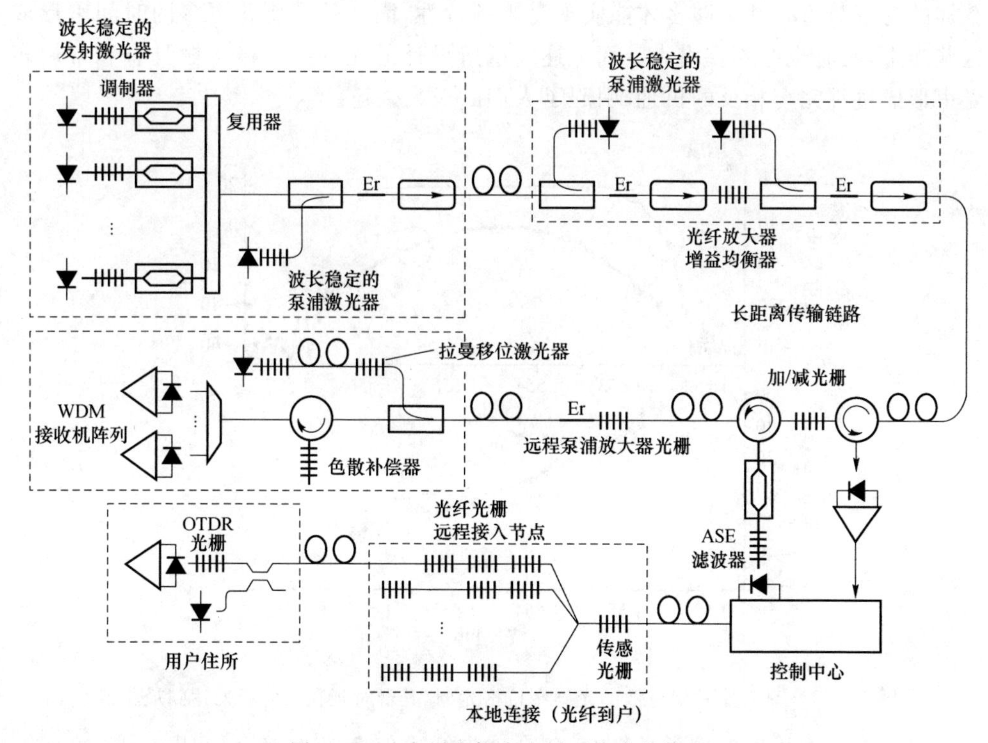

图 1-1-10　光纤光栅在光纤系统中的作用

1.1.4 光纤布拉格光栅的研究现状

似乎受到1997年的3篇特邀综述性文章的推动，光纤布拉格光栅的研究随后在世界上迅速变成了热点。来自贝尔实验室这一高速光纤通信技术发源地的应用综述，让人们突然感受到了光纤布拉格光栅的潜力：如此简单的周期性结构，居然可以实现宽带或宽或窄、信道或单或多、色散或大或小等对外性能各异的器件，而其中的诀窍仅仅是对其中周期性结构的包络做相应的调整。尤其是2002年全球光纤通信会议的postdeadline文章之一、由闻名于世的英国南安普顿大学光学研究中心的M. Ibsen教授发表的“Broadband Fibre Bragg Gratings for Pure Third-Order Dispersion Compensation”，其中报道的光纤布拉格光栅具有近乎奇异的相频特性：在工作带宽（即反射峰的平坦部分）内，中心波长处的群延时居然最大，距离中心波长越远，其群延时越小，如图1-1-11所示。这在常规的光滤波器中是很难想象的；这是因为，绝大多数光滤波器都可以近似地用如图1-1-6所示的多光束干涉来刻画。对于中心波长，它只需要层数不多的反射（即由单个入射光束分为多个参与干涉叠加的光束）即可以实现足够高的反射率，因而其延时最小；而对于偏离中心波长的光，参与干涉叠加的光束数目必须足够多才能实现高幅频特性，因而就需要花更多的时间来形成这些光束，延时也会相应增大。而上述文章所设计的光纤布拉格光栅具有和常规多光束形成过程完全相反的机理，引起了人们的极大兴趣。

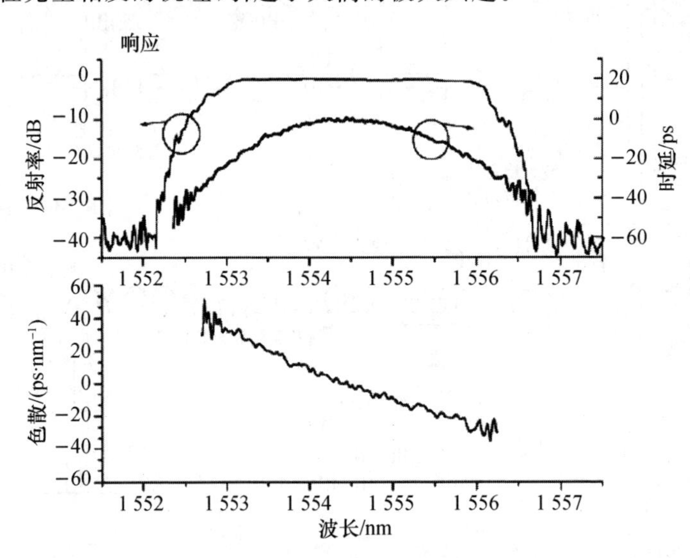

图1-1-11　具有非常规色散的光纤布拉格光栅，其群时延在反射峰处达到最小值

另一个引人思考的例子是2005年全球光纤通信会议的postdeadline文章之一，由日本国家信息与通信研究所联合大阪大学和OKI电子工业公司的研究人员发表的“10-user, truly-asynchronous OCDMA experiment with 511-chip SSFBG en/decoder and SC-based optical thresholder”,其中报道的光纤布拉格光栅对窄脉冲光具有极强的相位编码能力:能够对入射的 1.8 ps 的短脉冲进行速率高达640 Gchip/s、码长为 511 的伪随机相位编码,如图 1-1-12 所示。这是鲜有的能够在带宽较宽的情况下对光谱进行细腻操作的例子。

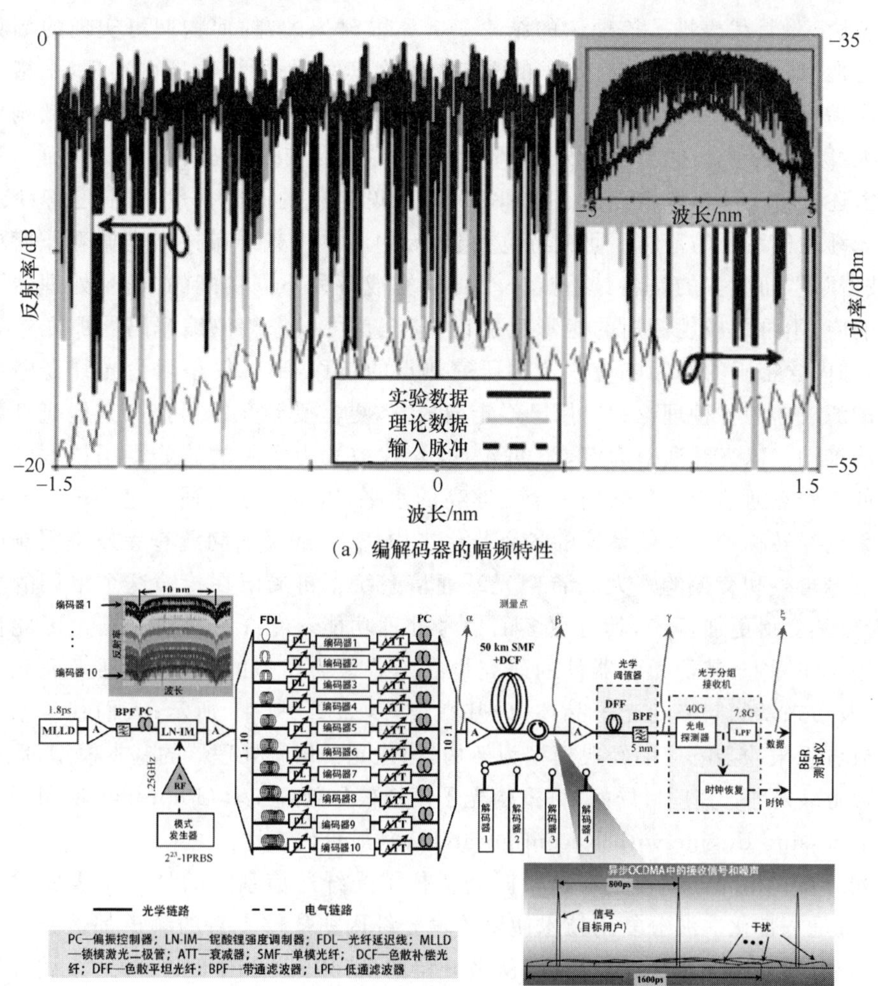

(b) 基于光码分多址概念的多用户接入系统演示

图 1-1-12 基于光纤布拉格光栅的光编解码器及其系统应用

上面是 2000 年之后人们对光纤布拉格光栅研究的热潮中两个非常突出的例子;其他较有特色的,还包括美国南加州大学 A. E. Willner 教授组对光纤光栅非线性啁啾的研究,以及众多的基于光纤布拉格光栅的脉冲整形研究等。人们在研究或者关注这些结果的同时,自然会形成这样的疑问:光纤布拉格光栅对光的控制能力,它的边界到底在哪儿?对这个疑问的探索,使得光纤布拉格光栅的理论又丰富起来。

之前的各种耦合模式理论，都是针对光纤光栅的“正向理论”，即已知其折射率起伏分布，探讨如何获知其幅频和相频特性。上述疑问则对应着光栅的“反向理论”，即设计怎样分布的折射率起伏，才能获得我们想要的幅频和相频特性。该反向理论的研究，以 1999 年由英国南安普顿大学光学研究中心的 R. Feced 博士等人提出分层剥离理论①最具代表性。该理论的结论是非常鼓舞人的：任何物理可实现的幅频和相频特性，都可以设计对应的光纤布拉格光栅将其实现；所谓物理可实现，是指该频率响应满足因果关系。分层剥离理论也提出了其对应算法，可以简单地从频响重构得到光纤布拉格光栅的折射率分布；剩下的工作，则是实现问题了。

上述针对光纤布拉格光栅工作和 20 世纪 90 年代的研究截然不同，已经跳出了常规光纤通信系统的范畴。研究特色在于，人们不再将光纤布拉格光栅看作简单的“滤波器”了，而更多的是将其看成一个可以完成各种不同功能的“信号处理器”；其频率响应，不再是规规矩矩的矩形反射谱，甚至是可以像相位编解码器那样形如噪声、但却内含密码的幅频响应。这种研究热点的转移，不仅仅是因为光纤光栅作为简单的滤波器的各种理论和应用已经走向成熟，更是受到光纤通信和其他光纤系统发展的推动。以光纤通信为例，20 世纪 90 年代被大力发展的波分复用技术已经将光纤的点到点通信容量提升到一个足够高的水平，以至于限制通信速率进一步提升的因素已经转移到了通信系统的各个节点当中，需要解决的问题有无速率限制的数字光信号再生和交换等。人们希望光纤通信系统不再局限在传输这个单调的功能上，希望其变得更加智能，具有更多的信号处理功能。光纤布拉格光栅也因此被寄予厚望。实际上，其他无源器件的研究也在走着极为相似的路径，包括平面光波回路，以及后来发展起来的光子晶体、硅基微环等，如图 1-1-13 所示；人们甚至希望以有限或者无限冲击响应的经典模型为架构，构建光子信号处理器的基本模型，后者以美国国防部先进研究项目局的“可重构光子模拟信号处理工具(Photonic Analog Signal Processing Engine with Reconfigurability)”最具代表性。

光纤布拉格光栅同样也在这段时间抓住了光纤通信系统的另一个重要发展潮流，那就是宽带化。波分复用技术使得传输光纤内所能够支持的频道都被充分地利用了起来，而且利用率也越来越高，从最开始的 1 550 nm 和 1 300 nm 两个波段的粗波分复用，到信道跨度十几纳米的粗波分复用，再到信道数目超过 80、信道间隔只有 100 GHz 的密集波分复用，甚至信道间隔只有 50 GHz、25 GHz 的超密集波分复用等。宽带多信道已经是光纤通信系统的典型特征，应用于其内的任何器件都必须充分考虑与该特征的兼容性。虽然传统上人们普遍认为光纤布拉格光栅在布拉格条件的限制下，是天然的窄带器件，但 2003 年美国 Phaethon Communications 公司(以

---

① Ricardo Feced, Michalis N Zervas, Miguel A Muriel. An efficient inverse scattering algorithm for the design of nonuniform fiber Bragg gratings [J]. Journal of Quantum Electronics, 1999, 35(8): 1105-1115.

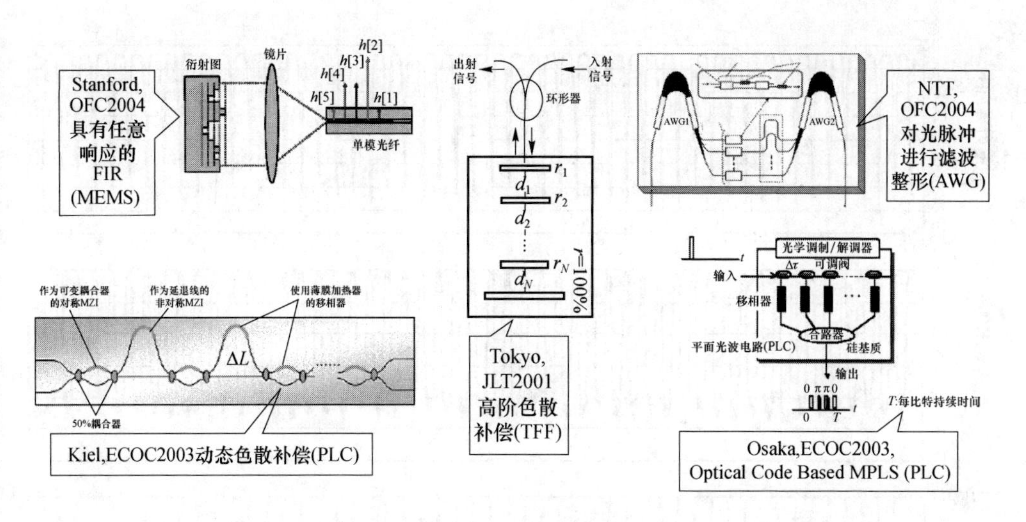

图 1-1-13　2000 年左右其他光无源器件在频域信号处理方向上的探索

及之后的加拿大 TeraXion 公司)的工作表明,相位采样函数经过优化设计的光纤布拉格光栅可以以分离信道的形式覆盖很宽的带宽;在之后的工作中,他们报道了信道间隔 50 GHz、总信道数目多达 81 个的多信道滤波器和多信道色散补偿器,如图 1-1-14 所示。

可以说,功能化和宽带化是 2000 年之后的几年内光纤布拉格光栅研究热点不断发展的推动力。人们在提出各种新的理论的同时,也在研究如何去实现所提出的各种折射率起伏分布。在这里,研究人员碰到了真正的困难:功能化和宽带化的光纤布拉格光栅往往需要非常复杂的相位调制,也就是说,要求对其内部原本严格的周期性结构进行精确的改造;而根据布拉格条件,光纤布拉格光栅的折射率起伏周期只有 500 nm 左右,精确的相位移动需要制作平台具有纳米甚至纳米以下的控制精度,如图 1-1-15 所示。考虑到光纤光栅的长度一般在厘米到十厘米之间,这种高精度的控制是难以实现的。人们采用了两种不同思路试图解决这一问题。在英国南安普顿大学的光学研究中心,研究人员将光纤光栅制作平台的控制精度提高到了前所未有的高度:虽然依然采用常规的相位模板制作方法,但为了得到长度较长的光栅,研究人员通过固定相位模板、移动光纤并不断曝光来实现;同时,为了实现写入的光栅相位与设计的一致,曝光必须在光纤移动到一系列精确设计的位置时才能进行,这个曝光过程通过一个由氦氖激光器和干涉仪构成的实时精确测距系统和一个由声光调制器构成的高速光开关来实现。虽然基于该制作平台,人们精确地得到了任意设计的光纤布拉格光栅,但显然不适合较大规模的生产。因而,美国 Phaethon Communications 公司(以及之后的加拿大 TeraXion 公司)走了另一条途径,即设计更为复杂的相位模板。他们所设计的相位采样光纤布拉格光栅具有迄今为止最为复杂的相位调制,相位跳变间隔在 10 μm 量级甚至以下,已经小于一般紫外激光器输

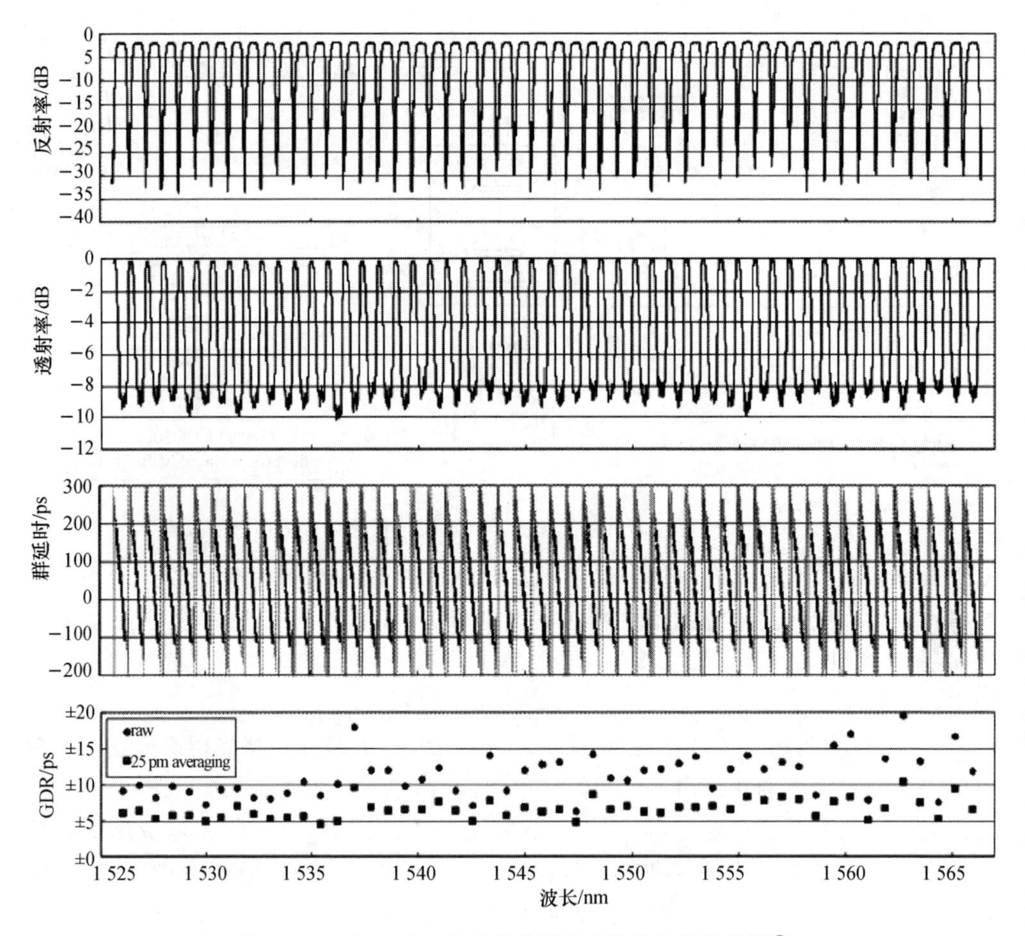

图 1-1-14 Teraxion 公司所报道的多信道色散补偿器①

出光斑所能够聚焦到的程度,因而常规的做法、甚至类似英国南安普顿大学光学研究中心所开发的平台也难以制作。他们的做法是,将如此复杂的相位编码转移到相位模板中,以较高的成本利用精度很高、也比较成熟的微电子工艺来制作该相位模板,但力求保证规模化光栅制作的低成本。该思路的有效性已经被实验和后续加拿大 TeraXion 公司在多信道色散补偿光纤光栅方面的商业化成功所证实。然而,该思路对一般实验室或研究所是走不通的;而且,理论表明,当相位调制过于复杂时,该调制从相位模板到光纤芯径的转移也是一个非常复杂的过程。相位模板上过于密集的相位跳变,将会改变之前简单的 0、正负 1 级衍射规律,在相位模板之后形成的干涉条纹分布和相位模板上的相位调制规律不再一致,而且分布会随着离开相位模

① Poulin M, Vasseur Y, Trepanier F, et al. Apodization of a Multichannel Dispersion Compensator by Phase Modulation Coding of a Phase mask[C]. //Optical Fiber Communication Conference. IEEE, 2005.

板的距离变化而迅速改变;后者也对光纤光栅的制作提出了较高要求,因为在几个厘米这样较长的距离上精确地控制光纤到相位模板表面的距离,也是较为困难的。而这些制作上的困难,显然必须再次回归到光纤布拉格光栅的设计上才能解决;这些困难,也成为该领域新一轮创新的动力。

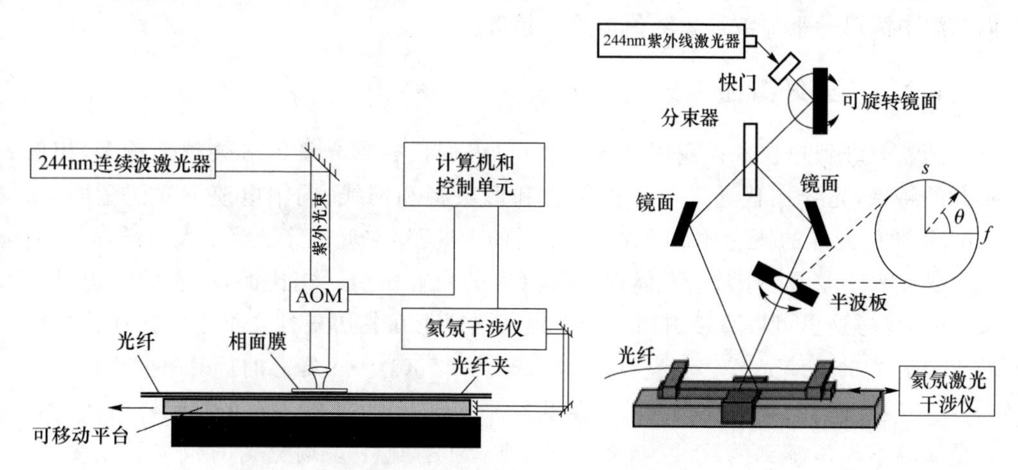

图 1-1-15 典型的高精度光纤布拉格光栅制作平台①

本书将重点介绍2000年之后光纤布拉格光栅领域所呈现的新理论和应用,这些理论和应用还没有被已有的书籍所涵盖。同时,作者也希望本书的介绍能够启发读者对光纤布拉格光栅将来的发展、创新理论与应用的思考。光纤布拉格光栅作为一个功能器件,其发展必然受系统的发展影响;在研究器件本身的同时,必须关注大环境的变化和趋势。以光纤通信系统为例,2005年之后有了近乎翻天覆地的变化:沉积了十几年的相干光通信技术重新抬头,以惊人的速度发展,并且迅速应用到商用系统当中;其对光纤通信的影响甚至可以让人联想到波分复用技术的出现和发展。相干技术引起的一个重要趋势,是利用高速并行的数字信号处理来解决光信号在传输过程中碰到的各种问题;鉴于人们对数字技术非常乐观的预期,数字信号处理成为当前主流的光信号处理手段。以至于在2012年全球光纤通信大会上,美国加州大学圣地亚哥分校的Stojan Radic教授不无感慨地评论到:传统的光处理手段,现在都被数字技术占领了,甚至包括色散补偿和偏振模色散补偿等;我们需要重新定义光在光纤通信系统中的角色。这些问题的思考,应该贯穿到整个器件研究历程中。

① Morten Ibsen, Michael K Durkin, Martin J Cole. Recent advances in long dispersion compensating fiber Bragg gratings, Optical Fibre Gratings (Ref. No. 1999/023)," IEE Colloquium on 26 March 1999 Page(s):6/1-6/7; Kai-Ping Chuang, Yinchieh Lai, and Lih-Gen Sheu, "Complex fiber grating structures fabricated by using polarization control of the UV exposure beam," OFC2004, paper MF25.

1.2 光纤波导

光波导烦琐的公式推导，只不过是想通过“模式”这个概念将复杂的场分布和人们脑海中简单的平面波形象等价地关联起来。

1.2.1 光纤概述

随着光纤到户技术在我国的大力推广，人们接触到光纤的机会越来越多，相信不久的将来，光纤在普通人群中的概念和形象将和网线、同轴电缆一样清楚明了。1966 年通信光纤的概念才被提出，22 年后的 1988 年它就贯穿了整个大西洋，而今天它更是深入千家万户，无一不体现了其巨大的商业价值。相比而言，它的结构显得又十分简单，这里可以直接引用光纤之父高锟博士在其历史性文章中的描述：“将纤芯直径为 λ_0 的玻璃光纤套上包层，且总直径为 1 000λ_0……纤芯的折射率要比包层大 1%……”在现实中我们看到的光纤会以各种形态呈现(如图 1-2-1 所示)，包括光纤通信实验室经常碰到的跳线、盘式裸纤，或者工程施工现场见到的粗笨的光缆，等等，但若剥离它所有的辅助结构、而只留下其支撑光信号传输的部分，光纤本身就是如此的简单。

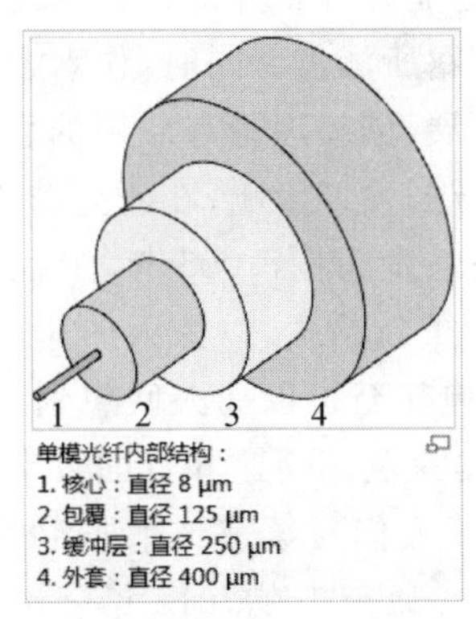

(a) 典型通信用光纤内部结构

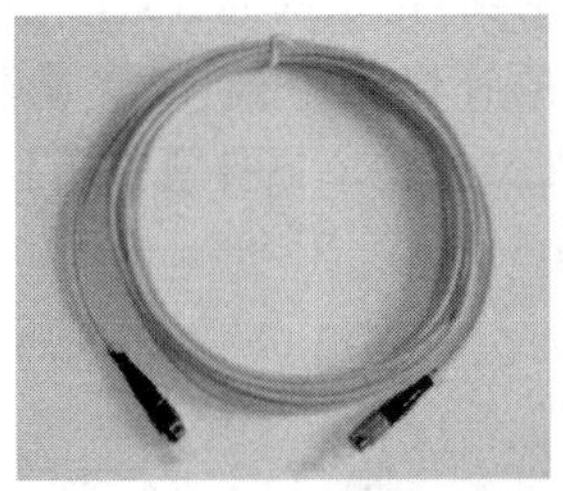

裸光纤

(b) 光纤的各种外观形式

图 1-2-1 光纤内部结构和外观形式

光纤是由玻璃拉制而成。玻璃特殊的材料特性，保证了光纤在通信领域的成功。这里可以引用光纤光学先驱者之一，英国南安普顿大学的 W. A. Gambling 教授的话——“玻璃的三个最重要的特性使得它有着空前的价值：①在能达到的很宽的温度范围里，玻璃的黏性可变、可控，这不同于水、金属等很多材料，这些材料在温度降至固化温度之前一直保持液态状态，到达临界温度后，就突然固化。而玻璃材料不是在一个特定的凝固温度固化，而是随着温度的降低逐渐变硬，并最终变为固体。在这个过渡区内，可以很容易地把玻璃拉成纤维。②高纯度的二氧化硅的损耗是极低的，也就是说，它是高透明的。目前，大多数商用二氧化硅光纤在传输 1 km 以后，还有 96%的剩余功率的光仍能继续传输。③玻璃的内在强度约为 2 000 000 lb/in^2（约 1.41×10^9 kg/m^2），所以，在电话网络中使用的玻璃光纤，虽然直径只是头发丝的两倍左右（125 μm），却可以承受 40 lb（约 1.78×10^2 N）的载荷”。

除其材料具有极低的传输损耗外，光纤之所以能够导光，原因还在于它的“芯径-包层”结构。该结构导光的原理，被归结为众所周知的全反射：纤芯的折射率高于包层，当光从纤芯到包层的入射角大于某个数值的时候，全反射就会发生，从而光又被反射回纤芯内。这个现象早在 1841 年就被丹尼尔·克拉顿用光束（如喷射的水流）演示，如图 1-2-2 所示。当水流从被照亮的容器中泻出时，光在水和空气的截面上发生全反射，并沿着水流的弯曲路径传播。光纤的原理，也可以从波动的现象得到解释。作为电磁波，光除具有干涉现象外，还具有衍射现象。也就是说，如果光在其等相位面（即和传播方向垂直的平面）上受到空间上的限制，经过一段距离的传播后则会发散，在传播一段距离之后放置一个凸透镜，则可将发散的光重新汇聚起来；这个过程如果可以一直重复下去，那光就可以长距离传输而不会因为发散导致过多的损耗。而光纤就类似于一系列分布式的凸透镜，折射率在芯径区域大、在包层区域小，该分布方式将光的衍射效应和聚焦效应平衡起来。

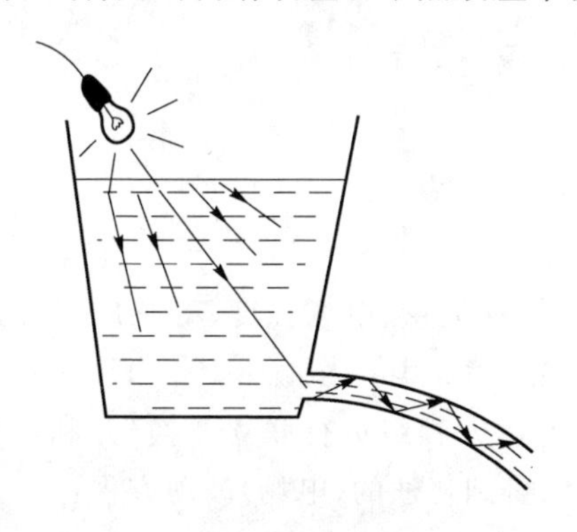

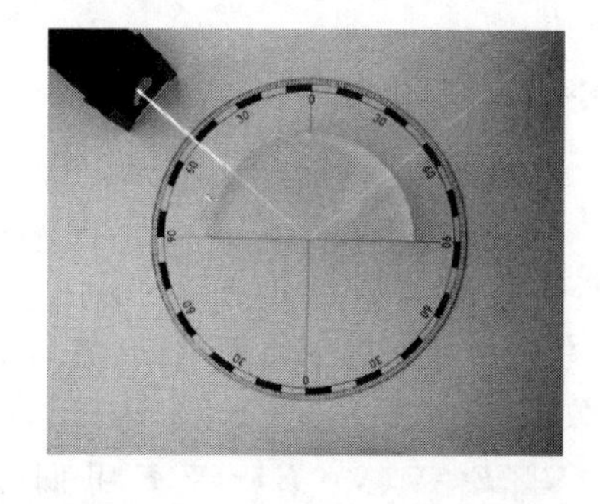

图 1-2-2 光的全反射现象

发展到现在，光纤的种类繁多，可以按照其构成材料（玻璃光纤、塑料光纤等）、截面结构（同心圆结构、多孔结构等）、导光原理（折射率导引、光子带隙等）、模式数量(单模光纤、多模光纤等)、功能(色散补偿光纤、增益光纤等)等分类。只要光纤具有光敏性,光纤布拉格光栅就可以刻写在任意光纤上。布拉格光栅的作用在所有种类的光纤内都是一样的:将正反向传输的两个模式耦合起来,在它们之间产生能量交换。这涉及光波导中的一个基本概念:模式。

本节将逐步介绍光纤在电磁场理论中的两个重要的概念:折射率和模式。在这里,我们仅介绍光纤通信系统中最常用的折射率起伏在角向均匀分布、在径向呈同心圆结构的光纤(如图 1-2-3 所示),其导光原理是全反射,也被称为折射率导引。

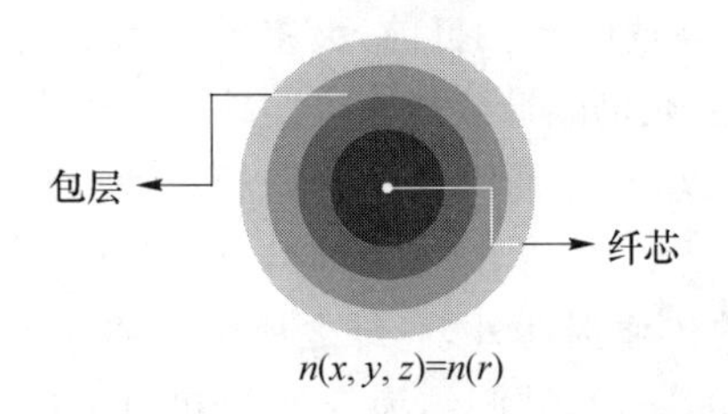

图 1-2-3 折射率导引的同心圆结构光纤的折射率分布

1.2.2 折射率和时谐场

通信光纤的芯径非常细,可以和波导光的波长相比拟。这时候,几何光学的分析手段就会导致非常大的误差,需要根据麦克斯韦电磁场理论来研究光在其中的传输规律。在考虑光纤材料的特殊性之后麦克斯韦方程组可以得到极大的简化:光纤由玻璃构成,各向同性,无磁性,无源,绝缘,在注入光功率比较弱的时候可以很好地近似为线性材料(即材料相关的电磁参数与电磁场无关)。这时候,

$$\left.\begin{aligned}\nabla\times\boldsymbol{H}=\frac{\partial\boldsymbol{D}}{\partial t},\quad \nabla\cdot\boldsymbol{B}=0\\ \nabla\times\boldsymbol{E}=-\frac{\partial\boldsymbol{B}}{\partial t},\quad \nabla\cdot\boldsymbol{D}=0\end{aligned}\right\}\tag{1-2-1}$$

相应的本构方程(也称物质方程)如下:

$$\left.\begin{aligned}\boldsymbol{D}=\varepsilon_0\boldsymbol{E}+\boldsymbol{P}\\ \boldsymbol{B}=\mu_0\boldsymbol{H}\end{aligned}\right\}\tag{1-2-2}$$

其中,$\boldsymbol{D}$、$\boldsymbol{E}$、$\boldsymbol{B}$、$\boldsymbol{H}$ 分别为电磁场矢量——电位移矢量、电场强度、磁感应强度以及磁场强度;$\boldsymbol{P}$ 是材料的电极化矢量;μ_0 是真空磁导率,其值为 $4\pi\times10^{-7}$ H/m;ε_0 是真空介电常数,其值为 8.854×10^{-12} F/m。对上述方程组进行联立变换,并利用矢量恒等式$\nabla\times\nabla\times\boldsymbol{E}=\nabla(\nabla\cdot\boldsymbol{E})-\nabla^2\boldsymbol{E}$,我们可以得到普适的(电场)波动方程:

$$\nabla^2\boldsymbol{E}-\nabla(\nabla\cdot\boldsymbol{E})-\mu_0\varepsilon_0\frac{\partial^2\boldsymbol{E}}{\partial t^2}=\mu_0\frac{\partial^2\boldsymbol{P}}{\partial t^2}\tag{1-2-3}$$

波动方程的左边是光电场随时间和空间的分布规律,右边是材料(玻璃)电极化矢量的分布。方程表明,电极化矢量 $\boldsymbol{P}$ 是唯一通过光纤材料及其空间分布来决定光场最

终分布的物理量。玻璃没有任何磁性，即对磁场分量而言，光纤就像真空一样透明；光纤通过对电磁场中的电场分量的影响来改变和控制光的传输，这种影响即通过电极化矢量来实现。

即使考虑了玻璃材料的种种特殊性，方程(1-2-3)仍然是一个非常复杂的波动方程，其解析求解依赖于根据实际情况所进行的变换和简化，从而引出折射率和时谐场这两个重要的概念。

电极化矢量描述的是材料在外加电场的驱动下所发生的变化，体现了通常所说的折射率这一概念的物理本质。可以认为，一般的绝缘材料是由大量的对外呈电中性的束缚粒子构成；这些粒子虽然对外呈电中性，但其本身仍然由正负电荷构成，只不过正负电荷的总量相同。若正负电荷的重心也是重合的，那么单个粒子本身对外就会呈现电中性。如果正负电荷的重心不重合，粒子会有内建电场；但在没有外加电场的时候，大量的粒子会随机取向，整体对外也是不会呈现任何电场的。我们可以等效地认为这时候每个粒子也没有内建电场，正负重心重合。人们普遍采用电偶极矩这个简单的模型来描述这种粒子(如图 1-2-4 所示)，它认为每个粒子具有正负电荷 q，正负电荷重心之间的距离为 d，定义电偶极子的偶极矩为 $p=qd$，当外加电场为零的时候，电偶极矩为零。但如果将该中性材料放置到电场中，粒子的正负电荷在电场力的作用下，其重心将会被拉开，同时粒子的内建电场取向会一致起来，这时候材料就会对外呈现非零的电场了。原来中性的材料在外加电场下的电特性，在电磁场理论中利用其中所包含的电偶极子的密度来表示，称为电极化矢量 $\boldsymbol{P}$。

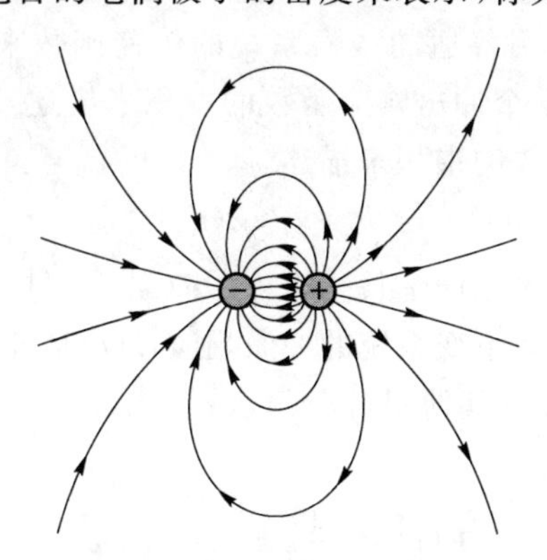

图 1-2-4　电偶极子示意图

波动方程(1-2-3)描述了电极化矢量对波动的电场的影响。然而电极化矢量既然是由外加电场引起来的，必然就存在方程用于描述波动的电场对电极化矢量分布的作用。该作用和波动方程联立，才能够完备地描述光在光纤内的分布。电场(因)和电极化矢量(果)时间的关系，显然由材料的特性决定；该因果关系的求解，是材料物理中的重要问题。构成电偶极子的两个正负电荷(对于大部分绝缘材料而言，可以理解为作为负电荷的最外层电子以及由其他电子和原子核构成的正电荷)受到库仑力的作用;在量子力学诞生之前,人们认为它们的运动遵循牛顿运动定律。这样,电偶极子/电极化矢量在外加的周期性电场的驱动下做经典的简谐振子受迫振动。而量子力学告诉我们,电偶极子只能以一定的概率分布在几个分立的能级上,外加的周期性电场只会改变电偶极子在不同能级上的分布概率。依据人们描述电偶极子的手段的不同,上述两种理论分别被称为经典理论和半经典理论。之所以后者被称为半经典理论,是因为它在刻画电偶极子的时候采用的是量子力学,但在处理电磁场的时候仍然采用了经典的麦克斯韦方程。半经典理论可以描述除自发辐射外几乎所有光纤通信研究中所涉及的物理现象,因而受到人们的广泛接纳。具体到光纤和其工作时的常用光波频段,入射的光子能量远小于其等效的电偶极子的能级,即入射的周期性电场扰动对原有的能级分布改变非常小;利用经典理论描述,即外加电场驱动的频率远低于简谐振子的固有频率,简谐振子的振幅很小。同时,考虑到材料所包含的电偶极子数量巨大,经典理论和半经典理论得到的结论基本接近,都可以得到相同的结论:电极化矢量在外加周期性电场的迫使下做相同频率的简谐振动。

材料在时变电场 $\boldsymbol{E}$ 的驱动下,输出时变的电极化矢量 $\boldsymbol{P}$,两者之间的因果关系在物理上由电偶极子所处的势阱形状所决定,其求解是非常复杂的过程。通常,在其物理过程已然清楚的情况下,人们更倾向于用唯像的公式和待定的系数来表达两者的关系。在这里,我们假设材料是线性的,即认为外加电场驱动的强度足够低,得到的电极化矢量的高次简谐振动的能量非常低,可以忽略。这时候,我们就可以该材料是一个典型的以驱动电场为输入信号、以电极化矢量为输出信号的线性时不变系统,它们两者的关系,可以用普适的线性系统的传递函数来表达。由线性系统的理论,该关系在时域上用与某个冲击响应函数的卷积来描述,比较复杂,在频域内则可以简单地用与一个传递函数的乘积来描述,即

$$\left.\begin{aligned}\boldsymbol{P}(t)&=\varepsilon_0[h_{\varepsilon_r}(t)-\delta(t)]\otimes\boldsymbol{E}(t)\\\boldsymbol{P}(\omega)&=\varepsilon_0[\varepsilon_r(\omega)-1]\boldsymbol{E}(\omega)\end{aligned}\right\}\tag{1-2-4}$$

其中,$h_{\varepsilon_r}(t)$表示上述线性时不变系统的冲激响应,$\delta(t)$是冲激函数;下式中的电场强度 $\boldsymbol{E}$ 和电极化矢量 $\boldsymbol{P}$ 均改由其傅里叶分量表示,或者根据傅里叶变换关系,时域的驱动电场为

$$\boldsymbol{E}(t)=\frac{1}{2\pi}\int\boldsymbol{E}(\omega)\mathrm{e}^{-\mathrm{i}\omega t}\mathrm{d}\omega\tag{1-2-5}$$

得到的电极化矢量为

$$\boldsymbol{P}(t)=\frac{1}{2\pi}\int\boldsymbol{P}(\omega)\mathrm{e}^{-\mathrm{i}\omega t}\mathrm{d}\omega\tag{1-2-6}$$

联系两者的参量,ε_r,被称为介质的相对介电常数。相对介电常数描述两个矢量之间的关系,因而普遍来讲应该是一个张量;但对于光纤而言,一般认为是各向同性的介质,因而这时候 ε_r是一个标量。而且,由于在通信波段,光子能量远低于玻璃材料中电偶极子的能级,所以 ε_r是实数。这时,波动理论告诉我们,ε_r是材料折射率的平方。

可见，在几何光学中，折射率被认为是材料对光的折射现象；但是在波动光学中，折射率则用来描述光电场对材料电极特性的驱动情况。

根据公式(1-2-4)，材料中的电偶极子在外加电场的驱动下产生周期性振动；根据波动方程(1-2-3)，该振动反过来又会影响电磁场的分布。这就是光通过材料的过程中发生的整个物理过程，在宏观上，这个过程由折射率来定量描述。可见，折射率定义了材料所有的光学特性，在这个意义上，当我们讲某种光学材料的时候，本质上指的是折射率是多少。从公式(1-2-4)可见，在波动光学中，无法简单地说玻璃的折射率是多少，因为折射率与光的频率是相关的，这种相关性可以利用 Sellmeier(赛尔梅耶)公式描述：

$$n^2 - 1 = \sum_{j=1}^{m} \frac{A_j \lambda_j^2}{\lambda^2 - \lambda_j^2} \tag{1-2-7}$$

其中，n 是材料的折射率，λ 是光的波长，λ_j 和 A_j 是各个待定系数，m 是拟合阶数。石英材料在 0.8～1.6 μm 范围内，三阶拟合公式($m=3$)即可比较准确地描述折射率和频率的相关性，如图 1-2-5 所示。仔细观察 Sellmeier 公式可以发现，该模型认为玻璃材料是由多个无关联的、不同本征频率的电偶极子组成(公式中表示为求和符合 Σ)，每种电偶极子的本振频率对应的光波长为 λ_j，其影响大小则通过 A_j 表示。

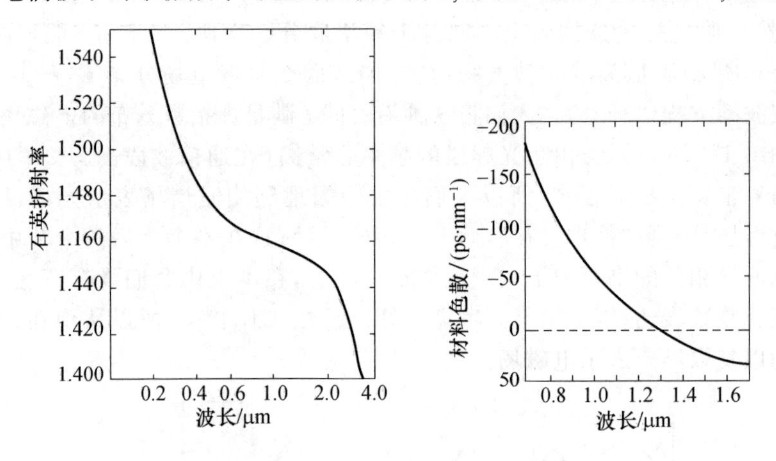

图 1-2-5　石英折射率的频率分布

公式(1-2-4)不仅解释了折射率这一几何光学中的传统概念在波动光学中的物理含义，同时也揭示了：电磁场不仅可以在时域描述(即电磁场不仅可以表示成沿时间分布的函数)，也可以在频域描述(表示为频域分布)，两者是等价的。“频域”以及“频率”，是电磁场中几乎和“时间”平齐重要的概念。根据公式(1-2-5)，时域和频域的分布函数，按照傅里叶变换关联了起来。虽然两种表示是等价的，但公式(1-2-4)说明了电磁场表示为频域分布后的便利性：它将电极化矢量和电场强度之间的复杂的积分关系，转换为简单的乘积关系。更准确地说，是频域分布表示实现了电磁场在不同频率下的“解耦和”：在线性介质中，不同频率下的电磁场是独立运转的，可以分别考虑。在物理上，根据公式(1-2-4)，某一特定频率振荡的电场，只能驱动线性材料产生以该频率振荡的电极化矢量，从而仅影响该频率的电磁场。从数学上看，时域中不同时间点处的电磁场必须通过微分关系关联(即反映在波动方程中对时间的导数上)；但在频域中，根据$\partial^2/\partial t^2 \to -\omega^2$，我们对波动方程(1-2-3)做傅里叶变换可以得到

$$\nabla^2 \boldsymbol{E} - \nabla(\nabla \cdot \boldsymbol{E}) + \mu_0 \varepsilon_0 \omega^2 \boldsymbol{E} = -\omega^2 \mu_0 \boldsymbol{P} \tag{1-2-8}$$

根据电极化矢量和电场强度在频域分布内的简单关系(1-2-4)，我们可以得到

$$\nabla^2 \boldsymbol{E} - \nabla(\nabla \cdot \boldsymbol{E}) + \omega^2 \mu_0 \varepsilon_0 \varepsilon_r \boldsymbol{E} = 0 \tag{1-2-9}$$

一个更常用的表达方式是，根据$\nabla \cdot \boldsymbol{D} = \varepsilon_0 \nabla \cdot (\varepsilon_r \boldsymbol{E}) = \varepsilon_0 (\varepsilon_r \nabla \cdot \boldsymbol{E} - \boldsymbol{E} \cdot \nabla \varepsilon_r) = 0$，可以得到$\nabla \cdot \boldsymbol{E} = 1/\varepsilon_r \boldsymbol{E} \cdot \nabla \varepsilon_r$，代入公式(1-2-9)得到

$$\nabla^2 \boldsymbol{E} - \nabla\left(\boldsymbol{E} \cdot \frac{\nabla \varepsilon_r}{\varepsilon_r}\right) + \omega^2 \mu_0 \varepsilon_0 \varepsilon_r \boldsymbol{E} = 0 \tag{1-2-10}$$

由于方程中电场和相对介电常数均由其频域分布表示，因而可以称之为频域波动方程。不同频率点处的电场分别满足具有不同 ω 参数的波动方程，相互独立。

由于不同频率的电磁场在线性介质内可以完全解耦合，因而频域波动方程的应用远远超过了时域方程。解耦合意味着我们可以单独考虑每个特定频率下的电磁场分布，然后通过初始条件确定不同各个频率成分的比例。实际上，假设频率 ω 下的电场分布$\boldsymbol{E}(\boldsymbol{r})$满足频域波动方程(1-2-10)，那么时域电场分布 $\boldsymbol{E}(\boldsymbol{r})\mathrm{e}^{-\mathrm{i}\omega t}$ 也一定满足时域波动方程(1-2-3)。人们将这种沿时间 t 满足虚指数分布的电磁场称为“时谐场”，如图 1-2-6 所示。由于光频段的频率非常高(在通信波段高为 2×10^{14} Hz)，而通常信号带宽又相对很窄，所以人们非常频繁地利用时谐场表示光场，以至于可以认为时谐场是一种“物理实在”，而无视初始条件；这在本书之后的章节中，以及大部分与光波导相关的书籍中被大量地体现。注意，在本书中我们没有特意区分变量的实数或者复数表达；因为本书只考虑光纤的线性工作状态，所以从现在开始，一般情况下均以复数形式表示电磁场。

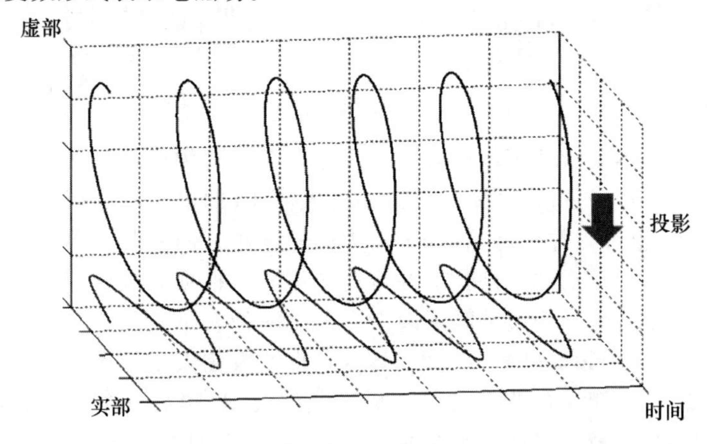

图 1-2-6 实数场是时谐场在实数轴上的投影

时谐场引入了一个重要的数学手段:利用复数时谐场表示高频电磁场。初学者或许会问:电磁场是实数还是复数?我们可以追溯复数表示源自公式(1-2-4)中引入的、利用频域分布替代时域分布描述电磁场。即使是实数表示的时域电磁场,其频谱分布也往往是复数。之所以利用复数的频域分布来表示电磁场,是因为材料的电极化矢量和驱动电场之间的因果关系在时域难以简单表达:电极化矢量不仅和当前的电场强度有关,也和电场强度的历史相关,因而通过卷积运算表示该关系。复数表达更深层次的原因,则是因为光纤是线性系统,而虚指数函数恰好是线性时不变系统的特征函数(注意,实数三角函数则不是)。根据线性系统的理论,我们只要研究每个简谐振动频率下系统的行为,就可以获知任何输入下的输出。理清楚来龙去脉,我们就能够理解,利用复数的时谐场表示电磁波,并非意味着电磁场是复数,而是因为时谐场是波动方程(1-2-3)的一个特解或特征解;线性系统的输入输出关系满足叠加原理,傅里叶变换这一数学手段为我们提供了满足初始条件的真实解和众多特征解之间的线性分解和合成的工具。在实际应用中,我们往往只关心系统的传输特性,因而忽略了后者;或者直接假设了复数分布的初始条件。

1.2.3 标量波动方程,从平面波到模式

到现在,波动方程(1-2-10)仍然具有复杂的形式,求解十分困难。然而,如果波导在局部空间范围内是均匀的(比如折射率呈阶跃分布的光纤),那么$\nabla\varepsilon_r=0$;或者,我们认为折射率在空间中的起伏非常小或者缓慢,以至于$\nabla\varepsilon_r/\varepsilon_r\approx 0$(该近似被广泛地称为弱导近似;波导的折射率起伏小,说明波导对光的束缚能力弱,因而被称为弱导)。在这两种情况下,频域波动方程均可简化为

$$\nabla^2\boldsymbol{E}+\omega^2\mu_0\varepsilon_0\varepsilon_r\boldsymbol{E}=0 \tag{1-2-11}$$

通过定义几个常数或参量,我们可以得到更为常用的形式:引入$c=1/\sqrt{\mu_0\varepsilon_0}$,为真空光速,数值约为 299 792 458 m/s;ε_r由材料特性决定,当入射光子能量小于材料能级的时候,ε_r可以近似为大于 1 的正实数,这也是光纤通常所处的状态,因而可引入$n=\sqrt{\varepsilon_r}$为材料的折射率;引入$f=\omega/2\pi$为电磁场的频率,$\lambda=c/f$为波动电磁场的真空波长,$k_0=\omega/c=2\pi/\lambda$是电磁场的真空传播常数。这样,波动方程可改写为

$$\nabla^2\boldsymbol{E}+k_0^2n^2\boldsymbol{E}=0 \tag{1-2-12}$$

该方程表明了,材料通过其折射率分布$n(\boldsymbol{r})$影响电磁场分布$\boldsymbol{E}(\boldsymbol{r})$。注意其中拉普拉斯算符的定义,在矩形坐标系下表示为

$$\nabla^2\boldsymbol{E}=\hat{x}\nabla^2E_x+\hat{y}\nabla^2E_y+\hat{z}\nabla^2E_z \tag{1-2-13}$$

其中,E_j表示沿方向$\hat{J}$的电场分量,即$\boldsymbol{E}=\hat{x}E_x+\hat{y}E_y+\hat{z}E_z$。可见,矢量方程(1-2-12)等价于三个分离的标量方程,即

$$\nabla^2E_j+k_0^2n^2E_j=0 \quad j=x,y,z \tag{1-2-14}$$

所以,方程(1-2-12)被称为标量波动方程。注意,虽然上述三个方程是分离的,但并不意味着三个电场分量之间一定是独立的:它们仍然被边界条件关联在一起。边界条件

既包括电场的，也包括磁场的；而磁场则由旋度公式(1-2-1)决定。麦克斯韦方程在折射率突变界面上表现为：电场强度矢量 $\boldsymbol{E}$ 和磁场强度 $\boldsymbol{H}$ 的切向分量均连续，即

$$\left.\begin{aligned}\boldsymbol{n}\times(\boldsymbol{E}_1-\boldsymbol{E}_2)=0\\\boldsymbol{n}\times(\boldsymbol{H}_1-\boldsymbol{H}_2)=0\end{aligned}\right\}\tag{1-2-15}$$

此处 $\boldsymbol{n}$ 表示折射率不连续界面的法线方向。

标量波动方程(1-2-12)和边界条件(1-2-15)可以完整精确地描述折射率分区域均匀分布的光波导内时谐场的分布，也能够较为精确地描述满足弱导近似的光波导。从 $\nabla\varepsilon_r/\varepsilon_r\approx0$ 可知，满足弱导近似的光波导，其横截面上的折射率分布起伏非常小。例如，两层阶跃分布的折射率分布，如果包层比芯径的折射率差值不大于 0.01 (玻璃的折射率在 C 波段约 1.45)，就可以认为该光纤满足弱导近似。从全反射的角度来考虑弱导光纤，虽然光纤内的光在从光密的芯径到光疏的包层界面上仍然可以发生全反射，但由于折射率差非常小，要求入射角非常大，即光的波矢方向几乎将与光纤延伸的方向一致。这时候，光的纵向分量，也就是电场和磁场矢量沿光纤延伸方向上的分量，相比其横向分量就会小很多。这样的光场分布可以看成是“准 TEM 模”(如图 1-2-7 所示为 TEM 模式电磁波)，也被广泛地称为线性偏振模，即 LP 模。

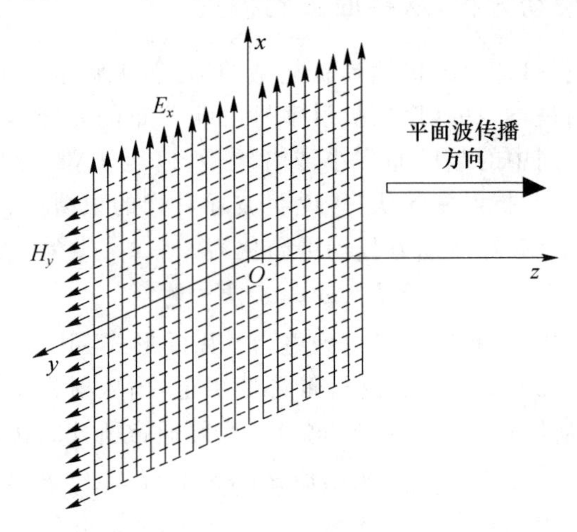

图 1-2-7 TEM 的电磁波

光波导的折射率分布更加特殊，$n(\boldsymbol{r})$沿着某一直线方向是均匀的，一般人们将该方向指定为 z 方向。根据该特性，波动方程(1-2-12)可以进一步简化。根据拉普拉斯算符的定义，

$$\nabla^2=\nabla_{\mathrm{T}}^2+\frac{\partial^2}{\partial z^2}\tag{1-2-16}$$

其中，∇_{T}^2是“横向拉普拉斯算符”，在矩形坐标系下 $\nabla_{\mathrm{T}}^2=\partial^2/\partial x^2+\partial^2/\partial y^2$；在圆柱坐标系下，$\nabla_{\mathrm{T}}^2=\dfrac{1}{r}\dfrac{\partial}{\partial r}r\dfrac{\partial}{\partial r}+\dfrac{1}{r^2}\dfrac{\partial^2}{\partial\varphi^2}$，如图 1-2-8 所示。这样，波动方程可以将沿 z 方向的分布规律分离表示出来

$$\nabla_T^2 \boldsymbol{E}+\frac{\partial^2}{\partial z^2}\boldsymbol{E}+k_0^2 n^2 \boldsymbol{E}=0 \tag{1-2-17}$$

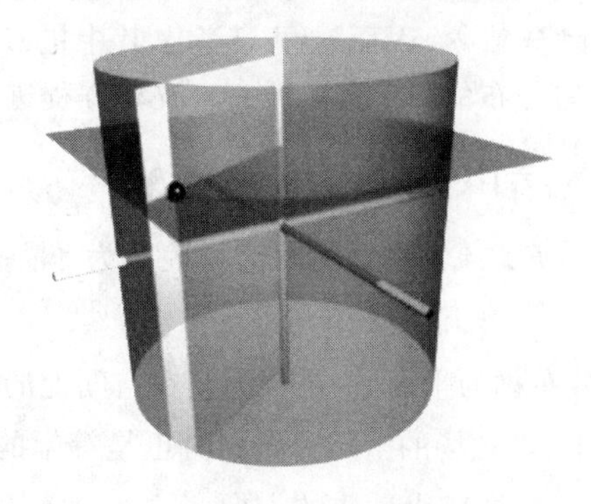

图 1-2-8 矩形坐标和圆柱坐标对比

对比该方程与初始的时域波动方程，可以发现波导内频域电磁场沿 z 方向的分布与一般的线性时不变介质内时域电磁场沿时间 t 方向的演化规律非常类似；这是因为线性的折射率分布既是“时不变”的，也是“z 不变”的。因而，可以对该方程进行以 z 为自变量的傅里叶变换；或者更直观的方法，可以仿照“时谐场”的定义，直接认为电磁场特解为“z 谐场”：$\boldsymbol{E}(\boldsymbol{r})=\boldsymbol{E}_T(\boldsymbol{T})e^{i\beta z}$。其中，$\boldsymbol{T}$ 表示横向空间坐标，$\boldsymbol{E}_T$ 则是分离 z 方向分布之后，描述电磁场各分量沿横向空间坐标的分布情况；传播常数 β(实数)和时谐场角频率 ω 类似，只不过用来描述简谐振动随 z 的变化频率。根据方程的线性性，时谐场应该是具有不同 β 的 z 谐场的线性叠加。将“z 谐场”表达式代入标量波动方程中，就可得到光波导内光电场方程

$$\nabla_T^2 \boldsymbol{E}_T+(k_0^2 n^2-\beta^2)\boldsymbol{E}_T=0 \tag{1-2-18}$$

该方程联合磁场表达式 $\boldsymbol{H}=\dfrac{\nabla\times\boldsymbol{E}}{i\omega\mu_0}$ 以及边界条件(1-2-15)，就可以完整地描述波导内电磁场的分布。

波动方程(1-2-18)表明，光波导内的电磁场分布虽然由其折射率分布所决定，但由于波导折射率沿纵向均匀，因而纵向场分布都是类似的形式，即 $\boldsymbol{E}(\boldsymbol{r})=\boldsymbol{E}_T(\boldsymbol{T})e^{i\beta z}$；也就是说，不同波导内电磁场特解的区别，仅在于横向分布 $\boldsymbol{E}_T$ 不同。通常将满足波动方程(1-2-18)和边界条件的横向分布 $\boldsymbol{E}_T$ 称为波导的一个模式；$\boldsymbol{E}_T$ 与 z 无关，因而也可认为是波导内电磁场的“截面场分布”。模式的一个重要特征，是截面场分布不会随光在波导内的传输而改变；只有这样，光束才能在介质中以低损耗的形式传输到远方，不受衍射的制约；或者说，折射率分布对光束波前的相位调制必须和光束的衍射实现平衡，两者对光束的作用相互抵消，而能够实现这种平衡的电磁场分布就是该光波导的某个模式。注意，这里需要区分导波光学中研究的“模式”与传统的开放谐振腔中被广泛研究的各种高斯光束；后者虽然也是标量波动方程(在傍轴近似下)的特解，但在其传播过程中是存在衍射的，即截面场分布是变化的(虽然形状相似)。“模式”特指衍射与折射率分布平衡，沿 z 方向传输时截面场分布不变的场分布。

当折射率在空间三个方向均匀分布时，折射率 n 为常数，横向标量波动方程将得到自由空间中可能存在的无衍射光场分布。在没有边界条件的制约下，标量方程(1-2-12)中的三个分量完全独立，因而这里只考虑其中的E_y分量。为简单起见，我们假设E_y沿 y 方向是均匀分布的，即$\partial E_y/\partial y=0$，波动方程进一步简化为

$$\frac{\partial^2}{\partial x^2}E_y+k_c^2E_y=0,\quad k_c^2=k_0^2n^2-\beta^2 \tag{1-2-19}$$

E_y的特解可以表示为$E_y=E_{y0}\mathrm{e}^{\mathrm{i}k_cx}$；完整的时谐场表示为

$$E_y=E_{y_0}\mathrm{e}^{\mathrm{i}k_cx}\cdot\mathrm{e}^{-\mathrm{i}\omega t+\mathrm{i}\beta z} \tag{1-2-20}$$

当$k_c^2>0$ 时，人们将该场分布称为平面波，是因为其在空间上的等相位面是由$k_cx+\beta z=0$ 决定的平面；在该平面上，电磁场的空间分布同时也是等幅的。等相位面的垂线被称为平面波的波矢方向，是其相位变化最快的方向。注意，$k_c^2>0$ 意味着 k_c 是实数，即在与 z 垂直的截面上，电磁场是振荡分布的(从公式(1-2-20)可见)；这时候 k_c 反映了在横向上的振荡分布周期，其物理含义与 β 类似，因而也经常被称作“横向传播常数”。在波导芯径(即光被束缚的区域)内的场分布总是振荡形式的。当 $k_c^2<0$、k_c 是纯虚数的时候，横向电磁场表达式(1-2-20)仍然是波动方程的解，但实际上变成横向指数衰减/增大分布，被称为倏逝场，是光在波导包层内的典型分布形式，如图 1-2-9 所示。

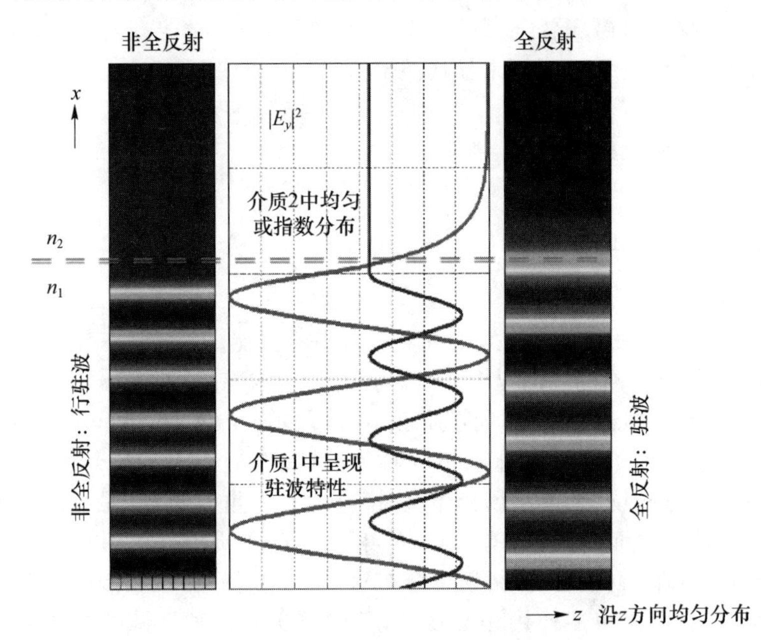

图 1-2-9　发生全反射时，光疏介质中出现倏逝场

因为平面波在空间内均匀分布，不存在衍射过程。一般认为，在其截面上对平面波进行束缚，使其成为光束，便可观察到衍射现象。例如，如果等相位面上的光场

分布不再均匀，而是高斯分布，平面波就变成高斯光束，随着传输距离增长就可以观察到光斑不断增大，表明该光束不是折射率均匀分布空间内的模式。然而，平面波（截面场由三角函数等“矩谐函数”所描述）并非均匀介质中唯一的“无衍射”光场，贝塞尔（Bessel）光束（截面场由贝塞尔等“柱谐函数”所描述）是另一类无衍射分布。贝塞尔光束是在圆柱坐标系下求解标量波动方程获得的特解；同样，我们只考虑E_y分量，它在圆柱坐标系下所满足的波动方程如下：

$$\frac{1}{r}\frac{\partial}{\partial r}r\frac{\partial}{\partial r}E_y+\frac{1}{r^2}\frac{\partial^2}{\partial\varphi^2}E_y+k_c^2E_y=0 \tag{1-2-21}$$

利用分离变量法，假设特解满足$E_y=R(r)\Phi(\varphi)$，带入公式(1-2-21)得到

$$\left.\begin{aligned}&\frac{\mathrm{d}^2\Phi(\varphi)}{\mathrm{d}\varphi^2}+m^2\Phi(\varphi)=0\\&r\frac{\mathrm{d}}{\mathrm{d}r}\left(r\frac{\mathrm{d}R(r)}{\mathrm{d}r}\right)+(k_c^2r^2-m^2)R(r)=0\end{aligned}\right\} \tag{1-2-22}$$

其中，m是分离变量引入的待定系数（类似于之前引入的k_c等）。由公式(1-2-22)得到$\Phi(\varphi)=\mathrm{e}^{-\mathrm{i}m\varphi}$；公式(1-2-23)则是贝塞尔方程，当$k_c^2>0$时，它的一系列特解可以利用第一类贝塞尔函数（J函数）表示为$R(r)=E_{y0}\mathrm{J}_m(k_cr)$。在该条件下，模式完整的时谐场为

$$E_y=E_{y0}\mathrm{J}_m(k_cr)\mathrm{e}^{-\mathrm{i}m\varphi}\cdot\mathrm{e}^{-\mathrm{i}\omega t+\mathrm{i}\beta z} \tag{1-2-23}$$

将该分布与平面波表达式(1-2-20)对比，可以发现两者的相似性。首先，电磁场沿z方向均具有不变的截面场分布，随z的变化仅体现为相位的线性增长，符合先前对“模式”的定义；其次，电磁场在横向均为振荡分布。贝塞尔光束沿角向φ简谐振荡；由于必须满足角向的周期性边界条件（即沿着角向旋转360°，电场强度值必须相同），所以该简谐振荡是“量子化”的，体现为公式(1-2-23)中的m必须是整数。在径向r，贝塞尔J函数也是振荡的，贝塞尔函数是波动方程在圆柱坐标系下的解，正如三角函数/指数函数是波动方程在矩形坐标系下的解，所以贝塞尔函数也被称为“柱谐函数”，意思是圆柱坐标系下的简谐振动。比较贝塞尔J函数与三角函数，可以发现两者的相似性，尤其是大宗量时，

$$\mathrm{J}_m(x)\xrightarrow{x\to\infty}\sqrt{\frac{2}{\pi x}}\cos\left(x-\frac{\pi}{4}-\frac{m\pi}{2}\right) \tag{1-2-24}$$

作为一个特殊情况，当$m=0$，即贝塞尔光束在角向均匀分布时，其光斑如图1-2-11所示。可明显观察到其径向的振荡衰减特性。值得注意的是，贝塞尔光束在严格意义上讲不应称为“光束”，和平面波一样，在横截面对其坡印廷矢量做积分，将得到无穷大的功率；因而，虽然看起来贝塞尔光束具有明亮的中心，但是物理上是不可实现的，可以认为是柱坐标系下的“径向平面波”。

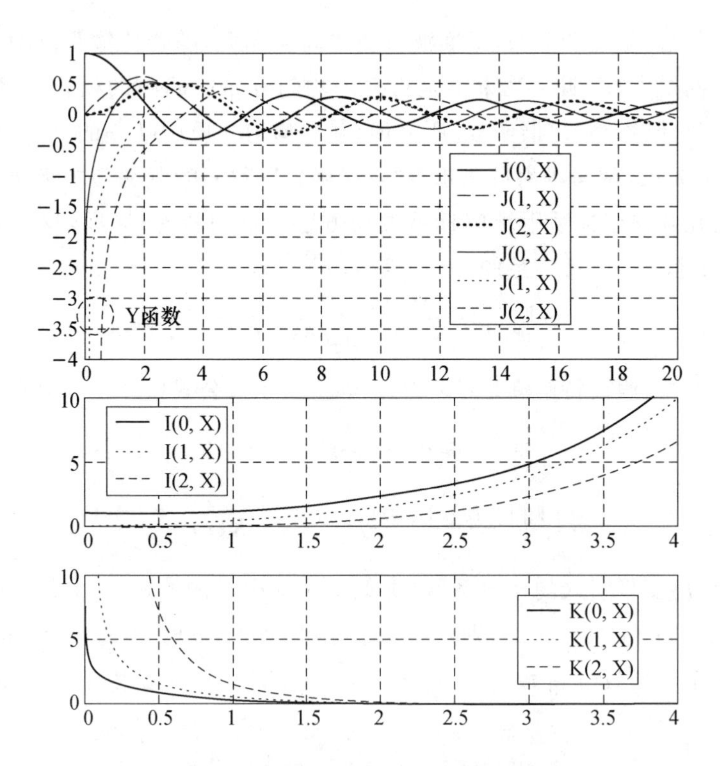

图 1-2-10 四个贝塞尔函数图示(分别为 J、Y、I 和 K 函数)

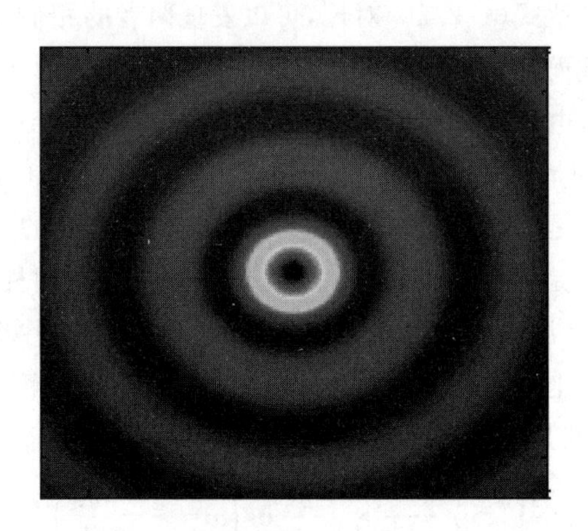

图 1-2-11 $m=0$ 的贝塞尔光束截面等高线分布

矩谐函数包括振荡型的虚指数函数和单调变化的实指数函数两大类。与之相对应,柱谐函数也包含这两类;由于柱坐标的径向不像矩形坐标那样具有对称性,柱谐函数需要用四种不同类型的贝塞尔函数来完整地表达,分别是 J、Y、I、和 K 函数,其变化趋势如图 1-2-10 所示。可见,贝塞尔 J 函数$J_m(k_c r)$和 Y 函数$Y_m(k_c r)$可类比为振荡型的虚指数函数，是圆柱坐标系波动方程(1-2-22)在$k_c^2>0$时的独立特解，对应了矩形坐标系下的平面波。而贝塞尔I函数$I_m(a_c r)$和K函数$K_m(a_c r)$类比与衰减/增益型的实指数函数，是波动方程在$k_c^2<0$时的独立特解，对应了矩形坐标系下的倏逝场；这里假设$a_c^2=-k_c^2$。一般同心圆结构的光波导，其模式就可以由该四类贝塞尔函数组合描述。例如，在最简单的双层阶跃折射率光纤中，空间只存在两种折射率不同的材料：芯层折射率为n_1，半径为a，包层折射率为n_2，并延伸至无穷远。电磁场在芯层和包层中分别满足标量波动方程，因而其特解必然是各类贝塞尔函数的合成。如果我们只考虑导波模式，即可被完全束缚在波导内沿z方向远距离传输的模式，那么芯层内横向传播常数k_c必须为实数(否则后面提到的特征方程将无解)，并且选择贝塞尔J函数描述(Y函数在$r=0$处发散)；而包层中的横向传播常数必须为虚数(否则模式的功率将无穷大)，并且选择贝塞尔K函数描述(I函数在$r=\infty$处发散)。

虽然阶跃折射率光纤和自由空间的波动方程形式相同，但由于边界的存在，标量方程的三个分量不再独立；该现象可以利用几何光学从光线在光纤内的全反射角度来理解。如图1-2-12所示，光在光纤芯径中不断反射前进，其方向总是与z方向有一定夹角，导致其纵向分量不会为零。而且，由于光纤的边界条件是圆形，该折射率突变界面的法线方向可能不会完全恒定。如果光线穿过光纤芯径中心点(称为“子午光”)，其法线方向将是固定的；但这是特殊情况，大部分光线将不会通过中心点(称为“偏斜光”)，其法线方向不断变换。对子午光而言，其x和y方向的场分量有可能解耦合，即：可能存在一类模式，其电场或磁场在某个固定方向上的分量总是为零，被称为横电模(TE模)或者横磁模(TM模)。对偏斜光而言，x和y方向的场分量总是同时存在的，并且被边界条件所约束，被称为混合模式。可见，在光纤波导中，三个场分量在一般情况下是同时存在的。这对波动方程的求解是相当不利的。但幸运的是，由于折射率分布在纵向的均匀性以及电场和磁场之间的旋度关系，模式(截面分布不因传输而变化的场特解)的横向和纵向分量之间可以相互表达，被称为“纵横关系式”。例如，在柱坐标系下，如果已知纵向分量E_z和H_z，那么其他四个横向电磁场分量可以由纵向分量表示为

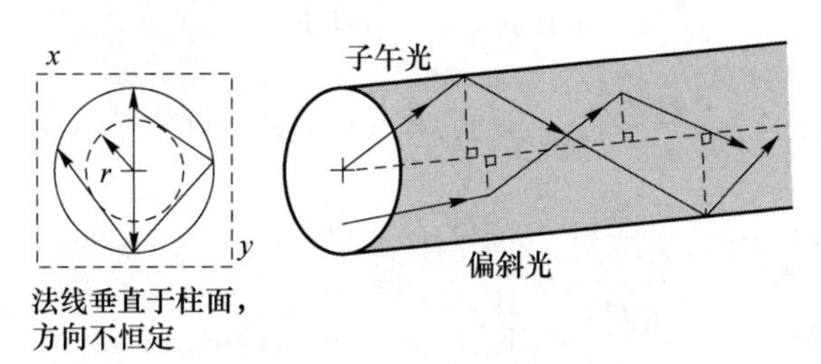

图1-2-12　光纤内的光

$$
\left.\begin{aligned}
E_r&=\frac{\mathrm{i}}{k_\mathrm{c}^2}\left(\beta\frac{\partial E_z}{\partial r}+Z_0\ \frac{k_0}{r}\frac{\partial H_z}{\partial\varphi}\right)\\
E_\varphi&=\frac{\mathrm{i}}{k_\mathrm{c}^2}\left(\frac{\beta}{r}\frac{\partial E_z}{\partial\varphi}-Z_0k_0\ \frac{\partial H_z}{\partial r}\right)\\
H_r&=\frac{\mathrm{i}}{k_\mathrm{c}^2}\left(\beta\frac{\partial H_z}{\partial r}-\frac{k_0n^2}{Z_0r}\frac{\partial E_z}{\partial\varphi}\right)\\
H_\varphi&=\frac{\mathrm{i}}{k_\mathrm{c}^2}\left(\frac{\beta}{r}\frac{\partial H_z}{\partial\varphi}+\frac{k_0n^2}{Z_0}\frac{\partial E_z}{\partial r}\right)
\end{aligned}\right\}\tag{1-2-25}
$$

其中,$Z_0=\sqrt{\mu_0/\varepsilon_0}$,被称为真空波阻抗,即真空中平面波的电场强度 $\boldsymbol{E}$ 与磁场强度 $\boldsymbol{H}$ 的比值。从纵横关系式中可见,我们可以仅关注两个纵向分量而无须考虑其他四个横向分量。结合之前的分析,我们就可以直接写出芯层和包层内纵向分量的贝塞尔函数表达式,如下:

$$
\left.\begin{aligned}
&\text{芯层}\begin{cases}E_z=A\mathrm{J}_m(k_\mathrm{c}r)\mathrm{e}^{-\mathrm{i}m\varphi}\\ H_z=\dfrac{B}{Z_0}\mathrm{J}_m(k_\mathrm{c}r)\mathrm{e}^{-\mathrm{i}m\varphi}\end{cases}\\
&\text{包层}\begin{cases}E_z=C\mathrm{K}_m(a_\mathrm{c}r)\mathrm{e}^{-\mathrm{i}m\varphi}\\ H_z=\dfrac{D}{Z_0}\mathrm{K}_m(a_\mathrm{c}r)\mathrm{e}^{-\mathrm{i}m\varphi}\end{cases}
\end{aligned}\right\}\tag{1-2-26}
$$

其中,$k_\mathrm{c}=\sqrt{k_0^2n_1^2-\beta^2}$是芯层内的横向传播常数(实数),$a_\mathrm{c}=\sqrt{\beta^2-k_0^2n_2^2}$是包层的横向传播常数(实数)。根据纵横关系式,电场和磁场的径向和角向分量可表示为

$$
\left.\begin{aligned}
&\text{芯层}\begin{cases}E_r=\mathrm{i}\ \dfrac{k_0}{k_\mathrm{c}}[n_\mathrm{eff}A\mathrm{J}_m'(k_\mathrm{c}r)-\mathrm{i}mB\mathrm{J}_m(k_\mathrm{c}r)/k_\mathrm{c}r]\mathrm{e}^{-\mathrm{i}m\varphi}\\
E_\varphi=\mathrm{i}\ \dfrac{k_0}{k_\mathrm{c}}[-\mathrm{i}n_\mathrm{eff}mA\mathrm{J}_m(k_\mathrm{c}r)/k_\mathrm{c}r-B\mathrm{J}_m'(k_\mathrm{c}r)]\mathrm{e}^{-\mathrm{i}m\varphi}\\
H_r=\mathrm{i}\ \dfrac{1}{Z_0}\dfrac{k_0}{k_\mathrm{c}}[\mathrm{i}n_1^2mA\mathrm{J}_m(k_\mathrm{c}r)/k_\mathrm{c}r+n_\mathrm{eff}B\mathrm{J}_m'(k_\mathrm{c}r)]\mathrm{e}^{-\mathrm{i}m\varphi}\\
H_\varphi=\mathrm{i}\ \dfrac{1}{Z_0}\dfrac{k_0}{k_\mathrm{c}}[n_1^2A\mathrm{J}_m'(k_\mathrm{c}r)-\mathrm{i}n_\mathrm{eff}mB\mathrm{J}_m(k_\mathrm{c}r)/k_\mathrm{c}r]\mathrm{e}^{-\mathrm{i}m\varphi}\end{cases}\\
&\text{包层}\begin{cases}E_r=-\mathrm{i}\ \dfrac{k_0}{a_\mathrm{c}}[n_\mathrm{eff}C\mathrm{K}_m'(a_\mathrm{c}r)-\mathrm{i}mD\mathrm{K}_m(a_\mathrm{c}r)/a_\mathrm{c}r]\mathrm{e}^{-\mathrm{i}m\varphi}\\
E_\varphi=-\mathrm{i}\ \dfrac{k_0}{a_\mathrm{c}}[-\mathrm{i}n_\mathrm{eff}mC\mathrm{K}_m(a_\mathrm{c}r)/a_\mathrm{c}r-D\mathrm{K}_m'(a_\mathrm{c}r)]\mathrm{e}^{-\mathrm{i}m\varphi}\\
H_r=-\mathrm{i}\ \dfrac{1}{Z_0}\dfrac{k_0}{a_\mathrm{c}}[\mathrm{i}n_2^2mC\mathrm{K}_m(a_\mathrm{c}r)/a_\mathrm{c}r+n_\mathrm{eff}D\mathrm{K}_m'(a_\mathrm{c}r)]\mathrm{e}^{-\mathrm{i}m\varphi}\\
H_\varphi=-\mathrm{i}\ \dfrac{1}{Z_0}\dfrac{k_0}{a_\mathrm{c}}[n_2^2C\mathrm{K}_m'(a_\mathrm{c}r)-\mathrm{i}n_\mathrm{eff}mD\mathrm{K}_m(a_\mathrm{c}r)/a_\mathrm{c}r]\mathrm{e}^{-\mathrm{i}m\varphi}\end{cases}
\end{aligned}\right\}\tag{1-2-27}
$$

其中,$n_\mathrm{eff}=\beta/k_0$,即模式纵向传播常数与真空传播常数的比值,被称为有效折射率,根据 β 的取值范围,有效折射率基于 n_1 和 n_2 之间。上面 12 个场分量表达式中,又多

了四个和振幅相关的待定系数，即 A、B、C 和 D（量纲均为电场强度 $\boldsymbol{E}$ 的量纲）。我们可以发现，场表达式充斥着各种“待定系数”，包括刚刚引入的幅度、之前介绍的角向的量子数 m、被频率（即k_0）所关联的横向和纵向传播常数。这些数字的确定，均依赖于边界条件(1-2-15)，即：电场和磁场沿边界的切向分量必须连续。在圆形边界上，切向分量包括E_z、E_φ、H_z和H_φ。根据这四个切向分量在边界 $r=a$ 处的连续性，我们将得到四个关于幅度($ABCD$)的线性齐次方程。如果求解该方程得到非平凡解（即四个幅度系数不全为零），则要求线性方程组各幅度的系数组成的 4×4 矩阵行列式为 0；该条件限定了其他待定系数(m 和 β)必须满足下列条件：

$$\left.\begin{aligned}&n_{\mathrm{eff}}^2m^2\left[\frac{1}{(k_{\mathrm{c}}a)^2}+\frac{1}{(a_{\mathrm{c}}a)^2}\right]^2=(\mathrm{J}_m+\mathrm{K}_m)(n_1^2\mathrm{J}_m+n_2^2\mathrm{K}_m)\\&\mathrm{J}_m=\frac{1}{k_{\mathrm{c}}a}\frac{\mathrm{J}_m'(k_{\mathrm{c}}a)}{\mathrm{J}_m(k_{\mathrm{c}}a)},\quad \mathrm{K}_m=\frac{1}{a_{\mathrm{c}}a}\frac{\mathrm{K}_m'(a_{\mathrm{c}}a)}{\mathrm{K}_m(a_{\mathrm{c}}a)}\end{aligned}\right\}\tag{1-2-28}$$

方程(1-2-28)被称为光波导的“特征方程”，方程中k_{c}，a_{c}均和传播常数 β 或有效折射率 n_{eff}有关，因而可以看出是模式有效折射率所必须满足的方程。值得注意的是，我们在公式(1-2-26)中直接认为芯层和包层内的电磁场在角向和纵向具有相同的分布，依据也是折射率界面处的切向场连续性要求。

在给定光频率和角量子数 m 之后，即可求解上述特征方程并得到待定参数 β 或者 n_{eff}的数值；然后一同代入关于幅度($ABCD$)的线性齐次方程组，求其非平凡解，便可得到满足光纤波导标量波动方程和边界条件的特解。该特解的四个幅度参数可表示为

$$\left.\begin{aligned}&\frac{B}{A}=\frac{D}{C}=-\mathrm{i}n_{\mathrm{eff}}m\,\frac{\dfrac{1}{(k_{\mathrm{c}}a)^2}+\dfrac{1}{(a_{\mathrm{c}}a)^2}}{\mathrm{J}_m+\mathrm{K}_m}\\&\frac{C}{A}=\frac{\mathrm{J}_m(k_{\mathrm{c}}a)}{\mathrm{K}_m(a_{\mathrm{c}}a)}\end{aligned}\right\}\tag{1-2-29}$$

只要确定 A 的数值，我们就可以根据公式(1-2-26)～公式(1-2-28)得到光纤波导模式的六个场分量的具体分布。

从自由空间到波导，虽然场分布的求解过程复杂了很多，但从平面波到光纤内的模式，所有这些波动方程特解都满足同一个特性，即截面场分布随时间和 z 方向传输距离，只有线性的相位变化。模式和平面波的差别，仅在于模式在横向上受到了折射率“势阱”的束缚，不再像均匀介质的平面波那样自由延伸，但在纵向(z 方向)上没有任何约束，应该像自由空间传播那样具有线性的相位变化。在很多应用中，包括本书介绍的光纤布拉格光栅、光信号在光纤内的传输等，截面场分布的细节往往可以被忽略或者通过某种途径简化，这样光在光纤内的传输与平面波在自由空间内的传输将具有非常类似的性质了。这给波动的应用分析带来了极大的便利。

1.2.4 模式的性质

1.2.3 小节我们分析了具有最简单结构的光纤，但求解过程仍然比较复杂。对于更复杂的光纤结构，一般采用数字仿真的方法求解标量甚至矢量波动方程；计算过程也不再像上面对电磁场分布进行矩谐或柱谐函数展开，而是采用频域或时域差分、有限元方法等直接求解波动方程，因而波导结构不局限于同心圆结构。目前，在光纤数字仿真方面有很多商用软件，如著名的 RSoft；开源代码，如美国马里兰大学 Thomas E. Murphy 教授组所开发的程序。诸多途径均得到同一个结论：纵向折射率均匀分布的光波导中，确实可能存在如式

$$\boldsymbol{E}(x,y,z,t)=\boldsymbol{E}_{\mathrm{T}}(x,y)\mathrm{e}^{-\mathrm{i}\omega t+\mathrm{i}\beta z} \tag{1-2-30}$$

所描述的电磁场特解。从上面给出的具体例子中可以看到，在给定的光频率下，这种形式的特解并不唯一，我们将得到多个(m,β)的组合，每个组合均有对应的横截面场分布。一个重要的现象是，纵向传播常数β也是量子化的：在给定频率ω和角向量子数m之后，β只能在某些离散的数值上有可能使得特征方程成立，并最终获得非平凡的模式场分布；也就是说，在给定光频率之后，模式的截面场分布是离散的，任意两个相同频率间的模式分布总是存在明显差异的。这是和自由空间平面波或者贝塞尔光束截然不同之处：之前，光场没有受到任何形式的束缚，因而在给定频率下电磁场的分布可以非常接近。可以说，横向场分布的“量子化”完全是横向折射率分布对光场的束缚所导致的。

作为光波导波动方程的特解，模式特殊在其不变性：在不同的时间点或者纵向(z方向)位置上观察该模式，它具有稳定不变的截面场分布。该不变性可以给光波导初值问题的求解提供一个新的思路。例如，在$z=0$处，我们已知电磁场的时域分布，若要求解波导输出端电磁场的时域分布，思路如下：首先，对$z=0$平面的每个位置上的电磁场进行傅里叶变换，将时域分布转换为频域分布；然后，针对每个频点，将$z=0$截面场表示为该频率所有模式的线性叠加；之后，由于模式传播在时间和z方向的不变性，我们可以方便地得到输出端由各频率模式的叠加表达；最后，求和、傅里叶逆变换，就可以得到输出截面的时域分布了。可见，根据模式的不变性，原先电磁场的初值问题变成了“分解—独立传输—求和”的代数问题了，如图 1-2-13 所示。

如图 1-2-13 所示，该过程的成立，在物理上显然基于光波导模式的时不变性。值得注意的是，“分解—独立传输—求和”的过程必须依赖模式的“完备性”和“正交性”。所谓完备性，指的是这种分解对任何横截面电场分布都是可行的；而所谓正交性，则是指我们只能找到唯一的一种分解的方式。特征方程的解的完备性和正交性是一个非常复杂的证明过程；一般情况下，我们认为这个命题是成立的，而且可以将其正确性推广到其他不满足弱导近似，甚至不满足其他更基础假设（比如各向同性等）的光纤中。

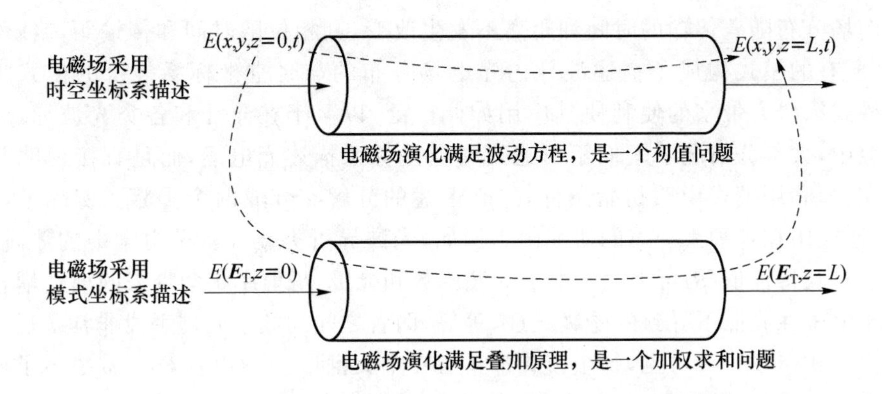

图 1-2-13 基于模式这一概念，光纤内电场分布求解可从微分方程的初值问题转换为线性代数问题

实际上，模式这个概念的重要性，不在于上述数学处理的便携（“分解—独立传输—求和”不见得比求解初值问题方便，因为大数量的求解模式也是一件非常烦琐的事情；直接差分求解波动方程或许更简单，比如“波束传播方法”等），而在于模式改变了人们对光波导内电磁场分布的“表达方式”。波导内的光，既可以表示为时空坐标下的分布，也可以表示为不同模式的和。基于模式集合的正交性和完备性，它们可以构成一个“模式坐标系”，任何波导内电磁场的分布均成为该空间的一个点；这时，我们不再关注电磁场在具体某个时空点的数值，而关注它所包含的各个模式的系数（即它在“模式空间”内的坐标）的演化。例如，当光在理想波导内传输的时候，各个模式是独立传输的，因而电磁场在模式空间内的每个坐标值也是独立演化的，演化规律符合公式(1-2-30)：绝对值不变，相位随时间和传输距离线性变化。当光波导受到折射率扰动而变得非理想时，独立模式存在的条件会受到破坏而不再存在。例如，在高非线性波导中，折射率和光功率相关，因而沿时间不再简单地进行线性相位变化；在光纤光栅、波导耦合器等中，折射率分布沿 z 方向不再具有不变性，光场沿 z 方向的分布也不会进行线性相移。但是，我们仍然可以在某一时刻、某一 z 截面处，利用折射率扰动之前的光波导所包含的模式合成对扰动后的电磁场进行逼近，即仍然在模式空间内描述电磁场的分布，只不过这时候各模式不再独立传输，模式间将发生相互调制或能量上的转移。在数学上，利用模式系数随时间和传输距离的演化描述折射率扰动波导内的电磁场分布，即“分解—耦合传输—求和”理论，被称为耦合模式理论。我们可以看到模式空间和耦合模式理论在数学描述上的便携性：屏蔽电磁场在横向截面的分布，利用模式系数（随时间 t、传输距离 z 变化的标量）替代矢量场（随时间 t、三个空间坐标变化的三维矢量）；相应地，耦合模方程也将比波动方程大大简化。屏蔽了横向分布，不同类型波导内模式间相互耦合的通性将被凸显出来，人们甚至可以简单地和自由空间不同平面波间的耦合对照。

我们可以对模式进行如下总结：①模式是光纤、光波导波动方程的特解；②模式的横向场分布随着传输的时间和距离不发生改变，其相位随时间和传输距离线性变化；③所有的模式构成了描述波导内光电场分布的与时空坐标系等价的模式坐标系。模式给研究带来的便利使其应用如此广泛，以至于在光纤和各类光波导、光学谐振腔中，大部分情况下人们不再通过时空坐标系描述光电场，而是直接说明其模式分布；即利用模式说明初始条件，忽略上述的分解和合成两个步骤。实际上，“模式”广泛应用在各种束缚态的研究中。例如，光波导可类比于量子力学中的势阱，模式场分布及特征值(β)可类比于电子的波函数和能级，折射率扰动带来的模式耦合可类比于电子在光照下导致的能级跃迁，等等，两者之间的数学处理手段非常接近。

由公式(1-2-30)可见，每个模式都具有三个关键量：ω、β以及$\boldsymbol{E}_{\mathrm{T}}$。$\omega$描述了该模式的横截面相位随时间的变化率，被称为该模式的角频率。通常人们更习惯于用f来表示光电场的振动频率。不同频率的场分布，分属不同的模式，因而人们通常也把依频率分类的模式称为“纵模”。在光波导内，纵模是连续的。也就是说，可以找到两个模式，它们的频率、纵向传播常数β以及电磁场分布$\boldsymbol{E}_{\mathrm{T}}$无限接近。这个特性跟$\beta$的不连续性差异很大。模式的不连续性，来自于该方向的边界条件是否束缚。纵模同样可以不连续。例如，在光谐振腔内，沿光波导延伸的z方向上也会具有束缚性的边界条件，这时候纵模也变成不连续的了；具体表现则是，激光器的稳定振荡输出频率不连续。

β描述了本征模式的横截面相位随z(即光纤延伸方向)的变化率，通常被称为该模式的传播常数。这里可以注意一下，通常人们对相位增减的规定：截面场相位随时间是降低的，而随z是增大的。使用$-\mathrm{i}\omega t$是惯例，并无特殊含义，较多书籍和文献中也采用$+\mathrm{j}\omega t$的定义。采用$+\mathrm{i}\beta z$则是为了保证截面场的等相位面传播方向指向z坐标轴的正方向。从公式(1-2-30)中可得，其等相位面由$-\mathrm{i}\omega t+\mathrm{i}\beta z=0$决定，即$z=\omega t/\beta$，当时间增加时等相位面也增大，如图1-2-14所示。给定光频率时，满足束缚边界条件的导波模式(即在横截面上具有有限功率的模式)的传播常数β只可能在离散

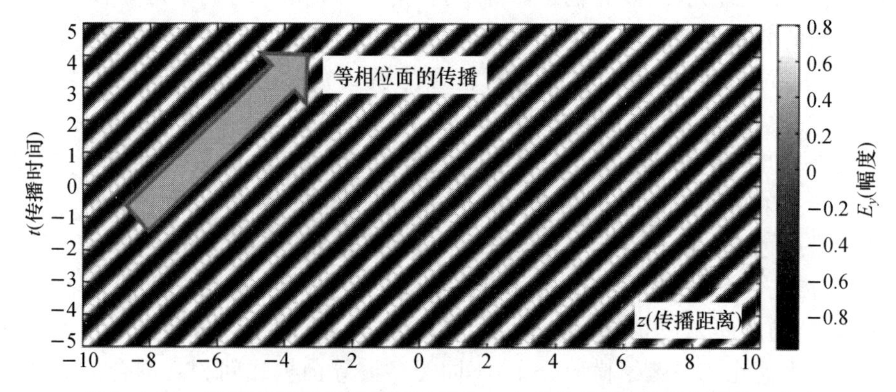

图1-2-14 实数时谐场的振幅随时间和z方向的分布；等相位面在z方向的位置随着时间而变，变化速度即为相速度

的点上出现。这种不连续性是指在给定光频率时，相对于ω本身，β仍然是连续变化的。当频率ω变化的时候，所有可能存在的β就会形成很多条不重合的曲线。例如，两层阶跃折射率分布光纤的部分$\beta(\omega)$曲线如图1-2-15所示。在这里，光纤已经进行了弱导下的线性极化模近似，如图1-2-15所示。通常，人们把每一条随ω而变的连续的β曲线所涉及的模式，称为一个横模（集合）。对应的$\beta(\omega)$被称为该横模的色散关系曲线。从图1-2-15中还可以看到，给定频率时的模式个数是不同的：频率越高，光纤能够支持的横模类型就会越多。其中有一个横模最为特殊，在理论上光纤对它的支持是无条件的，即从零频率开始它就存在于光纤当中，该横模被称为光纤的基模。除基模外，其他横模都需要入射光的频率高于某个数值后，波导才能够支持其传输；这些横模称为高阶模，能够传输的最小光频率称为该横模的截止频率。基模的截止频率为零，这是对称介质波导的特点。作为对比，金属波导内，即使是最低阶的模式，也存在一个非零的截止频率。当入射光频率低于最低的非零截止频率时，光纤只能够支持基模的传输；工作在这段频率范围内的光纤，称为单模光纤。可见，光纤是否单模，不是由光纤本身决定的，而是由其工作的频率范围决定的。

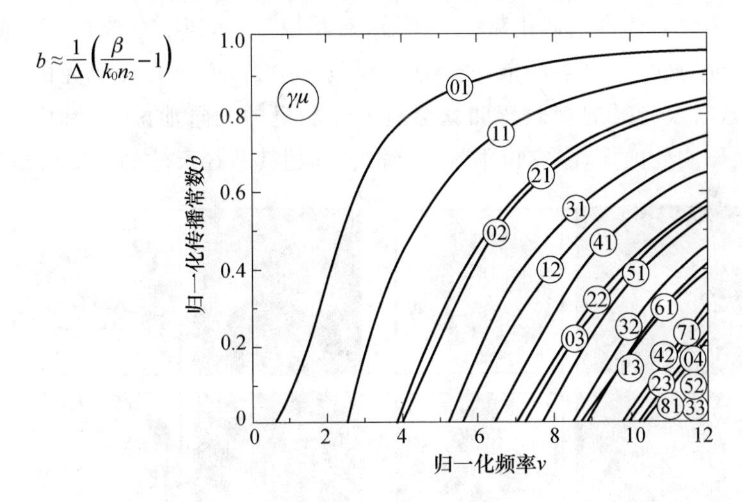

图1-2-15　线性极化模近似下阶跃折射率光纤的色散曲线（利用归一化的频率和传播常数表示）

实际上，人们更自然地用有效折射率$n_{\text{eff}}=\beta/k_0$替代传播常数，用来描述模式的纵向传输特性。有效折射率和通常所说的介质折射率含义类似，都表示相位随距离的变化速度相比真空传播的增加倍数，也是电磁场振动的空间周期——波长——受介质或波导的影响相比真空下的增加倍数；这也是从平面波到模式概念延伸的一种体现。在光纤中，光电场受到不止一种材料的折射率的影响，所以有效折射率一般不会和其中某一个材料的折射率（比如纤芯或者包层）相同，而是介于它们之间，即：

有效折射率一般情况下大于包层的折射率，但是小于纤芯的折射率。

$\boldsymbol{E}_{\mathrm{T}}$ 是模式的截面场分布的具体形式。不同横模之间的截面场分布差别很大，例如 1.2.3 小节例子中，具有同一频率和角量子数的不同横模，场分布具有明显的差异。同一横模的截面场分布则非常类似，随着频率具有连续的小幅度变化。图 1-2-16表示了光纤基横模(HE11 模)的场分布，类似二维的高斯函数(形状如同草帽)；高阶横模则会出现场强为零的点。横模可以根据零点个数标注，零点越多对应横模的"阶数"越高，也具有越高的截止频率。横向截面场分布出现零点，从波动光学的角度反映了光纤内部的全反射现象。光以非零入射角入射到光纤，在其内壁反射，因而会在横向上形成驻波，干涉叠加就会形成零点。零点数目越多，说明横向振动的周期越短，即入射角度越大，这时候光沿着纵向的波矢分量就会降低，相位沿 z 方向的变化就会减缓，这也说明了如图 1-2-16 所示的相同频率下的横模阶数越高，对应的传播常数就越小。这个现象类似于金属波导，由于光在横向上受到束缚，都会发生横向谐振现象。但介质波导与金属波导的巨大差别在于其边界条件一直延伸到无穷远处，而不是在某个有限的边界处突然截止，这也造成了介质波导的基模在理论上不会有非零的截止频率。不过，对基模来讲，当入射光的频率降低后，其模场半径会逐渐变大，更多的能量会分布到包层中去，说明光纤对光的束缚能力在不断减弱；这时候光纤的稍微弯曲就会造成光能量的大量泄漏，实际中即使不考虑光纤材料在长波处的损耗，它也很难支持波长远超其芯径尺寸的光的低损耗传输。

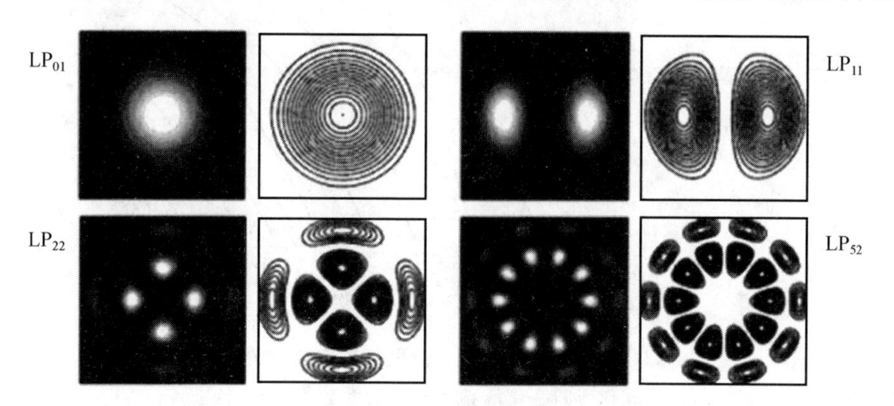

图 1-2-16 线性极化模近似下阶跃折射率光纤的横模场分布

本书只考虑光纤工作在单模的情形。根据上述模式的概念，我们甚至可以简单地认为：光以单一基模形式在单模光纤内的传输与平面波在无限大空间内的传输是相同的，只不过截面场分布是高斯型且传播常数不再是 k_0 而是 β；我们利用单个简单复数标量就可以完备地描述光纤内各处的光电场。该简化在很多情况下都是成立的，这一切都是建立在模式这一概念上的。

1.3 从周期性结构开始

周期性结构的目的可能在于对弱反射的不断累积；与结构相关的反射谱或许只是副作用而已。

1.3.1 周期性平面介质层结构

1.2 节给出了如下结论：光纤内的模式，可以简单地理解为被光纤所"吸附"和导引的平面波。我们可以得到如下推论：光纤内的周期性结构和自由空间内的周期性结构应该具有类似的性质。本节将探讨平面波在周期性排列的多层介质薄膜中的传播规律，并作为一个参考，为读者提供一个光纤布拉格光栅的对比。

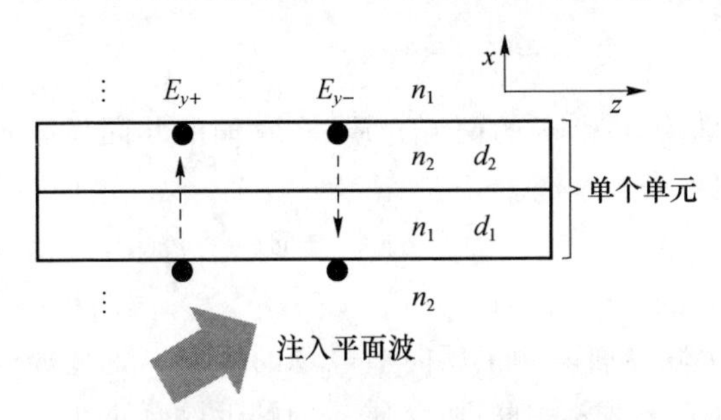

图 1-3-1　周期性结构示意图

上节我们从标量波动方程得知，矩形坐标系下分层结构介质中的电磁场模式为平面波。根据待研究介质的分布规律，这里采用矩形坐标系，周期性结构各层均匀介质内的电磁场分布即为平面波的叠加。这些平面波由外部注入的平面波所激发。这里设注入平面波的波矢与折射率界面的法线构成 x-z 平面，该平面与折射率界面的交线为 z 方向。观察图 1-3-1 中的周期性结构，可发现它和波导类似，沿 z 方向具有折射率分布不变性(实际上沿 y 方向也不变)。由于注入平面波各个场分量沿 y 均匀分布，根据切向分量连续的边界条件，周期性结构内的各平面波也需沿 y 方向均匀分布；同时，场沿 z 方向具有相同的分布($e^{i\beta z}$)，并在各层折射率内满足标量波动方程。和圆波导不同，平面的折射率界面支持纵向(z 方向)电场分量和磁场分量的解耦合，这可从矩形坐标系下的纵横关系式中得到证明(本书略)。物理上的解释如下。由入射平面波的横电磁场特性，其电场、磁场和波矢三者相互垂直，任意入射平面波可以分解为横电场模(TE 模)和横磁场模(TM 模)的叠加。TE 模，即电场沿 y 方向，磁场处于 x-z 平面，电场沿 z 方向分量为零；而 TM 模，即磁场沿 y 方向，电场处于 x-z 平面，磁场沿 z 方向分量为零。在平面边界上，TE 模和 TM 模不会相互激发(根据切向场分量连续性，y 方向电场/磁场不会在界面另一侧激发 z 方向电场/磁场)。因而,如果入射平面波为 TE 模场(本节中以 TE 模场为例;TM 模场将得到类似的结论),那么周期性结构中的所有电磁场均为 TE 模场:$E_x=E_z=0$,E_y在各层满足沿 y 方向均匀分布的标量波动方程。假设某一层折射率为 n,那么横电场即为

$$E_y=(A\mathrm{e}^{\mathrm{i}k_c x}+B\mathrm{e}^{-\mathrm{i}k_c x}).\ \mathrm{e}^{\mathrm{i}\beta z}$$

其中,

$$k_c=\sqrt{k_0^2n^2-\beta^2} \tag{1-3-1}$$

根据表达式,可认为横电场由正反向传输的平面波构成,幅度分别由 A 和 B 表示。根据磁场与电场的旋度关系或矩形坐标系下的纵横关系式,我们可以得到横向磁场为

$$\begin{aligned}H_z&=-\mathrm{i}\,\frac{1}{Z_0}\frac{1}{k_0}\frac{\partial E_y}{\partial x}\\&=\frac{1}{Z_0}\frac{1}{k_0}(k_cA\mathrm{e}^{\mathrm{i}k_c x}-k_cB\mathrm{e}^{-\mathrm{i}k_c x}),\mathrm{e}^{\mathrm{i}\beta z}\end{aligned} \tag{1-3-2}$$

这里考虑折射率分别为 n_1 和 n_2 的两层介质,在它们的共同界面x_0处,上面两个切向分量分别连续,得到

$$\left.\begin{aligned}A_1\mathrm{e}^{\mathrm{i}k_{c,1}x_0}+B_1\mathrm{e}^{-\mathrm{i}k_{c,1}x_0}&=A_2\mathrm{e}^{\mathrm{i}k_{c,2}x_0}+B_2\mathrm{e}^{-\mathrm{i}k_{c,2}x_0}\\k_{c,1}A_1\mathrm{e}^{\mathrm{i}k_{c,1}x_0}-k_{c,1}B_1\mathrm{e}^{-\mathrm{i}k_{c,1}x_0}&=k_{c,2}A_2\mathrm{e}^{\mathrm{i}k_{c,2}x_0}-k_{c,2}B_2\mathrm{e}^{-\mathrm{i}k_{c,2}x_0}\end{aligned}\right\} \tag{1-3-3}$$

上述两个等式即可关联界面两侧正反向横电场的幅度。更直观地,我们利用折射率界面两侧的横电场幅度来表示关联性:介质 n_1 内贴近界面处,$E_{y+,1}=A_1\mathrm{e}^{\mathrm{i}k_{c,1}x_0}$,$E_{y-,1}=B_1\mathrm{e}^{-\mathrm{i}k_{c,1}x_0}$;介质 n_2贴近界面处,$E_{y+,2}=A_2\mathrm{e}^{\mathrm{i}k_{c,2}x_0}$,$E_{y-,2}=B_2\mathrm{e}^{-\mathrm{i}k_{c,2}x_0}$。由此可得

$$\begin{pmatrix}E_{y+,2}\\E_{y-,2}\end{pmatrix}=\underbrace{\begin{bmatrix}\dfrac{k_{c,2}+k_{c,1}}{2k_{c,2}}&\dfrac{k_{c,2}-k_{c,1}}{2k_{c,2}}\\\dfrac{k_{c,2}-k_{c,1}}{2k_{c,2}}&\dfrac{k_{c,2}+k_{c,1}}{2k_{c,2}}\end{bmatrix}}_{T}\begin{pmatrix}E_{y+,1}\\E_{y-,1}\end{pmatrix} \tag{1-3-4}$$

式中的 2×2 矩阵,将折射率突变界面两侧的横电场幅度关联起来,在形式上将界面一侧的电场幅度"传递"为另一侧的相应数值,因而常被称为传输矩阵,如图 1-3-2 所示。

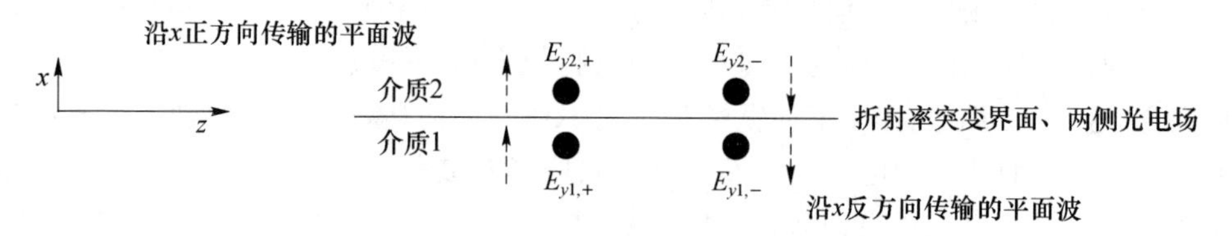

图 1-3-2 折射率突变界面处的传输矩阵

另一种表示四个电场幅度的表达方式,也被称为"散射矩阵",表示为

$$\begin{pmatrix} E_{y1,-} \\ E_{y2,+} \end{pmatrix} = \underbrace{\begin{pmatrix} \dfrac{k_{c,1}-k_{c,2}}{k_{c,1}+k_{c,2}} & \dfrac{2k_{c,2}}{k_{c,2}+k_{c,1}} \\ \dfrac{2k_{c,1}}{k_{c,1}+k_{c,2}} & \dfrac{k_{c,2}-k_{c,1}}{k_{c,2}+k_{c,1}} \end{pmatrix}}_{S=\begin{pmatrix} -\frac{T_{21}}{T_{22}} & \frac{1}{T_{22}} \\ \frac{\det T}{T_{22}} & \frac{T_{12}}{T_{22}} \end{pmatrix}} \begin{pmatrix} E_{y1,+} \\ E_{y2,-} \end{pmatrix} \tag{1-3-5}$$

之所以称为散射矩阵，是因为该矩阵关联了针对折射率界面的输出($E_{y-,1}$，$E_{y+,2}$)与输入($E_{y+,1}$，$E_{y-,2}$)之间的关系。如图 1-3-3 所示，散射矩阵直接给出了平面波在折射率突变界面上的反射率与透射率。例如，光从 m 层介质入射到界面时，(复数)反射率为$E_{y-,1}/E_{y+,1}=S_{11}$，透射率则为$E_{y+,2}/E_{y+,1}=S_{21}$。这些都与菲涅尔定律吻合。各个介质层的平面波波矢指向由 β 决定：折射率为 n 的介质内，波矢与法线方向夹角为$\sin^{-1}(\beta/k_0 n)$。其中的一个例外：当 $\beta>k_0 n$ 时，该角度失去意义，对应的横向传播常数为虚数，该层介质内的电磁场从平面波变为倏逝场，沿 x 方向为指数增大或者衰减。如果电磁场在相邻两层介质内分别为平面波(对应实数横向传播常数)和倏逝场(对应纯虚数横向传播常数)，那么从散射矩阵中可以看到，两个复数反射率参数(S_{11}和S_{21})的绝对值均为 1，即全反射。

从介质 1 往 2 看的反射率　　从介质 2 入射到介质 1 的透射率

$$\begin{pmatrix} S_{11} & S_{12} \\ & \\ S_{21} & S_{22} \end{pmatrix}$$

从介质 1 入射到介质 2 的透射率　从介质 2 往 1 看的反射率

图 1-3-3　散射矩阵各个元素的物理含义

每一层均匀折射率介质内也存在对应的传输矩阵：由于各平面波独立传播，假设折射率为 n 的介质层在 x 方向的厚度为 d，那么在接近其上、下两个界面的内侧，正反向横电场复数振幅的传输矩阵为

$$\begin{pmatrix} E_{y+,2} \\ E_{y-,2} \end{pmatrix} = \underbrace{\begin{pmatrix} e^{ik_c d} & \\ & e^{-ik_c d} \end{pmatrix}}_{T} \begin{pmatrix} E_{y+,1} \\ E_{y-,1} \end{pmatrix} \tag{1-3-6}$$

即只存在相位移动(k_c 为实数时)或幅度增减(k_c 为虚数时)，独立传输(反对角线为零)，与公式(1-2-30)吻合。

传输矩阵可以将平面波在多层介质膜结构中的传播特性求解出。在如图 1-3-1 所示的结构中，正反向传输的横电场复振幅从 x 轴的最下方开始，不断交替经过折射率突变界面(公式(1-3-4)所示的传输矩阵)和均匀介质(公式(1-3-6))，传递至最上层。假设周期性结构的每个单元包括一层折射率为 n_1、厚度为 d_1 的介质，和一层

折射率为 n_2、厚度为 d_2 的介质，一共 M 个周期，那么整个结构的传输矩阵为

$$\boldsymbol{T}_M=\left[\begin{pmatrix}\mathrm{e}^{\mathrm{i}k_{\mathrm{c},2}d_2} & \\ & \mathrm{e}^{-\mathrm{i}k_{\mathrm{c},2}d_2}\end{pmatrix}\begin{pmatrix}\dfrac{k_{\mathrm{c},2}+k_{\mathrm{c},1}}{2k_{\mathrm{c},2}} & \dfrac{k_{\mathrm{c},2}-k_{\mathrm{c},1}}{2k_{\mathrm{c},2}}\\ \dfrac{k_{\mathrm{c},2}-k_{\mathrm{c},1}}{2k_{\mathrm{c},2}} & \dfrac{k_{\mathrm{c},2}+k_{\mathrm{c},1}}{2k_{\mathrm{c},2}}\end{pmatrix}\right.$$
$$\left.\begin{pmatrix}\mathrm{e}^{\mathrm{i}k_{\mathrm{c},1}d_1} & \\ & \mathrm{e}^{-\mathrm{i}k_{\mathrm{c},1}d_1}\end{pmatrix}\begin{pmatrix}\dfrac{k_{\mathrm{c},1}+k_{\mathrm{c},2}}{2k_{\mathrm{c},1}} & \dfrac{k_{\mathrm{c},1}-k_{\mathrm{c},2}}{2k_{\mathrm{c},1}}\\ \dfrac{k_{\mathrm{c},1}-k_{\mathrm{c},2}}{2k_{\mathrm{c},1}} & \dfrac{k_{\mathrm{c},1}+k_{\mathrm{c},2}}{2k_{\mathrm{c},1}}\end{pmatrix}\right]^M$$
$$=\begin{pmatrix}\sigma & \kappa\\ \kappa^* & \sigma^*\end{pmatrix}^M \tag{1-3-7}$$

其中，

$$\left.\begin{aligned}\sigma&=\frac{(k_{\mathrm{c},2}+k_{\mathrm{c},1})^2}{4k_{\mathrm{c},2}k_{\mathrm{c},1}}\mathrm{e}^{\mathrm{i}(k_{\mathrm{c},2}d_2+k_{\mathrm{c},1}d_1)}-\frac{(k_{\mathrm{c},2}-k_{\mathrm{c},1})^2}{4k_{\mathrm{c},2}k_{\mathrm{c},1}}\mathrm{e}^{\mathrm{i}(k_{\mathrm{c},2}d_2-k_{\mathrm{c},1}d_1)}\\ \kappa&=\frac{k_{\mathrm{c},2}^2-k_{\mathrm{c},1}^2}{4k_{\mathrm{c},2}k_{\mathrm{c},1}}(\mathrm{e}^{\mathrm{i}(k_{\mathrm{c},2}d_2-k_{\mathrm{c},1}d_1)}-\mathrm{e}^{\mathrm{i}(k_{\mathrm{c},2}d_2+k_{\mathrm{c},1}d_1)})\end{aligned}\right\} \tag{1-3-8}$$

该表达式在 $k_{\mathrm{c},1}$ 和 $k_{\mathrm{c},2}$ 均为实数时成立；这也是周期性结构常用的场景(例如，垂直入射的时候 $k_{\mathrm{c}}=k_0n$)。下面我们关注当 $M\to\infty$ 时周期性结构对入射光场的作用。对 $M=1$ 时的传输矩阵进行对角化，可以得到 T_M 的形式；然后利用传输矩阵和散射矩阵的关系式，就可得到电磁场穿过该周期性结构的透射率(过程略)。

$$\left.\begin{aligned}|S_{21}|&=\left|\frac{1-\chi}{1/\eta^M-\chi\eta^M}\right|\\ \eta&=\mathrm{Re}(\sigma)+\sqrt{\mathrm{Re}(\sigma)^2-1}\\ \chi&=\frac{\mathrm{Im}(\sigma)+\mathrm{i}\sqrt{\mathrm{Re}(\sigma)^2-1}}{\mathrm{Im}(\sigma)-\mathrm{i}\sqrt{\mathrm{Re}(\sigma)^2-1}}\end{aligned}\right\} \tag{1-3-9}$$

观察 $|S_{12}|$ 的分母，可见 $|\eta|$ 的大小决定了 M 增大时光的透射率变化。由此分为两种情形。第一种情况：当 $\mathrm{Re}(\sigma)^2<1$ 时，$|\eta|$ 成为一个模为 1 的复数而 χ 为正实数，这时 $|S_{12}|=|1-\chi|/|1-\chi\eta^{2M}|$，得知 $|1-\chi|/|1+\chi|\leqslant|S_{12}|\leqslant1$，即当 M 增大时，透射率在 1 和某个小于 1 的数之间来回振荡；即使 M 非常大，也总是会有光穿过该周期性结构。第二种情况：当 $\mathrm{Re}(\sigma)^2>1$ 时，$|\eta|\neq1$ 而 $|\chi|=1$，当 $M\to\infty$ 时 $|S_{12}|$，将趋向于 0，即此时平面波无法穿过该周期性结构。

由此可得周期性结构的一个重要特性：波长选择的“全反射”特性。其波长选择性依赖于判据 $\mathrm{Re}(\sigma)^2>1$。根据 σ 的定义可得

$$\mathrm{Re}(\sigma)=\cos(k_{\mathrm{c},2}d_2+k_{\mathrm{c},1}d_1)-\frac{(k_{\mathrm{c},2}-k_{\mathrm{c},1})^2}{2k_{\mathrm{c},2}k_{\mathrm{c},1}}\sin(k_{\mathrm{c},2}d_2)\sin(k_{\mathrm{c},1}d_1) \tag{1-3-10}$$

简单分析可知，该判据等价于$k_{c,2}d_2+k_{c,1}d_1$为 π 整数倍。也就是说，当光在一个周期单元内往返相位移动为 2π 整数倍时，该光就会被周期性结构"全反射"，否则将有明显的功率透过；该条件可称为"谐振条件"，因其非常类似激光在谐振腔内往返满足相位自再现的条件。举一个实际例子说明上述结论：周期性排列的折射率分别为 1.5 和 1，厚度均为 1 μm，当平面波入射角度为 80°时，透射率随波长的变化如图 1-3-4 所示。

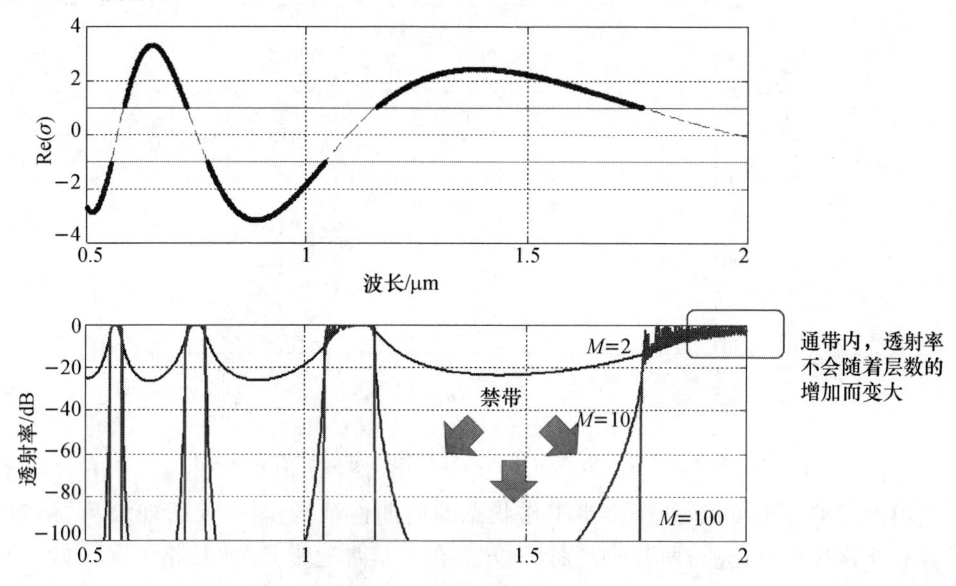

图 1-3-4 周期性结构的禁带和通带

对应地，Re(σ)判据以及谐振条件随波长的变化也表示了出来。在谐振波长附近，平面波的透射率随着 M 的增大迅速减小；当 M 足够大时，谐振波长将整个频谱划分为分离的几个"通带"，而在其周围形成诸多"禁带"，如图 1-3-4 所示。在禁带内，光无法穿越足够厚的周期性结构。当平面波入射到周期性结构的角度变化时，由于横向传播常数的改变和谐振条件改变，禁带的位置也将随之移动。

与全反射类似，周期性结构的禁带并不意味着内部没有任何光场的存在。光在禁带周期性结构内的分布仍然可以通过传输矩阵得到。假设入射到周期性结构的横电场幅度为 1，那么透射后的幅度则为S_{12}；反向入射的光场为零。因而得到距离入射端 m 层的周期单元内横电场正反向幅度值：

$$\begin{pmatrix}E_{y+,m}\\E_{y-,m}\end{pmatrix}=\begin{bmatrix}\sigma & \kappa\\ \kappa^* & \sigma^*\end{bmatrix}^{M-m}\cdot\begin{pmatrix}0\\S_{12}\end{pmatrix}=\frac{\tau}{1-\chi}\begin{pmatrix}a\eta^{M-m}-a/\eta^{M-m}\\1/\eta^{M-m}-\chi\eta^{M-m}\end{pmatrix}$$

$$\xrightarrow{|\eta|>1}\frac{S_{12}\eta^M}{1-\chi}\begin{pmatrix}a\eta^{-m}\\-\chi\eta^{-m}\end{pmatrix}\tag{1-3-11}$$

其中，a 是一个常数。如果 M 足够大，假设$|\eta|>1$(在禁带情况下，$|\eta|$和$|1/\eta|$总有一个大于 1；两者得到同样的结论)，由公式(1-3-11)可见，正反向电场幅度值在周期

性结构内部都是按照指数形式衰减的。该性质与全反射中的倏逝场类似，只不过是离散指数形式。在图 1-3-4 所示的禁带内，当波长为 1.3 μm 和 1.5 μm 时，其电场幅度随距离的变化如图 1-3-5 所示。

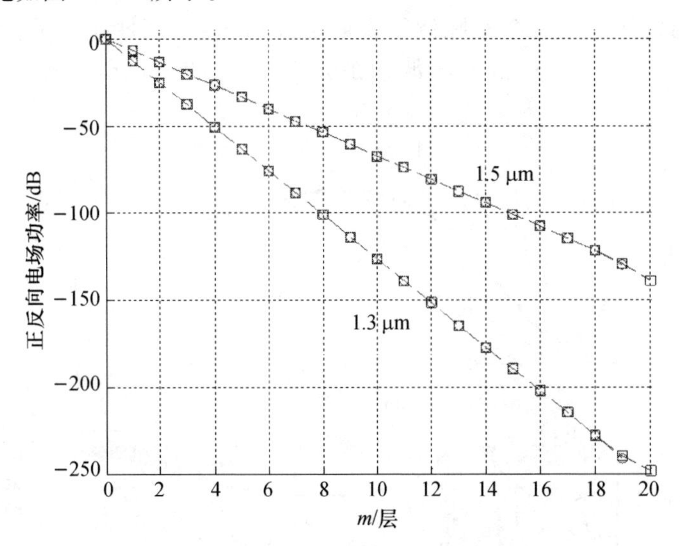

图 1-3-5　禁带入射光场在周期性结构内部的指数衰减分布

由上面的分析可见，处于禁带工作状态的周期性结构，与全反射现象从“外面”看具有非常接近的性质；两者的差别，一方面在于禁带通常是“波长相关”的，另一方面则是禁带允许很小、甚至为零的入射角。根据这一特性，人们利用周期性结构替代全反射，用来形成光波导；这种结构通常被称为“光子晶体”波导或光纤等。

1.3.2　一次反射近似

1.3.1 小节告诉我们，在平面的周期性结构中存在“谐振条件”，当入射光满足 $k_{c,2}d_2+k_{c,1}d_1$ 为 π 整数倍时，周期性结构将显示出其禁带特性，入射光将被全反射。本小节将解释其物理过程。该条件在假设每个周期性单元对光产生的反射都非常弱的情况下具有非常明显的物理意义。反射率弱，根据散射矩阵(1-3-5)，引起正反向光场耦合的对角线元素要足够小，即 $k_{c,2}\approx k_{c,1}$；在结构中意味着两种介质的折射率非常接近。这时，观察传输矩阵 $\boldsymbol{T}_1$ 的元素，发现

$$\sigma\approx e^{ik_c d}$$

$$\kappa\approx\underbrace{\frac{k_{c,2}-k_{c,1}}{2k_c}(e^{i2k_c d_1}-1)e^{ik_c d}}_{\tilde{\kappa}}$$

其中，

$$d=d_1+d_2,\quad k_{c,2}\approx k_{c,1}\Rightarrow k_c \tag{1-3-12}$$

作为传输矩阵对角线元素的 σ 只给正反向传输的光引入相位移动，忽略了反射带来的损耗。反射角的 $\tilde{\kappa}=\kappa/\sigma$，根据散射矩阵，$\tilde{\kappa}$ 表示了沿 $-x$ 方向入射到周期性结构单元后的反射率，而 $-\tilde{\kappa}^*$ 则为沿 $+x$ 方向入射到该单元所感受到的反射率。$\tilde{\kappa}$ 与 $k_{c,2}-k_{c,1}$ 相关，反映了横向传播常数差异是引起正反向耦合的这一事实；同时，单元的内部结构也会影响正反向光的耦合，体现在 $(e^{-i2k_c d_{1-1}})$ 项中。

为求解 T_M，我们将在上述的弱反射近似下进一步做“一次反射近似”。在数学上，

$$
\begin{aligned}
T_M &= \left[\begin{pmatrix} e^{ik_c d} & \\ & e^{-ik_c d}\end{pmatrix}+\begin{pmatrix} & \tilde{\kappa}e^{ik_c d} \\ \tilde{\kappa}^* e^{-ik_c d} & \end{pmatrix}\right]^M \\
&\approx \begin{pmatrix} e^{iMk_c d} & \\ & e^{-iMk_c d}\end{pmatrix}+\sum_{u=0}^{M-1}\begin{pmatrix} e^{ik_c d} & \\ & e^{-ik_c d}\end{pmatrix}^u\cdot\begin{pmatrix} & \tilde{\kappa}e^{ik_c d} \\ \tilde{\kappa}^* e^{-ik_c d} & \end{pmatrix}\cdot\begin{pmatrix} e^{ik_c d} & \\ & e^{-ik_c d}\end{pmatrix}^{M-1-u} \\
&= \begin{pmatrix} e^{iMk_c d} & \sum_{u=0}^{M-1} e^{i(u+1)k_c d}\tilde{\kappa}e^{-i(M-1-u)k_c d} \\ \sum_{u=0}^{M-1} e^{-i(u+1)k_c d}\tilde{\kappa}^* e^{i(M-1-u)k_c d} & e^{-iMk_c d}\end{pmatrix}
\end{aligned}
\tag{1-3-13}
$$

第二行的近似中，所有 κ 的二次和高次方项均被忽略；由于 κ 代表了正反向耦合这一物理过程，因而这一近似意味着二次和多次反射均被忽略，因而被称为一次反射近似，如图 1-3-6 所示。假设入射光电场幅度为 1(从周期性结构的上方沿 $-x$ 方向入射；沿 $+x$ 方向入射将得到相同结论)，那么从散射矩阵可以得到反射输出（$S_{11}=T_{12}/T_{22}$）为

$$
S_{11}=\sum_{u=0}^{M-1} e^{i(u+1)k_c d}\cdot\tilde{\kappa}\cdot e^{i(u+1)k_c d} \tag{1-3-14}
$$

该式表明，在一次反射近似下，入射到周期性结构中的平面波，被每一个单元所反射，各反射光在入射端相干合成；以第 u 个界面为例，单个反射过程是：入射光首先沿 $-x$ 方向传播 $u+1$ 个单元的长度，产生相位移动 $(u+1)k_c d$；然后被反射，反射率为 $\tilde{\kappa}$；之后沿 x 方向传播 $u+1$ 个单元的长度回到入射端，产生相位移动 $(u+1)k_c d$。为了得到明显的反射，各个反射光在入射端需要相干相长，即要求各回波相位一致。如图 1-3-6 所示，回波相位移动包括两部分：由反射($\tilde{\kappa}$)引入的“反射相移”，以及往返传播引入的“传播相移”。由于反射相移对各个界面是一样的，因而可以忽略，只考虑传播相移 $2(u+1)k_c d$。该相移与 u 无关，即要求 u 的系数 $2k_c d$ 为 2π 的整数倍，或 $k_c d$ 为 π 的整数倍。注意到 $k_c d=k_{c,2}d_2+k_{c,1}d_1$，该结论与 1.3.1 小节无近似分析得到的结论一致。该条件被称为周期性结构的“布拉格条件”。可见，布拉格条件即周期性结构内的相干相长条件，它要求结构周期为电磁波在介质内沿周期方向的波长的半整数倍。

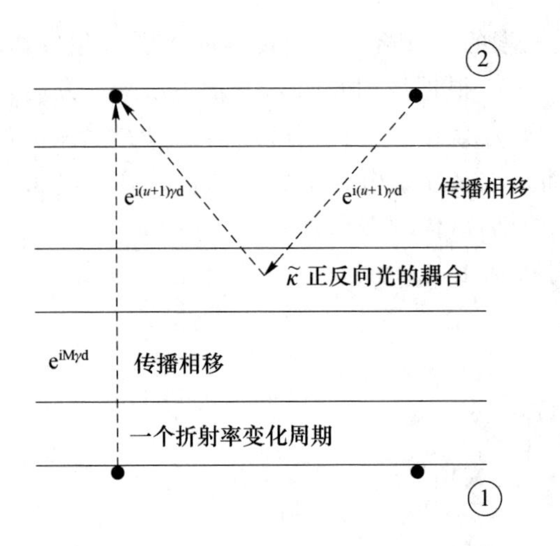

图 1-3-6 周期性结构的"一次反射"近似

布拉格条件将周期性结构的周期与电磁波振动的空间周期关联起来，即结构的周期决定了它所反射的光的周期。当不满足布拉格条件时，各个回波相干相消，得到近似为零的反射率。

如图 1-3-7 所示，该过程在数学上通常利用傅里叶变换来表示；实际上，公式(1-3-14)也符合离散信号傅里叶变换的形式。或者，将其变形可得

$$\begin{aligned} S_{11} &= \sum_{u=0}^{M-1} \tilde{\kappa} \cdot \mathrm{e}^{\mathrm{i}2k_c(u+1)d} \\ &= \int \underbrace{W(0 < x \leqslant Md)\ \tilde{\kappa}\delta_d(x)}_{\tilde{\kappa}(x)} \mathrm{e}^{\mathrm{i}2k_c x}\,\mathrm{d}x \\ &= K(2k_c) \end{aligned} \tag{1-3-15}$$

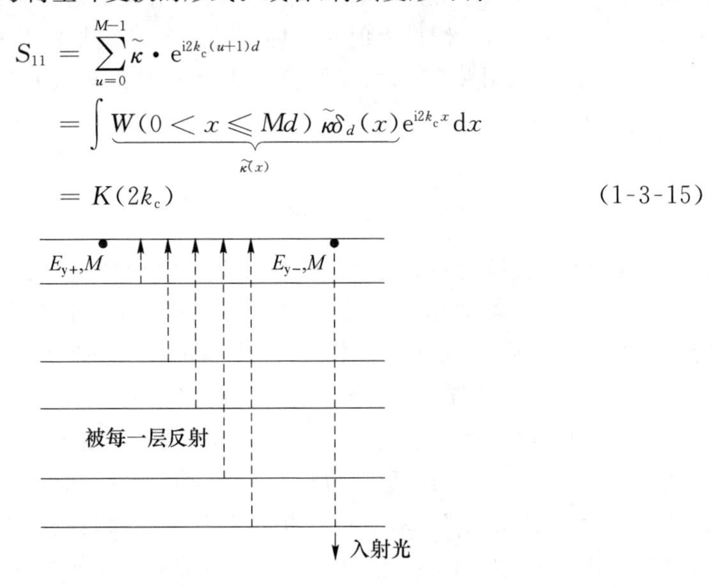

图 1-3-7 在一次反射近似下，合成光强弱由其相关性决定

在这里，我们将离散的间隔为 d 的耦合扰动利用一个以 x 为自变量的耦合函数$\tilde{\kappa}(x)$表示；其中，W 是一个矩形窗口函数，窗口内(x 轴 0 到 Md)为 1，窗口外则为 0；

$\delta_d(x)$是冲击序列函数，间隔为 d。最终的 $K(\cdot)$是$\tilde{\kappa}(\cdot)$的傅里叶变换。该式清晰地表明，当平面波入射到周期性结构后，其复数反射率将会随频率而发生变化，即使是垂直入射(注意，垂直入射时，单一折射率突变界面的反射率和入射光频率是无关的；对斜入射而言，若无全反射，那么反射导致的相位移动也将是固定的)，随频率变化的反射率通常被称为反射谱。周期性结构的反射谱(以k_c为自变量)和其结构之间可近似为一对傅里叶变换。从傅里叶变换关系，我们就很容易理解布拉格条件了。图 1-3-8 是典型的周期性离散结构傅里叶变换的结果。

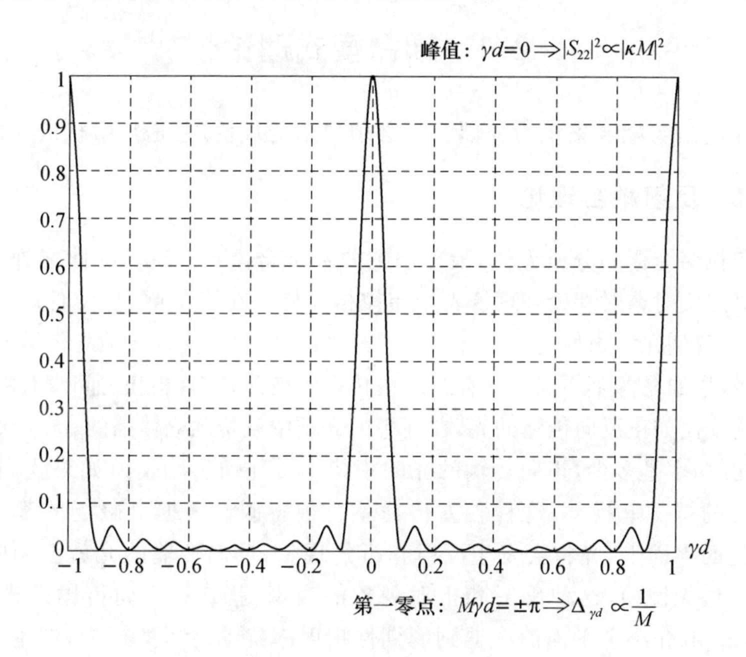

图 1-3-8 在一次反射近似下均匀周期性结构的反射谱(横轴为归一化失谐量($k_c d$))

除引入与结构相关的反射率外，从反射谱公式(1-3-14)和图 1-3-8 可见，当入射光满足布拉格条件时反射率将达到极大值，极大值为

$$|S_{11}|^2=\left|\tilde{\kappa}\frac{\sin(Mk_c d)}{\sin(k_c d)}\right|^2 \xrightarrow{k_c d=0} |\tilde{\kappa}M|^2 \tag{1-3-16}$$

即反射率最大值将随着周期性结构的层数(或者说物理长度)的增加而增大；即使周期性单元内的折射率变化很小，光经过之后前后向耦合很小，足够长的周期性结构也将得到可观的反射率，单调增大，达到饱和(最大值为 1)。另外，从公式也可见，如果不满足布拉格条件，那么当 M 比较大时$|S_{11}|$也会变成 0，这和 1.3.1 小节的分析一致：随着周期性单元的增多，反射率或透射率均产生周期性振荡而不会出现全反射。

周期性结构不但引入了和结构相关的反射，同时也通过其物理长度增大了光的耦合，这两个现象贯穿了光纤布拉格光栅的始终。

第 2 章　光纤布拉格光栅的理论

2.1　耦合模式理论

波矢匹配是弱耦合累积为强耦合所必须付出的代价，总是与微扰成对出现。

2.1.1　反射耦合理论

光纤布拉格光栅的分析方法，最普遍的要数耦合模式理论。除此之外，我们也可以从最简单的反射透射理论来理解光纤布拉格光栅。在第 1 章中，我们介绍了光纤的基本概念，了解到在纵向均匀的光纤或者任意光波导中，可能存在独立传播的模式。所谓独立传播，指的是两个不同模式在光纤内传播时彼此独立，相互之间没有能量或其他方面的干扰。比如正反向传输的光，在理想的光纤中就是独立传播的；无论反向入射的光是否存在，功率是多少，正向传输的光的规律不受任何影响。但如果我们在光纤内引入了纵向的折射率扰动，这种独立传播就会被打破。根据电磁场的基本理论，在折射率变化的界面上，光将会发生反射和折射现象，反向传输的光就会影响正向光。在光纤布拉格光栅内，这种反射和折射现象的表现，就是正反向传输的光电场之间的耦合。1.3 节介绍了平面波在遇到周期性折射率扰动之后的行为；在本节，我们就从这个基本的物理现象出发，研究光纤布拉格光栅内的耦合规律。

由于光纤横向折射率的制约，光波只能沿着光纤延伸的方向传输，当纵向有折射率起伏时，可以类比于平面波垂直入射到周期性结构的情形。根据散射矩阵(1-3-5)，当平面波垂直入射到折射率突变界面时，$k_c = k_0 n$，有

$$\begin{pmatrix} E_{y+,2} \\ E_{y-,1} \end{pmatrix} = \begin{pmatrix} \dfrac{n_2 - n_1}{n_1 + n_2} & \dfrac{2n_1}{n_1 + n_2} \\ \dfrac{2n_2}{n_1 + n_2} & \dfrac{n_1 - n_2}{n_1 + n_2} \end{pmatrix} \begin{pmatrix} E_{y-,2} \\ E_{y+,1} \end{pmatrix} \tag{2-1-1}$$

注意，由于是垂直入射，因而 TM 波(横磁波)的散射矩阵与 TE 波(横电波)具有相同的形式。根据公式所示的垂直入射和出射光电场的散射关系，我们可以对光纤布拉格光栅中的光电场进行分析。假设光纤布拉格光栅内的有效折射率随着位置的变化函数为 $n(z)$。为了建立光电场的演化方程，对介质和光电场进行如图 2-1-1 所示的离散化。

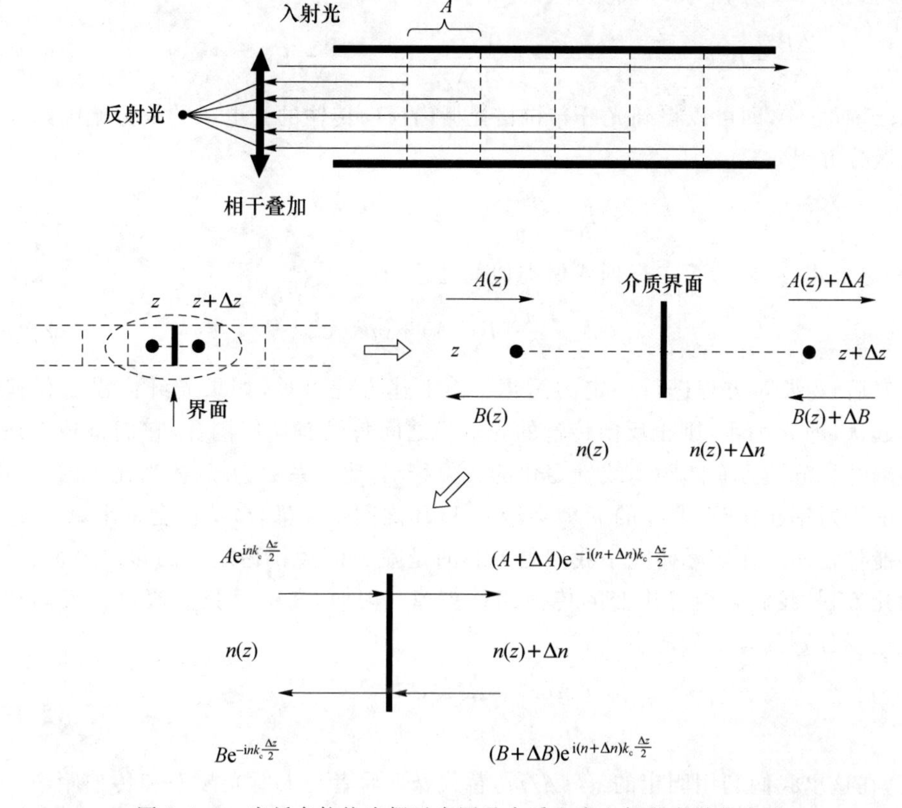

图 2-1-1 光纤布拉格光栅示意图及介质和光电场的离散化表示

首先，将介质离散化为很多长度为 Δz 的折射率均匀分布的介质，在距离光纤布拉格光栅起始处距离为 z 的地方，形成一个由两种折射率略有不同的介质界面，两侧折射率分别为 n 和 $n+\Delta n$。接着，我们假设每段长度为 Δz 的均匀介质中心处的光电场中，正向传播的复振幅为 A，反向传播的复振幅为 B。由于中心距离介质界面的距离为 $\Delta z/2$，因而介质界面两侧正反向传输的光电场复振幅分别如图 2-1-1 所示。其中，ΔA 和 ΔB 分别表示由于光纤布拉格光栅内的反射耦合带来的光电场在 $z+\Delta z$ 处相对于 z 处的变化，也是我们要求的量；$k_0=2\pi f/c$，k_0 为光在真空中的传播常数。由于 A、B、$A+\Delta A$、$B+\Delta B$ 四个变量定义为均匀折射率小段中心位置处的电场，因而传播到折射率突变界面处会有相位移动，该相移可以由传输矩阵(1-3-6)求得并表示在图 2-1-1 中。根据散射矩阵，我们可以得到变化量的关系为

$$\begin{pmatrix} Be^{-ink_0\frac{\Delta z}{2}} \\ (A+\Delta A)e^{-i(n+\Delta n)k_0\frac{\Delta z}{2}} \end{pmatrix} = \begin{pmatrix} \dfrac{\Delta n}{2n+\Delta n} & \dfrac{2n}{2n+\Delta n} \\ \dfrac{2(n+\Delta n)}{2n+\Delta n} & \dfrac{-\Delta n}{2n+\Delta n} \end{pmatrix} \begin{pmatrix} Ae^{ink_0\frac{\Delta z}{2}} \\ (B+\Delta B)e^{i(n+\Delta n)k_0\frac{\Delta z}{2}} \end{pmatrix} \tag{2-1-2}$$

以行列式第一个方程为例，展开并合并相关项，可得

$$\frac{\Delta B}{\Delta z}=B\,\frac{e^{-ink_0\Delta z-i\Delta nk_0\frac{\Delta z}{2}}-1}{\Delta z}+\frac{1}{2n}\frac{\Delta n}{\Delta z}\left(Ae^{-i\Delta nk_0\frac{\Delta z}{2}}-Be^{-ink_0\Delta z-i\Delta nk_0\frac{\Delta z}{2}}\right)\tag{2-1-3}$$

令 Δz 趋向于 0，即可以得到光纤布拉格光栅内反向传输的光电场的复振幅随距离变化的微分方程

$$B'=\frac{n'}{2n}(A-B)-ink_0B\tag{2-1-4}$$

同理，对公式(2-1-2)第二行列式做类似的处理，有

$$A'=\frac{n'}{2n}(B-A)+ink_0A\tag{2-1-5}$$

然后，需要对方程进行一定的简化。由上述方程可见，如果光纤内没有任何折射率起伏，即 n' 为零，则正反向传输的光电场之间将没有任何耦合，它们将独立地进行传输并且分别含有随距离线性变化的相位移动，比例系数为 nk_0。当光纤内具有周期性的折射率起伏时，非零的 n' 就会给 A 和 B 之间带来耦合，从而会带来 A 和 B 之间的能量转换。在实际研究中我们更关心的是除去传播相移之后的包络的变化；为了简化方程，我们必须将快变的传播相移去掉。因而，在这里我们假设正反向传输的光电场分别具有下列的表达式

$$\left.\begin{aligned}A(z)&=R(z)e^{i\frac{\pi}{\Lambda/m}z}\\B(z)&=S(z)e^{-i\frac{\pi}{\Lambda/m}z}\end{aligned}\right\}\tag{2-1-6}$$

注意，在这里我们利用固定的 $\pi/(\Lambda/m)$ 替代 nk_0（后者与入射光频率和传输距离 z 均相关），去除光电场中的快变相位项，其中 m 为正整数。在 1.3.2 小节中，我们基于多层反射模型分析得到，周期为 Λ 的光纤布拉格光栅会对其中波长为 $2n\Lambda/m$ 的光进行正反向耦合，即 $nk_0\approx\pi/(\Lambda/m)$。这种替代可以让下面公式推导变得非常方便（可以注意到，折射率起伏 nk_0 随 z 变化，但是 $\pi/(\Lambda/m)$ 不会变化）。经过公式(2-1-6)的替换，R 和 S 即为我们最关心的正反向光电场的包络变化。将公式(2-1-6)代入公式(2-1-4)和公式(2-1-5)，可以得到

$$\left.\begin{aligned}R'-i\left(nk_0-\frac{\pi}{\Lambda/m}\right)R&=\frac{n'}{2n}\left(Se^{-i\frac{2\pi}{\Lambda/m}}-R\right)\\S'+i\left(nk_0-\frac{\pi}{\Lambda/m}\right)S&=\frac{n'}{2n}\left(Re^{i\frac{2\pi}{\Lambda/m}z}-S\right)\end{aligned}\right\}\tag{2-1-7}$$

这样，我们就得到了在纵向存在折射率扰动时，正反向传输的光之间的耦合关系。

最后，我们将光纤布拉格光栅内折射率的起伏代入方程中，得到包络的耦合关系。假设光栅内以 Λ 为周期的折射率为

$$n(z)=n_{\mathrm{eff}}+\Delta n(z)=n_{\mathrm{eff}}+n_{\mathrm{DC}}(z)+\frac{1}{2}\sum_{m'=1}^{+\infty}\left[n_{\mathrm{AC},m'}(z)e^{-i\frac{2m'\pi}{\Lambda}z}+\mathrm{c.c}\right]\tag{2-1-8}$$

这种表达方式类似于将周期性变化的折射率进行傅里叶展开。例如，如图 2-1-1 所示的周期性结构，由于突变折射率界面的存在，包含了丰富的高次简谐分布的折射率波动。不过，在这里的表达方式，是将折射率起伏分解为各阶简谐分布之和，每个简谐分布均采用解析信号的表达方式，而并非简单的傅里叶变换。这是因为布拉格光栅中的折射率随空间变化，往往不是严格的周期性；为了实现各种功能，折射率的周期性总是受到某种或多种破坏。这种表达方式类似于我们对含有各种窄带调制的信号的表述，即表示为复振幅包络和 e 虚指数载波的乘积的形式。这种表达方式既可以显示出折射率的周期特性，又可以描述对周期性折射率分布的人为改变。因此，之后我们也将简谐分布的折射率起伏称为折射率调制。其中，n_{DC}表示折射率起伏中的低频部分，我们也称之为直流调制；$n_{AC,m'}$表示第 m' 阶的简谐分布的包络（或称为第 m' 阶交流折射率调制）。注意，在无损耗无增益的光纤中，n_{DC} 是实数，但 $n_{AC,m'}$ 是复数包络（即其中包含了相位调制）。

直接将公式(2-1-8)代入公式(2-1-7)，将得到一个非常复杂的方程，必须做一些简化。这里介绍两个在耦合模式理论（以及其他波动相关的微扰理论）中应用非常广泛的近似。第一个近似，我们称之为慢变包络近似（如图 2-1-2 所示），即所有的微扰和场振幅包络，其一阶导数都远小于承载其的周期。在这里，有

$$\frac{\Delta n'}{\Delta n} \ll \frac{2\pi}{\Lambda} \tag{2-1-9}$$

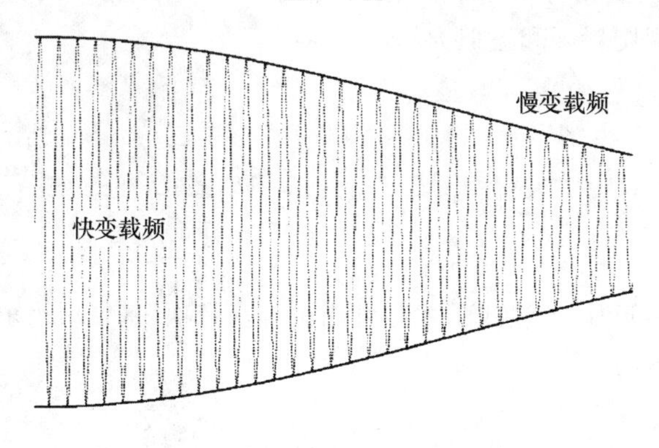

图 2-1-2 慢变包络近似示意图

即光纤布拉格光栅内折射率起伏比较小，由此正反向传输的耦合不会导致光电场复振幅包络在短距离内发生很大的变化，因而

$$\frac{R'}{R} \ll \frac{\pi}{\Lambda} \quad \frac{S'}{S} \ll \frac{\pi}{\Lambda} \tag{2-1-10}$$

根据公式(2-1-6)，R 和 S 分别是随纵向具有快变相位的光电场 A 和 B 的包络，该近似表明包络 R 和 S 随 z 的变化远小于载波相位的变化，即 A 和 B 应该是窄带信号。由折射率的慢变包络，我们可以得到

$$n' = n'_{\mathrm{DC}} + \frac{1}{2}\sum_{m'=1}^{+\infty}\left(n_{\mathrm{AC},m'}\,\mathrm{e}^{-\mathrm{i}\frac{2m'\pi}{\Lambda}z} + \mathrm{c.\,c}\right)$$
$$\approx \frac{1}{2}\sum_{m'=1}^{+\infty}\left(-\mathrm{i}\,\frac{2m'\pi}{\Lambda}n_{\mathrm{AC},m'}\,\mathrm{e}^{-\mathrm{i}\frac{2m'\pi}{\Lambda}z} + \mathrm{c.\,c}\right) \tag{2-1-11}$$

即求导只针对指数项，忽略包络项的变化。

第二个近似，我们称之为旋转波近似，即对于方程(2-1-7)，我们只考虑其中的基带项，忽略掉所有的随距离高频变化的项。因为折射率起伏的分布以及其导数均包含大量的傅里叶展开分量或简谐分量，因而方程两端均含有丰富的周期性。但既然我们已经做了第一个近似(即慢变包络近似)，那包络 R 和 S 的导数也被认为是缓慢的，其高频变化的简谐分量均可以忽略掉。因而，方程的每一项仅需要考虑其基带项。以其中第一个方程为例，方程左端的第二项为 $-\mathrm{i}\left(nk_0-\frac{\pi}{\Lambda/m}\right)R$，除 n 根据式(2-1-11)的定义包含众多简谐分布外，其他均为常数或者基带函数，因而 n 也必须取其基带部分，所以

$$-\mathrm{i}\left(nk_0-\frac{\pi}{\Lambda/m}\right)R \approx -\mathrm{i}\left(n_{\mathrm{DC}}k_0+n_{\mathrm{eff}}k_0-\frac{\pi}{\Lambda/m}\right)R \tag{2-1-12}$$

方程右端第二项为 $-n'R/(2n)$，而其中 R 为慢变包络，因而我们只需要取 $n'/(2n)$ 的基带分量即可；根据公式(2-1-11)可得，该项为 0。方程右端第一项为 $n'S\mathrm{e}^{-\mathrm{i}2\frac{\pi z}{\Lambda/m}}/(2n)$，我们利用同样的规则展开和近似为

$$\frac{n'}{2n}S\mathrm{e}^{-\mathrm{i}\frac{2\pi}{\Lambda/m}z} \approx \frac{n'}{2n_{\mathrm{eff}}}S\mathrm{e}^{-\mathrm{i}\frac{2\pi}{\Lambda/m}z}$$
$$= \frac{1}{4n_{\mathrm{eff}}}\sum_{m'=1}^{+\infty}\left(-\mathrm{i}\,\frac{2m'\pi}{\Lambda}n_{\mathrm{AC},m'}\,\mathrm{e}^{-\mathrm{i}\frac{2m'\pi}{\Lambda}z-\mathrm{i}\frac{2\pi}{\Lambda/m}z} + \mathrm{i}\,\frac{2m'\pi}{\Lambda}n^{*}_{\mathrm{AC},m'}\,\mathrm{e}^{\mathrm{i}\frac{2m'\pi}{\Lambda}z-\mathrm{i}\frac{2\pi}{\Lambda/m}z}\right)S \tag{2-1-13}$$

可见，只有当 $m'=m$ 时，上述式子才有可能包含基带项(基带项为求和式中的后一项对应的乘积项)，这时，

$$\frac{n'}{2n}S\mathrm{e}^{-\mathrm{i}\frac{2\pi}{\Lambda/m}z} \approx \mathrm{i}\,\frac{\pi}{2n_{\mathrm{eff}}\Lambda/m}n^{*}_{\mathrm{AC},m}S \tag{2-1-14}$$

因而，方程(2-1-7)中的第一式可以简化为

$$R'-\mathrm{i}\left(n_{\mathrm{DC}}k_0+n_{\mathrm{eff}}k_0-\frac{\pi}{\Lambda/m}\right)R = \mathrm{i}\,\frac{\pi}{2n_{\mathrm{eff}}\Lambda/m}n^{*}_{\mathrm{AC},m}S \tag{2-1-15}$$

定义光纤布拉格光栅的 m 阶直流耦合系数为

$$\sigma_m = n_{\mathrm{DC}}k_0 + \left(n_{\mathrm{eff}}k_0-\frac{\pi}{\Lambda/m}\right) \tag{2-1-16}$$

定义其第 m 阶交流耦合系数为

$$\kappa_m = \frac{\pi}{2n_{\mathrm{eff}}\Lambda/m}n_{\mathrm{AC},m} \tag{2-1-17}$$

则公式(2-1-7)第一式可进一步简写为

$$R'=\mathrm{i}\sigma_m R+\mathrm{i}\kappa_m^* S \tag{2-1-18}$$

同样的操作,方程的第二式可简化为

$$S'=-\mathrm{i}\sigma_m S-\mathrm{i}\kappa_m R \tag{2-1-19}$$

公式(2-1-18)和公式(2-1-19)可合并表示为

$$\begin{pmatrix}R\\S\end{pmatrix}'=\mathrm{i}\begin{bmatrix}\sigma_m & \kappa_m^*\\-\kappa_m & -\sigma_m\end{bmatrix}\begin{pmatrix}R\\S\end{pmatrix} \tag{2-1-20}$$

上述方程即为光纤布拉格光栅的正反传输光电场向复振幅的耦合方程,其中 R 和 S 的定义参照公式(2-1-6);两个参量(即两个耦合系数)的定义,参照公式(2-1-16)和公式(2-1-17)。从方程可见,该耦合方程具有很好的形式对称性:对角线元素为零,而反对角线的两个系数互为共轭。

2.1.2 模式耦合理论①

2.1.1 小节我们基于光由于折射率的起伏导致的在光纤内的反射和透射这一简单模型,推导了所引起的正反向传输的光电场之间的耦合关系。在这里,我们从最经典、描述现象更为基本的模式耦合理论出发,推导光纤布拉格光栅内的耦合规律。

光纤内纵向均匀的光波导,其导波模式是独立的,这个结论在外加折射率扰动的情况下就会失效。外加的折射率扰动既可能是永久性的(比如这里要讨论的光纤布拉格光栅或者光耦合器等),也可能是时变的(比如光致折射率变化,如三阶的克尔效应等光学非线性);既可能来自于光纤内部(比如上述例子),也可能来自于外力作用(比如声光、电光等效应);既可能是纵向分布的(比如光栅、光学非线性等),也可能是横向分布的(比如光耦合器)。总之,所有能够导致光的固有模式不再满足光波导内部波动方程的折射率变化,统称为折射率扰动。这种折射率扰动有时候会非常大(比如将光纤在某处截断,其折射率不再以同心圆的结构继续延伸,从截断点开始,光从光纤内出射,在自由空间内传播,由于光的衍射作用而迅速发散开来)。这时候,光的传播方式将发生巨大的改变,由原来的束缚状态突然转换为发散状态。这种传播方式的巨大变化,是由折射率分布的巨大变化带来的。但在很多情况下,折射率分布的变化是微小的,比如光纤布拉格光栅、光耦合器、非线性光纤等。在该类结构内,折射率分布的渐变在某个小的扰动区域内对光电场的改变是微小的,即可以认为在这段小区域内光仍然被波导束缚,各个模式独立传播;但扰动的累积却可以非常明显地改变原有模式的独立传播特性和光电场的分布,实现模式之间的较为强烈的相互作用,比如能量的转换等。模式耦合理论,就是用来对后者这种小幅度的折射率分布扰动带来的光电场的分布变化进行分析的理论工具。所以,模式耦

① 读者可参考 Katsunari Okamoto,"Fundamentals of Optical Waveguides",Academic Press.

合理论本质上是一种“微扰理论”。

模式耦合理论认为，光电场在折射率扰动的影响下是以模式耦合的方式进行的。也就是说，在折射率扰动下，波导内的光电场仍然可以用有限多个本征模式的叠加来描述，只不过扰动使得模式的系数随传输距离或者时间等参量在缓慢变化。由于模式耦合是微扰理论，因而其折射率分布的变化、光电场复振幅包络的变化等都是随演化参数（时间、距离等）渐变的。以光纤布拉格光栅为例，以距离为演化参数，

$$\frac{\Delta n}{n}\ll 1,\quad \frac{R'}{R}\ll k_0,\quad \frac{S'}{S}\ll k_0 \tag{2-1-21}$$

其中，我们仍然采用 R 和 S 来描述正反向光电场复振幅包络；和 2.1.1 小节中的处理一致，微扰实际上和慢变包络近似是类似的含义。

从模式耦合理论出发推导光纤布拉格光栅内的耦合方程，其思路和 2.1.1 小节中的过程一样：首先，推导在折射率扰动情况下，两个模式之间的普遍的耦合方程；然后，将光栅特有的周期性起伏代入其中，得到光纤布拉格光栅的耦合方程。根据 1.2.3 小节，在某一固定的光波长下，无折射率微扰的光波导的标量波导方程可以普遍地写成

$$\nabla_{\mathrm{T}}^2\boldsymbol{E}+\frac{\partial^2\boldsymbol{E}}{\partial z^2}+k_0^2 n\,(x,y)^2\boldsymbol{E}=0 \tag{2-1-22}$$

其中，$\boldsymbol{E}$ 是光电场分布，$n(x,y)$ 是光波导截面的折射率分布。波导中的特征模式可以表示为

$$\boldsymbol{E}=\boldsymbol{E}_{\mathrm{T}}(x,y)\mathrm{e}^{\mathrm{i}\beta z} \tag{2-1-23}$$

其中，横向截面场分布 $\boldsymbol{E}_{\mathrm{T}}$ 和传播常数 β 满足该波导的特征方程。当人为地在光波导内引入固定的折射率微扰 Δn 后，新的光电场分布应该满足如下方程：

$$\nabla_{\mathrm{T}}^2\boldsymbol{E}+\frac{\partial^2\boldsymbol{E}}{\partial z^2}+k_0^2\left[n(x,y)+\Delta n(x,y,z)\right]^2\boldsymbol{E}=0 \tag{2-1-24}$$

由于是微扰，$[n(x,y)+\Delta n(x,y,z)]^2\approx n^2+2n\Delta n$，上述方程可以简化为

$$\nabla_{\mathrm{T}}^2\boldsymbol{E}+\frac{\partial^2\boldsymbol{E}}{\partial z^2}+k_0^2(n^2+2n\Delta n)\boldsymbol{E}=0 \tag{2-1-25}$$

该折射率微扰，根据之前我们对光纤布拉格光栅的认识，会引起两个正反向传输但具有相同频率的横模之间的耦合。我们假设两个正反向传输的横模分别为

$$\boldsymbol{E}_1=\boldsymbol{E}_{\mathrm{T}}(x,y)\mathrm{e}^{\mathrm{i}\beta z},\quad \boldsymbol{E}_2=\boldsymbol{E}_{\mathrm{T}}(x,y)\mathrm{e}^{-\mathrm{i}\beta z} \tag{2-1-26}$$

它们共同满足无微扰下波导的特征方程 $\nabla_{\mathrm{T}}^2\boldsymbol{E}_{\mathrm{T}}+[k_0^2n^2-(\pm\beta)^2]\boldsymbol{E}_{\mathrm{T}}=0$。在折射率微扰下，总的光电场表示为

$$\boldsymbol{E}=R\boldsymbol{E}_{\mathrm{T}}\mathrm{e}^{\mathrm{i}\frac{\pi}{\Lambda/m}z}+S\boldsymbol{E}_{\mathrm{T}}\mathrm{e}^{-\mathrm{i}\frac{\pi}{\Lambda/m}z} \tag{2-1-27}$$

其中，Λ 是光纤布拉格光栅的周期。和 2.1.1 小节一样，我们直接利用了 $\frac{\pi}{\Lambda/m}$ 替代

$n_{\text{eff}}k_0$ 去除快变相位项(这里的替代是为了能够和 2.1.1 小节得到相同的正反向耦合方程)。将场分布代入微扰后的波动方程,其中需要化简 $\partial^2 \boldsymbol{E}/\partial z^2$ 一项

$$\left.\begin{aligned}(R\mathrm{e}^{\mathrm{i}\frac{\pi}{\Lambda/m}z})'' &\approx \mathrm{i}\,\frac{2\pi}{\Lambda/m}R'\mathrm{e}^{\mathrm{i}\frac{\pi}{\Lambda/m}z}-\left(\frac{\pi}{\Lambda/m}\right)^2 R\mathrm{e}^{\mathrm{i}\frac{\pi}{\Lambda/m}z}\\(S\mathrm{e}^{-\mathrm{i}\frac{\pi}{\Lambda/m}z})'' &\approx -\mathrm{i}\,\frac{2\pi}{\Lambda/m}S'\mathrm{e}^{-\mathrm{i}\frac{\pi}{\Lambda/m}z}-\left(\frac{\pi}{\Lambda/m}\right)^2 S\mathrm{e}^{-\mathrm{i}\frac{\pi}{\Lambda/m}z}\end{aligned}\right\} \tag{2-1-28}$$

其中,根据慢变包络近似,忽略了对包络的二阶导数。因而,含微扰的波动方程变为

$$\begin{aligned}\mathrm{i}\,\frac{2\pi}{\Lambda/m}S'\mathrm{e}^{-\mathrm{i}\frac{\pi}{\Lambda/m}z}\boldsymbol{E}_{\mathrm{T}}-\mathrm{i}\,\frac{2\pi}{\Lambda/m}R'\mathrm{e}^{\mathrm{i}\frac{\pi}{\Lambda/m}z}\boldsymbol{E}_{\mathrm{T}} &= R\mathrm{e}^{\mathrm{i}\frac{\pi}{\Lambda/m}z}\left[\nabla_{\mathrm{T}}^2\boldsymbol{E}_{\mathrm{T}}-\left(\frac{\pi}{\Lambda/m}\right)^2\boldsymbol{E}_{\mathrm{T}}+k_0^2n^2\boldsymbol{E}_{\mathrm{T}}\right]\\&\quad+S\mathrm{e}^{-\mathrm{i}\frac{\pi}{\Lambda/m}z}\left[\nabla_{\mathrm{T}}^2\boldsymbol{E}_{\mathrm{T}}-\left(\frac{\pi}{\Lambda/m}\right)^2\boldsymbol{E}_{\mathrm{T}}+k_0^2n^2\boldsymbol{E}_{\mathrm{T}}\right]\\&\quad+k_0^2 2n\Delta nR\boldsymbol{E}_{\mathrm{T}}\mathrm{e}^{\mathrm{i}\frac{\pi}{\Lambda/m}z}+k_0^2 2n\Delta nS\boldsymbol{E}_{\mathrm{T}}\mathrm{e}^{-\mathrm{i}\frac{\pi}{\Lambda/m}z}\end{aligned} \tag{2-1-29}$$

根据无微扰下的波动方程,将 $\nabla_{\mathrm{T}}^2\boldsymbol{E}_{\mathrm{T}}+k_0^2n^2\boldsymbol{E}_{\mathrm{T}}=\beta^2\boldsymbol{E}_{\mathrm{T}}$ 代入上述方程可得

$$\begin{aligned}\mathrm{i}\,\frac{2\pi}{\Lambda/m}S'\mathrm{e}^{-\mathrm{i}\frac{\pi}{\Lambda/m}z}\boldsymbol{E}_{\mathrm{T}}-\mathrm{i}\,\frac{2\pi}{\Lambda/m}R'\mathrm{e}^{\mathrm{i}\frac{\pi}{\Lambda/m}z}\boldsymbol{E}_{\mathrm{T}} &= \left\{k_0^2 2n\Delta n+\left[\beta^2-\left(\frac{\pi}{\Lambda/m}\right)^2\right]\right\}R\mathrm{e}^{\mathrm{i}\frac{\pi}{\Lambda/m}z}\boldsymbol{E}_{\mathrm{T}}\\&\quad+\left\{k_0^2 2n\Delta n+\left[\beta^2-\left(\frac{\pi}{\Lambda/m}\right)^2\right]\right\}S\mathrm{e}^{-\mathrm{i}\frac{\pi}{\Lambda/m}z}\boldsymbol{E}_{\mathrm{T}}\end{aligned} \tag{2-1-30}$$

类似 2.1.1 小节的方程(2-1-7),该方程是基于模式耦合理论得到的光纤内存在折射率微扰情况下,正反向传输的基横模的复振幅包络的耦合关系。

下面,我们将折射率调制的具体形式代入方程中

$$\Delta n=\left\{n_{\mathrm{DC}}(z)+\frac{1}{2}\sum_{m'=1}^{\infty}\left[n_{\mathrm{AC},m'}(z)\mathrm{e}^{-\mathrm{i}\frac{2m'\pi}{\Lambda}z}+\mathrm{c.\,c}\right]\right\}\Gamma(x,y) \tag{2-1-31}$$

为简单起见,我们假设折射率微扰在光波导截面具有恒定的分布,利用归一化的分布函数 $\Gamma(x,y)$ 来表示。因而,

$$\begin{aligned}&\mathrm{i}\,\frac{2\pi}{\Lambda/m}(S'\mathrm{e}^{-\mathrm{i}\frac{\pi}{\Lambda/m}z}-R'\mathrm{e}^{\mathrm{i}\frac{\pi}{\Lambda/m}z})\boldsymbol{E}_{\mathrm{T}}\\&=\left\{k_0^2 2n_{\mathrm{DC}}\cdot n\Gamma\boldsymbol{E}_{\mathrm{T}}+\left[\beta^2-\left(\frac{\pi}{\Lambda/m}\right)^2\right]\cdot\boldsymbol{E}_{\mathrm{T}}+k_0^2\sum_{m'=1}^{\infty}(n_{\mathrm{AC},m'}\mathrm{e}^{-\mathrm{i}\frac{2m'\pi}{\Lambda}z}+\mathrm{c.\,c})\cdot n\Gamma\boldsymbol{E}_{\mathrm{T}}\right\}R\mathrm{e}^{\mathrm{i}\frac{\pi}{\Lambda/m}z}\\&+\left\{k_0^2 2n_{\mathrm{DC}}\cdot n\Gamma\boldsymbol{E}_{\mathrm{T}}+\left[\beta^2-\left(\frac{\pi}{\Lambda/m}\right)^2\right]\cdot\boldsymbol{E}_{\mathrm{T}}+k_0^2\sum_{m'=1}^{\infty}(n_{\mathrm{AC},m'}\mathrm{e}^{-\mathrm{i}\frac{2m'\pi}{\Lambda}z}+\mathrm{c.\,c})\cdot n\Gamma\boldsymbol{E}_{\mathrm{T}}\right\}S\mathrm{e}^{-\mathrm{i}\frac{\pi}{\Lambda/m}z}\end{aligned} \tag{2-1-32}$$

和 2.1.1 小节不同,这里的波动方程是三维方程,因而包含了截面场分布、折射率分布等关于 x 和 y 的函数。为了去掉它们,通常的做法是方程同时乘以截面场的共轭 $\boldsymbol{E}_{\mathrm{T}}^*$ 并且做积分。由于 R 和 S 均定义为场分布的包络,因而截面场 $\boldsymbol{E}_{\mathrm{T}}$ 可以认为是被功率归一化的,即 $\int\boldsymbol{E}_{\mathrm{T}}^*\cdot\boldsymbol{E}_{\mathrm{T}}\mathrm{d}x\mathrm{d}y=1$。定义

$$\int \boldsymbol{E}_{\mathrm{T}}^{*} \cdot n\Gamma \boldsymbol{E}_{\mathrm{T}} \mathrm{d}x\mathrm{d}y = n_{\mathrm{eff}}\Gamma_0 \tag{2-1-33}$$

在弱导近似下，我们可以简单地认为波导内的折射率就是均匀分布的 n_{eff}。由公式可见，Γ_0 表示了折射率起伏和场分布的重叠情况；如果我们假设折射率起伏的截面分布也是均匀覆盖整个光电场的，那么 Γ_0 是 1，这也是 2.1.1 小节中我们假设的模型。这样，方程(2-1-32)可简化为只关于 z 的方程

$$\begin{aligned}
&S'\mathrm{e}^{-\mathrm{i}\frac{\pi}{\Lambda/m}z} - R'\mathrm{e}^{\mathrm{i}\frac{\pi}{\Lambda/m}z} \\
&= -\mathrm{i}\left\{\frac{\Lambda/m}{2\pi}\left[2n_{\mathrm{eff}}k_0^2\Gamma_0 n_{\mathrm{DC}} + \beta^2 - \left(\frac{\pi}{\Lambda/m}\right)^2\right] + \sum_{m'=1}^{\infty}\left(\frac{\Lambda/m}{2\pi}n_{\mathrm{eff}}k_0^2\Gamma_0 n_{\mathrm{AC},m'}\mathrm{e}^{-\mathrm{i}\frac{2m'\pi}{\Lambda}z} + \mathrm{c.\,c}\right)\right\}R\mathrm{e}^{\mathrm{i}\frac{\pi}{\Lambda/m}z} \\
&\quad -\mathrm{i}\left\{\frac{\Lambda/m}{2\pi}\left[2n_{\mathrm{eff}}k_0^2\Gamma_0 n_{\mathrm{DC}} + \beta^2 - \left(\frac{\pi}{\Lambda/m}\right)^2\right] + \sum_{m'=1}^{\infty}\left(\frac{\Lambda/m}{2\pi}n_{\mathrm{eff}}\Gamma_0 k_0^2 n_{\mathrm{AC},m'}\mathrm{e}^{-\mathrm{i}\frac{2m'\pi}{\Lambda}z} + \mathrm{c.\,c}\right)\right\}S\mathrm{e}^{-\mathrm{i}\frac{\pi}{\Lambda/m}z}
\end{aligned} \tag{2-1-34}$$

定义光纤布拉格光栅中第 m 阶的直流和交流耦合系数为

$$\left.\begin{aligned}
\kappa_m &= \frac{\Lambda/m}{2\pi}n_{\mathrm{eff}}k_0^2\Gamma_0 n_{\mathrm{AC},m} \\
\sigma_m &= \frac{\Lambda/m}{2\pi}\left[2n_{\mathrm{eff}}k_0^2\Gamma_0 n_{\mathrm{DC}} + \beta^2 - \left(\frac{\pi}{\Lambda/m}\right)^2\right]
\end{aligned}\right\} \tag{2-1-35}$$

方程可简单地表示为

$$\begin{aligned}
R'\mathrm{e}^{\mathrm{i}\frac{\pi}{\Lambda/m}z} - S'\mathrm{e}^{-\mathrm{i}\frac{\pi}{\Lambda/m}z} &= \mathrm{i}\sigma_m R\mathrm{e}^{\mathrm{i}\frac{\pi}{\Lambda/m}z} + \mathrm{i}\sigma_m S\mathrm{e}^{-\mathrm{i}\frac{\pi}{\Lambda/m}z} \\
&\quad + \mathrm{i}\sum_{m'=1}^{\infty}(\kappa_{m'}\mathrm{e}^{-\mathrm{i}\frac{2m'\pi}{\Lambda}z} + \mathrm{c.\,c})R\mathrm{e}^{\mathrm{i}\frac{\pi}{\Lambda/m}z} + \mathrm{i}\sum_{m'=1}^{\infty}(\kappa_{m'}\mathrm{e}^{-\mathrm{i}\frac{2m'\pi}{\Lambda}z} + \mathrm{c.\,c})S\mathrm{e}^{-\mathrm{i}\frac{\pi}{\Lambda/m}z}
\end{aligned} \tag{2-1-36}$$

和 2.1.1 小节的推导对比，由于耦合模式理论直接从波动方程出发，因而多了上述从三维方程到一维方程简化的步骤。下面的方程简化和 2.1.1 小节相同，同样需要依赖旋转波近似，即认为方程(2-1-36)左、右两端相同傅里叶谐波分量相同。既然 R 和 S 是光电场原模式的复振幅包络，其导数 R' 和 S' 也是慢变的，即为基带信号。分别针对 R' 和 S' 做慢变包络近似，上述方程可以转化为两个独立的方程[即相当于方程(2-1-36)两端内的两个傅里叶变换分量，即载波分别为 $\mathrm{e}^{\pm \mathrm{i}\pi z/(\Lambda/m)}$ 的项分别相同]。以 R' 的方程为例，根据旋转波近似，方程右端仅能剩余 $\mathrm{i}\sigma_m R\,\mathrm{e}^{\mathrm{i}\pi z/(\Lambda/m)}$ 项，以及 $\mathrm{i}\sum_{m'=1}^{\infty}(\kappa_{m'}\mathrm{e}^{-\mathrm{i}\frac{2m'\pi}{\Lambda}z} + \mathrm{c.\,c})S\,\mathrm{e}^{-\mathrm{i}\frac{\pi}{\Lambda/m}z}$ 项中 $m' = m$ 的共轭项。因而，方程简化为

$$R' = \mathrm{i}\sigma_m R + \mathrm{i}\kappa_m^* S \tag{2-1-37}$$

同理，针对 S' 做旋转波近似，可以得到

$$S' = -\mathrm{i}\sigma_m S - \mathrm{i}\kappa_m R \tag{2-1-38}$$

两个方程可以合并表示为

$$\begin{pmatrix} R \\ S \end{pmatrix}' = \mathrm{i}\begin{bmatrix} \sigma_m & \kappa_m^* \\ -\kappa_m & -\sigma_m \end{bmatrix}\begin{pmatrix} R \\ S \end{pmatrix} \tag{2-1-39}$$

我们可以对比通过耦合模式理论得到的方程与通过周期性反射得到的方程之间的异同。首先，这里得到的 m 阶直流和交流耦合系数看起来比 2.1.1 小节中的系数要复杂很多；但实际上两者是非常近似相同的，即公式(2-1-35)可以近似简化为之前的定义。这是因为，当光纤布拉格光栅对正反向传输的光有耦合作用时，必须满足 $\beta=n_{\mathrm{eff}}k_0\approx m\pi/\Lambda$，这是旋转波近似的要求。根据这一关系，我们就可以对两个耦合系数进行近似。近似的准则是：忽略交流耦合系数中远小于 n_{AC} 的项，忽略直流耦合系数中远小于 n_{DC} 和 $\beta-m\pi/\Lambda$ 的项。根据这一准则，两个耦合系数可以简化为

$$\left.\begin{aligned} \kappa_m &= \frac{\pi}{2n_{\mathrm{eff}}\Lambda/m}\Gamma_0 n_{\mathrm{AC},m} \\ \sigma_m &= \Gamma_0 n_{\mathrm{DC}} k_0 + \left(n_{\mathrm{eff}}k_0 - \frac{\pi}{\Lambda/m}\right) \end{aligned}\right\} \tag{2-1-40}$$

即这里得到的系数定义与 2.1.1 小节是基本相同的(不同之处仅在于：这里基于折射率起伏分布，光电场之间的重叠积分 Γ_0 对折射率起伏的有效部分做出了约束)。对比两个耦合模式方程可以看到，它们是完全一致的。这说明了这两个推导方法的等价性。

本节模式耦合理论的推导过程不断强调了和 2.1.1 小节所采用的建模和分析思路的对比以及相似性。比如方程(2-1-7)和方程(2-1-34)，均描述了光电场在外加折射率起伏下的正反向耦合过程作为耦合模方程的基本公式。只不过它们的来源不同，方程(2-1-7)是基于电磁场反射折射公式，而方程(2-1-34)直接来自于波动方程。然而，模式耦合理论应用更为广泛；毕竟反射折射模型只能对布拉格光栅进行建模分析。如果考虑更多的模式耦合过程，包括导波模式和同向或者反向的其他导波模式、辐射模式的耦合，或者本节开头提到的声光、电光或者光学非线性过程等，都可以利用耦合模式理论来建模和分析。而且，耦合模式理论给出了更多的信息，比如公式(2-1-40)中的直流和交流耦合系数，不仅和引入的折射率分布本身(n_{AC} 和 n_{DC})有关，更和该分布与场分布的重叠积分相关。因为本书研究的是布拉格光栅，正反向模式具有相同的场分布(即相同的横模)，因而只要外界引入的折射率起伏大部分处于场分布的区域，就可以导致有效的正反向耦合。其他参与耦合的两个模式分属不同横模的时候，两个模式之间的点积积分(即场分布积分本身)就有可能为零(模式的正交性)，这时候折射率起伏的分布就很重要了，显然均匀的分布不会引起这两个正交模式的耦合，这个光纤布拉格光栅非常不同。关于这方面的讨论，可以参考长周期光纤光栅的相关文献。

另外，需要注意的是，耦合模式理论在运用之前，需要根据物理过程估计出参与耦合的模式数量，使这些模式出现在之后的耦合模方程中；倘若估计错误，导致实际参与的模式被遗忘，那么耦合模式理论不会提示该模式的参与使方程错误。

2.1.3 布拉格条件

需要注意的是，运用耦合模式理论，必须满足我们在 2.1.2 小节提到的前提：所有的耦合过程都是由于折射率分布微扰产生的，光电场始终都能够表示成多个本征模式的叠加，变化的光电场始终可以用这些模式之间的耦合来描述。因为微扰，所以才会有折射率起伏，光场包络变化的慢变包络才会近似，我们在两个建模分析过程中反复使用的旋转波才会近似。在数学上，旋转波近似我们在上两小节中已经给出了明确的描述：方程如果包含明显分离的多个傅里叶谐波分量，那么方程两端的傅里叶谐波分量分别相等；这是慢变包络近似的一种表现形式。下面我们对旋转波近似做进一步的讨论。

针对方程(2-1-34)，我们将其改写为

$$R' = \mathrm{i}\sigma_m R + \mathrm{i}\sigma_m S\mathrm{e}^{-\mathrm{i}\frac{2\pi}{\Lambda/m}z} + S'\mathrm{e}^{-\mathrm{i}\frac{2\pi}{\Lambda/m}z} + \mathrm{i}\sum_{m'=1}^{\infty}(\kappa_{m'}\mathrm{e}^{-\mathrm{i}\frac{2m'\pi}{\Lambda}z} + \mathrm{c.c})R + \mathrm{i}\sum_{m'=1}^{\infty}(\kappa_{m'}\mathrm{e}^{-\mathrm{i}\frac{2m'\pi}{\Lambda}z} + \mathrm{c.c})S\mathrm{e}^{-\mathrm{i}\frac{2\pi}{\Lambda/m}z} \tag{2-1-41}$$

方程的解，可以通过对右端的积分获得

$$R = \int(\mathrm{i}\sigma_m R + \mathrm{i}\sigma_m S\mathrm{e}^{-\mathrm{i}\frac{2\pi}{\Lambda/m}z} + S'\mathrm{e}^{-\mathrm{i}\frac{2\pi}{\Lambda/m}z})\mathrm{d}z + \int\mathrm{i}\sum_{m'=1}^{\infty}(\kappa_{m'}\mathrm{e}^{-\mathrm{i}\frac{2m'\pi}{\Lambda}z} + \mathrm{c.c})R\mathrm{d}z + \int\mathrm{i}\sum_{m'=1}^{\infty}(\kappa_{m'}\mathrm{e}^{-\mathrm{i}\frac{2m'\pi}{\Lambda}z} + \mathrm{c.c})S\mathrm{e}^{-\mathrm{i}\frac{2\pi}{\Lambda/m}z}\mathrm{d}z \tag{2-1-42}$$

虽然表达式较为复杂，但仔细观察可以发现 R 是多个下述形式的积分的和：

$$\widetilde{R} = \int X\mathrm{e}^{\mathrm{i}\gamma z}\mathrm{d}z \tag{2-1-43}$$

其中，X 是某个慢变包络，γ 是承载该包络的载波角频率。在上两小节的推导中，我们只考虑了上述积分中 γ 近似为零的项。当 γ 不为零时，积分 $\widetilde{R}$ 即为旋转波近似所忽略的包络变化。我们假设 X 相对 γ 而言是慢变包络，也就是说，在某个较短的距离 Δz 内，可能包含多个以 γ 为角频率的载波周期，但 X 近似不变。因此，我们可以计算经过 Δz 后 R 的变化：

$$\Delta\widetilde{R} = \int_{z}^{z+\Delta z} X\mathrm{e}^{\mathrm{i}\gamma x}\mathrm{d}x \approx \overline{X}\int_{z}^{z+\Delta z}\mathrm{e}^{\mathrm{i}\gamma x}\mathrm{d}x = \frac{\overline{X_k}\mathrm{e}^{\mathrm{i}\gamma z}}{\mathrm{i}\gamma}\cdot(\mathrm{e}^{\mathrm{i}\gamma\Delta z} - 1) \tag{2-1-44}$$

可见，由于非零的 γ 和慢变的包络 X，$\widetilde{R}$ 无法获得有效增长的积分值，其值随着距离的增加呈现振荡型变化，当距离变化为载波周期时，积分值为零，即 $\widetilde{R}$ 又回到之前的数值。之前讲过，$\widetilde{R}$ 是在旋转波近似中忽略掉的光电场随距离的变化。根据公式(2-1-44)，这些忽略值具有下面两个特点：第一，它们是围绕零值的振动型；第二，振动幅值随着振动频率的增大而迅速降低。因而，当载波频率 γ 很高的时候，积分项 $\widetilde{R}$ 的数值将非常

小，通过旋转波近似忽略掉是非常合理的。

让我们再回到光纤布拉格光栅的具体结构中。光栅的周期虽然为 Λ，但公式(2-1-31)表明其仍然可能包含丰富的更高阶数、周期为 Λ/m 的简谐分布结构。在这里需要仔细区分这两个定义：周期性分布和简谐分布。简谐分布是特殊的周期性分布，简谐分布可以描述为一个窄带调制的单色载波，根据公式(2-1-31)，周期性分布可以分解为若干简谐分布的和。从两个耦合系数的定义以及耦合模式方程可见，光电场的正反向耦合行为对于任何周期的简谐分布都是一样的(即在所有方程中只要把简谐分布的周期改动即可)。根据公式(2-1-42)，对于载波为 $e^{i\pi z/(\Lambda/m)}$ 的窄带光电场，这些简谐分布均会对光产生影响，具体利用各个积分项来表示，这些积分项都包含振动项；为了取消振动项(即使振动项的载波频率为零)，根据公式(2-1-42)，简谐折射率分布的空间频率应该为入射光在光纤内传播常数的差的两倍；实际上，该关系完全符合我们之前对光纤布拉格光栅直流耦合系数的定义，即公式(2-1-40)。根据旋转波近似，只有当直流耦合系数近似为零的简谐分布分量才会对入射光电场产生具有明显效果的正反向耦合作用。其他不满足该条件的简谐分布对光电场包络的作用只是引入了随 z 高频、小幅度的振荡；当直流耦合系数远离零的时候，该高频振荡幅值非常小，可以简单地认为它们对光电场没有任何反射，光以原有的传播相移穿过光栅(但若有直流调制，仍然会受直流调制的影响)。

旋转波近似虽然是个数学处理，但它所反映的物理意义则是光纤布拉格光栅的一个重要特性。该近似告诉我们，光纤布拉格光栅的频谱特性即是它能够对之产生明显耦合作用的光电场的波长分布，与光栅的结构具有很强的相关性。该相关性即上面提到的直流耦合系数为零的条件。在不考虑光纤布拉格光栅的直流折射率调制的时候，即 $n_{DC}=0$ 时，该条件可以表示为

$$\lambda=\frac{2n_{\mathrm{eff}}\Lambda}{m} \tag{2-1-45}$$

满足上式波长的入射光，就有可能在周期为 Λ 的光栅内被正反向耦合。该条件被广泛地称为布拉格条件。不过，旋转波近似的意义，不仅仅是告诉我们布拉格条件，更说明了当布拉格条件不满足的时候，光电场有可能不受任何耦合作用。在上两小节的推导中，光纤布拉格光栅内的简谐折射率分布都是某一个固定周期 Λ 分布折射率调制的傅里叶分量。然而，我们在本节通过对旋转波近似的讨论可以发现，该近似的成立并不需要所有简谐分布的周期是某个数值 Λ 的整数分之一。只要某个简谐分布的周期使得对应的直流耦合系数远离零，则旋转波近似就可能成立。因而，结论可以进一步推广：当窄带的光电场入射到光纤布拉格光栅的时候，即使光栅内包含众多的简谐分布(这里不再要求各个简谐分布的周期具有固定关系)，但在满足一定条件(简谐分布的周期相差足够远)的时候，光有可能只受到其中使其直流耦合系

数接近为零的简谐折射率分布的作用。我们将这个现象，称为“准线性”；该性质是光纤布拉格光栅区别于其他周期性结构的重要特性之一。关于准线性的讨论，我们将在之后的章节内做更深一步的介绍，这也是本书的重要内容之一。

本节的最后，我们对光纤光栅内的布拉格条件与其他条件做一些联系比较。如果仿照光电场的波矢的定义将 π/Λ 定义为光纤布拉格光栅这一周期性结构的波矢的话，布拉格条件显然说明了光的波矢和光栅波矢之间的定量关系，即：布拉格条件也是一种波矢匹配条件。波矢匹配条件，在众多光学结构中都存在，比较典型表现形式除了周期性结构中的布拉格条件——既存在于短周期的布拉格光栅中，也存在于长周期的光栅中——还有各种光学参量过程中的波矢匹配条件，比如四波混频，光的和频、差频等。实际上，波矢匹配条件是伴随着耦合模式理论自然产生的；如果说微扰假设（包括小的折射率起伏和缓慢变化的模式包络等）是耦合模式理论成立的前提条件的话，波矢匹配条件则是耦合模式理论最典型和广泛的结论。之前讲到，所谓微扰即不可能对光电场的分布产生突然的影响和变化，微扰的作用都是通过一段距离（比如光纤布拉格光栅中）或时间（比如非线性光学中）累积得到的。折射率的微扰随着传输距离或时间而分布，每处或者每个时刻的微扰，都会破坏原有的模式独立传播特性：比如在光纤布拉格光栅中，折射率微扰的空间分布对光产生空间散射，破坏了横模的独立传播特性；再比如光学非线性效应中，折射率微扰的时间分布对光产生时间上的散射，产生新的频率成分，破坏了纵模的独立传播特性。或者说，对原有模式的微扰会产生新的模式。然而，既然是微扰，那新产生的模式是非常微扰的，要得到明显的现象或者输出，这些产生在不同地点或者不同时间的微扰必须相干地叠加在一起；所有的微扰相干叠加的条件就是出现在不同物理过程中的波矢匹配条件。读者可对比图 2-1-3 和图 1-3-7 中的光在周期性结构中的相干相长。

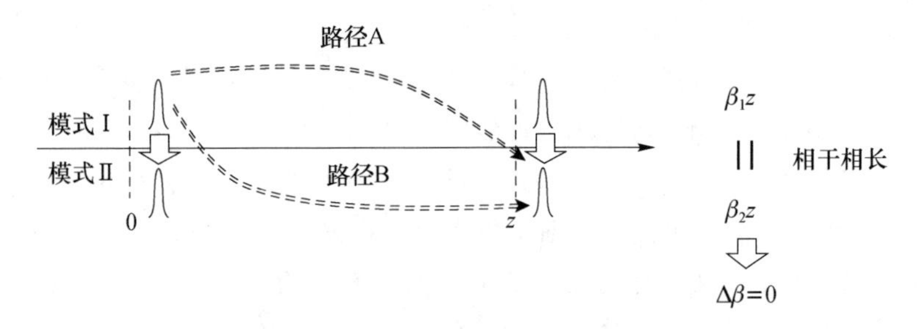

图 2-1-3　波矢匹配的含义：不同路径产生的新模式必须相干叠加

下面我们就基于上面的“微扰-累积增强”的思路来研究长周期光纤光栅内的波矢匹配条件。长周期光纤光栅对光电场实施的是同向耦合，即将两个频率相同，同向传输，但分属不同横模的模式耦合起来。我们可以通过图 2-1-4 形象地描述微扰下波矢匹配的全过程。

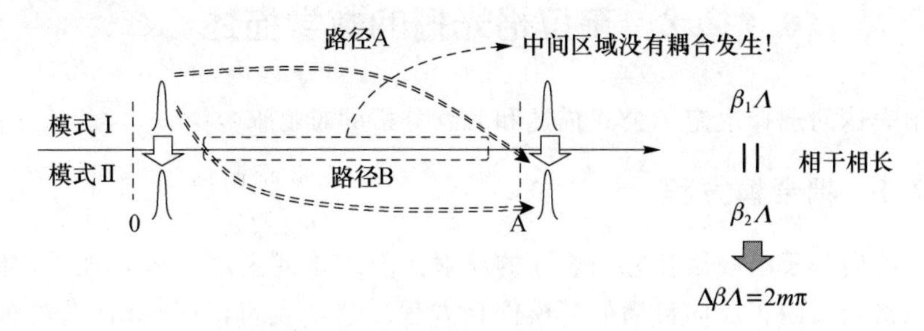

图 2-1-4 长周期光纤光栅内微扰和波矢匹配的示意图

假设原模式的光的传播常数为 β_1。微扰之后，产生的新模式具有新的传播常数为 β_2。微扰产生在每隔距离 Λ 的折射率起伏处；在该处，原模式的一小部分被改变为新的模式。我们只考虑相邻两个微扰对光的作用，输出的处于新模式的光包含两个来源：其一，如图 2-1-4 下方曲线所示，光在第一个微扰处就被改变为新模式，在传播常数为 β_2 下传输了距离 Λ，总的相位移动为 $\beta_2\Lambda$；其二，如图 2-1-4 上方曲线所示，光首先以原模式在传播常数 β_1 下传播了距离 Λ，然后在第二个微扰处被改变为新模式，总的相位移动为 $\beta_1\Lambda$。注意，考虑到各处的微扰是相同的，因而微扰将原模式改变为新模式的过程也是一模一样的，因而模式改变过程中的相位移动对各个微扰处相同，可以忽略其对总相移的影响。这样，在输出端，为了获得新模式的两个来源相干相长，我们要求：

$$|\beta_1-\beta_2|\Lambda=2m\pi \tag{2-1-46}$$

其中，m 为正整数。这就是长周期光纤光栅的波矢匹配条件。在上述推导中，我们没有，也不需要考虑微扰对模式改变的具体过程（但是假设各处微扰的过程是一致的），波矢匹配条件完全是由“微扰-累积增强”的原因产生的，也是其物理含义。实际上，其他波矢匹配条件，包括光纤内的四波混频、高阶色散下的色散波产生等过程所要求的匹配条件，均可以由图 2-1-3 所示的过程来描述。所以说，布拉格条件是波矢匹配条件的一个具体表现。

另外，微扰理论也是量子力学或者说是半经典理论的重要工具之一，典型应用是描述能级之间的跃迁。量子力学告诉我们，当电子被势阱所束缚时，其能量或其位置不再连续分布，只能处于某几个离散的本征态上；电子的态势是本征态的线性叠加，其分布不随时间变化。但在外加电场的驱动下，电子的态势分布（即在各个本征态上的概率分布）将随时间变化。微扰理论正是描述其态势分布的有效工具。从上面的描述可见，波导内的波动光学与势阱内的量子力学非常类似，实际上它们的数学表现形式是一致的，从而也产生了一系列对应的概念，包括模式-态势、传播常数-能级等。

2.2 布拉格光栅的数学描述

数学表达的选择决定了公式描述和后续分析的难易。

2.2.1 耦合模方程

之前我们基于电磁波在介质表面的反射折射理论或者耦合模式理论，都得到了光纤布拉格光栅内正反向传播的基模耦合方程。结论表明，对于所有满足布拉格条件的入射光，耦合都可能存在。对于给定的光纤布拉格光栅周期，存在一系列可能满足布拉格条件的光波长。下面我们根据实际情况和本书后面章节分析的需要，对该方程（方程(2-1-39)和方程(2-1-40)）进行一些简化和变形，以及定义本书后面章节的常用符号。

首先，我们仅考虑满足布拉格条件的所有波长中最大的波长，即对于布拉格条件（公式(2-1-45)），我们重点考虑 $m=1$ 的情况。换句话说，我们只利用光纤布拉格光栅中的一阶简谐分布分量。这是因为，由于一般的光纤布拉格光栅都是基于双光束干涉形成的条纹刻写而成，这些条纹的功率在空间的分布就是正弦形式，因而写入的光栅中一阶简谐分布分量能量最为突出，即在所有的 $n_{\mathrm{AC},m}$ 中，$n_{\mathrm{AC},1}$ 最大，能够更有效地耦合正反向传输的光电场。

其次，$m=1$ 工作的时候，光纤往往处于其单模工作范围内，模场面积较大，因而可以假设光电场和折射率起伏的分布充分重叠，即 $\Gamma_0=1$。

最后，定义统一的耦合系数。我们观察直流耦合系数的定义（即公式(2-1-40)），可以发现：它包括两部分，这两部分中只有第一项的 $n_{\mathrm{DC}}k_0$ 和折射率起伏的基带部分相关。因而我们定义

$$\sigma=n_{\mathrm{eff}}k_0-\frac{\pi}{\Lambda} \tag{2-2-1}$$

为入射光和（一阶）布拉格光栅之间的失谐量。做如下变量替换：

$$\left.\begin{aligned}R&=\widetilde{R}\cdot \mathrm{e}^{\int \mathrm{i}\frac{2\pi}{\lambda}n_{\mathrm{DC}}\mathrm{d}z}\\ S&=\widetilde{S}\cdot \mathrm{e}^{-\int \mathrm{i}\frac{2\pi}{\lambda}n_{\mathrm{DC}}\mathrm{d}z}\end{aligned}\right\} \tag{2-2-2}$$

代入简化之后（即只考虑 $m=1$ 并且 $\Gamma_0=1$）的耦合模方程(2-1-39)中，得到

$$\begin{pmatrix}\widetilde{R}\\ \widetilde{S}\end{pmatrix}'=\mathrm{i}\begin{pmatrix}\sigma & \left(\kappa_1\mathrm{e}^{\int \mathrm{i}\frac{4\pi}{\lambda}n_{\mathrm{DC}}\mathrm{d}z}\right)^*\\ -\left(\kappa_1\mathrm{e}^{\int \mathrm{i}\frac{4\pi}{\lambda}n_{\mathrm{DC}}\mathrm{d}z}\right) & -\sigma\end{pmatrix}\begin{pmatrix}\widetilde{R}\\ \widetilde{S}\end{pmatrix} \tag{2-2-3}$$

定义新的布拉格光栅的耦合系数为

$$\kappa=\kappa_1\mathrm{e}^{\int \mathrm{i}\frac{4\pi}{\lambda}n_{\mathrm{DC}}\mathrm{d}z}=\frac{\pi}{2n_{\mathrm{eff}}\Lambda}n_{\mathrm{AC},1}\mathrm{e}^{\int \mathrm{i}\frac{4\pi}{\lambda}n_{\mathrm{DC}}\mathrm{d}z} \tag{2-2-4}$$

可见，新的耦合模方程(2-2-3)具有和原方程相同的形式。我们将这两种形式相同

但变量和参数定义不同的布拉格光栅模型罗列如表 2-2-1 所示（$m=1$ 并且 $\Gamma_0=1$）。

表 2-2-1 在耦合系数分离和统一定义下的一阶布拉格光栅方程

耦合系数		具有分离的耦合系数	具有统一的耦合系数
方程形式		$\begin{pmatrix} R \\ S \end{pmatrix}'=\mathrm{i}\begin{pmatrix} \sigma & \kappa^* \\ -\kappa & -\sigma \end{pmatrix}\begin{pmatrix} R \\ S \end{pmatrix}$	
变量定义	正向光电场	$A=R\mathrm{e}^{\mathrm{i}\frac{2n_{\mathrm{eff}}\pi}{c}f_B z}$	$A=R\cdot\mathrm{e}^{\mathrm{i}\frac{2n_{\mathrm{eff}}\pi}{c}f_B z+\int\mathrm{i}\frac{2n_{\mathrm{DC}}\pi}{c}f\mathrm{d}z}$
	反向光电场	$B=S\mathrm{e}^{-\mathrm{i}\frac{2n_{\mathrm{eff}}\pi}{c}f_B z}$	$B=S\cdot\mathrm{e}^{-\mathrm{i}\frac{2n_{\mathrm{eff}}\pi}{c}f_B z-\int\mathrm{i}\frac{2\pi}{\lambda}n_{\mathrm{DC}}\mathrm{d}z}$
参数定义	直流耦合系数/失谐量	$\sigma=\frac{2n_{\mathrm{eff}}\pi}{c}(f-f_B)+\frac{2n_{\mathrm{DC}}\pi}{c}f$	$\sigma=\frac{2n_{\mathrm{eff}}\pi}{c}(f-f_B)$
	交流耦合系数/耦合系数	$\kappa=\frac{\pi}{c}f_B n_{\mathrm{AC},1}$	$\kappa=\frac{\pi}{c}f_B n_{\mathrm{AC},1}\mathrm{e}^{\mathrm{i}\int\frac{4n_{\mathrm{DC}}\pi}{c}f\mathrm{d}z}$

注意，我们在公式中采用布拉格频率 f_B 来描述布拉格光栅的周期 Λ，它们之间的关系为

$$f_B=\frac{c}{2n_{\mathrm{eff}}\Lambda} \tag{2-2-5}$$

即布拉格频率为光栅（一阶）布拉格波长所对应的光电场频率。定义 $f_S=f-f_B$ 为光电场频率相对光栅布拉格频率的偏移量，它与失谐量之间的关系为

$$\sigma=\frac{2n_{\mathrm{eff}}\pi}{c}f_S \tag{2-2-6}$$

表 2-2-1 中的两个数学模型是等价的。在本书之后的章节中，这两种表达方式都会使用，分离耦合系数方程在仿真的时候更方便一些；统一耦合系数的耦合模方程中只有耦合系数 κ 是布拉格光栅结构本身的函数，因而理论分析会更便利些。同时，我们将采用 f_S 或者 σ 来描述光电场的频率而不仅仅用波长；这种表达方式会给以后的处理带来众多便利。

2.2.2 折射率调制

之前的重点在于耦合方程的建立、期间各种近似的合理性证明以及最后对旋转波近似的物理解释。在这里，我们将目光放到耦合方程的起始点，也就是光纤布拉格光栅内折射率起伏的表达方式。物理量的表达方式是对应数学模型的重要组成部分，直接决定了数学模型所能刻画的物理过程的广泛性和方便程度。例如，在电磁场理论中，现在人们普遍采用复数表达方式；在第 1 章中，我们已经对选择复数表达方式的原因做了说明。这种表达方式是因为我们通常面对的光学材料是线性的，而虚指数函数是线性系统的特征函数；采用常规的三角函数虽然也能够达到相同的

分析和计算结果，则会缺乏特征函数的便利性。在这里，我们同样采用类似的复数表达方式来定义光纤布拉格光栅内的折射率起伏，如式(2-2-7)所示。而且，如果只考虑其中的一阶光栅分量，光纤布拉格光栅的折射率起伏可以简单地表示为

$$\Delta n=\underbrace{n_{\mathrm{DC}}}_{\substack{\text{有效折射率}\\ \text{的缓慢变化}}}+\frac{1}{2}\Big(\underbrace{n_{\mathrm{AC}}}_{\substack{\text{对载波的}\\ \text{缓慢调制}}}\overbrace{\mathrm{e}^{-\mathrm{i}\frac{4n_{\mathrm{eff}}\pi}{c}f_B z}}^{\text{正弦载波}}+\mathrm{c.c}\Big) \tag{2-2-7}$$

这里以及以后均用 n_{AC} 表示 $n_{\mathrm{AC},1}$。在 2.1.1 小节中我们提到，这种表达方式不是对折射率起伏的傅里叶变换，而是将其各个简谐分布表达成为窄带的解析信号。这是常用的时域窄带信号表达方式。从这个角度看，折射率起伏包含两部分，其中 n_{DC} 是其基带部分。而包含 n_{AC} 的第二项，则是其带通部分，n_{AC} 是带通信号的复数包络，e 虚指数次方则是其载波。以后我们称 n_{DC} 为光纤布拉格光栅的直流调制，是随 z 变化的实数函数；称 n_{AC} 为光栅的交流折射率调制，为复数函数。因而，在本书所采用的表达方式中，光纤布拉格光栅的结构由其布拉格频率 f_B（常数）、直流折射率调制 n_{DC} 以及交流折射率调制 n_{AC}（后两者均为随 z 的分布）完备地表述。人们通过对最简单的简谐分布的调制，实现对光纤布拉格光栅频谱的调制。

采用如式(2-2-7)所示的复数表达，其便利性在 2.1.1 小节和 2.1.2 小节的光纤布拉格光栅耦合方程推导中就可以看到；尤其是将其中的旋转波近似非常清楚地表达出来并予以实施。该形式在以后的频谱分析、结构设计以及数值仿真等众多场合下都具有很大的便利性。在这里，我们首先介绍如何将常见的光纤布拉格光栅结构通过式(2-2-7)表达出来，以及其他更为复杂的结构。

一般而言，光纤布拉格光栅中的直流调制对其频谱特性是有害的，在设计和制作中应该尽量避免。从统一耦合系数的定义（公式(2-2-4)）中，可清晰地看到直流调制和交流调制之间的等效性；这种等效性可以直接反映到光纤布拉格光栅的频谱特性中，有时候我们可以单独设计直流调制以实现某些特殊的或者比较难实现的相位调制。在这里，我们首先假设 n_{DC} 为零。因而，一般说到光纤布拉格光栅的结构，总是指其交流调制 n_{AC} 的分布特点。根据这些特点，常见的结构包括均匀光纤布拉格光栅、切趾光栅、啁啾光栅、相移光栅、叠印光栅、采样光栅等。而另一方面，从信号调制的角度看，我们又可以将光栅结构简单地分为针对 n_{AC} 的幅度调制和相位调制两大类。之前提到的均匀、切趾等，专指对 n_{AC} 的幅度调制，而啁啾、相移等则专指 n_{AC} 相位调制的类型。采样则既可能是幅度调制，也有可能是相位调制。至于叠印，相当于多个窄带的带通信号的叠加，既包含幅度调制，也包含相位调制。通常，功能较为复杂的光纤布拉格光栅，幅度调制和相位调制都必须具备。幅度调制和相位调制分别实现对光栅频谱不同性能的控制。

1. 均匀或切趾的光纤布拉格光栅

若光纤布拉格光栅具有幅度调制，其交流折射率调制可以表示为

$$n_{AC}(z)=\Delta n \cdot W(z) \tag{2-2-8}$$

其中，Δn 表示交流调制的最大值，$W(z)$则是定义在$-L/2\leqslant z<L/2$ 内最大幅值为 1 的窗口函数。在长度 L 的布拉格光栅之外，$W(z)$为零。

均匀光纤布拉格光栅是最简单的折射率调制结构，表现为截断的单频载波，即 $W(z)$是一个矩形函数

$$W(z)=\begin{cases}1, & -L/2\leqslant z<L/2 \\ 0, & \text{其他}\end{cases} \tag{2-2-9}$$

交流折射率调制在长度 L 内是恒定的，在其他地方则为零。本节的后面我们会讲到，均匀布拉格光栅的反射谱具有很高的旁瓣，如果用作通信系统中的滤波器，其性能较差。其原因源自交流折射率调制与光栅反射谱之间的近似傅里叶变换关系（本节后面详细介绍）。因而，通常人们会对布拉格光栅进行"切趾"，即使交流折射率调制随距离增大或者减小以比较缓慢的速度降低为零，而不像公式(2-2-9)所示从某个恒定的数值突然变为零。可见，所谓切趾，和常规的有限冲击响应滤波器设计中的"窗函数"具有相同的功能；这是因为，它们都遵循相同的物理规律，即滤波器结构与频率响应之间（近似的）傅里叶变换关系。实际上，布拉格光栅的切趾也沿用了有限冲击响应滤波器的常用窗函数。常用窗函数如表 2-2-2 所示。均假设光纤布拉格光栅的长度为 L，定义在$-L/2\leqslant z<L/2$ 区间内，之外区域 $W(z)=0$。

表 2-2-2 常用的窗函数[①]

窗函数	表达式
矩形窗	$W(z)=1$
三角窗	$W(z)=\begin{cases}1+2z/L, & z<0 \\ 1-2z/L, & z\geqslant 0\end{cases}$
升余弦窗	$W(z)=\frac{1}{2}+\frac{1}{2}\cos\left(\frac{2\pi}{L}z\right)$
改进升余弦窗	$W(z)=0.54+0.46\cos\left(\frac{2\pi}{L}z\right)$
二阶升余弦窗	$W(z)=0.42+0.5\cos\left(\frac{2\pi}{L}z\right)+0.08\cos\left(\frac{4\pi}{L}z\right)$

切趾函数的选择对布拉格光栅反射谱的影响类似于窗函数对有限冲击响应滤波器的影响，比如在一定长度下，光栅反射谱的 3 dB 带宽、边沿滚降速度、旁瓣抑制等，这些指标很难同时得到最优，只能根据布拉格光栅的使用环境进行优化。例如，矩形加窗的带宽和滚降性能比较好，但旁瓣性能却较差。另外，由于布拉格光栅的反射谱和切趾函数仅是近似的傅里叶变换关系，因而实际设计的时候比表 2-2-2 更为复杂。

---

① 关于窗函数的更多介绍，请参考郑君里，应启珩，杨为理，《信号与系统（第二版）》，高等教育出版社。

除此之外，通常高斯或者超高斯函数也被用来描述光纤布拉格光栅的交流折射率调制幅度变化。因为高斯或者超高斯函数不会天然截断，在有限冲击响应滤波器设计中很少采用；但在光纤布拉格光栅中，两者却各有用处。通常，用于刻写光栅的紫外激光器光斑，尤其是氩离子倍频激光器，其输出聚焦可以用高斯函数来近似，因而利用它写入的折射率调制也可以用高斯函数较好地逼近，尤其在采样结构中。超高斯函数和高斯函数以及上述非矩形的窗函数的差别在于它具有较平坦的顶部。因而，如果仅仅作为窗函数，它的频谱特性类似于矩形函数；但它通常用来对啁啾光栅进行切趾。高斯或者超高斯函数的定义如下：

$$W(z)=\exp(-\ln 2\ |2z/\mathrm{FWHM}|^{2q}) \tag{2-2-10}$$

其中，FWHM 是切趾函数的半高全宽(full width at half maximum)，即交流调制的幅度超过 $\Delta n/2$ 部分的光栅的长度。q 是其阶数，当 $q=1$ 时，为典型的高斯函数；超过 1 之后，函数逐渐变“方”(如图 2-2-1 所示)，因而可以控制 q 的大小来实现对光栅顶部平坦度的控制。

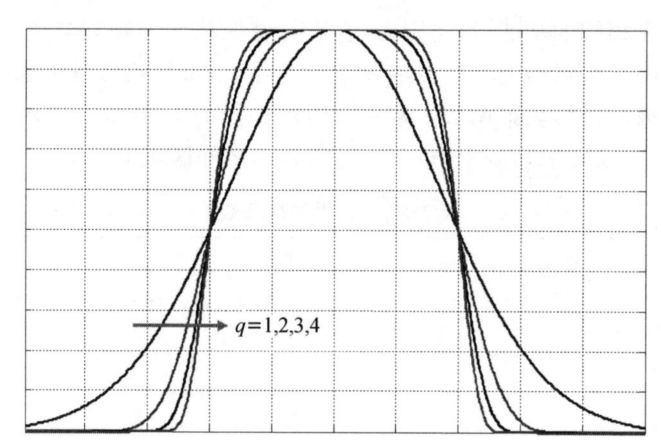

图 2-2-1　高斯函数和超高斯函数

由于高斯或者超高斯函数拖尾，因而必须人为地对其截断，即实际上又外加了一个矩形窗。考虑到高斯和超高斯函数下降速度很快，大多数矩形窗截断对其频谱特性没有什么影响；但如果矩形窗接近 FWHM，则其影响也必须考虑了。

2. 啁啾或相移的光纤布拉格光栅

啁啾或者相移都指光纤布拉格光栅交流折射率调制的相位分布。一般情况下，相移指的是离散的相位调制，而啁啾则专门指连续变化的相位调制。这时候，我们转向关心 n_{AC} 的相位部分，即假设

$$n_{\mathrm{AC}}\propto \mathrm{e}^{\mathrm{i}\varphi(z)} \tag{2-2-11}$$

利用 $\varphi(z)$ 去描述光纤布拉格光栅的结构。

在很多情况下，人们希望光纤布拉格光栅的布拉格频率(或者周期)随距离 z 变

化，这样可以实现包括色散补偿等众多功能。之前，人们将光栅布拉格频率（周期）随距离线性变化的结构称为光栅的啁啾。后来，人们发现随距离的非线性变化（即非线性啁啾）也有很多应用，从而演化出更多的布拉格频率（周期）变化结构。光栅布拉格频率（周期）的连续变化，使交流折射率调制的相位也是连续变化的；在这里，我们统一地将这种结构称为啁啾。啁啾的时候，光纤布拉格光栅的折射率起伏周期是随距离变化的，如图 2-2-2 所示。

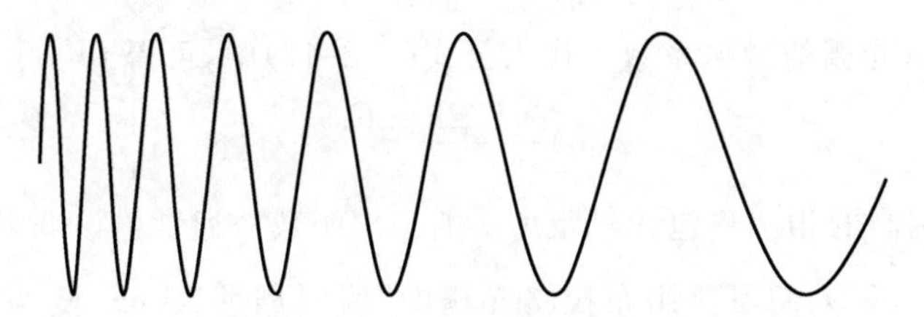

图 2-2-2 啁啾时布拉格光栅折射率起伏示意图

一般情况下，我们都可以利用多项式展开对这种布拉格频率的变化进行描述：

$$\tilde{f}_B(z)=f_B+C_1z+C_2z^2+\cdots \tag{2-2-12}$$

但在这里，根据折射率调制表达式(2-2-7)，我们认为光栅的布拉格频率是恒定的 f_B，上述布拉格频率的变化必须通过 n_{AC} 的相位变化，即通过 $\varphi(z)$ 来描述。显然，这种描述不如 $|n_{\mathrm{AC}}|$ 对光栅切趾结构的描述来得直观。下面我们来推导 $\varphi(z)$ 和 $\tilde{f}_B(z)$ 的关系。含有啁啾的光纤布拉格光栅，其交流折射率调制可以表示为

$$\Delta n(z)=\frac{1}{2}\left(|n_{\mathrm{AC}}|\,\mathrm{e}^{-\mathrm{i}\frac{4n_{\mathrm{eff}}\pi}{c}f_Bz+\mathrm{i}\varphi(z)}+\mathrm{c.c}\right) \tag{2-2-13}$$

在 z 处一小段距离 Δz 的两侧，根据公式(2-2-13)，相位改变（即 $z+\Delta z$ 处的相位和 z 处相位的差值）为

$$\begin{aligned}\Delta\theta&=\left[-\frac{4n_{\mathrm{eff}}\pi}{c}f_B(z+\Delta z)+\varphi(z+\Delta z)\right]-\left[-\frac{4n_{\mathrm{eff}}\pi}{c}f_Bz+\varphi(z)\right]\\&=-\frac{4n_{\mathrm{eff}}\pi}{c}f_B\Delta z+\varphi(z+\Delta z)-\varphi(z)\end{aligned} \tag{2-2-14}$$

注意到，$4n_{\mathrm{eff}}\pi\,\tilde{f}_B(z)/c$ 是周期性函数(2-2-13)在 z 处的"瞬时角频率"，也同时决定了上述相位移动值

$$\Delta\theta=-\frac{4n_{\mathrm{eff}}\pi}{c}\tilde{f}_B(z)\Delta z \tag{2-2-15}$$

上述两个相移移动应该相等。令 Δz 趋向于零，即可得到 $\varphi(z)$ 和 $\tilde{f}_B(z)$ 的关系为

$$\varphi'=-\frac{4n_{\mathrm{eff}}\pi}{c}(\tilde{f}_B-f_B) \tag{2-2-16}$$

对上式积分，就可以得到交流折射率调制的相位分布

$$\varphi(z)=\int_0^z -\frac{4n_{\mathrm{eff}}\pi}{c}(\widetilde{f}_B-f_B)\mathrm{d}x \tag{2-2-17}$$

由于在一般情况下相位的绝对值在单个器件的分析中不会改变其频谱特性，所以我们简单地假设 $\varphi(z=0)=0$。

作为一个特殊但是常用的情况，假设布拉格光栅中只有一阶啁啾，即

$$\widetilde{f}_B(z)=f_B+C_1 z \tag{2-2-18}$$

通常称 C 为啁啾光栅的啁啾系数。代入公式(2-2-17)中，可得

$$\varphi(z)=-\frac{2n_{\mathrm{eff}}\pi C_1}{c}z^2 \tag{2-2-19}$$

即交流折射率调制的相位只包含对距离 z 的二次函数。通常称该啁啾为线性啁啾。

在一般情况下，人们习惯用布拉格光栅的"瞬时周期"$\widetilde{\Lambda}(z)$随距离 z 的变化率 C_Λ 来表示啁啾系数(例如，在购置相位模板的时候)：

$$C_\Lambda=-\frac{c}{2n_{\mathrm{eff}}\widetilde{f}_B^2}\frac{\mathrm{d}\widetilde{f}_B}{\mathrm{d}z} \tag{2-2-20}$$

当布拉格光栅满足线性啁啾时，同时假设 $f_B\gg|C_1 z|$，即线性啁啾带来的布拉格频率的变化远小于布拉格频率本身，公式(2-2-20)可简化为

$$C_\Lambda\approx-\frac{c}{2n_{\mathrm{eff}}f_B^2}C_1 \tag{2-2-21}$$

C_Λ 近似为常数，这表明在"啁啾×光栅长度"比较小的时候，线性啁啾光栅的周期也可以认为是随距离线性变化的。C_Λ 是无量纲的数值(但通常利用"nm/cm"来给出)，给定之后可以通过公式(2-2-21)求出 C_1。当上述近似成立的时候，线性啁啾布拉格光栅交流折射率调制的相位有下列两种等效的写法：

$$\varphi(z)=-\frac{2n_{\mathrm{eff}}\pi C_1}{c}z^2=\frac{\pi C_\Lambda}{\Lambda^2}z^2 \tag{2-2-22}$$

当啁啾系数较大或者光栅较长导致布拉格频率变化较大时，就不能认为布拉格光栅的周期随距离是线性变化的。从表面上看这只是个定义问题：本书将线性啁啾定义为布拉格频率随距离线性变化的啁啾分布；当然也可以定义它为光栅周期的线性变化。光栅周期和其布拉格频率成倒数关系，若其中一个为线性函数，另一个必然是非线性变化。不过，本书倾向于将线性啁啾定义为布拉格频率的线性变化。根据布拉格光栅频率响应和耦合系数的傅里叶变换关系(见下)可知，只有如此定义的线性啁啾布拉格光栅，其冲击响应才是线性啁啾的光脉冲。不过，就像之前讲到的，人们习惯于利用 C_Λ 来描述啁啾光栅的分布情况，因而有必要了解公式(2-2-20)的转换关系。

注意，啁啾光栅的交流折射率调制不能直接写成表达式：$\mathrm{e}^{-\mathrm{i}4n_{\mathrm{eff}}\pi\widetilde{f}_B z/c}$。载波瞬时角频率的定义是相位对时间的导数，而不是简单地除以 z。所以必须按照公式(2-2-12)～

公式(2-2-17)的推导过程得到正确的啁啾表达式。

根据积分式(2-2-17)得到的啁啾都是连续变化的。实际中也有大量离散相位调制存在于一些特殊功能的光纤布拉格光栅中，比较典型的包括分布反馈激光器中常用的 π 相移。相移是光栅中周期性结构的突变，可以用图 2-2-3 比较形象地表示。

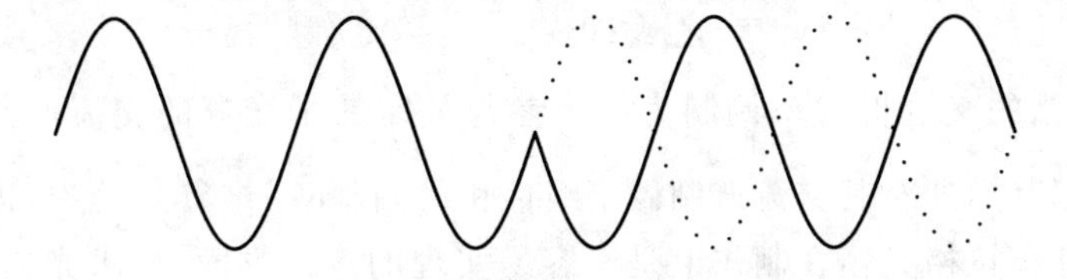

图 2-2-3 光纤布拉格光栅中的相移

在有相移的地方，周期性结构发生突变，难以定义该处的“瞬时周期”是多少。因而，不同于啁啾的积分表达，相移在数学上表示为交流折射率调制的相位突变：

$$n_{\mathrm{AC}}(z)=\begin{cases}\tilde{n}_{\mathrm{AC}}(z), & z<z_0\\ \tilde{n}_{\mathrm{AC}}(z)\mathrm{e}^{\mathrm{i}\theta}, & z\geqslant z_0\end{cases}\tag{2-2-23}$$

公式(2-2-23)表示在 z_0 处对原有交流折射率调制 $\tilde{n}_{\mathrm{AC}}$ 做了数值为 θ 的相位移动。需要说明的是，我们在实施耦合模式理论的时候，声明了布拉格光栅任何折射率调制都是窄带的带通信号，即具有慢变的包络，因而交流调制的相位突变，在理论上是不应该存在的。不过，在一般情况下布拉格光栅的周期非常短，因而不同简谐分布在频谱上的距离也非常远；相位突变模型虽然带来某一简谐分布对应的反射谱在频域中的拓展，但在其他简谐分布的作用谱内影响几乎可以忽略，因而公式(2-2-23)的表达也是合理的。

3. 叠印或采样的光纤布拉格光栅

在 2.2.1 小节，我们通过对微扰的讨论，得到结论：光纤布拉格光栅的频率响应和其结构中的简谐分布分量基本是对应的。因而，通常认为布拉格光栅是单通道、窄带的器件。然而，当布拉格光栅内包含多个简谐分布时，它就有可能实现多通道工作。很显然，叠印就是使光栅包含多个简谐分布的最直接的途径：

$$\Delta n = n_{\mathrm{DC}} + \sum_m \frac{1}{2}\left(n_{\mathrm{AC},m}\mathrm{e}^{-\mathrm{i}\frac{4n_{\mathrm{eff}}\pi}{c}f_{B,m}z} + \mathrm{c.\,c}\right)\tag{2-2-24}$$

可见，叠印的概念正如其名称一样直接：多个具有不同布拉格频率的光栅同时存在于同一光纤的同一位置上，我们将参与叠印的单个光栅称为子光栅。在理论上，每个子光栅都允许有独立的交流折射率调制；但是，它们同时共享相同的直流折射率调制。公式(2-2-24)的表达同 2.2.1 小节我们对光纤布拉格光栅周期性结构的傅里叶展开形式非常类似，但要注意它们之间的区别：这里的各个子光栅的周期非常接近，可以等效地认为它们属于同一个光纤布拉格光栅的一阶谐波分量，因为

$$\Delta n = n_{\mathrm{DC}} + \frac{1}{2}\left[\sum_m (n_{\mathrm{AC},m} \mathrm{e}^{-\mathrm{i}\frac{4n_{\mathrm{eff}}\pi}{c}(f_{B,m}-f_B)z})\mathrm{e}^{-\mathrm{i}\frac{4n_{\mathrm{eff}}\pi}{c}f_B z} + \mathrm{c.c}\right] \qquad (2\text{-}2\text{-}25)$$

也就是说，叠印光纤布拉格光栅和之前各类光栅一样，具有我们在本节开始处提出的结构，其中光栅布拉格频率为 f_B，交流折射率调制为

$$n_{\mathrm{AC}} = \sum_m (n_{\mathrm{AC},m} \mathrm{e}^{-\mathrm{i}\frac{4n_{\mathrm{eff}}\pi}{c}(f_{B,m}-f_B)z}) \qquad (2\text{-}2\text{-}26)$$

可见，叠印光栅的交流折射率调制为各个参与叠印的子光栅的交流调制之和，但每个子光栅根据其周期对其交流调制做了线性相位调制 $\mathrm{e}^{-\mathrm{i}\frac{4n_{\mathrm{eff}}\pi}{c}(f_{B,m}-f_B)z}$（即频移）。

叠印光纤布拉格光栅在制作上是不容易实现的。一方面，要求光栅写入的次数较多，而且当前一般采用相位模板制作方法，不同周期的光栅一般要求不同的相位模板，即要求不断地更换相位模板；另一方面，因为各个子光栅分多次写入，在一致性方面就会比较差，尤其是子光栅之间的相位关系根本无法控制。因而，人们更多地采用“采样”的方法实现光纤布拉格光栅频率响应中多个信道的产生。

所谓采样，可以这样理解：在光纤布拉格光栅的交流折射率调制 n_{AC} 内，再次引入一个变化较为缓慢的周期性结构。即 n_{AC} 可以表示为

$$n_{\mathrm{AC}}(z) = s(z)\cdot \tilde{n}_{\mathrm{AC}}(z) \qquad (2\text{-}2\text{-}27)$$

其中，$\tilde{n}_{\mathrm{AC}}$ 是原有的某种交流调制，而 $s(z)$ 是周期为 P 的周期函数，也通常被称为采样函数。采样函数的种类繁多，可以是纯粹的幅度调制（比如方波），或者是纯粹的相位调制（比如每隔距离 P 就引入一个 π 相移），当然也可以同时包含幅度和相位调制。但是，只要采样函数的周期为 P，它都可以通过傅里叶展开表示为

$$s(z) = \sum_m S_m \mathrm{e}^{-\mathrm{i}\frac{2\pi}{P/m}z} \qquad (2\text{-}2\text{-}28)$$

注意，这里的傅里叶展开和 2.2.1 小节的公式(2-1-8)是不同的，由于 $s(z)$ 不限定实数函数，因而其正负频率分量对应的幅度不再具有共轭对称性；所以，在公式(2-2-28)中，m 应该取包括 0 在内的所有整数（公式(2-2-28)中当 $m=0$ 时，认为周期 P/m 无限大）。对比公式(2-2-28)和公式(2-2-26)可知：采样光纤布拉格光栅和叠印光栅具有类似的特点。可以认为，采样就是一种叠印的特殊形式；将公式(2-2-28)代入公式(2-2-27)可以得到

$$\Delta n = n_{\mathrm{DC}} + \left[\sum_m \frac{1}{2}S_m \tilde{n}_{\mathrm{AC}} \cdot \mathrm{e}^{-\mathrm{i}\frac{4n_{\mathrm{eff}}\pi}{c}\left(f_B+\frac{mc}{2n_{\mathrm{eff}}P}\right)z} + \mathrm{c.c}\right] \qquad (2\text{-}2\text{-}29)$$

对比公式(2-2-29)和公式(2-2-25)可以看到：采样虽然具有叠印的形式，但与叠印光纤布拉格光栅相比具有特殊性。首先，各个子光栅的布拉格频率为

$$f_{B,m} = f_B + m\frac{c}{2n_{\mathrm{eff}}P} \qquad (2\text{-}2\text{-}30)$$

即各个子光栅的布拉格频率由载波频率 f_B 和采样周期 P 共同决定，之间不再是独立的了，而是严格等间隔的，间隔是 $c/(2n_{\mathrm{eff}}P)$。假设采样周期 P 足够长，使得对所有

子光栅而言$f_B \gg mc/(2n_{\text{eff}}P)$，即$P/m \gg \Lambda$，则可以得到如下近似：

$$\Lambda_m = \frac{c}{2n_{\text{eff}}\left(f_B + m\dfrac{c}{2n_{\text{eff}}P}\right)} \approx \Lambda - m\frac{\Lambda^2}{P} \tag{2-2-31}$$

可见，采样光纤布拉格光栅中的子光栅之间的周期也是近似等间隔的，间隔为Λ^2/P（公式(2-2-30)表明子光栅的布拉格频率是严格等间隔的；公式(2-2-31)说明在窄带情况下，周期间隔是近似相同的）。

其次，除子光栅周期的特殊性外，相比叠印光栅，采样光纤布拉格光栅各个子光栅的交流折射率调制也有共性。由公式(2-2-29)可见，

$$n_{\text{AC},m} = S_m \tilde{n}_{\text{AC}} \tag{2-2-32}$$

其中，$n_{\text{AC},m}$是采样光纤布拉格光栅第m个子光栅的交流折射率调制。可见，采样光栅的子光栅具有基本相同的交流调制，唯一的差别来自于采样函数$S(z)$的傅里叶展开系数可能在每个阶次中是不同的。在相对的相位关系上，子光栅之间也是由傅里叶系数S_m所决定。

表 2-2-3 常用的交流折射率调制方式

调制名称	表达方式	说明
幅度调制（切趾）	$n_{\text{AC}}(z) = \Delta n \cdot W(z)$	常见的窗口函数如表 2-2-2 所示
啁啾	$n_{\text{AC}} = e^{i\varphi(z)}$ $\varphi(z) = \int_0^z -\frac{4n_{\text{eff}}\pi}{c}(\tilde{f}_B - f_B)\,dx$	线性啁啾时 $\varphi(z) = -\frac{2n_{\text{eff}}\pi C_1}{c}z^2 = \frac{\pi C_\Lambda}{\Lambda^2}z^2$
相移	$n_{\text{AC}}(z) = \begin{cases} \tilde{n}_{\text{AC}}(z), & z < z_0 \\ \tilde{n}_{\text{AC}}(z)e^{i\theta}, & z \geqslant z_0 \end{cases}$	
叠印	$n_{\text{AC}} = \sum_m \left(n_{\text{AC},m} e^{-i\frac{4n_{\text{eff}}\pi}{c}(f_{B,m} - f_B)z}\right)$	f_B和$n_{\text{AC},m}$分别是参与叠印的子光栅的布拉格频率和交流折射率调制
采样	$n_{\text{AC}}(z) = s(z) \cdot \tilde{n}_{\text{AC}}(z)$	

表2-2-3对常见的光纤布拉格光栅的交流折射率调制的类型做了详细介绍，同时也介绍了各种调制的数学表达方式。实际上的光栅结构可能更为复杂，比如是两类或者多类结构的组合；但根据上面的介绍，我们可以比较容易地组合表达。比如，一种光纤光栅，具有采样的结构，每个采样（即采样函数的每个周期）都是高斯切趾，整体利用超高斯函数切趾，同时光栅本身具有啁啾。该结构同时结合了切趾、啁啾、采样三类调制，可以逐步将其表达式写出。首先，每个采样均为高斯形式的采样函数，可以表示为

$$\Delta n \cdot \sum_m e^{-\ln 2\left|2\frac{z-mP}{\gamma P}\right|^2} \tag{2-2-33}$$

其中，P 是采样函数的周期，γP 是单个采样的半高全宽，γ 称为采样函数的占空比（即长度为 P 的单个周期内有光栅写入的部分所占的比例），mP 是第 m 个采样的中心位置，Δn 是交流调制的最大值。在公式(2-2-33)的基础上再加入整体的切趾和啁啾，即为所要求的光纤布拉格光栅的交流调制：

$$n_{\mathrm{AC}}=\Delta n\cdot\sum_{m}\left(\mathrm{e}^{-\ln 2\left|2\frac{z-mP}{\gamma P}\right|^{2}}\right)\cdot\mathrm{e}^{-\ln 2\left|\frac{2z}{\mathrm{FWHM}}\right|^{2q}}\cdot\mathrm{e}^{\mathrm{i}\frac{\pi C_{\Lambda}}{\Lambda^{2}}z^{2}}\tag{2-2-34}$$

其中，FWHM 和 q 为整个光栅切趾轮廓的半高全宽以及超高斯阶数，C 是啁啾系数。在实际制作中，比如基于聚焦氩离子倍频激光器和啁啾相位模板，人们只能通过控制写入单个采样的曝光时间等来控制每个采样的折射率起伏强度；因而整体的切趾轮廓不会像公式(2-2-34)所表示的样子连续实现，而是像公式(2-2-35)所表示的样子来控制每个采样的幅值：

$$n_{\mathrm{AC}}=\Delta n\cdot\sum_{m}\left(\mathrm{e}^{-\ln 2\left|\frac{2mP}{\mathrm{FWHM}}\right|^{2q}}\cdot\mathrm{e}^{-\ln 2\left|2\frac{z-mP}{\gamma P}\right|^{2}}\right)\cdot\mathrm{e}^{\mathrm{i}\frac{\pi C_{\Lambda}}{\Lambda^{2}}z^{2}}\tag{2-2-35}$$

总之，所有的光纤布拉格光栅都可以用公式(2-2-7)以及表 2-2-3 各种分离的调制手段组合来描述。这种统一化的数学描述方法给我们带来的便利将在 2.2.3 小节的分析、第 3 章的数值仿真以及后续的光栅设计中逐一体现。

2.2.3 弱耦合近似

虽然方程组(2-2-3)形式简单，但是由于耦合系数 κ 通常不是常数，一般情况下没有解析解。下面我们首先讨论两类特殊的情况：弱耦合的布拉格光栅；均匀布拉格光栅。

由于在大多数针对布拉格光栅的应用中，人们更关心其反射率，即研究只有一端注入光而另一端空载时在该端的反射情况；因而我们可以定义一个分布式的复振幅反射率为布拉格光栅内部任何一点处的正反向传输的光电场复振幅包络的比例，即

$$\rho=\frac{S(z)}{R(z)}\tag{2-2-36}$$

将其代入耦合模方程(2-2-3)中，可以得到关于上述反射率的演化方程：

$$\rho'=-\mathrm{i}\kappa^{*}\rho^{2}-2\mathrm{i}\sigma\rho-\mathrm{i}\kappa\tag{2-2-37}$$

虽然得到了反射率的微分方程，但由于该方程是非线性的，如果同时存在不为常数的耦合系数，方程很难找到解析解。因此，我们假设布拉格光栅内部处处反射率都很低（即 $|\rho|^{2}\ll 1$），方程简化为

$$\rho'=-2\mathrm{i}\sigma\rho-\mathrm{i}\kappa\tag{2-2-38}$$

其边界条件是 $\rho(z=L)=0$，即在光栅的非注入端只有光出射而没有反射存在。求解该常系数微分方程（注意在这里我们使用了表 2-2-1 中的统一耦合系数方程，直流失谐量 σ 不随 z 变化），可以得到

$$\rho(z=0)=\int_0^L \mathrm{i}\kappa(z)\mathrm{e}^{\mathrm{i}2\sigma z}\,\mathrm{d}z \tag{2-2-39}$$

当直流失谐量σ(即入射光频率)变化时,公式(2-2-39)就可以给出具有任意耦合系数分布的布拉格光栅的反射谱。注意到耦合系数的傅里叶变换(以z为自变量)为

$$\mathrm{K}(2\pi\chi)=\int\kappa(z)\mathrm{e}^{\mathrm{i}2\pi\chi z}\,\mathrm{d}z \tag{2-2-40}$$

对比得到光栅反射谱为

$$\rho(z=0)=\mathrm{iK}(\chi=\sigma/\pi)=\mathrm{iK}\left(\chi=\frac{2n_{\mathrm{eff}}}{c}f_{\mathrm{S}}\right) \tag{2-2-41}$$

注意,当z在0到L之外的地方,耦合系数为零。公式(2-2-41)表明:在弱耦合近似下,光纤布拉格光栅的结构和其频响之间是傅里叶变换的关系。

实现傅里叶变换关系的重要前提是布拉格光栅必须满足弱耦合近似,即光栅内各处的反射率都足够低。可以想象,在这样的近似下,入射光在光栅内最多只能发生一次反射;因为两次或两次以上的反射,光的功率都远小于一次反射,因而对耦合方程没有贡献。从方程(2-2-38)即可看出,反射率的平方项被忽略掉了。傅里叶变换关系给我们分析和理解光纤布拉格光栅提供了一个直观的思路,因为从耦合方程(2-2-3)毕竟无法很直接明了地得到某一折射率调制下光栅的特性。该关系说明,当交流调制较弱时,光栅在结构上具有“线性性”,即:构成布拉格光栅的不同成分,对入射光的影响是可以线性叠加的(这里请和通常说的“线性器件”中的“线性”的定义加以区分;后者的线性,指的是频响与入射光功率无关)。这和有限冲击响应滤波器很类似。这时候布拉格光栅的行为和我们在1.3节讨论的一次反射近似下的多层反射模型是一致的;在那里,器件的结构和频响也是傅里叶变换的关系,只不过器件结构是离散的。这和2.1节中讨论的旋转波近似也非常类似;在那里,我们分析发现,如果某个布拉格光栅的布拉格波长距离入射光波长足够远,那么它对入射光的影响可以忽略;换句话说,如果两个布拉格光栅的周期距离足够远,那么它们处于同一物理位置上时的反射谱基本等于各自单独存在时的反射谱的叠加。这也是线性性的一种体现。在这里,傅里叶变换关系进一步说明了,当两个同一位置的布拉格光栅周期接近或者相同时,如果要满足线性性,那么它们的反射率都必须足够弱。这也是我们在之前将这种线性性称为“准线性”的原因。

2.2.4 均匀布拉格光栅

在2.2.1小节中,我们定义了均匀光栅(即公式(2-2-9))。均匀光栅在长度L内,耦合系数是常数(这里假设直流调制为零),这时候方程组(2-2-3)可以有解析解,因为该方程是一个简单的齐次线性方程,其解可以表示为

$$\begin{pmatrix}R\\S\end{pmatrix}_{|z=L}=\exp\left[\mathrm{i}\begin{pmatrix}\sigma & \kappa^*\\-\kappa & -\sigma\end{pmatrix}L\right]\cdot\begin{pmatrix}R\\S\end{pmatrix}_{|z=0} \tag{2-2-42}$$

该解在形式上用一个 2×2 的复数矩阵，将光纤布拉格光栅两端的光电场复数包络联系起来；该矩阵被称为均匀光纤布拉格光栅的传输矩阵，用 $\boldsymbol{T}$ 来表示。对比两个传输矩阵(2-2-42)和(1-3-13)，它们之间有一些类似性；在这里利用积分替代了连乘，与“分布反馈”相呼应。除了公式(2-2-42)中的矩阵指数形式，均匀布拉格光栅的传输矩阵还可以展开表示；在数学上的处理方式也与公式(1-3-7)的处理方式一样：对被积分的矩阵进行对角化，然后将指数运算作用到对角矩阵中，得到的表达式如下：

$$T=\exp\left[\mathrm{i}\begin{pmatrix}\sigma & \kappa^{*}\\ -\kappa & -\sigma\end{pmatrix}L\right]=\begin{pmatrix}t_{11} & t_{12}\\ t_{21} & t_{22}\end{pmatrix} \tag{2-2-43}$$

其中，

$$\left.\begin{aligned}
t_{11}&=\cosh(\mathrm{i}\gamma L)+\frac{\sigma}{\gamma}\sinh(\mathrm{i}\gamma L)=\cos(\gamma L)+\mathrm{i}\,\frac{\sigma}{\gamma}\sin(\gamma L)\\
t_{12}&=\frac{\kappa^{*}}{\gamma}\sinh(\mathrm{i}\gamma L)=\mathrm{i}\,\frac{\kappa^{*}}{\gamma}\sin(\gamma L)\\
t_{21}&=-\frac{\kappa}{\gamma}\sinh(\mathrm{i}\gamma L)=-\mathrm{i}\,\frac{\kappa}{\gamma}\sin(\gamma L)\\
t_{22}&=\cosh(\mathrm{i}\gamma L)-\frac{\sigma}{\gamma}\sinh(\mathrm{i}\gamma L)=\cos(\gamma L)-\mathrm{i}\,\frac{\sigma}{\gamma}\sin(\gamma L)
\end{aligned}\right\} \tag{2-2-44}$$

即其中任何一项都可以用双曲函数或者三角函数表示。其中，

$$\gamma^{2}=\sigma^{2}-|\kappa|^{2} \tag{2-2-45}$$

展开表达式中有两点需要注意，这两点都是围绕其中的参数 γ：γ 有可能是纯虚数，当直流调制小于交流调制的时候；无论如何，开方之后可能会有两个相位相差 π 的数值，不过不影响展开表达式的结果，因为 $\cosh(\mathrm{i}\gamma L)$ 和 $\sinh(\mathrm{i}\gamma L)/\gamma$ 都是偶函数。另外，γ 有可能等于零，这时候 $\sinh(\mathrm{i}\gamma L)/\gamma$ 应该取其极限值 $\mathrm{i}L$。

知道了传输矩阵 $\boldsymbol{T}$，再配合适当的边界条件，就可以得到均匀光纤布拉格光栅所有的物理量。根据公式(1-3-5)，我们同样可以得到光纤布拉格光栅的散射矩阵。传输矩阵所关注的是光栅右端($z=L$ 处)正反向光电场包络和其左端($z=0$ 处)正反向包络之间的关系。而散射矩阵则关心两个输出如何被两个输入所决定：

$$\begin{pmatrix}R_L\\ S_0\end{pmatrix}=\underbrace{\begin{pmatrix}\dfrac{t_{12}}{t_{22}} & \dfrac{\det\boldsymbol{T}}{t_{22}}\\[2ex] \dfrac{1}{t_{22}} & -\dfrac{t_{21}}{t_{22}}\end{pmatrix}}_{\begin{pmatrix}s_{11} & s_{12}\\ s_{21} & s_{22}\end{pmatrix}}\cdot\begin{pmatrix}S_L\\ R_0\end{pmatrix} \tag{2-2-46}$$

其中，$\det\boldsymbol{T}$ 表示矩阵 $\boldsymbol{T}$ 的行列式。由公式(2-2-43)可以求得，对于均匀光纤布拉格光栅而言，$\det\boldsymbol{T}=1$。得到散射矩阵，就很容易求得光纤布拉格光栅的反射和透射率。如果我们假定光栅入射端为其左端(即 $z=0$ 处)，而右端入射 S_L 为零，则复振幅反射率 ρ 和透射率 t 为

$$\left.\begin{aligned} \rho &= \frac{S_0}{R_0} = s_{22} = -\frac{t_{21}}{t_{22}} \\ t &= \frac{R_L}{R_0} = s_{12} = \frac{\det \boldsymbol{T}}{t_{22}} \end{aligned}\right\} \tag{2-2-47}$$

如果反过来,假定光栅入射端为其右端(即 $z=L$ 处),而左端入射 R_0 为零,则复振幅反射率 ρ'和透射率 t'为

$$\left.\begin{aligned} \rho' &= \frac{R_L}{S_L} = s_{11} = \frac{t_{12}}{t_{22}} \\ t' &= \frac{S_0}{S_L} = s_{21} = \frac{1}{t_{22}} \end{aligned}\right\} \tag{2-2-48}$$

在本书中,我们都根据光栅的左端(即 $z=0$ 处)来定义其复振幅反射率 ρ 和透射率 t,即采用公式(2-2-47)的定义。因而,对于均匀光纤布拉格光栅而言,

$$\left.\begin{aligned} \rho &= \frac{\frac{\kappa}{\gamma}\sinh(\mathrm{i}\gamma L)}{\cosh(\mathrm{i}\gamma L) - \frac{\sigma}{\gamma}\sinh(\mathrm{i}\gamma L)} \\ t &= \frac{1}{\cosh(\mathrm{i}\gamma L) - \frac{\sigma}{\gamma}\sinh(\mathrm{i}\gamma L)} \end{aligned}\right\} \tag{2-2-49}$$

需要注意的是,R 和 S 定义为光电场复振幅包络,而光电场本身,考虑到快变传播相位后的反射率和透射率应为

$$\left.\begin{aligned} &\frac{B_0}{A_0} = \rho \\ &\frac{A_L}{A_0} = t \cdot \mathrm{e}^{\mathrm{i}\frac{2n_{\mathrm{eff}}\pi}{c} f_B L} \end{aligned}\right\} \tag{2-2-50}$$

可见,利用包络函数 R 和 S 定义的反射率和透射率,可以很好地反映光电场本身的反射率和透射率。当光栅参数(周期 Λ 和长度 L)确定后,两者的差别仅出现在常数的相位项上,而且该相位项和入射光参数(比如波长等)无关。因而,当我们只考虑单个光栅对光的作用时,上述相位项完全可以不用考虑。

根据公式(2-2-49),我们很容易就能得到不同参数下均匀光纤布拉格光栅的反射和透射谱线。在计算例子中,我们假设光栅参数如下:有效折射率 $n_{\mathrm{eff}}=1.45$,光栅周期为 $1\,550\Big/\left(\dfrac{2}{n_{\mathrm{eff}}}\right)$(即对应的布拉格波长为 1 550 nm),直流调制 $n_{\mathrm{DC}}=0$,光栅长度为 10 mm。当交流调制幅度为 10^{-4}时,均匀光栅的反射谱和透射谱如图 2-2-4 所示,图中所示的是功率谱,即 $|\rho|^2$ 和 $|t|^2$。

2.2.5 光纤布拉格光栅的级联传输矩阵模型

均匀光纤布拉格光栅自由度非常有限,只包括其周期、长度和交流折射率调制

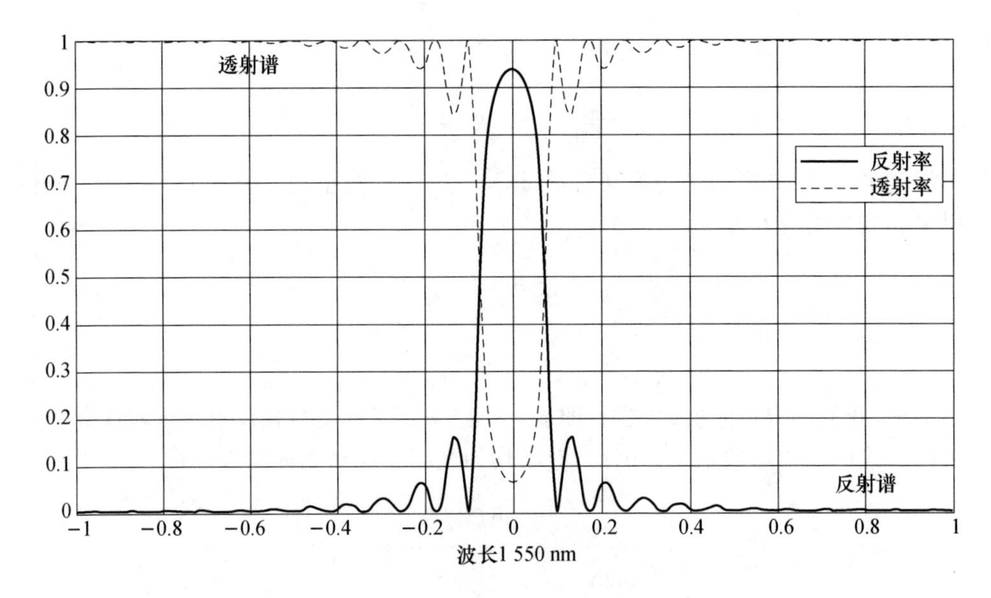

图 2-2-4　均匀光纤布拉格光栅的反射谱和透射谱例

幅度三个可控参数；得到的反射谱，其幅频响应包含较多的旁瓣（如图 2-2-4 所示），而相频响应则又包含高阶色散（见第 3 章分析）。因而，均匀布拉格光栅应用也十分有限。为了得到更优化的频响特性甚至新的功能，必须对光栅的交流折射率调制 n_{AC}，做更多的控制和设计。最常见的非均匀 n_{AC} 我们已经罗列在 2.2.2 小节中，包括切趾等典型的幅度调制、啁啾和相移等典型的相位调制以及叠印和采样等多信道化的设计等。在这些交流折射率调制分布下的光纤布拉格光栅虽然可以用其耦合模方程描述，但该方程是一个非线性的常微分方程组，很难得到解析解，因而数值求解广受重视。在这里，我们就介绍适用于任意结构布拉格光栅数值求解的级联传输矩阵模型。

由于统一耦合系数和分离耦合系数的方程具有相同的形式，差别仅在于直流和交流耦合系数的定义上，因而布拉格光栅的仿真并不区分这两种形式。需要解决的问题是：已知直流和交流耦合系数分布，求解下述方程的数值方法：

$$\begin{pmatrix} R \\ S \end{pmatrix}' = \mathrm{i}\begin{pmatrix} \sigma & \kappa^* \\ -\kappa & -\sigma \end{pmatrix}\begin{pmatrix} R \\ S \end{pmatrix} \tag{2-2-51}$$

对于公式(2-2-51)这类形如 $y'=f(x,y)$ 的一阶非线性常微分方程，典型的求解方法是龙格库塔法。显式的四阶龙格库塔法规则非常简单，Matlab 也提供了相关的函数(ode32、ode45 等)可以使用。但在本书，我们采用一种物理更为直观的“传输矩阵”求解方法。传输矩阵法也基于具有复杂结构的布拉格光栅的离散，但它将每一段离散化的光栅看作均匀光栅，根据公式(2-2-43)和公式(2-2-44)计算该段的传输矩阵，最后求积即可得到整个布拉格光栅的传输矩阵。图 2-2-5 示意了传输矩阵方法。

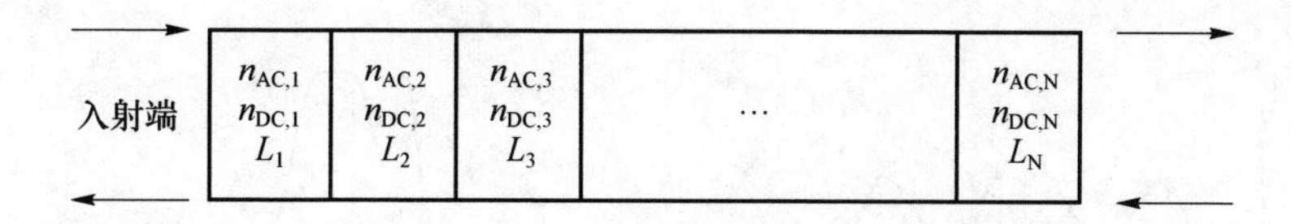

图 2-2-5 传输矩阵方法示意图

首先，将整个光栅离散化为 N 段，每段离散光栅都认为是均匀布拉格光栅，并且具有自己的 3 个独立参数：长度 L_k、交流折射率调制 $n_{AC,k}$ 以及直流折射率调制 $n_{DC,k}$。注意，在这里所有离散光栅的布拉格频率都是一样的；在本书中，我们计算的对象是具有公式(2-2-7)表达的折射率起伏光栅，这是和其他参考书籍和文献不同之处。然后，分别求解所有离散光栅的传输矩阵(公式(2-2-43)、公式(2-2-44))。倘若仿真针对的是表 2-2-1 中的分离耦合系数模型，则每段光栅的直流耦合系数不同；否则，每段的直流耦合系数将相同，同时 n_{DC} 应该通过积分折合到 n_{AC} 中。$\boldsymbol{T}_m$ 表示第 m 段离散光栅的传输矩阵。最后，整个布拉格光栅的传输矩阵即为

$$\boldsymbol{T}=\boldsymbol{T}_N\times\boldsymbol{T}_{N-1}\times\cdots\times\boldsymbol{T}_1 \tag{2-2-52}$$

需要注意的是，矩阵的乘积和标量(单个数)的乘积不同，一般情况下不满足互易性，因而上述乘积不能交换两两的顺序。

该处理方法的数学意义和物理意义都十分清楚。在数学上，公式(2-2-52)实际上是微分方程(2-2-51)的一种离散形式；在物理上，当观察足够短长度内的布拉格光栅时，都可以近似认为它是均匀光栅。另外，从公式(2-2-52)可见，传输矩阵方法不要求对光栅进行均匀划分，可以根据实际情况改变计算步长来实现最优的离散化网格。不过，传输矩阵算法的计算对象仅仅是 2×2 的矩阵连乘，在计算机软硬件水平普遍提高的现在，基本上无须对算法做特殊优化。在仿真开始之前，我们可能需要决定的是离散多少段合适(如果采用简单的均分的话)。如果 n_{AC} 中存在不连续的跳变，比如在某处引入的相移会导致 n_{AC} 的相位在此处(如式(2-2-23))出现不连续，那么该处很自然地就是一个离散分割地点。对于连续变化的 n_{AC}，一个比较粗糙但是在实际中却方便有用的方法是，随便采用一个离散段数(比如每 1 mm 看作一个离散的均匀光栅)进行仿真计算，然后再将离散段数乘以 2 进行计算，对比前后两次的仿真结果，如果差别很小就认为第一次离散化的精度已经足够高了；但如果差别较大，那说明需要进一步细化，将离散段数再乘以 2，重复上面的过程。倘若需要给出一个理论值，可以这样考虑：离散化的过程实际上是用离散的数值去逼近一个连续分布的函数。根据奈奎斯特采样定理完整恢复该连续函数的条件是离散化时采用的采样率(即采样点之间距离的倒数)必须大于该连续分布函数的带宽，如图 2-2-6 所示。

奈奎斯特采样定律如图 2-2-6 所示。当采样率足够高时，对离散点的频谱进行滤波就可以实现原被采信号(连续分布)的恢复。

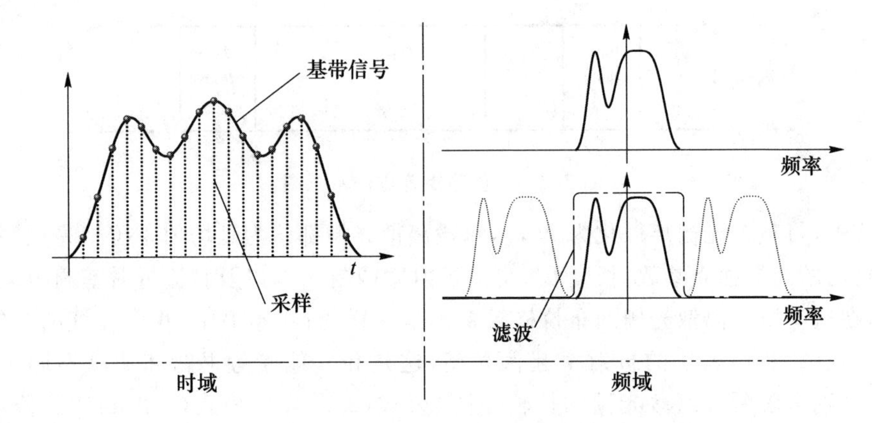

图 2-2-6 奈奎斯特采样定律

在这里，连续分布是 $\kappa(z)$，其傅里叶变换和光栅的反射谱近似成傅里叶变换关系（即公式(2-2-41)），也就是说，其带宽 B_κ 也可以用光栅反射谱带宽 B_ρ 来估计，因而无损伤采样条件为

$$\Delta L \leqslant \frac{1}{B_\kappa} = \frac{\lambda^2}{4n_{\text{eff}}\pi B_\rho} \tag{2-2-53}$$

我们可以将实际应用中的典型值代入：波长为 1 550 nm，有效折射率为 1.45，则

$$\Delta L \leqslant \frac{0.4}{B_\rho(\text{in nm})}\text{mm} \tag{2-2-54}$$

这里考虑的反射谱带宽 B_ρ 必须包含光栅反射谱绝大多数能量，而不仅仅是 3 dB 带宽。如果要利用这个公式来估算光栅的离散段数，仍需要试算一次来估计光栅反射谱带宽。无论如何，在当前计算机技术和大量数学软件高水平已经很高的情况下，光纤布拉格光栅的计算已经基本不用再考虑时间代价了。

第3章　光纤布拉格光栅的仿真分析

3.1　均匀布拉格光栅的频时分析

结果的可视化反映了对结果的理解程度。

3.1.1　频率响应特性

即使是均匀布拉格光栅，其频率响应特性也是由特殊函数组成，不够直观，实际运用时人们更希望利用如图2-2-4所示的方式可视化地呈现出各种细节并给予各种能够与系统级应用对接的宏观参数来描述。本节我们将以均匀光栅为例介绍如何利用MATLAB工具对布拉格光栅的频时特性进行计算和可视化表达。MATLAB(Matrix Laboratory，矩阵实验室)是由美国MathWorks公司发布的主要面对科学计算的可视化以及交互式程序设计的高科技计算环境。它将数值分析、矩阵计算、科学数据可视化以及非线性动态系统的建模和仿真等诸多强大功能集成在一个易于使用的视窗环境中，为科学研究、工程设计以及必须进行有效数值计算的众多科学领域提供了一种全面的解决方案。MATLAB具有非常多的优点。首先，它非常容易上手，所用的语法等和人的思维很接近。其次，它具有丰富的函数库，基本不需要我们自己编写复杂函数。再次，它有强大的并行处理和矩阵处理能力，尤其在语法上矩阵的运算表达形式和标量非常接近，可以节约大量的编程时间。最后，MATLAB具有很好的图形化输出工具，可以将计算结果非常清晰地展现在人们面前，方便做各种分析。关于MATLAB的基础知识和使用，当前有大量的书籍可参考。其中，《高等光学仿真(MATLAB版)——光波导，激光》(第2版)①举例介绍了如何使用MATLAB进行光学方面的仿真计算。

作为普适性的数学工具，MATLAB中没有包含和布拉格光栅相关的模型。所以，使用MATLAB仿真光栅，必须从零开始，即相当于在完全空白的纸上将耦合模式方程(2-1-39)和耦合模式方程(2-1-40)在设想的物理环境中(主要包括布拉格光栅的参数和实际应用时关心的频谱范围)求解出来。

复振幅反射谱$\rho(f_S)$和透射谱$t(f_S)$完备地描述了作为一个无源光滤波器的光纤

---

① 欧攀，等. 高等光学仿真(MATLAB版)——光波导，激光. 2版. 北京：北京航空航天大学出版社，2014.

布拉格光栅的所有特性，因为这两个谱线是光栅作为一个线性时不变系统时的传递函数或称为频率响应。均匀光栅的这两个谱线由公式(2-2-47)给出，其中的传输矩阵也具有解析表达式(2-2-43)和解析表达式(2-2-44)；根据 MATLAB 提供的函数指令，在给定光栅参数后，指定频率范围内的光谱很容易计算得到。首先，在 MATLAB 中新建立一个脚本文件。仿真程序包含众多指令，这些指令按预定的顺序逐行写在后缀为“*.m”的文件中，MATLAB 会依次执行这些指令，即运行它的时候相当于每条指令依次输入命令行窗口进行计算。所以，我们可以不断在该文件后面加入语句实现后续的功能，包括仿真计算和显示输出。这种编程方式被称为 MATLAB 的脚本文件方式。下面是计算和显示均匀布拉格光栅功率反射与透射谱的程序。

```
clear;  close all;
c = 299792458;     braggfreq = c/1550e - 9;     neff = 1.45;

 % % uniform FBG parameters
nAC = 1e - 4;
nDC = 0;
uFBGlength = 10e - 3;

 % % frequency / time grid
fwin = 200e9;   fpts = 2^12;   dfs = fwin/fpts;
freqshift = linspace( - fwin/2,fwin/2 - dfs,fpts)';

 % % transMatrix of uFBG
sigma = 2 * neff * pi/c * freqshift  +  2 * nDC * pi/c * (freqshift + braggfreq);
kappa = pi/c * braggfreq * nAC;

gamma = sqrt(sigma.^2 - kappa^2);   gamma(gamma = = 0) = eps;
cosgL = cos(gamma * uFBGlength);   singLdg = sin(gamma * uFBGlength)./gamma;
tuFBG11 = cosgL + 1i * sigma. * singLdg;   tuFBG12 = 1i * conj(kappa) * sin-
gLdg;   tuFBG21 = - 1i * kappa * singLdg;   tuFBG22 = cosgL - 1i * sigma. * sin-
gLdg;

reflectivity = - tuFBG21./tuFBG22;
transmittivity = 1./tuFBG22;
```

```
%% simple power spectrum show
figure; plot(freqshift/1e9,abs(reflectivity).^2,'LineWidth',2);    grid
on;    hold on;
plot(freqshift/1e9,abs(transmittivity).^2,'r','LineWidth',2);
xlabel('freqshift, GHz');   ylabel('spectrum'); legend('power reflectivity',
'power transmissivity');
```

下面对 MATLAB 中最常用的语法和指令作简单说明。clear 用于清除 MATLAB 内工作区域(workspace)的所有变量。MATLAB 在变量使用之前无须声明或定义其格式,在运行新的脚本文件之前,也不会自动清除之前的变量存储。这虽然给多个程序依次使用提供了一定的便利,但也容易造成变量的混淆使用。clear 指令可以清晰地隔离各个脚本文件。MATLAB 的变量定义和赋值非常简单,可以直接赋与标量值,如程序中的光速 c、目标光栅的布拉格频率 braggfreq 以及光纤的有效折射率 neff。均匀布拉格光栅的参数只需要三个即可完整地描述,即直流折射率调制 nDC、交流折射率调制 nAC 以及光栅长度 uFBGlength,这三个参数也是直接标量幅值。在仿真之前,还需要指定我们要计算的频谱的范围和点数,即对布拉格光栅的频谱作离散化。频谱离散有两种方式:频率等间隔或者波长等间隔。在本书中,我们离散化频谱时均采用频率等间隔的方式进行,主要是为了和信号时域和频域仿真兼容,因为使用 MATLAB 作快速傅里叶变换的时候,都是频率等间隔离散的。在程序中直接对频率偏移量数组 freqshift 进行向量化的赋值:

```
freqshift = linspace( - fwin/2,fwin/2 - dfs,fpts)';
```

该语句的含义是形成一个数组,从-fwin/2 到 fwin/2-dfs 一共 fpts 个点,等间隔分布。之后的'表示对产生的行向量进行转置。MATLAB 提供了非常有力的 help 指令,如果在其命令行窗口内输入 help linspace,就可以得到该函数详细的定义和应用实例;或者使用指令 doc linspace,可以打开 MATLAB 自带的 HTML 版本的 Reference。从后者的列表中我们还可以看到与 linspace 函数功能类似的其他函数,比如生成指数间隔数组的 logspace 等,对今后的灵活运用有很多帮助。因此,本书介绍不甚详细的指令或者函数,读者可以通过 help 或者 doc 命令查找。

随后程序对传输矩阵的仿真完全按照表 2-2-1 中分离耦合系数模型进行,需要注意的是,程序中失谐量 sigma 是数组,而交流耦合系数 kappa 是标量。MATLAB 的四则运算中均将标量看成“数组”或者“矩阵”进行运算,这也是其运算效率高的原因之一。例如,当计算频率响应时,需要针对每个频点分别计算光栅的传输矩阵,是个一维的循环扫描计算;但上述程序中我们在形式上看不到循环的存在,这就是 MATLAB 提供的独一无二的并行计算的能力。但 MATLAB 的语法也很容易造成初用者的困扰。比如,两个矩阵的乘积在 MATLAB 中直接通过“*”实现;而两个数组中每个对应标量的分别乘法运算则用“.*”表示。在使用 MATLAB 的时候,需要时刻注意每个运算符或者函数是针对矩阵的，还是针对矩阵中单个数进行的，MATLAB在语法上不对矩阵运算和单个数的运算作区分，比如“ * ”前后的变量，既可以是单个数字，也可以是矩阵，甚至可以一边是数字，一边是矩阵，因此往往在误用后MATLAB不给出错误提示，使得程序输出莫名其妙的错误结果。另外，MATLAB直接提供复数运算，虚部单位可以用i、j等字母。但程序编写人员会偶尔使用i或者j做某个变量（通常用作循环中的计数变量），在使用之后i和j等不再继续作为虚数单位了。同样，在MATLAB运行的时候也不会对这些错误报错。这是MATLAB初用者经常犯的错误。近期的MATLAB版本对后一个问题做出了改进，即允许程序使用1i或者1j来作虚数单位，这样可以很好地跟变量区分（MATLAB要求变量名称第一个字符不能使用数字）；i和j作为虚数单位仍然被允许，但MATLAB提供的开发环境会对这样的使用语句提出警告，我们在编写的同时可以关注这些警告。

plot指令是MATLAB中最常用的二维数据画图方法。上述程序即可输出一段长度为1 cm、交流折射率调制为1×10^{-4}、直流折射率调制为零、布拉格波长为1 550 nm的均匀光栅的反射和透射谱，如图3-1-1所示。

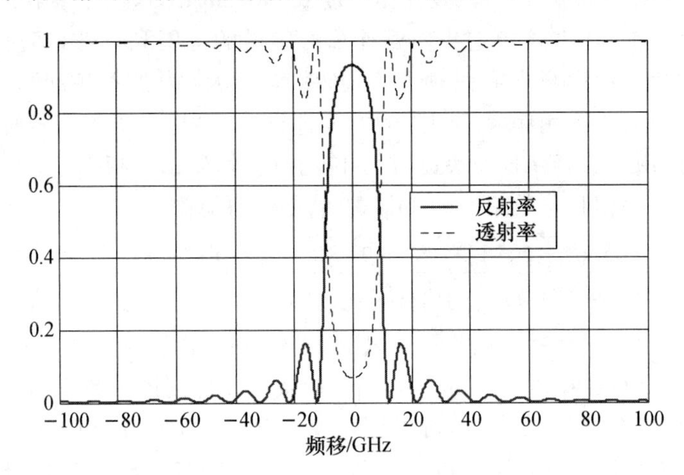

图3-1-1 均匀布拉格光栅反射和透射谱

实际上，MATLAB的画图过程会复杂很多：首先，通过figure命令建立一个图片窗口（相当于一个画布），然后在该图片中通过axes命令建立一个坐标轴（相当于在画布中选择部分区域），最后通过包括plot等在内的作图函数在指定坐标轴中作图。虽然分三步，但前两步都可以默认完成而不明显调用，比如直接调用plot函数可以在当前已有的坐标轴中作图，但如果什么都没有，也能够建立默认的画布或坐标轴，然后再作图。这三个函数（即figure、axes和作图函数）都有复杂的输入和输出参数。除作图函数必需的数据参数外，其他均为画布、坐标轴或者生成曲线的性质；这些性质非常之多，比如仅坐标轴的性质就包括坐标属性、颜色、视角、字体等九大类，将近一百条子条目。MATLAB提供了两种方式，让使用者对这些属性进行自定义。第一种方式，MATLAB 在建立画布、坐标轴或者任意一条曲线的时候，都会同时返回指向该画布、坐标轴或者曲线的句柄(handle)；通过该句柄，我们就可以在程序代码中找到对应的画布、坐标轴或曲线等(在 MATLAB 中称为对象)。MATLAB 提供了 get 和 set 两个函数来获得某个对象的属性，方式如下：

```
set(handle,'PropertyName',PropertyValue)
get(handle,'PropertyName')
```

第二种方式，首先调用合适的作图函数，直接生成画布、坐标轴和曲线，然后在图片窗口中直接打开属性窗口并对各个对象的属性进行编辑。第二种方法简单、容易学习；但如果使用者想将不同坐标轴建立在同一个画布的时候，一般需要在程序代码中首先建立这些坐标轴并作图，然后再在属性窗口中做更进一步的调整。另外，上述程序中我们用到了 hold on 指令。在同一个坐标轴中重复作图，可能会导致后面的曲线覆盖前面的曲线，输出只显示最后一次作图指令得到的曲线；为了避免覆盖，可以在作图之前利用 hold on 指令，而且该指令在整个过程中只需要执行一次，即可避免所有在该坐标轴内的覆盖(除非之后又执行了 hold off 指令)。

下面是一个较为复杂的画图的例子，以替代上面简单的 plot 指令(采用脚本文件方式，下述代码可直接与上面的代码合并；下同)：

```
%% a complex plot example
figure; axes('position',[0.1,0.5,0.8,0.4]);
plot(freqshift/1e9,10*log10(abs(reflectivity).^2),'LineWidth',2);
grid on;
xlim([-100,100]);   ylim([-30,5]);
set(gca,'Box','on');
set(gca,'FontSize',11);
set(gca,'XAxisLocation','top');
xlabel('frequency / GHz','FontSize',12,'FontWeight','bold');
ylabel('power reflectivity / dB','FontSize',12,'FontWeight','bold');

axes('position',[0.1,0.1,0.8,0.4]);
plot(freqshift/1e9,10*log10(abs(transmittivity).^2),'r','LineWidth',2);
grid on;
xlim([-100,100]);   ylim([-15,5]);
set(gca,'Box','on');
set(gca,'FontSize',11);
set(gca,'YAxisLocation','right');
ylabel('power transmissivity / dB','FontSize',12,'FontWeight','bold');
```

得到的结果如图 3-1-2 所示。

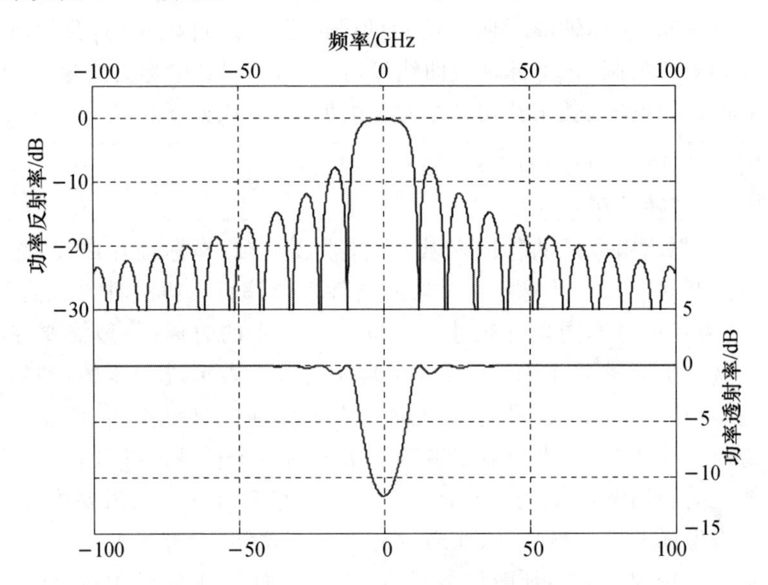

图 3-1-2　利用 axes 和 plot 指令进行画图的例子

在这里，反射率或者透射率都用 dB 来表示。dB(即分贝)，定义为

$$\rho_{dB}=10\log_{10}|\rho|^2=20\log_{10}|\rho| \tag{3-1-1}$$

dB 是人们常用的计量功率反射率或透过率的单位。dB 利用非线性映射(在这里是取对数)的方式表达常规数值。其优点：一方面是能够把很小的数值较方便的表示，比如 10^{-3} 利用 dB 表示则是 −30 dB，这种表达方式让人们更关注小量的数量级；另一方面则是运算简单，比如常规表达的数值之间的乘除，利用 dB 表达则只是加减法，乘除运算非常复杂，比如光透过某个器件后，功率变化都是入射功率乘以或者除以某个数值，利用 dB 的话计算就简单多了。利用 dB 表示的时候，2 约等于 3 dB，10 等于 10 dB，这两个数应用很频繁，并且根据上述乘除对应 dB 加减的规则可以推算其他数值对应关系。比如，17 dB=10 dB+10 dB−3 dB，即 10 * 10/2=50。

MATLAB 的优点是代码可读性很强，尤其是对各个对象属性的名称一目了然，在这里就不详细介绍了。上面包括 grid、xlim 和 ylim、xlabel 和 ylabel 等都是画图过程中经常用到的函数。另外，gca 能够直接返回当前坐标轴的句柄，也很实用。一般来讲，读者只要理解画布(figure)—坐标轴(axes)—曲线(plot 等)三者的关系，就能够很好地掌握 MATLAB 作图的一般规律了。另外，还有两个需要注意的问题。一是选择合适的作图函数。plot 是常规的二维作图函数，也是用得最多的，读者可以在 MATLAB 的 Reference 中查找它。比如，在命令行窗口中输入 doc help，MATLAB 手册就会把和 plot 接近的作图函数并排显示在其 Graphics 条目中，可以逐一浏览。二是可以直接在画图窗口中对各个坐标轴和曲线做属性设计。比如，上述脚本文件输出为如图 3-1-3 所示的窗口。

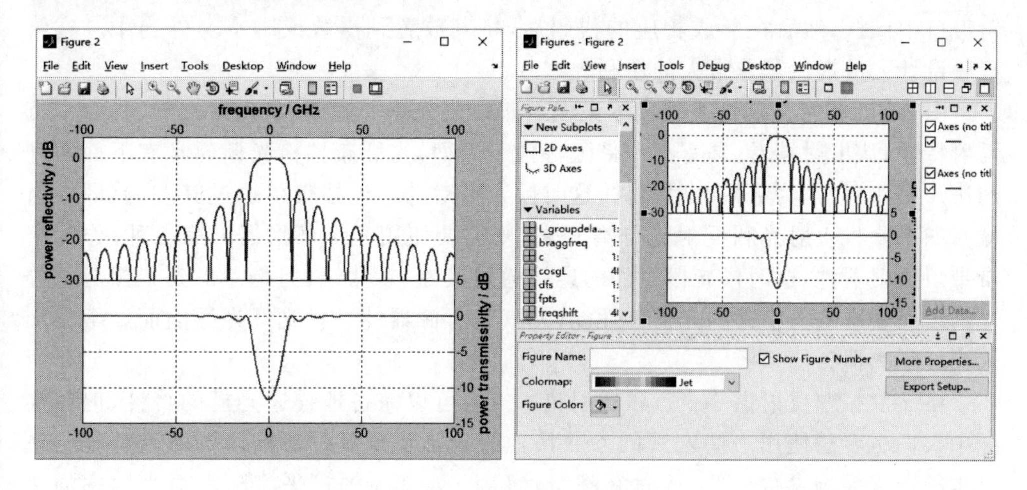

图 3-1-3 图形属性的编辑

单击如图 3-1-3 所示的工具栏按钮，就可以打开属性编辑窗口(右图)。选择不同的对象(可以直接在图上单击选择，也可以在右侧栏(Plot Browser)单击选择。选择之后，对象常用属性会出现在下侧栏(Property Editor)；如果要编辑更多的属性，可以单击右下侧的“More Properties…”，弹出所选对象的所有可编辑属性窗口，如图 3-1-4 所示。

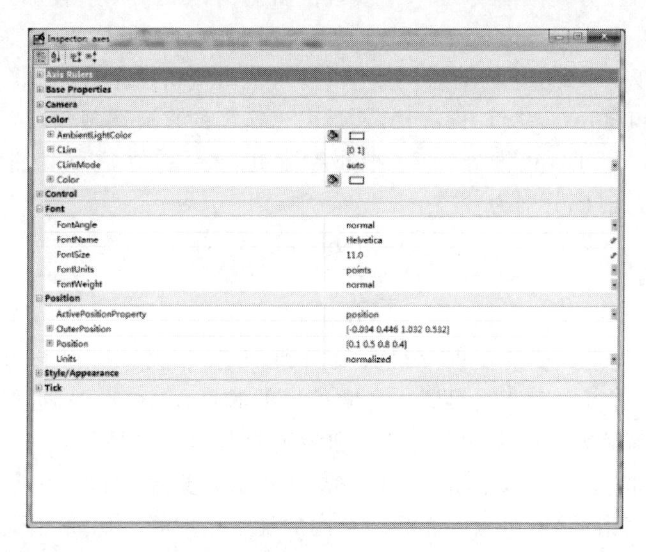

图 3-1-4 图形属性的详细参数编辑

这是针对坐标轴对象的属性编辑窗口，分门别类地把所有属性都罗列出来了。使用者可以逐一试验。MATLAB 在属性编辑方面设计得非常体贴，在属性编辑窗口中所有的属性名称和对应的取值方式都可以直接在命令行中利用 set 函数来实现。因此，当遇到一些属性设定利用命令行来实现更方便的时候，可以先在属性编辑窗口中试探，然后在形成相应的代码后，将其放置到函数或脚本文件当中。这给程序设计人员提供了非常大的便利。

图 3-1-2 非常直观地表现出了我们对布拉格光栅的预期：从入射端看，具有窄带反射特性；从出射端看，具有窄带带阻特性。因而，光纤布拉格光栅通常有下面两种用法。第一种，作为窄带反射器件，这时候光栅对外的连接仅仅通过其左端(即入射端)；如果要将入射光和反射光分离开来，则需要使用光纤环形器。第二种，作为窄带带阻透射器件，这时候光栅对外的连接通过其左、右两端；但是考虑到光栅对部分光的反射会影响其前面的光器件性能(尤其是有源器件)，在光纤光栅前面经常会加入光纤隔离器。

虽然复振幅反射谱 $\rho(f_S)$ 和透射谱 $t(f_S)$ 可以完备地描述光栅的特性，但在实际中人们也希望使用一些宏观的参数快速直观地反映其频率响应的典型特征。最基本的宏观频响参数包括：针对幅频特性(即 ρ 或者 t 的模平方随入射光频率的变化)的峰值反射率或最小透过率、中心频率、带宽、边模抑制等，以及针对相频特性(即 ρ 或者 t 的相位随入射光频率的变化)的延时、色散等。以均匀布拉格光栅为例，我们来介绍这些宏观特征参数。

一般而言，中心频率和最大反射率(或最小透射率；从现在开始，本书对反射率或透射率的含义不再区分复振幅或功率；请读者根据上、下文区分)是对应的，即滤波器的中心频率被定义在发生最大反射率或最小透过率的地方。根据公式(2-2-49)，均匀光栅的中心波长位于 $\sigma=0$ 的地方(注意，这里没有考虑直流折射率调制的影响。如果直流调制不为零，中心频率会降低，即红移，这是由于非零的直流调制相当于增大了光纤的有效折射率；读者可自行推导)。在中心频率处，$\gamma=\mathrm{i}\kappa$(在这里我们假设 κ 是正实数)，反射率和透射率分别为

$$\left.\begin{aligned}\rho&=\mathrm{i}\tanh(\kappa L)\\ t&=\frac{1}{\cosh(\kappa L)}\end{aligned}\right\}\tag{3-1-2}$$

由该公式可见，均匀光栅的反射率最大值只和 κL 正相关。这和 1.3.2 小节的分析一致：当光栅交流折射率调制很弱或光栅很短的时候，$\kappa L\ll 1$，$|\rho|$ 近似等于 κL；随着 κL 增大，反射率最大值迅速增大并且饱和为 1，如图 3-1-5 所示。

滤波器的带宽定义为，主瓣内反射率高于最大反射率除以某一数值时所对应的频率范围。主瓣指的是，包含中心频率在内的那个反射峰。比如在图 3-1-2 中，我们可以看到很多局部的反射率极大值，但只有 $f_S=0$(即布拉格频率附近那个最高的反射峰)包含中心频率。通常人们关心其 3 dB 带宽，即在该带宽内，光栅的反射率高于最大反射率的一半。根据解析表达式(2-2-49)，可以计算出均匀光栅反射谱的 3 dB 带宽；不过在这里，为了公式表达方便，我们计算均匀光栅主瓣的宽度，即距离中心频率最近的两个反射率等于零的频率之间的间隔。当 $\rho=0$ 时，可得 $\gamma L=\pi$，因而主

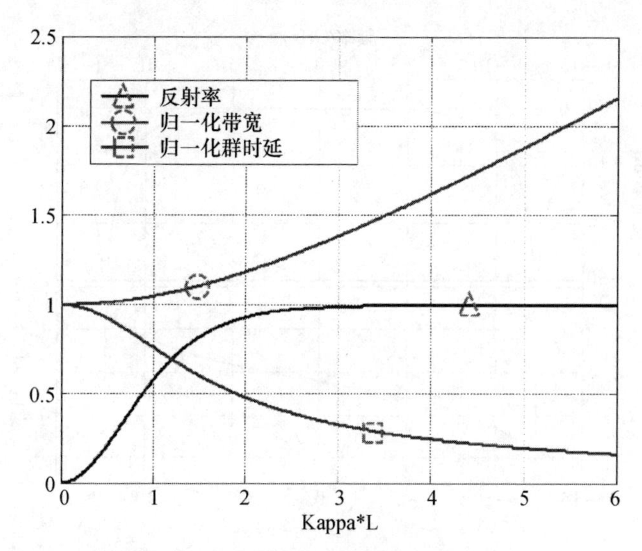

图 3-1-5 均匀光栅中心频率处的幅度反射率$|\rho|$、归一化主瓣宽度以及归一化中心频率处的群时延随 κL 的变化趋势

瓣宽度为

$$\Delta\sigma=\frac{2\pi}{L}\sqrt{1+|\kappa L/\pi|^2}\text{或者 }\Delta f_S=\frac{c}{n_{\text{eff}}L}\sqrt{1+|\kappa L/\pi|^2} \tag{3-1-3}$$

与最大反射率不同，主瓣宽度不仅和 κL 正相关，而且和光栅的长度 L 成反比。当 $\kappa L\ll\pi$ 时，主瓣频率宽度约为 $c/(n_{\text{eff}}L)$；而 κL 很小意味着光栅的反射率很弱，即弱耦合近似下均匀光栅的反射谱带宽和长度成反比，这个现象也可以通过之后的傅里叶变换理论来解释。图 3-1-5 画出了归一化的带宽，即主瓣宽度和 $c/(n_{\text{eff}}L)$ 的比值与 κL 的关系；从公式(3-1-3)中也可见，当交流调制很强(即 $\kappa L\gg\pi$)时，$\Delta f_S=\kappa c/\pi n_{\text{eff}}$，即带宽随着光栅强度线性增长并且跟光栅长度无关。对比图 3-1-5 的两根曲线也容易理解：当 κ 增长时，峰值反射率很快饱和，但中心波长周围的光的反射率会一直增加并很快趋向于 1 然后饱和，这时候带宽必然会越来越大。另外，在长度足够长条件下出现的有限 Δf_S，也对应了 1.3.1 小节中分析的周期性结构的禁带特性：即使周期性单元无穷多，也可能会出现通带，即存在有限反射率的入射频率。

在实际应用中，光纤布拉格光栅的相频特性和其幅频特性一样，对入射光信号的变换起重要作用。相频特性指的是复振幅反射率 ρ 或透射率 t 的相位随频率的变化特征。图 3-1-6 是图 3-1-3 对应的反射谱的相频特性。

该相频特性通过 MATLAB 指令“unwrap(angle(reflectivity))”获得。这里用到了 MATLAB 中求复数相位的函数 angle。针对复数，MATLAB 提供了五个函数，即 abs、angle、real、imag、conj，分别计算复数的绝对值、相位、实部、虚部、共轭，非常实用。unwrap 指令可以将模 2π 的相位角度解卷绕。相频特性有两个重要特征。第一

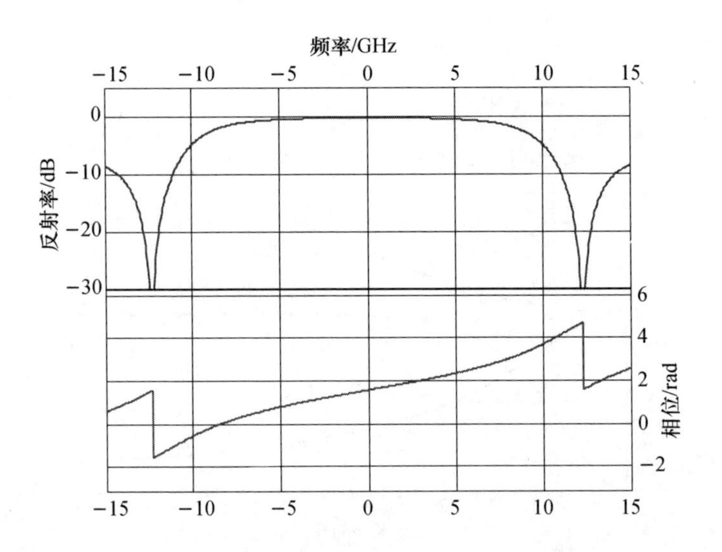

图 3-1-6　均匀光栅的反射谱相频特性(光栅参数同图 3-1-5)

个特性,在其中心波长处,包含相位移动 $\pi/2$,也就是说,入射光和反射光总有 90 度的相位变化;这和公式(3-1-2)是吻合的。这是光栅特有的性质。当光垂直入射到折射率突变界面时,散射矩阵(1-3-5)表明,光也会有相位跳变,该跳变和表面两侧的折射率有关;但无论如何这个相位跳变只可能是 0 度或者 180 度。但公式(3-1-2)表明,布拉格光栅带来的反射也被称为分布式反射或者分布式反馈,带来的相位跳变是恒定的 90 度。该特性在分布式反馈激光器中发挥重要的影响作用,在后面的相关章节中我们会介绍。第二个特征,从图 3-1-6 可见,反射谱的相频特性不是常数,也不是随波长或频率线性变化的。非线性相频特性是,均匀光栅及其他布拉格光栅的重要特性。下面我们推导非线性相频特性对入射信号光的影响。假设入射光和出射光分别为 $x(t)\mathrm{e}^{-\mathrm{i}\omega_0 t}$ 和 $y(t)\mathrm{e}^{-\mathrm{i}\omega_0 t}$,$\omega_0$ 是其载波角频率。我们暂时不考虑光栅的幅频特性,只考虑其在 ω_0 附近的相频特性,即 $\rho(\Omega)=\mathrm{e}^{\mathrm{i}\theta(\Omega)}$,其中 $\Omega=\omega-\omega_0$ 是频域内频率偏离中心载波 ω_0 的大小。入射光经过具有该频响特性的光栅之后,变为

$$Y(\Omega)=X(\Omega)\mathrm{e}^{\mathrm{i}\theta(\Omega)} \tag{3-1-4}$$

其中,$X(\Omega)$是入射光的频谱,即 $x(t)$的傅里叶变换;对应地,$Y(\Omega)$是出射光的频谱。假设入射光的频谱非常窄,以至于我们只要考虑光栅相频特性 $\theta(\omega)$中的线性部分,即

$$\theta(\Omega)=\theta_{\omega_0}+\theta'_{\omega_0}\Omega \tag{3-1-5}$$

即对 $\theta(\omega)$作泰勒展开并且取其前两项。代入式(3-1-4),即 $Y(\Omega)=\mathrm{e}^{\mathrm{i}\theta_{\omega_0}}\cdot X(\Omega)\mathrm{e}^{\mathrm{i}\theta'_{\omega_0}\Omega}$,两边作傅里叶逆变换,得到

$$y(t)=\mathrm{e}^{\mathrm{i}\theta_{\omega_0}}\cdot x(t-\theta'_{\omega_0}) \tag{3-1-6}$$

即:在窄带信号的近似下,ω_0 处的相频特性 $\theta(\omega)$给信号带来了固定的相位移动 θ

(ω_0)以及时延$\theta'(\omega_0)$。该时延通常被称为“群时延”，即：群时延在数学上被定义为复振幅频率响应谱的相位对角频率的导数，在物理上表现为器件对窄带信号的时延。

因而，如图3-1-6所示的非线性的相频特性说明，在不同频率处光信号感受到的群时延是不同的；也就是说，如果入射的光信号带宽较宽，那不同频谱成分的光的时延将不同，这时候即使滤波器具有全1的透射率，出射的光信号也会发生畸变。由于非线性相频特性带来的信号畸变，被称为色散现象；群时延对角频率的导数，也因而被称为群速度色散。这里色散的概念，与光纤内的色散是相同的。由公式(3-1-6)可见，如果相频特性是理想的线性函数，那入射光只会感受到延时，出射的光信号包络不会有变化。因此，相比相频特性$\theta(\omega)$，人们更关心滤波器的群时延随着光频率或者波长的变化，即群时延谱$\tau(\omega)$：

$$\tau=\frac{\mathrm{d}\theta}{\mathrm{d}\omega} \tag{3-1-7}$$

这样，非常数的群时延即表明滤波器有色散现象。色散定义为群时延的导数；具体形式有下面两种：

$$\beta_2=\frac{\mathrm{d}\tau}{\mathrm{d}\omega}=\frac{\mathrm{d}^2\theta}{\mathrm{d}\omega^2}\text{和 }D=\frac{\mathrm{d}\tau}{\mathrm{d}\lambda} \tag{3-1-8}$$

分别定义为群时延对角频率的导数以及群时延对波长的导数。前者的单位一般采用ps^2，后者的单位则是光纤通信系统中普遍采用的ps/nm。两者具有下述关系：

$$\beta_2=-\frac{\lambda^2}{2\pi c}D \tag{3-1-9}$$

在1 550 nm处，两者关系表示为β_2(in ps^2)$\sim -1.28\times D$ (in ps/nm)；注意前面的负号。例如，普通单模光纤在1 550 nm处的色散为每千米17 ps/nm，如果用β_2表示，其数值为每千米$-21.8\ \mathrm{ps}^2$。一般称D大于零或者β_2小于零为反常色散，而D小于零或者β_2大于零为正常色散。在通信中大量应用的普通单模光纤工作在其反常色散区。

一般在光纤布拉格光栅仿真中，人们仍然习惯于用图表示其群时延谱(因为群时延经常有波纹，直接求导、计算色散的话误差较大)。公式(3-1-7)已经给出了群时延的定义，但其中的求导在数值上只能通过差分来计算。

$$\tau=\frac{\mathrm{d}\theta}{\mathrm{d}\omega}\approx\frac{\Delta\theta}{2\pi\Delta f} \tag{3-1-10}$$

既然是差分，就会存在误差，因而在群时延求解过程中，需要我们格外注意。一般来讲，Δf越小，误差就会越小(除非布拉格光栅的群时延抖动非常大；群时延抖动我们将在后续章节讨论)。该差分可以通过扫描计算得到的复振幅反射率数值求得，只要通过前、后两个数之间的运算即可。这同时又要求频率扫描计算的时候网格划分要足够密集；有时候布拉格光栅覆盖带宽很宽，而我们在设计的时候希望先粗略地扫描一遍看看其大概情况，这时候频域网格的划分就会比较粗，相邻两点计算得到群时延的误差就可能非常大。一种代价不高的方法是，仍然采取比较粗略的网格划分，但在计算完成之后再次运行一遍传输矩阵算法，只不过这一次计算的所有频率点都要比前一次运算的略微大一些，然后通过两次计算得到的、在间隔很近的两组频点之间的反射或者透射率来计算差分，得到的群时延就会精确很多。所以，精确计算群时延相当于又调用了一遍传输矩阵计算代码，其代价是计算时间延长了一倍。

显然，第二次计算进行的频移越小，得到的群时延精度就会越高。精细度很难给一个定量的估计。如果布拉格光栅近似满足弱耦合近似，那就会简单很多。根据傅里叶变换关系式(2-2-39)，当入射光频率变化时，复振幅反射率的变化为

$$\Delta\rho = \int_0^L \mathrm{i}\kappa(z)\mathrm{e}^{\mathrm{i}2\sigma z}(\mathrm{e}^{\mathrm{i}2\Delta\sigma z}-1)\mathrm{d}z \tag{3-1-11}$$

差分精确地逼近微分，即要求由于直流耦合系数的改变引起的复振幅反射率足够小。根据上积分式，其中的改变项 $\mathrm{e}^{\mathrm{i}2\Delta\sigma z}-1$ 显然随着 $|z|$ 的增大而增大，倘若交流耦合系数在光栅两端较大，那两端带来的改变将更大。为了满足计算精度要求，应当要求 $2\Delta\sigma L \ll \pi$，根据公式(2-2-6)，$\Delta\sigma = 2n_{\mathrm{eff}}\pi\Delta f/c$，即 $\Delta f \ll c/(4n_{\mathrm{eff}}L)$。该要求也可以从另一个物理角度去理解。在弱耦合情况下，可以近似认为光在光栅内部仅发生一次反射，反射谱由各个地方的反射光干涉叠加而成。我们在第1章提到过，两束光的干涉会形成在频域内的干涉条纹；而两束反射光经过的光程差越大，它们产生的干涉条纹就会越密集。也就是说，在光栅的头和尾被反射的光形成的条纹最为密集，间隔(即通常所说的自由谱区，FSR)为 $\mathrm{FSR}=c/(2n_{\mathrm{eff}}L)$。显然，移频要远小于FSR的一半，即

$$\Delta f \ll \frac{c}{4n_{\mathrm{eff}}L} \tag{3-1-12}$$

虽然这里仅考虑了一次反射近似，但对于反射谱，常见的布拉格光栅结构似乎不存在反射光包含多次反射的情况，即似乎不存在这种情形：光在入射到光栅内部之后，经过很多次反射，然后又从入射端出射。但透射光却可以有这种现象，而且在很多结构中都会出现；我们将在3.3.3小节对这一现象作解释。公式(3-1-12)可以看作一个我们选择仿真参数的物理解释，在实际情况下的参数大小估计，可以通过公式(3-1-12)作初步估计，然后再通过前面介绍的尝试的方法进行优化。

根据上述思路，在之前程序的基础上，增加如下的群时延计算流程：

```
%% group delay calculation
maxdelaylength = 1;


sigma = 2 * neff * pi/c * (freqshift + c/neff/maxdelaylength) + 2 * nDC * pi/c
 * ((freqshift + c/neff/maxdelaylength) + braggfreq);
kappa = pi/c * braggfreq * nAC;
```

```
gamma = sqrt(sigma.^2 - kappa^2);  gamma(gamma == 0) = eps;
cosgL = cos(gamma * uFBGlength);  singLdg = sin(gamma * uFBGlength)./gamma;
tuFBG11 = cosgL + 1i * sigma. * singLdg;  tuFBG12 = 1i * conj(kappa) * singLdg;
tuFBG21 = - 1i * kappa * singLdg;  tuFBG22 = cosgL - 1i * sigma. * singLdg;

reflectivity2 = - tuFBG21./tuFBG22;
transmittivity2 = 1./tuFBG22;

rdelay = angle(reflectivity2./reflectivity)/2/pi/(c/neff/maxdelaylength);
tdelay = angle (transmittivity2./transmittivity)/2/pi/(c/neff/maxdelay-
length);
```

该程序将均匀光栅的传输矩阵在对原先计算的频率点偏移 c/neff/maxdelaylength 后又计算了一遍，然后根据前、后两次的 S 参数计算群时延谱。在这里能够了解 maxdelaylength 这个参数的物理含义，即考虑到光在光栅内的多次反射之后，等效的长度仍然小于这个参数。注意，在这里我们不用 angle(reflectivity2)－angle(reflectivity)来求解移频前后的相位差，而是先将两个复数作除法，然后再求其相位。在数学上，这两种操作是等价的，但在实际中略有差别。由于复数的相位具有 2π 的模糊度，因而 angle 函数将所有的相位都折叠到 $-\pi\sim\pi$ 这个区间。因而，就存在这样的可能性，angle(reflectivity2)和 angle(reflectivity)分别处于 $-\pi$ 的两侧；这时候，这两个复数在复平面上虽然非常接近，但其中一个的角度被折叠为接近 π，两者的差分就会非常大，而实际上是不对的。如上述程序所示的先作除法后求相角的方式，就不会有该问题。如果在计算结果中发现群时延的跳变(尤其是跳变为小于零的数值)，只有两种可能。第一个可能是频谱网格太稀疏或者参考长度 maxdelaylength 数值太小，导致间隔 c/neff/maxdelaylength 的两个频点之间的反射率相位由于延时太大确实导致了很大的相移，这时候需要增大参考长度。第二个可能是反射谱存在相位跳变，这时候提高参考长度没有用处。maxdelaylength 在这里变成了一个关键的参数，本质上它对光纤布拉格光栅频谱精细度进行了一个下限的估计，即认为从 c/neff/maxdelaylength 的频谱变化这个尺度上看，光栅的频率响应只有小的变化。

上述程序求得均匀光栅的群时延谱如图 3-1-7 所示。图中有两个明显的相位跳变点，分别位于反射谱的两个零点处，对应的特别大的群时延在物理上是不存在的；原因在于，当反射率为零的时候，返回来的光功率也为零，计算得到的时延也没有意义。保留这些数值会使得群时延曲线有奇点。为了避免这种现象，可以设置在这些点处群时延为 NaN：

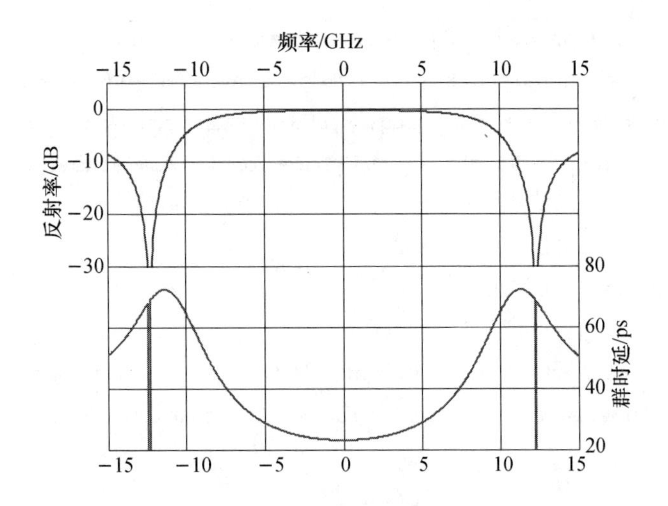

图 3-1-7 均匀光栅的反射谱群时延特性;光栅参数同图 3-1-5

```
if isempty(find(rdelay<0))~ = 1
    disp('reflectivity delay<0 found, set to NaN');
    rdelay (rdelay<0) = NaN;
end
if isempty(find(tdelay<0))~ = 1
    disp('transmittivity delay<0 found, set to NaN');
    tdelay (tdelay<0) = NaN;
end
```

其中,isempty 是 MATLAB 中判断数组或者矩阵是否为零维的函数,"~="是 MATLAB 中的逻辑判断(即"不等于"),常见的还包括"=="">""<"等,如果判断为真则返回 1。"rdelay (rdelay<0)"意思为查找 rdelay 数组中所有小于零的数并且让这些数为 NaN。这也是非常常用的运算方法,相关的函数包括 find,比如 find (rdelay<0)就会返回 rdelay 小于零的数在数值中所处的位置。NaN 意思是 Not a Number,表示在该处的数没有意义,所有和 NaN 作用的函数、运算等返回的数值均为 NaN,而且作图的时候自动跳过该点。注意,幅值为 NaN 表示这个数组在该处仍然被占用;如果数组中某个数被幅值"[]",则表示把该处从数组中踢除,数组的长度减小了 1。两种用法在实际中都常见,需要区分。另外,和 NaN 类似,MATLAB 提供了很多"常数",比如 Inf、-Inf 表示正负无穷大,pi 表示圆周率等。

MATLAB 有多种命令行输出方法。最简单的途径是在脚本文件中某一行的结尾处不使用";"。这时候,该行的计算结果将出现在命令行窗口中。以该方式输出,在命令行中将首先新起一行出现该结果对应的变量名称;如果没有明确的变量名称，则以“ans”开头。之后，再另起一新行开始显示计算结果。如果不想以变量名称或者 ans 开头，可以使用上面的 disp 指令，它可以直接将函数的输入参数（必须是字符串）显示在命令行窗口中，并且是从新的一行起始位置开始。

由图 3-1-7 可见，均匀光栅的群时延谱线是关于中心频率对称的，而且在中心频率处群时延最小。该数值可以通过公式（3-1-7）求出。在中心波长处，$\sigma=0$，在该点对复振幅反射率求导，可得 $\mathrm{d}\rho/\mathrm{d}\sigma=-\tanh^2(\kappa L)/\kappa$。同时，因为中心波长处反射率最大（即 $\mathrm{d}|\rho|/\mathrm{d}\sigma=0$），所以 $\mathrm{d}\rho/\mathrm{d}\sigma=(|\rho|\mathrm{e}^{\mathrm{i}\theta})'=\mathrm{i}\rho\mathrm{d}\theta/\mathrm{d}\sigma$，并得到 $\mathrm{d}\theta/\mathrm{d}\sigma=\tanh(\kappa L)/\kappa$。最后，根据公式（2-2-1），得到 $\mathrm{d}\sigma/\mathrm{d}\omega=n_{\mathrm{eff}}/c$，因而均匀光栅中心波长处的群时延可以表示为

$$\tau(\sigma=0)=\frac{\tanh(\kappa L)}{\kappa L}\cdot\frac{L}{c/n_{\mathrm{eff}}} \tag{3-1-13}$$

其中，c 是真空光速，因而 c/n_{eff} 是光在光栅内的传播速度；归一化的延时如图 3-1-5 所示。该式子清晰地表明了中心频率处的光在光栅内的反射情况。由于周期性的布拉格光栅对光的反射属于分布式反射，因而很难清晰地定义一个“反射点”；或者说，对周期各处相同的均匀光栅而言，各处都是中心波长的光的“共振反射点”。但公式（3-1-13）可以等效地定义一个反射点的位置。结合中心波长反射率的表达式（3-1-2）可见，当反射率很弱（即弱耦合）的时候，群时延近似为光穿过光栅的时间，即认为此时等效的反射点处于光栅的中心位置。随着光栅交流折射率调制的增强，群时延不断降低，即反射点前移，说明光在折射率调制强度增大后对光栅的穿透区域越来越小了。

一个比较有意思的现象是，均匀布拉格光栅反射和透射的群时延是一样的；读者可自行分析和仿真。

最后，我们对比均匀布拉格光栅的精确解与傅里叶变换近似解。根据公式（2-2-41），假设均匀光栅长度为 L，则其弱耦合近似下的归一化反射谱（因为此时反射率绝对值没有意义，因而将其最大值归一）为

$$|\rho|^2=\left|\frac{\sin(\sigma L)}{\sigma L}\right|^2 \tag{3-1-14}$$

图 3-1-8 不同交流折射率调制下均匀光栅反射谱与傅里叶变换的对比；为了方便对比，图中所有反射谱均作了归一化使其反射率最大值为 1。从图中可见，当反射率很弱时，均匀光栅的反射谱与其傅里叶变换非常接近；随着折射率调制的增大，两者差别越来越大。另外，在弱耦合近似下的群时延谱线是常数（矩形函数的傅里叶变换是 $\sin c$ 函数），多次反射给均匀光栅带来高阶的色散如图 3-1-7 所示。

3.1.2 时域仿真

上面给出的是对光纤布拉格光栅的频率响应进行计算和显示的过程。在很多情况下，我们需要进一步了解具有一定包络的光信号（单个脉冲或者承载数据的光

载波)被光纤布拉格光栅作用后的结果,或者这些光信号在光栅内部的动态分布演化,而不仅仅是单色光的行为。这时候,就需要对光纤布拉格光栅的时域行为进行仿真。时域仿真有两种方式。

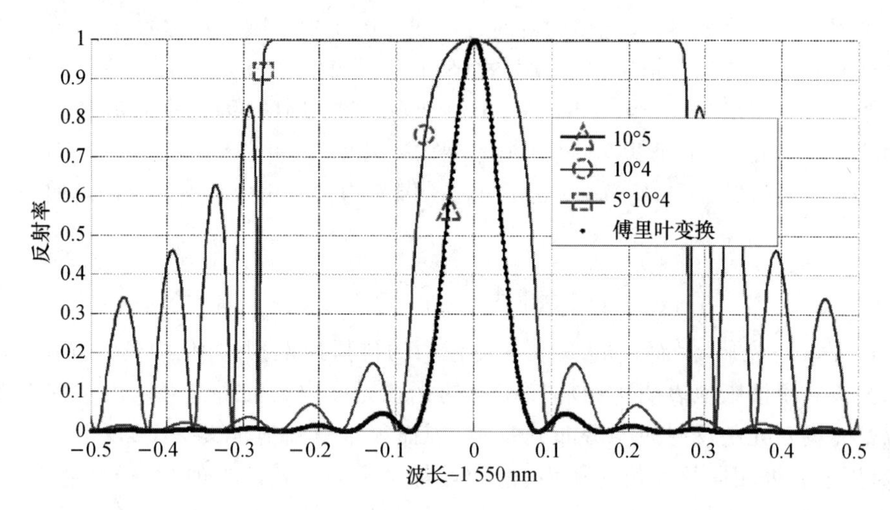

图 3-1-8　不同交流折射率调制下均匀光栅反射谱与傅里叶变换的对比

第一种方式,直接求解具有一定边界和初始条件的时域微分方程组。注意到

$$\sigma=\frac{n_{\text{eff}}+n_{DC}}{c}\Delta\omega+\frac{n_{DC}}{c}\omega_B \tag{3-1-15}$$

其中,ω_B是和布拉格波长对应的布拉格角频率,$\Delta\omega=\omega-\omega_B$是入射光角频率相对布拉格角频率的偏移量。代入耦合模方程(2-1-39),得到

$$\begin{pmatrix}R\\S\end{pmatrix}'=\mathrm{i}\begin{pmatrix}\frac{n_{\text{eff}}+n_{DC}}{c}\Delta\omega+\frac{n_{DC}}{c}\omega_B & \kappa^*\\ -\kappa & -\frac{n_{\text{eff}}+n_{DC}}{c}\Delta\omega-\frac{n_{DC}}{c}\omega_B\end{pmatrix}\begin{pmatrix}R\\S\end{pmatrix} \tag{3-1-16}$$

如果将 R 和 S 看作 $\Delta\omega$ 的函数,R 和 S 相当于光栅内每个地点处的频谱(傅里叶变换)。假设光栅的直流和交流折射率调制都不随时间变化,则对上述方程两端同时进行傅里叶逆变换,即可得到时域耦合模方程。注意到 $\Delta\omega X(\Delta\omega)\xrightarrow{\text{傅里叶变换}}\mathrm{i}\partial x/\partial t$,因而

$$\begin{pmatrix}R\\S\end{pmatrix}'=\mathrm{i}\begin{pmatrix}\mathrm{i}\frac{n_{\text{eff}}+n_{DC}}{c}\frac{\partial}{\partial t}+\frac{n_{DC}}{c}\omega_B & \kappa^*\\ -\kappa & -\mathrm{i}\frac{n_{\text{eff}}+n_{DC}}{c}\frac{\partial}{\partial t}-\frac{n_{DC}}{c}\omega_B\end{pmatrix}\begin{pmatrix}R\\S\end{pmatrix} \tag{3-1-17}$$

即

$$\left.\begin{aligned}\frac{n_{\text{eff}}+n_{DC}}{c}\frac{\partial R}{\partial t}+\frac{\partial R}{\partial z}=\text{i}\left(\frac{n_{DC}}{c}\omega_B R+\kappa^* S\right)\\ \frac{n_{\text{eff}}+n_{DC}}{c}\frac{\partial S}{\partial t}-\frac{\partial S}{\partial z}=\text{i}\left(\frac{n_{DC}}{c}\omega_B S+\kappa R\right)\end{aligned}\right\} \tag{3-1-18}$$

其初始条件为已知入射到布拉格光栅左端的 $R_0(t)$，边界条件则是右端入射光一直为零，即 $S_L(t)\equiv 0$。求解该偏微分方程组，即可以得到各处随时间的演化。

第二种方式，则是基于傅里叶变换。我们不直接去求解时域演化，而是首先求解入射信号 $x(t)$ 的傅里叶变换，得到 $x(f_S)$，根据如下公式：

$$\left.\begin{aligned}y_\rho(f_S)=\rho(f_S)\cdot x(f_S)\\ y_t(f_S)=t(f_S)\cdot x(f_S)\end{aligned}\right\} \tag{3-1-19}$$

计算脉冲在被布拉格光栅作用之后的频谱，最后通过傅里叶逆变换得到对应的时域情况。显然，第二种方法要简单很多，而且我们可以直接利用上面的传输矩阵模型来计算。但需要注意的是，公式(3-1-19)只在线性时不变的系统中才是成立的，在时变或者非线性系统中，公式(3-1-19)则不能运行，必须通过比较复杂的方式求解，甚至只能求解时域方程(3-1-18)(时域方程的困难在于，它的边界和初始条件在光栅的两端)。在这里，我们只研究线性的布拉格光栅，因而基于傅里叶变换实现时域方程求解。基于傅里叶变换的仿真，逻辑上非常简单：计算入射光脉冲的傅里叶变换，得到其频谱；然后将脉冲频谱与布拉格光栅的某处的频率响应做乘积，得到目标脉冲的频谱；最后再做傅里叶逆变换，得到目标脉冲的时域演化。

在实际执行计算的时候，必须考虑离散化的问题；就像传输矩阵算法一样，数字仿真无法处理连续信号问题。离散化之后，还必须选择合适的傅里叶变换和逆变换的算法。实际上，对线性时不变系统的仿真而言，离散化与傅里叶变换算法是相关联的两个问题。信号离散化分两步：截断和离散。所谓截断，指的是原本分布在整个时域内的脉冲函数，用有限时域长度内的信息来表示；所谓离散，是指原本连续分布的时域函数，利用其中的离散点上的函数值来表示。在数学上，假设入射的光脉冲是 $a(t)$，分布在从负无穷到正无穷的区间上；离散化之后，信号变成

$$a_k=a(k\Delta t)\qquad k=-\frac{N}{2},\left(-\frac{N}{2}+1\right),\cdots,\left(\frac{N}{2}-1\right) \tag{3-1-20}$$

显然，截断的要求是截断后的区间包含了原信号的绝大多数信息。离散的要求则是根据奈奎斯特定律，即采样率($1/\Delta t$)应该大于信号带宽的两倍；注意，这里的信号带宽不是 3 dB，而是能够包含信号绝大多数能量的带宽。

在时域离散化后，傅里叶变换运算也应该相应地发生变化。针对时域离散信号的傅里叶变换有两种类型："离散时域傅里叶变换"和"离散傅里叶变换"。所谓离散时域傅里叶变换(也被称为序列的傅里叶变换)，是根据连续时间函数的傅里叶变换定义延伸至离散时间函数，其频谱仍然是连续的；这时候，连续时间函数的边界条件延伸至正、负无穷远，在物理上是符合实际情况的。但是，在基于 MATLAB 的时域

仿真中，我们选择"离散傅里叶变换"来逼近实际情况下的真实信号时域—频域转换。在历史上，针对离散时间信号与线性系统的研究曾经是一个很重要的问题，因为虽然像上面讲的，我们可以针对离散时间信号定义和连续时间信号相同的傅里叶变换，但由于其频谱是连续的，无法利用计算机方便地处理。人们希望有一种傅里叶变换关系，其定义符合连续系统的傅里叶变换，而且其时域与频域都是离散的；因而，离散傅里叶变换应运而生。在这一理论发展起来后，人们迅速提出了实现离散傅里叶变换的快速算法，被称为快速傅里叶变换(FFT)。需要读者注意的是，上面围绕"傅里叶变换"提到了很多概念，在使用的时候必须区分清楚。简单来讲：傅里叶变换是针对连续时间系统的，可以在理论上对我们的线性时不变系统进行描述；离散傅里叶变换是针对离散时间、离散频域系统的，在这里用来对傅里叶变换进行逼近(其应用不仅在此；它已经脱离傅里叶分析应用成为数字信号变换和处理的基础之一)；快速傅里叶变换则是实现离散傅里叶变换的一种算法。在本书我们不对其中复杂的理论作解释，下面只罗列该过程的结论，即：在 MATLAB 中可以使用快速傅里叶变换去近似实现实际物理过程中的时频转换(即傅里叶变换)。

应用 MATLAB 的快速傅里叶变换函数时，仍然采用式(3-1-20)所表示的离散化方法；但是为了得到最快的计算速度，一般采取

$$N=2^k \tag{3-1-21}$$

这和快速傅里叶变换算法有关。a_k的离散傅里叶变换 A_k，其长度也是 N，它是$a(t)$的傅里叶变换，是 $A(f)$的离散化形式，即

$$A_k=A(k\Delta f) \qquad k=-\frac{N}{2},\left(-\frac{N}{2}+1\right),\cdots,\left(\frac{N}{2}-1\right) \tag{3-1-22}$$

其中，频域网格步长 Δf、时域网格步长 Δt 以及网格数目 N 之间有固定的关系：

$$N\cdot\Delta f\cdot\Delta t=1 \tag{3-1-23}$$

或者说，时域仿真窗口(即时域的截断窗口)t_{win}和步长 Δt，频域的仿真窗口 f_{win}和步长 Δf，以及网格数目 N 五个量之间的关系如下：

$$\Delta t=\frac{t_{\text{win}}}{N}=\frac{1}{f_{\text{win}}}=\frac{1}{N\Delta f} \tag{3-1-24}$$

即其中只有两个自由度。这是利用离散傅里叶变化逼近傅里叶变换所必须满足的条件。MATLAB 中实现快速傅里叶变换或快速傅里叶逆变换的函数是 fft 和 ifft，这两个函数实现 a_k和 A_k之间的转换。调用的方式如下：

```
A = 1/df * fftshift(ifft(fftshift(a)));    % for Fourier transform
a = df * fftshift(fft(fftshift(A)));     % for inverse Fourier transform
```

需要说明的有三点。

第一点，上述代码实现的是基于－i 定义的傅里叶变换，即傅里叶变换和逆变换的定义为

$$\left.\begin{aligned}A(2\pi f)&=\int a(t)\exp(\mathrm{i}2\pi ft)\mathrm{d}t\\a(t)&=\int A(2\pi f)\exp(-\mathrm{i}2\pi ft)\mathrm{d}f\end{aligned}\right\}\tag{3-1-25}$$

这是本书中用到的定义,即相位随时间是线性增长的。另外,有基于+j(即载波相位随时间线性增大)定义的傅里叶变换

$$\left.\begin{aligned}A(2\pi f)&=\int a(t)\exp(-\mathrm{j}2\pi ft)\mathrm{d}t\\a(t)&=\int A(2\pi f)\exp(\mathrm{j}2\pi ft)\mathrm{d}f\end{aligned}\right\}\tag{3-1-26}$$

也是经常被用到的。如果傅里叶变换的定义基于+j,则 MATLAB 的相应代码应修改为

```
A = dt * fftshift(fft(fftshift(a)));        % for Fourier transform
a = 1/dt * fftshift(ifft(fftshift(A)));    % for inverse Fourier transform
```

注意两者的不同:如果按照本书的定义(即公式(3-1-25)的傅里叶变换),则必须使用 ifft 指令计算傅里叶变换,而利用 fft 指令计算傅里叶逆变换。

第二点,其中用到了 fftshift 这个指令。fftshift 指令的含义是将数组的前半部分和后半部分调换。该指令的使用,是和离散傅里叶变换的定义与傅里叶变换定义之间的区别造成的。在离散傅里叶变换中,高频分量分布在频域的两端,而中心处则是低频分量;该指令可以帮助我们将离散傅里叶变换的计算结果和我们习惯的横坐标定义(即公式(3-1-25)和公式(3-1-26))对应起来。关于 MATLAB 中 fft/ifft 函数以及 fftshift 指令的应用解释等,可以参考与 MATLAB 相关的论坛①。

第三点,不管是基于−i 的定义,还是基于+j 的定义,fft/ifft 指令前均有一个常数系数和离散网格有关。该系数的存在,可以使变换或者逆变换与傅里叶变换定义(公式(3-1-25)和公式(3-1-26))严格对应起来。实际上,很多仿真无须考虑这个常数因子。例如,在本书的仿真例子中,频谱的绝对值没有意义,即我们无须关心频谱的单位。这是因为针对光纤布拉格光栅这一线性时不变系统的仿真,在频域的操作全部都是乘法,而且是光信号的频谱与滤波器频谱之间的乘积;又由于变换与逆变换前面的常数因子互为倒数,傅里叶变换之后处理,再做逆变换,两个因子就抵消了,所以我们可以不考虑频域的幅度,该常数因子可以去掉。而实际上,傅里叶变换是有单位的,即频谱具有明确的物理意义。上述傅里叶变换定义和实现代码是对应的,即给定一个函数 $a(t)$,通过定义(3-1-25)可以得到 $A(f)$;对应的,离散化后的 a_k 通过上述代码可以得到 A_k,A_k 就是准确的对 $A(f)$ 的离散序列,包括绝对值和相

① 例如,http://www.mathworks.com/matlabcentral/fileexchange/5654http://www.mathworks.com/matlabcentral/fileexchange/25473

位。这说明，代码实现的傅里叶变换，是针对“能量受限”信号的。所谓能量受限，指的是$|a(t)|^2$在整个时域内的积分是有限的；比如入射到布拉格光栅内的单个光脉冲。采取国际单位制时，$|a(t)|^2$的单位是瓦，因而$|A(f)|^2$的单位是J/Hz，即1 Hz频段内的能量。因而，此时$|A(f)|^2$是“能量谱”。但实际上，光纤通信系统中的光信号是“功率受限”信号，即光功率在整个时域内的积分是无穷大的，但其平均功率是有限数值，比如实际链路中的光信号，或者测试时用到的周期性的伪随机码（虽然有时候周期非常长）等。针对功率受限信号，显然公式(3-1-25)定义的傅里叶变换是不存在的。对于周期信号，其频谱是离散的冲击函数；对于非周期的功率受限信号，人们一般通过其“功率谱”描述其频谱。如果我们仔细观察光谱仪或者射频频谱仪，就会发现其纵轴不像上面一样，以“能量/带宽”为单位，而是以“功率/带宽”为单位；也就是说，这些频谱仪器测量的，是信号的功率谱。这意味着，这些仪器都将入射信号视为功率受限信号（实际上，入射的信号都是功率受限，如果是类似单个脉冲的功率受限信号，频谱测量仪器是不会有输出的）。有关功率谱的详细知识，请参考《信号与系统》①。离散傅里叶变换并不区分信号是能量受限的，还是功率受限的。离散傅里叶变换采用的是周期性边界条件（见下面的介绍），既可以认为我们在计算单个时域窗口内的信号，也可以认为我们在同时计算周期性的无穷多个时域窗口的信号，但只是观察了其中一个窗口。

总之，在使用MATLAB计算傅里叶变换对的时候，只要按照公式(3-1-21)、公式(3-1-22)和公式(3-1-24)的规则对时频坐标、时间和频率函数进行离散，按照上述代码的形式进行变换计算，就能实现对实际连续傅里叶变换的逼近。这里说的是“逼近”，而不是“实现”，是因为在时域和频域对信号的截断造成的。根据公式(3-1-22)，时域的截断是通过t_{win}实现的，而频域的截断，则是通过Δt实现的。既然发生了截断，那在截断处就会产生相应的边界条件。比较容易理解的边界条件，是认为超过仿真窗口的振幅，不管是时间的还是频域的，都是零，即通常所说的“吸收边界”。但在离散傅里叶变换中，默认的边界条件是“周期性边界”，也就是说，信号在超出时域或者频域窗口的区域自动重现。这可以通过一个例子来说明。如果仿真一个时域脉冲在某一个理想介质中的传输，假设介质的频率响应只有群时延，其他包括幅频特性或者色散特性都是理想的，我们会发现该脉冲由于群时延的作用会在仿真时间窗口内移动，而且移动到某一个边缘之后会在时间窗口的另一侧出现。

可以这样理解：由于频域的离散化，基于离散傅里叶变换的仿真对象，实际上不是单个光信号，而是在时域上周期性延拓的信号序列，周期是仿真时间窗口；我们只不过仅对其中一个时间窗口进行观察而已。由于傅里叶变换在数学上是对称的，在频域中我们也采用周期性边界条件，这同样是由于时域离散化带来的。

---

① 郑君里，应启珩，杨为理. 信号与系统[M]. 2版. 北京：高等教育出版社，2000.

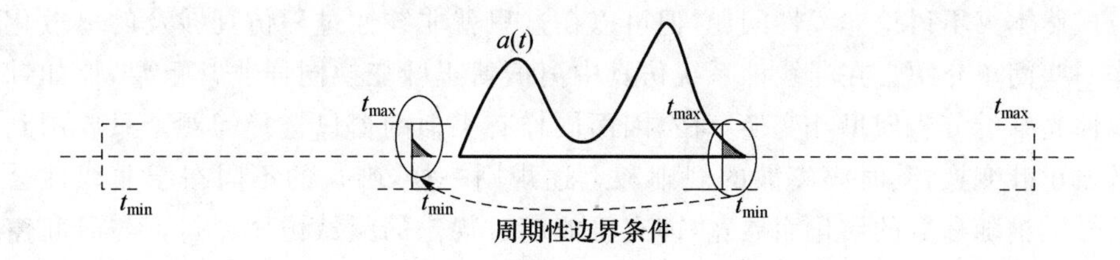

图 3-1-9 周期性边界条件例

周期性边界条件是离散化误差的主要来源。根据上面的解释,如果时域网格 Δt 过于稀疏,则 f_{win}(即频域窗口)就会缩小,造成频谱越过频域窗口出现在窗口的另一侧,造成误差甚至错误;这也是奈奎斯特采样定律必须满足的另一个解释。而如果频域网格 Δf 过于稀疏,则 t_{win}(即时间窗口)也会太小,造成时间信号越过窗口,即信号的不完全截断。上述两个问题在仿真的初始化阶段即可解决,根据入射信号的时域和频谱宽度可以很好地确定各自窗口的大小。但由于仿真进行之后,无法对窗口进行调节,因而该窗口的选择也必须考虑脉冲可能的动态过程。因为本书涉及的是线性时不变系统,因而在之后的演化过程中脉冲频谱带宽不会增加,只要开始时将频域窗口选择合适,后续仿真时不需再考虑这一问题。时域则会不断变化,需要警惕的是脉冲会受到滤波或者色散等影响而展宽,造成溢出时间窗口。

下面对信号溢出时间窗口的两种情况作说明。

第一种情况,如图 3-1-9 所示,信号由于(或者大部分的因素来源于)延时导致溢出,信号后延虽然在时间窗口前端出现,但没有和其前沿覆盖;这种溢出对仿真结果没有影响。因为之前提到,在周期性边界条件下,我们仿真的实际上是“信号串”而不是单个信号,信号仅是相对时间窗口移动了位置,不同窗口内的信号没有发生混叠,这和我们“单个信号”的仿真假设是吻合的,只不过可视化效果不好,可以在仿真结束之后调整时间窗口(最简单的方法是,在频域内让信号最后通过一个理想群时延器件)。

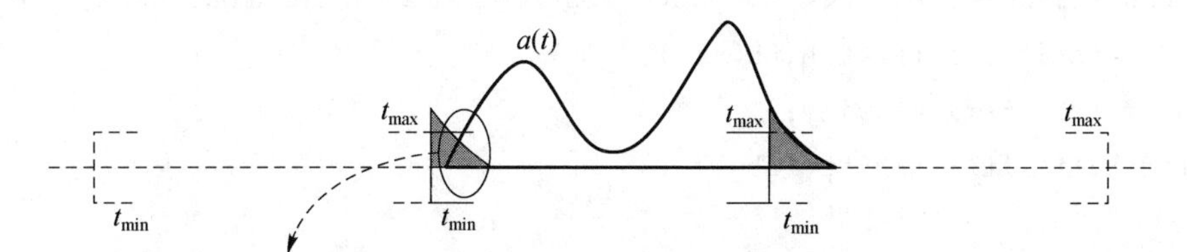

图 3-1-10 仿真信号溢出时间窗口的第二种情况(展宽过度)

第二种情况,信号畸变导致展宽溢出,信号前后沿由于越过时间窗口而发生重叠,表现为干涉叠加,如图 3-1-10 所示。显然,这种情况和我们的仿真假设是不吻合的,应该避免,即仿真开始之前扩大时间窗口。

虽然本书不讨论非线性问题，但可以在这里就非线性过程仿真涉及的离散化问题作一些简单介绍。在非线性系统仿真中离散傅里叶变换同样非常重要，比如针对非线性光纤的分步傅里叶变换算法，因而同样有类似的窗口选择问题。只要用到了离散傅里叶变换，其时频离散的规则和上述规则一样，唯一的不同在于非线性会导致信号频谱随参数的演化而展宽，即有可能超过规定的频域仿真窗口。与时间窗口溢出不同，图 3-1-9 和图 3-1-10 所示的两种溢出在频域内都是被禁止的。很显然，某个频率的能量从最小的频率处突然转移到最大频率处，在物理现实中是不会发生的。因而，频域窗口的溢出规则是全部禁止。

根据上述讨论，如果要让基于 MATLAB 程序的离散傅里叶变换计算很好地逼近物理现实中的时频域转换，除前面介绍的离散化规则和快速傅里叶变换指令调用格式外，必须满足窗口截断规则：时域窗口，其宽度应能够在窗口移动的情况下包容整个脉冲演化过程中的最大宽度；频域窗口，其宽带应能够在窗口固定的情况下包容整个脉冲演化过程中的最大展宽。在此基础上，我们就可以对脉冲在布拉格光栅内的演化作分析了。布拉格光栅的仿真和之前介绍的一致，唯一的区别是其频域仿真网格必须按照新的规则，而不能随便选择。这也是本书将网格定义在均匀划分的频域内，而不是定义在均匀划分的波长域内的原因。波长和频率成反比，因而均匀的波长间隔必将导致不均匀间隔的频率间隔。在窄带内，可以近似地认为两个间隔都均匀，但带宽增大后，这种差异必须考虑。

下面是计算一个半高全宽为 10 ps 的高斯脉冲被均匀光栅反射之后的脉冲时域的代码：

```
%% time domain by reflection
df = fwin/fpts;  dt = 1/fwin;  twin = 1/dfs;
t = linspace(-twin/2,twin/2-dt,fpts)';

inputpulseFWHM = 10e-12;  x = exp(-log(2)/2*(2*t/inputpulseFWHM).^2);
fftx = fftshift(ifft(fftshift(x)));
ffty = fftx.*reflectivity;
y = fftshift(fft(fftshift(ffty)));

figure;  hold on;
[ax,h1,h2] = plotyy(freqshift/1e9,abs(reflectivity).^2,freqshift/1e9,abs
(fftx).^2);  grid on;
set(h1,'LineWidth',2);  set(h2,'LineWidth',2);
set(ax(1),'FontSize',12);  set(ax(2),'FontSize',12);
ylabel(ax(1),'reflectivity / dB','FontSize',12,'FontWeight','bold');
```

```
ylabel(ax(2),'input spectrum / dB','FontSize',12,'FontWeight','bold');
xlabel(ax(2),'freqshift / GHz','FontSize',12,'FontWeight','bold');
xlim(ax(1),[-100,100]);  xlim(ax(2),[-100,100]);

figure;    hold on;
[ax,h1,h2] = plotyy(t * 1e12,abs(x).^2,t * 1e12,abs(y).^2);   grid on;
set(h1,'LineWidth',2);  set(h2,'LineWidth',2);
set(ax(1),'FontSize',12);   set(ax(2),'FontSize',12);
ylabel(ax(1),'input','FontSize',12,'FontWeight','bold');
ylabel(ax(2),'output','FontSize',12,'FontWeight','bold');
xlabel(ax(2),'time / ps','FontSize',12,'FontWeight','bold');
xlim(ax(1),[-50,300]);  xlim(ax(2),[-50,300]);
```

用于计算的代码实际上很简单：对入射脉冲作傅里叶变换，然后与布拉格光栅的复振幅反射率乘积，最后作反傅里叶变换即可。需要注意的是，频域网格的划分需要和定义光栅结构的脚本文件中的网格划分一致；实际上，正确的逻辑顺序是，首先根据奈奎斯特采样定律和脉冲的时域长度，依公式(3-1-24)确定频域网格，然后再在布拉格光栅定义脚本中使用该网格对光栅进行仿真。仿真时，选择 fwin＝1000e9，fpts＝2^10，脚本的运行结果如图 3-1-11 所示。其中(a)图是注入脉冲频谱与光栅反射谱的对比，(b)图为输入输出脉冲的时域对比。这里利用了 MATLAB 提供的 plotyy 函数将两个曲线画在两个重叠在一起的坐标轴中。由于入射和出射脉冲有时候会在时域上具有差别很大的峰值，若画在同一个坐标轴中，高度差别可能很大，导致出射脉冲观察起来困难。plotyy 函数功能强大，可以指定两个坐标轴各自的作图函数，还可以在作图之后根据返回的四个句柄对两对坐标轴和曲线作属性设定。读者可自行分析时域多个峰值与频域的对应关系。

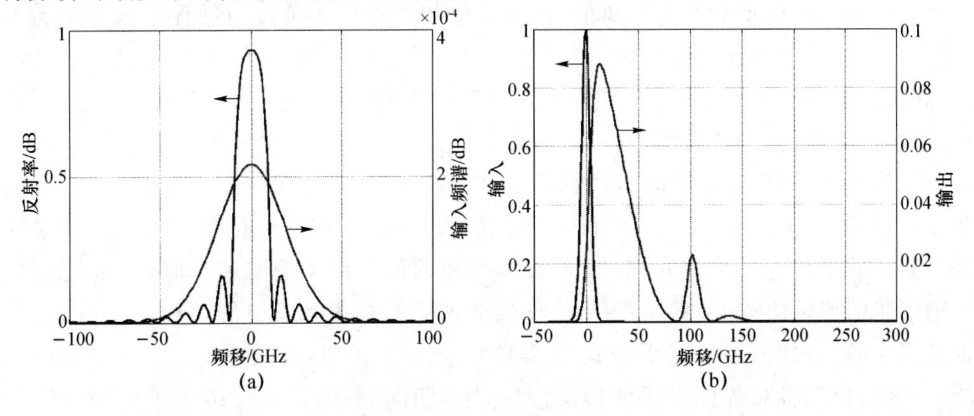

图 3-1-11　高斯脉冲被均匀光栅反射后的频域和时域输出

本小节的最后，对基于离散傅里叶变换的时域仿真做一点说明。傅里叶变换最大的优点在于，利用频域的乘法替代时域的导数和高阶导数。该操作将偏微分方程或方程组转换为常微分方程组，这极大地简化了偏微分方程(组)的求解，因为常微分方程组具有较为成熟的算法，比如这里用到的传输矩阵方法，或者更传统且通用的龙格库塔法则。实际上，布拉格光栅的仿真完全可以利用 MATLAB 提供的常微分方程求解指令，比如 ode32、ode45 等。这里没有采用，一方面是因为传输矩阵算法具有类似的精度和计算速度，而且物理意义更加明确；另一方面则是实际的布拉格光栅会存在交流耦合系数不连续的情况(比如相移光栅等)，各个 ode 函数处理起来较慢，或者需要在调用之前把光栅段预先分开分别计算，不如直接利用传输矩阵处理。傅里叶变换对微分方程"降维"的有效处理，使它的应用十分广泛，是线性时不变系统的首选处理方法。而且对于某些非线性演化系统，也可以使用傅里叶变换将其转化为常微分方程组，包括广为熟知的分步傅里叶变换，就被应用于求解大量非线性微扰过程。当然，傅里叶变换对有些问题也难以处理。受其周期性边界条件约束，倘若偏微分方程问题的初始或者边界条件无法定义在正、负无穷之间的全区间内，就难以使用。比如在光波导中，带有反馈的非线性问题，包括布拉格光栅内的非线性或者环形腔内的非线性等，必须对方程或边界条件进行某种近似、简化等，或者直接求解时域方程。

3.2 任意折射率调制布拉格光栅的仿真分析

科学仿真应兼顾通用性和特殊性。

3.2.1 级联传输矩阵仿真

在 3.1 节的基础上，我们很容易对具有任意折射率调制的光栅进行仿真，只要根据级联传输矩阵模型对其进行离散，传输矩阵相乘即可。仿真的过程可以分解为下面的三步。首先，是建模过程，即将设想中的光纤光栅在 MATLAB 中完备地表达出来；其次，是计算过程，即利用传输矩阵模型进行计算；最后，是结果输出和分析过程，通过上一步的计算结果，进一步得到我们关心的参数。这三步具有各不相同的特点。第一步是将实际物理问题"翻译"为传输矩阵模型(即图 2-2-5)的过程，具体问题多变(即输入情况不确定)，因而一般情况下也不会有固定的代码。第二步面对的是一系列首尾相连的均匀光栅，其参数种类和数值都已明确知道(即输入固定)；而且第二步需要输出的，一般情况下是布拉格光栅的复振幅反射和透射系数(即输出也是固定的)；同时，算法基于公式(2-2-43)、公式(2-2-44)和公式(2-2-52)也是固定的。因而，第二步对各种实际情形均固定，可以有统一的代码。第三步的输入也是参数固定、数值已知，是第二步的计算结果。根据光栅的种类不同，我们要分析的内容和手段可能不同;但有些参数可能是通用的或者在大部分情况下描述光栅频响特性所需要的,如中心波长、带宽、群时延等。可见,不同步骤的仿真或计算需求不同,代码的编写方式也会有差别。其中第二步,即计算级联传输矩阵模型的过程,实现均匀光栅传输矩阵乘积的代码,在每个布拉格光栅仿真的过程中都是一样的,可以利用独立的程序段来实现。为了使用方便,这些功能独立的语句最好能够打包成一个模块,这样在合适的时候调用就行,而不需要将具体代码重复地添加到单个或者多个脚本文件中,能够避免在复制到各处时可能出现的错误,而且容易维护升级。MATLAB 提供了函数文件来满足这一需求。函数文件和脚本文件的差别在于起始处即作声明:

```
function [res1, res2,…] = func(parameters1,parameters2,…)
```

并且保存为单独的文件。使用函数文件的时候需要注意,函数文件的文件名一般应当和其中所包含的函数名称相同。这样,某个脚本文件在遇到"func"这一命令行时,就会自动查找名为 func 的文件并且以其定义运行其中的函数。代码打包之后遇到的问题是参数和运行结果的传递。如果采用函数文件的方式,我们可以使用 parameters1、parameters2 等向函数文件中传递已知的参数,并且通过 res1、res2 等将函数文件计算得到的数据结果传递到脚本文件中。当然,除将子功能打包、实现传递参数和计算结果等功能外,函数文件还有其他功能,比如在求解微分方程等时必须采用函数文件。在这里我们仅用了它的代码打包功能。另外,脚本文件本身也可以实现代码打包的功能,比如在脚本文件 1 中直接调用脚本文件 2,方法就是在文件 1 中需要调用的地方简单地输入脚本文件 2 的文件名称。对比这两种方式,可以发现各自的优缺点。脚本文件调用的时候,所有的脚本文件共享同一个数据区(workspace),相比函数文件,这样的操作省去了变量传递的过程。但缺点也在此,同一个数据区的变量名称禁止冲突;即被调用的脚本文件 2 兼容所有可能调用它的脚本文件 1,这在普适性要求比较高的情况下是不太现实的;另外,和其他程序设计语言不同,MATLAB 在使用之前不需要声明(这也使得脚本文件之间可以相互调用),因此也就不会检查不同脚本之间的重复定义,很容易出现脚本文件 2 重新定义了调用它的脚本文件 1 中的某个变量,导致实际使用的时候发生很多莫名其妙的错误。因此,尽量不要使用脚本文件实施代码打包。函数文件不会有这个问题,首先它使用独立的数据区,不会影响函数返回之后脚本文件的数据区。而且,通过参数传入的手段,屏蔽了参数传入之间名称的差异。因而,解决了脚本文件上存在的两个问题。

在布拉格光栅仿真中,第一步和第二步,即光纤布拉格光栅建模和其仿真计算两者之间的参数传递方式,采用脚本文件调用函数文件的途径是比较方便的。由公式(2-2-43)、公式(2-2-44)和公式(2-2-52)得知,实现传输矩阵计算的函数文件,其输入参数应该包括光栅参数和频域扫描参数两类。光栅参数,应该包括有效折射率和光栅周期这两个对所有离散均匀光栅段都相同的参数,以及每段均匀光栅各自的长

度、直流以及交流折射率调制。因此，第二步函数文件中光栅仿真函数的声明可以是

```
fbgsimu(neff,braggfreq,uFBGlength,nAC,nDC,freqshift,resfilename,maxde-
laylength,iscalcdist)
```

其中前五个参数是布拉格光栅参数；第六个参数 freqshift 是待计算的频率点；第七个参数 resfilename 是运算结果后保存到 MATLAB 数据文件时所采取的文件名；maxdelaylength 同 3.1.1 小节，是与群时延和频率偏移差分相关的参数；iscalcdist 用来标示是否计算光在光栅内的分布。下面一一介绍。

虽然根据入射端的复振幅反射率和透射率，我们能够得到完备的布拉格光栅频响特性，而且其他参数均可以从复振幅频响中获得，但这里仍然将群时延谱的计算放到 fbgsimu 函数中。为了计算各频点处的群时延，我们统一对级联传输矩阵模型计算两次矩阵连乘，计算频率分别为 freqshift-c/neff/maxdelaylength/2 和 freqshift +c/neff/maxdelaylength/2。在给定频率下，每一段均匀布拉格光栅的传输矩阵的四个元素已经由 3.1.1 小节中的代码给出，级联模型只要将所有矩阵连乘即可。根据图 2-2-5，传输矩阵的计算都是通过左端(即入射端)开始的。在这里不推荐通过从右端开始的计算，虽然从右端计算有天然已知的边界条件：右端入射的光(即 $S(L)$)等于零。在理论上，可以假设 $R(L)=1$，然后从右向左计算，依次得到各处的正反向光；在最左端可以计算 $S(0)/R(0)$，得到反射率。该算法虽然理论可行，但实际上可能会由于误差累积导致计算结果发散；比如，当光栅反射率很高时，透射率就会非常弱，即 $R(L)$ 几乎等于零，反算到入射端的时候，S 和 R 的绝对值都会变得特别大，导致计算不稳定。另外，复杂布拉格光栅的频率响应计算是个双重循环，既需要利用一重循环计算传输矩阵模型中的均匀光栅矩阵连乘，又需要利用另一重循环计算各个入射光频率下的结果；根据均匀光栅的计算例子，频率点计算循环是隐式的，由 MATLAB 提供的矩阵操作完成，因而代码看起来只有一重循环。下面是实现两次扫描运算的代码。

```
% fbg simulatior uses the transmission matrix model
% fbg consists of uniform fbgs, each of which is defined by uFBGlength, nAC,
and nDC under the same neff and braggfreq
% the simulator calculates complex reflectivity and transmittivity at
each freqshift
% the result is saved into resfilename with .mat format


function
fbgsimu(neff,braggfreq,uFBGlength,nAC,nDC,freqshift,resfilename,maxde-
laylength,iscalcdist)
```

```
c = 299792458;
kappa = pi/c * braggfreq * nAC;
fpts = length(freqshift);     zpts = length(uFBGlength);

disp('fbgsimu = calculate reflectivity and transmittivity with correspond-
ing delays');   tic;
t11 = ones(fpts,1);    t12 = zeros(fpts,1);    t22 = ones(fpts,1);    t21 = ze-
ros(fpts,1);
    for m = 1:zpts
    sigma = 2 * neff * pi/c * (freqshift - c/neff/maxdelaylength/2) + 2 * nDC
(m) * pi/c. * ((freqshift - c/neff/maxdelaylength/2) + braggfreq);
    gamma = sqrt(sigma.^2 - abs(kappa(m))^2);     gamma(gamma = = 0) = eps;
    cosgL = cos(gamma * uFBGlength(m));      singLdg = sin(gamma * uFBGlength
(m))./gamma;
    tuFBG11 = cosgL + 1i * sigma. * singLdg;      tuFBG12 = 1i * conj(kappa(m))
* singLdg;     tuFBG21 = - 1i * kappa(m) * singLdg;      tuFBG22 = cosgL - 1i *
sigma. * singLdg;
    tnew11 = tuFBG11. * t11 + tuFBG12. * t21;      tnew12 = tuFBG11. * t12 +
tuFBG12. * t22;     tnew21 = tuFBG21. * t11 + tuFBG22. * t21;      tnew22 = tuF-
BG21. * t12 + tuFBG22. * t22;
    t11 = tnew11;  t12 = tnew12;  t21 = tnew21;  t22 = tnew22;

if toc>1     tic;      disp(['      ',num2str(50 * m/zpts,'%.0f'),' %']);
  end
end
reflectivity1 = - t21./t22;
transmittivity1 = (t11. * t22 - t12. * t21)./t22;

t11 = ones(fpts,1);    t12 = zeros(fpts,1);    t22 = ones(fpts,1);    t21 = ze-
ros(fpts,1);
for m = 1:zpts
sigma = 2 * neff * pi/c * (freqshift + c/neff/maxdelaylength/2) + 2 * nDC(m) *
pi/c. * ((freqshift + c/neff/maxdelaylength/2) + braggfreq);
    gamma = sqrt(sigma.^2 - abs(kappa(m))^2);     gamma(gamma == 0) = eps;
```

```
    cosgL = cos(gamma * uFBGlength(m));      singLdg = sin(gamma * uFBGlength
(m))./gamma;
    tuFBG11 = cosgL + 1i * sigma. * singLdg;      tuFBG12 = 1i * conj(kappa(m))
 * singLdg;      tuFBG21 = - 1i * kappa(m) * singLdg;      tuFBG22 = cosgL - 1i *
sigma. * singLdg;
    tnew11 = tuFBG11. * t11 + tuFBG12. * t21;      tnew12 = tuFBG11. * t12 +
tuFBG12. * t22;      tnew21 = tuFBG21. * t11 + tuFBG22. * t21;      tnew22 = tuF-
BG21. * t12 + tuFBG22. * t22;
    t11 = tnew11;   t12 = tnew12;   t21 = tnew21;   t22 = tnew22;

if toc>1    tic;    disp(['    ',num2str(50 + 50 * m/zpts,'%.0f'),' %']);
  end
end
reflectivity2 = - t21./t22;
transmittivity2 = (t11. * t22 - t12. * t21)./t22;
```

在这里，相邻两个传输矩阵的乘积是展开计算的，这是由于每个元素都是和频率相关的数组。

随后，程序计算得到每个频点处的反射率、透射率和群时延。

```
reflectivity = (reflectivity2 + reflectivity1)/2;
transmittivity = (transmittivity2 + transmittivity1)/2;
rdelay  =  angle ( reflectivity2./reflectivity1 )/2/pi/( c/neff/maxdelay-
length);
tdelay = angle ( transmittivity2./transmittivity1 )/2/pi/( c/neff/maxdelay-
length);
```

按照对 maxdelaylength 参数的设定，我们认为光栅在间隔为 c/neff/maxdelaylength 的两个频点处的频率响应相差无几，所以利用两者的平均值逼近其复数反射率和透射率，利用相位差分逼近其群时延。

在分析光纤布拉格光栅时，我们可能会观察光在光栅内的分布情况，或者观察光脉冲在光栅内的演化情况。也就是说，不仅仅输出耦合模方程在 $z=0$ 处的 R 和 S 的解，同时需要知道其内部任何一点处的正反向传输的光电场的复数包络值。这在已经计算完成光栅在任意频点处的复振幅反射率之后是比较容易的了。如图 2-2-5 所示传输矩阵的模型，如果已知入射端，即最左端的正反向光电场为[$1,R(z=0)$]，那只要计算前 m 段传输矩阵的连乘之后再乘以[$1,R(z=0)$]即可得到第 m 段均匀光栅右端的光电场正反向包络值了。这相当于将传输矩阵的算法再执行一次，只不过现在我们已知了入射端的双向光电场。实现途径如下：

```
if iscalcdist = = 1
    disp('fbgsimu  =  calculate distributed R and S');      tic;
    R = zeros(fpts,zpts);      S = zeros(fpts,zpts);
    t11 = ones(fpts,1);    t12 = zeros(fpts,1);     t22 = ones(fpts,1);    t21
 = zeros(fpts,1);
for m = 1:zpts
        sigma = 2 * neff * pi/c * freqshift + 2 * nDC(m) * pi/c. * (freqshift +
braggfreq);
        gamma = sqrt(sigma.^2 - kappa(m)^2);     gamma(gamma = = 0) = eps;
        cosgL = cos(gamma * uFBGlength(m));
singLdg = sin(gamma * uFBGlength(m)). /gamma;
        tuFBG11 = cosgL + 1i * sigma. * singLdg;      tuFBG12 = 1i * conj(kappa
(m)) * singLdg;     tuFBG21 =  - 1i * kappa(m) * singLdg;      tuFBG22 = cosgL -
1i * sigma. * singLdg;
        tnew11 = tuFBG11. * t11 + tuFBG12. * t21;      tnew12 = tuFBG11. * t12
 + tuFBG12. * t22;     tnew21 = tuFBG21. * t11 + tuFBG22. * t21;      tnew22 =
tuFBG21. * t12 + tuFBG22. * t22;
        t11 = tnew11;  t12 = tnew12;  t21 = tnew21;  t22 = tnew22;

        R(:,m) = t11 + t12. * reflectivity;             S(:,m) = t21 + t22. * re-
flectivity;

if toc>1     tic;     disp(['     ',num2str(100 * m/zpts,'%.0f'),' %']);
  end
end

    R = [ones(fpts,1),R];      S = [reflectivity,S];      z = zeros(zpts + 1,1);
for m = 1:zpts      z(m + 1) = z(m) + uFBGlength(m);      end
end
```

循环之后得到的 R 和 S，不包括光栅的入射端 $z=0$ 处的正反向情况，因而我们将其加入(见代码最后两行)。这是 MATLAB 中对矩阵行数或者列数扩展的很方便的方式。这样，两个二维数组都变为 zpts+1 列。注意，得到的 R 和 S 的每一列的含义是，在给定光栅内一点处复振幅反射率或透射率随频率的变化，比如 $R(:,n)$ 表示第 n 段均匀光栅的左端(注意，现在我们在 R 和 S 最左端个加了一列表示入射端的情况)的复振幅反射率谱。为了以后使用方便，程序将该点的位置求出，并假设了光栅最左端的位置为 0。zpts 段均匀光栅就会产生 zpts+1 个位置点与 R 或者 S 的列数对应。R 和 S 的每一行的含义，则给定某个频率下复振幅反射或透射率随位置的变化，比如 $R(m,:)$表示第 m 个频点（即频率为 freq(m)）的复振幅反射率随 $z(n)$的分布。

当空间或频率网格划分比较密集时，计算需要一定时间。这时候，最好有一个计算完成比例的指示。在程序中利用 tic 和 toc 组合来实现。tic 的作用是将 MATLAB 的时间计数器设置为零；而 toc 则用于读取自从上次清零之后经过的时间。在程序中，在进循环之前利用 tic 设置零时间；每次循环时都利用 toc 读取耗时，若超过设定值（上述程序中为 1 s），则继续设置零时间，同时输出计算进度（百分比）到命令行窗口中，方便观察估计还需多长时间才能完成所有运算。其中也用到了 num2str 指令，该指令应用广泛，可以把数值以固定的格式转换为字符串。一个类似于 num2str 指令且功能更为复杂的函数是 sprintf。这些函数的具体定义请参考 MATLAB 的 Reference。

最后需要解决的是，第二步函数文件与第三步分析之间的参数和结果传递问题。虽然在第一步的脚步文件中我们通过调用第二步的函数文件来实现传递矩阵的计算，但不采用第二步返回计算结果到之前的脚本中去继续分析。一方面，得到初步仿真结果之后，对其分析可能是多方面的，如果接着在建模脚本文件中进行分析，那么可能导致多次运行仿真函数，造成计算时间的浪费。另一方面，我们在之前提到过，第三步中某些分析在很多不同光栅下都是相同的，也可以打包实现。因而第三步分析程序单独存在；而且第二步仿真得到的结果到第三步分析程序的传递，采用数据文件的方式，这样每次分析的时候只要读取数据文件即可，无须重新计算。其过程为：在第二步中，用于仿真的函数文件不将计算结果返回第一步用于建模的脚本文件，而是直接将仿真结果保存到某个数据文件中；然后，再使用另一个脚本文件实现仿真结果的分析和可视化输出等操作。MATLAB 提供了一种非常简洁的数据传递文件格式，即“.mat”文件。.mat 文件采用二进制方式，中转文件小而且读取速度快。另外，MATLAB 也提供了表述简单而功能完备的保存和提取函数。在这里，我们只利用了存取函数最简单的功能。保存的时候可以通过

```
save(filename,variable1,variable2,…)
```

其中，所有的参数都是字符串，即从第二个参数开始，是我们想要保存的、已经存在于数据区的变量的用字符串表示的名称。而从.mat 文件中读取就更容易了，只要简单的

```
load(filename);
```

即可以把文件中所有的变量读取到数据区内，而且读取之后的变量名称不变，方便后续代码编写。fbgsimu 最后的结果保存代码为

```
disp('fbgsimu = save result to matfile');
if iscalcdist == 1

save([resfilename,'.mat'],'neff','braggfreq','uFBGlength','nAC','nDC','freq-
shift','reflectivity','transmittivity','rdelay','tdelay','z','R','S');
else

save([resfilename,'.mat'],'neff','braggfreq','uFBGlength','nAC','nDC','freq-
shift','reflectivity','transmittivity','rdelay','tdelay');
end

disp('fbgsimu = end');
end
```

即完成了整个函数的编写。该函数没有返回值,所有计算结果都保存在 resfilename.mat 文件中。

在调用 fbgsimu 之前,需要在一个脚本文件中依照级联传输矩阵模型定义待仿真的光栅以及频域网格。以均匀光栅为例,代码如下:

```
clear;  close all;
c = 299792458;     braggfreq = c/1550e-9;     neff = 1.45;

%% uniform FBG parameters
NuFBG = 500;
nAC = zeros(NuFBG,1) + 1e-4;
nDC = zeros(NuFBG,1);
uFBGlength = zeros(NuFBG,1) + 10e-3/NuFBG;

%% frequency / time grid
fwin = 100e9;   fpts = 2^10;   dfs = fwin/fpts;
freqshift = linspace(-fwin/2,fwin/2-dfs,fpts)';

fbgsimu(neff,braggfreq,uFBGlength,nAC,nDC,freqshift,'uFBG_TMM_res',1,1);
```

这里将均匀光栅均匀分割成 500 段,得到的结果应当与 3.1 节结果相同,作为验证程序正确性的一个方法。在命令行窗口中可以观察到仿真过程提示:

```
fbgsimu = calculate reflectivity and transmittivity with corresponding de-
lays
fbgsimu = calculate distributed R and S
fbgsimu = save result to matfile
fbgsimu = end
```

运行之后，结果保存在文件“uFBG_TMM_res. mat”中；在后续分析时，可以新建脚本文件并在一开始执行如下指令，即可将结果调入：

```
clear;  close all;
load uFBG_TMM_res.mat;
```

最后需要强调的是，我们仿真模型采用的是如表 2-2-1 所示的分离耦合系数模型；相应地，统一耦合系数模型或者其他文献介绍的每一段均匀光栅周期可以采用的不同级联传输矩阵模型，可以采用类似的算法。在实际上，不同的光栅周期、非零的直流耦合系数或者以积分形式约化到交流耦合系数中，这三种形式对应的物理含义是等价的；对应地，读者可以采用对应的仿真流程。唯一需要注意的是，同一个物理过程不能在上面三个形式中重复表达。

3.2.2 空间分布

在 3.1.1 小节中我们基于散射矩阵研究光电场包络 R 或者 S 在光栅入射端或者出射端的情况；如果将光纤布拉格光栅看作一个黑盒子，仅研究其对光信号的输入输出作用，这样分析是完备的。但如果要深入分析其中的交流折射率调制变化对光的影响，需要进一步地分析正反向光电场在光栅内部的分布。采用级联传输矩阵模型对任意光栅采取适当的空间离散之后，空间分布分析就成为可能。在 fbgsimu 程序中选择 iscalcdist=1，那么在生成的仿真结果文件中就包含复振幅表示的 R 和 S：R 或者 S 的每一行表示在给定频率下的正反向光场随 z 的变化，而每一列则是给定位置下的频谱分布。如果我们需要画出某一频率点处的场空间分布，可以简单地执行下面的命令：

```
% % field distribution at given frequency
freq_check = 0;    % in Hz
[tmpv,freqpos] = min(abs(freqshift - freq_check)); freqpos = freqpos(1);
figure; hold on;    grid on;
plot(z/z(end),abs(R(freqpos,:)).^2,'LineWidth',2);
plot(z/z(end),abs(S(freqpos,:)).^2,'r','LineWidth',2);
xlabel('z/grating length','fontsize',12,'fontweight','b');
ylabel('power distribution a.u.','fontsize',12,'fontweight','b');
```

```
set(gca,'FontSize',11);
legend('|R|^2/|R_0|^2','|S|^2/|R_0|^2');
title(['freqshift = ',num2str(freqshift(freqpos)/1e9,'%.1f'),'GHz'],'FontSize',12,'FontWeight','bold');
```

其中前两行是给定一个频率计算它对应的在R或者S中的行值。freq_check定义为需要计算的频率相对布拉格频率的数值,用Hz表示。min(abs(freqshift-freq_check))求出了在数列freqshift中距离给定频率最近的那个点。min和max函数是MATLAB中求最大或者最小值;但如果指定其返回值为第二行所示的格式时,前、后两个数组的定义分别为最大或者最小值以及其在数组中的位置。注意,max或者min的返回值可能不止一个,如果存在相同的极值,那函数将以列向量的方式返回。如果程序只用单个返回的话,最好在之后指定,避免后续程序出错。程序运行结果如图3-2-1(a)所示。

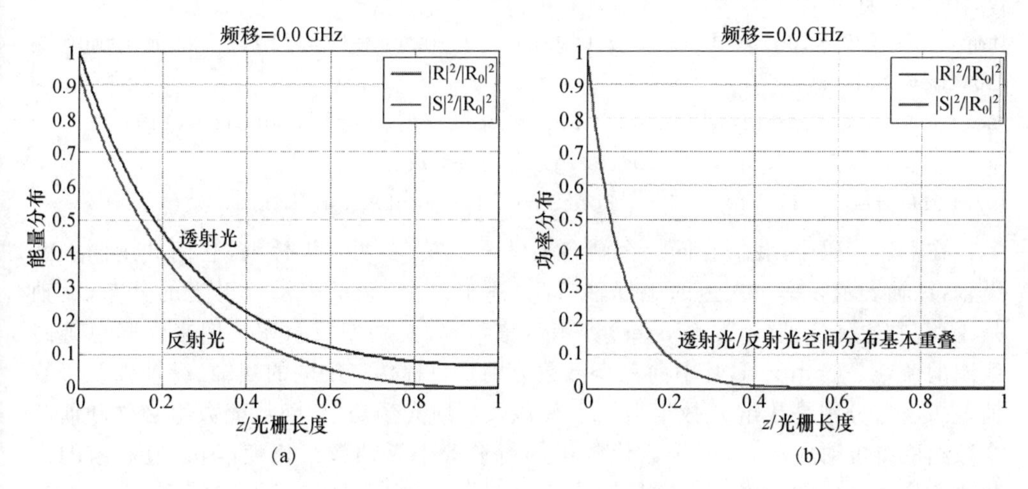

图3-2-1 均匀布拉格光栅内正反向传输的光的空间分布

从图3-2-1中可以看到,随着光入射到光栅内的距离的增加,正向传输的光因为不断被反射,因而功率不断降低;反向传输的光则因为不断获得被反射的光的能量,功率随着z的减小而不断增加。因而,随着z的增加,正反向传输的光在光栅某处的功率都是衰减的(这与1.3节图1-3-4所示的光在周期性结构中的分布是一致的)。如果将交流折射率调制幅度增加至3×10^{-4},正反向传输的光电场分布如图3-2-1(b)所示,可见反射率迅速饱和到1,R的分布也迅速地集中到光纤的入射端。这表明,光越来越多地被光栅的前端所反射,等效反射点前移,因而群延时也会不断地降低如图3-1-5所示。

若要同时观察正向或者反向光在布拉格光栅内的分布随频率的变化,其曲线和之前的会有较大差别,必须显示正反向光功率随着距离和频率两个维度的同时变化，因而是个三维的图像。这里使用彩色的伪三维图片（即利用彩色来标示的等高线图）来表现，比直接的三维图直观；表示反射光频/空二维分布的代码如下：

```
% % field distribution at full band
figure; axes('position',[0.1,0.1,0.7,0.8]);
[tmpv,h] = contourf(z/z(end),freqshift/1e9,abs(S).^2,75);
colorbar('WestOutside');
xlabel('z / grating length','FontSize',12,'FontWeight','bold'); ylabel('  ');
title('power a.u.','FontSize',12,'FontWeight','bold');
set(h,'LineStyle','none');  set(gca,'FontSize',11);
tmpv = get(gca,'ylim');
axes('position',[0.8,0.1,0.1,0.8]);
plot(20 * log10(abs(reflectivity)),freqshift/1e9,'LineWidth',2);  grid on;
ylim(tmpv);
tmpv = max(20 * log10(abs(reflectivity)));  tmpv = tmpv(1);   xlim([tmpv -
30,tmpv]);
set(gca,'YAxisLocation','right','XAxisLocation','top','FontSize',11);
xlabel('dB','FontSize',12,'FontWeight','bold');
ylabel('freq - fbragg / GHz','FontSize',12,'FontWeight','bold');
```

在上述代码中，我们在同一个画布上设置了左、右两个坐标轴，它们共用同一个纵轴，纵轴表示频率。左边的坐标轴（即上述第一个 axes）表示反射光的分布，横轴是距离；右边坐标轴（第二个 axes）表示频谱，横轴是功率反射率。用来画彩色等高线图的命令是 contourf，其中前三个参数分别是目标伪三维图的横轴、纵轴以及函数值（在这里，分别是数组 z、数组 freqshift 以及反射光场功率；函数值数组必须和前两个数组的维度对应起来，即函数值数组的行数等于纵轴数组长度，函数值数组的列数等于横轴数组的长度）。set(h,'LineStyle','none')将伪三维图的等高线去掉，只用线与线之间填充的颜色表示，看起来更美观。colorbar 用于显示颜色与函数值之间的对应关系。第一个坐标轴中的 tmpv＝get(gca,'ylim')命令与第二个坐标轴中的 ylim(tmpv)命令一起，将两个坐标轴的纵轴范围设置成相同的，便于左、右对比。

图 3-2-2 为中心频率处于均匀光栅反射峰主瓣和左、右各一个旁瓣内的正向光功率分布。最显著的特点是，分布对偏离中心频率相同距离的光是相同的；这也和图 3-1-2 所示的群时延谱对称性相呼应。在主瓣内，我们发现图 3-2-2 中的等高线随着偏离中心频率距离增大会向光栅末端延伸，表明正向传输的光越来越向光栅内部渗透，即等效的反射点在空间上右移，群时延变大，这和图 3-1-2 所示的群时延谱对应；同时，光栅的反射率也在下降。值得注意的是，如图 3-2-2 所示当入射光频率处于反射谱的零反射点附近时，正向光分布会产生奇异的现象：在光栅中间处的光功率超过入射端光功率（该区域内的数值大于 1）；从入射端开始，光功率先增大，后降

低。在旁瓣的反射率极大值处，也有类似的不规则现象。反射率为零的光，其功率在局部区域聚集，表明发生了谐振现象；该方面的详细介绍，我们将其放在3.3.3小节。旁瓣内反射率极大值的光在光栅内呈现振动分布的特征，这是它受光栅周期性扰动的结果。在这些发生奇异现象的地方，正、反向光分布不再向频谱主瓣内的光一样随着深入光栅内部的距离单调降低，也很难定义一个等效反射点。这种现象是分布式反馈所独有的，值得仔细体会。

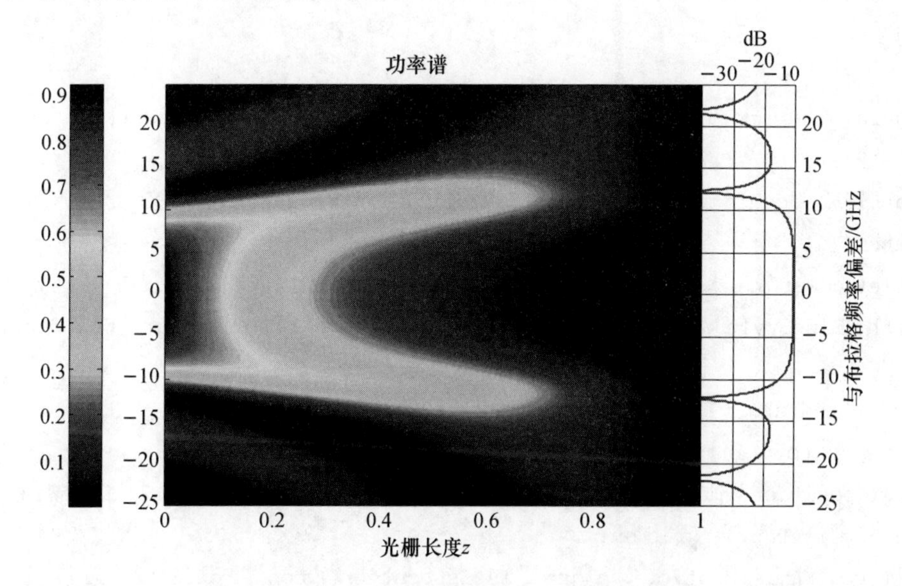

图 3-2-2 正向传输光功率在均匀光栅内部的分布随入射光波长的变化

与图 3-2-2 一样，时域脉冲在布拉格光栅内部的演化也是经常观察的过程。实现该过程，只要对上述代码复杂化一些即可，即计算光栅内所有点的频谱，然后求各点的傅里叶逆变换。由于计算传输矩阵的时候，我们假设任意频率输入的光振幅都是1；因而，当入射光频谱为 $X(f_s)$ 时，z 点处的正、反向光复振幅分别为 $R(f_s)X(f_s)$ 和 $S(f_s)X(f_s)$。结合时域仿真代码和伪三维图显示代码，计算并展示时域分布随距离演化的伪三维图的代码如下（注意，仿真时取 fwin=1 THz 并重新调用 fbgsimu 函数）：

```
%% time domain distribution along FBG
df = fwin/fpts;   dt = 1/fwin;   twin = 1/dfs;
t = linspace( - twin/2,twin/2 - dt,fpts)';


inputpulseFWHM = 10e - 12;   x = exp( - log(2)/2 * (2 * t/inputpulseFWHM).^2);
fftx = fftshift(ifft(fftshift(x)));
```

```
ffty = fftx. * reflectivity;
y = fftshift(fft(fftshift(ffty)));

s = zeros(length(freqshift),length(z));
for m = 1:length(z)
    s(:,m) = fftshift(fft(fftshift(fftx. * S(:,m))));
end

figure; axes('position',[0.1,0.1,0.7,0.8]); [tmpv,h] = contourf(z/z(end),t
* 1e12,abs(s).^2,75);
xlabel('z / grating length','FontSize',12,'FontWeight','bold');
ylabel('    ');
title('power a.u.','FontSize',12,'FontWeight','bold');
set(h,'LineStyle','none');   set(gca,'FontSize',11); colorbar('WestOutside
');
tmpv = find(abs(y).^2>max(abs(y).^2)/100);
tmpv = t([tmpv(1),tmpv(end)]) * 1e12;  ylim(tmpv);
axes('position',[0.8,0.1,0.1,0.8]); plot(abs(y).^2,t * 1e12,'LineWidth',
2);   ylim(tmpv); grid on;
set(gca,'YAxisLocation','right','XAxisLocation','top','FontSize',11);
ylabel('time / ps','FontSize',12,'FontWeight','bold');
```

图 3-2-3 所示为均匀光栅内反射光脉冲时域分布情况，图(b)为 $z=0$ 处入射和出射脉冲的脉冲形状。

图 3-2-3 显示的是反向传输光的分布。注意到，由于因果关系的存在，出射光在时域上必然只能分布在入射光以后。由于在代码中我们定义的入射光中心位置在 $t=0$，即在时域窗口的中心，因而出射光也绝大部分分布在 $t>0$ 的区间。因此画图的时候，我们只显示包含出射光主要能量的部分；见上面代码中 ylim 调用。仿真的时候可以适当调整入射光的位置，使得出射光不至于移动到时间窗口另一侧。在图 3-2-3(b)中，我们可以看到，出射脉冲前沿落后于入射脉冲前沿，这是滤波器必须满足的因果关系。该延时在分布图中也可以看到，光栅各处反射光的脉冲前沿形成一条明显的直线，表示随着传输距离的增加，反射脉冲的形成越来越晚，因为入射脉冲传播到该处的时间也越来越晚。除此之外，我们明显地看到了脉冲时域形状的畸变。这种畸变较为清晰地分为两类表现形式。第一类表现，我们观察到了脉冲时域的展宽，这是因为从图 3-2-3 中可见，前向脉冲较深入地进入了均匀光栅内部，反射光几乎从光栅的末端就开始形成，各处到达入射端的时间必然不同，因而将脉冲展

宽。在频域上，该展宽对应着滤波器带宽窄于脉冲带宽这一事实，即滤波导致脉冲时域展宽。第二类表现，图中脉冲的分裂，即在入射端我们观察反射的光脉冲，除了紧随入射光前沿产生的包络之外，后面又跟随着一个能量较低的脉冲。对比频谱空间分布图 3-2-2，出射脉冲的频谱也分为两部分。第一部分是位于均匀光栅反射主瓣内的功率，该部分在靠近光栅入射端很近地长度内就迅速形成；这是因为入射光处于该部分的功率很快地被光栅所反射回去。第二部分是图 3-2-2 中延伸到光栅内部的功率，它们对应着均匀光栅的两个反射旁瓣，因为在该频谱处光栅的反射率较弱，因而反射光经历了较长的距离才形成相应的反射功率。因而，时域图 3-2-3 中的脉冲分裂对应着均匀光栅旁瓣的反射。实际上，这也是脉冲被窄带滤波之后出现的，只不过由于均匀光栅在两个反射峰之间有零点，因而导致时域上两个分裂脉冲之间没有光的分布。由图 3-2-4 可见，所有位置处主脉冲的前沿以及分裂脉冲的后沿连成两条直线；前沿连线反映了入射光脉冲的轨迹，而后沿连线则反映了深入到光栅最远处的入射光脉冲被反射之后，沿光栅返回入射端的轨迹。因而，这两条连线的延伸交点就可以认为是入射光能够深入的最远处；两者所围成的区域即为光栅的有效作用范围。当均匀光栅的交流调制较低时，这种分布式反射的现象更加明显；而且，输出脉冲的轮廓完全反映了光栅本身的形状。

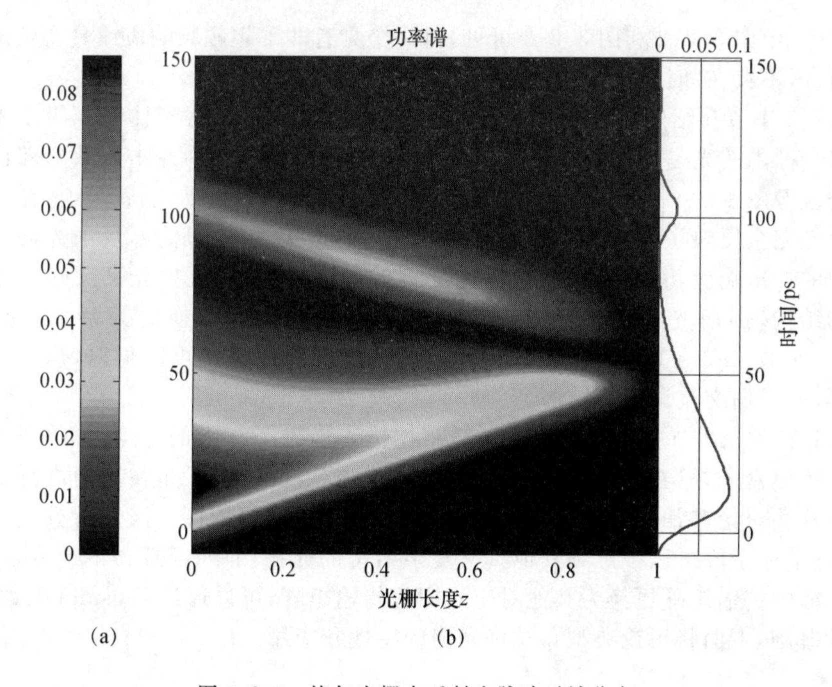

图 3-2-3 均匀光栅内反射光脉冲时域分布

图 3-2-4 所示为均匀光栅内反射光脉冲时域分布情况。光栅参数除了交流调制为 1×10^{-5}之外同图 3-2-3。

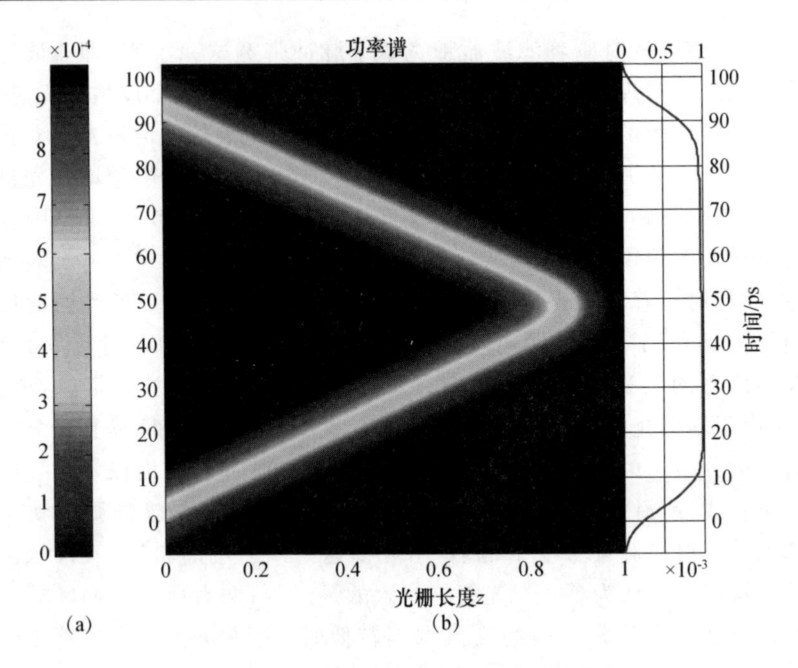

图 3-2-4　均匀光栅内反射光脉冲时域分布

另外，由图 3-2-2 和图 3-2-3 可见，对一个具有非平坦幅频响应或具有色散的光器件而言，不存在“时延”这一概念，只存在群时延。

2.2.3 小节介绍的傅里叶变换近似，在时域图中也可以得到体现。假设入射到布拉格光栅内的光是单个很窄的脉冲光(比如入射脉冲形状为冲击函数)，那出射的反射光就像图 1-3-6 所示，均是由光栅内各处的反射依次构成；也就是说，在入射端的反射光完全反映了光栅的内部结构。由于入射光接近冲击脉冲，反射光即为布拉格光栅的冲击响应，其傅里叶变换即为光栅的频率响应；而反射光又反映了布拉格光栅的结构，因而光栅结构和其频响之间也会有傅里叶变换的关系。对比观察图 3-2-3和图 3-2-4 可见，同样的均匀光栅，当交流调制大幅度降低时，出射光更接近矩形，即光栅交流调制的结构。

3.1 节和 3.2 节中我们对均匀光纤布拉格光栅做了深入的讨论，不仅研究了其作为一个黑盒子，只看其两端输入输出特性的情形，也讨论了光在光栅内部的分布情况。这些讨论非常有益于我们去理解光栅的分布反馈特性。该分析方法具有普适性，即上述手段可以推广到其他具有复杂结构的光栅当中；需要做的改变，就是将均匀光栅的传输矩阵更换为其他对应光栅的传输矩阵，可以通过 fbgsimu 函数求得。以此为基础，下面将讨论典型布拉格光栅的特性和应用。

3.3　典型光纤布拉格光栅

“分布反馈”结合了局域性的反射和非局域性的反射，两者的区别和整合是理解布拉格光栅的关键。

3.3.1 切趾与滤波

有了传输矩阵这个强有力的仿真计算工具,我们就可以进一步分析结构复杂的高反射率光纤布拉格光栅。在图 3-1-1 和图 3-1-2 中,我们看到,均匀布拉格光栅的主要问题是,作为光滤波器具有很低的边模抑制和较大的高阶色散。布拉格光栅的切趾,目的就是实现边模抑制的提高。在 2.2.2 小节中,我们介绍了所谓切趾,就是对布拉格光栅原本均匀分布的交流折射率调制加上一个窗函数;窗函数的选择如表 2-2-2 所示。切趾也称为"变迹",从 2.2.3 小节介绍的傅里叶变换关系可见其原理,和传统的有限冲击响应滤波器原理是相同的。布拉格光栅的交流折射率调制类似于有限冲击响应滤波器的各个抽头系数,因而光栅切趾和滤波器的加窗也是可类比的。

这里我们具体分析一个升余弦切趾的布拉格光栅,有效折射率为 1.45,布拉格波长为 1 550 nm,长度为 2 cm,最大的交流折射率调制为 10^{-4},直流折射率调制为零。调用级联传输矩阵函数之前,首先需要将光栅利用该模型在 MATLAB 中表达出来。

```
% % apodized FBG parameters
NuFBG = 500;
length_aFBG = 20e - 3;
zFBG = linspace ( - length _ aFBG/2, length _ aFBG/2 - length _ aFBG/NuFBG,
NuFBG).';
nAC = 1e - 4 * (0.5 + 0.5 * cos(2 * pi/length_aFBG * zFBG));
nDC = zeros(NuFBG,1);
uFBGlength = zeros(NuFBG,1) + length_aFBG/NuFBG;
```

图 3-3-1 是仿真的结果;作为对比,相同长度和最大交流折射率调制下的均匀光栅的反射频响也一同画出。由结果可见,光栅反射谱的边模抑制(定义为主瓣峰值与主瓣两边最高的旁瓣峰值之差)得到了很好的提升,从只有约 3.5 dB 抑制到约 35 dB。切趾对边模抑制的效果非常明显,是光纤布拉格光栅制作当中不可缺少的一步。其他特性参数方面,切趾光栅也都发生了变化。其反射谱 3 dB 带宽内的平坦度下降了,即布拉格频率附近的光的反射率都有所降低;这应当是由于最大交流折射率调制没有改变,导致光栅整体的折射率起伏强度由于切趾降低了。反射率随远离布拉格频率的下降速度(即边沿的滚降速度)在 3 dB 带宽之外的一段频谱内下降了。这都是不利的,也是切趾的代价;在表 2-2-2 对窗函数的对比中,我们也提到了加窗之后的类似代价,窗函数的频谱特性必须在边模抑制、带宽以及滚降速度等参数之间寻找平衡。另外,我们发现群时延谱也发生了改变,在 3 dB 带宽内的群时延变化

被切趾压缩了；但是很明显，在布拉格频率处，高阶色散却变大了，如图 3-3-1 所示。这也是整体交流调制降低带来的，使得光渗透到布拉格光栅内的距离有所延长。从群时延谱中可见，切趾光栅的时延在布拉格频率附近要比均匀光栅大很多，由于在切趾光栅起始处交流折射率调制比较弱。这从反射光在布拉格光栅内的分布可以看得很清楚。对均匀光栅而言，反射光大部分在靠近光栅起始端处形成(注意需要除去频谱奇异点分布；观察时应对比右侧反射谱一同分析)，而切趾光栅则需要较长的反射距离。

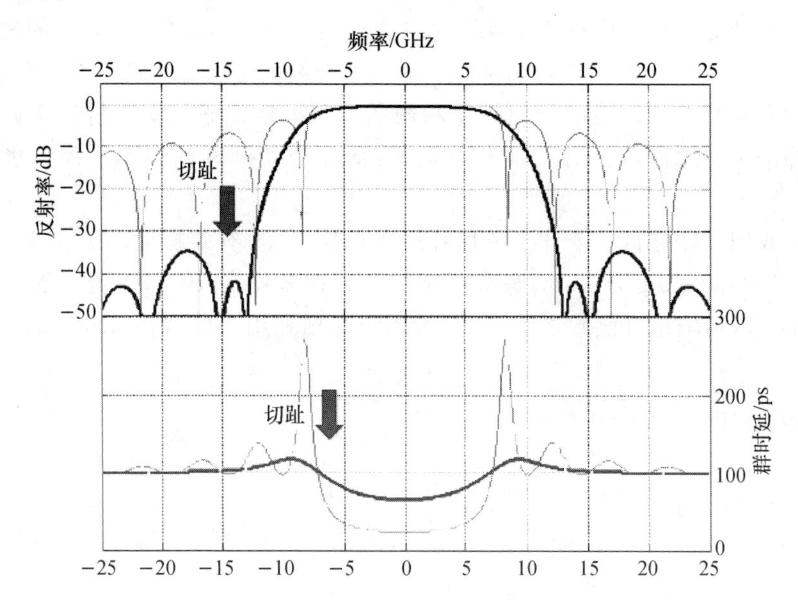

图 3-3-1　切趾布拉格光栅的反射谱

切趾对边模的抑制，通常被解释为均匀布拉格光栅中存在“法布里珀罗效用”，既由于均匀光栅交流折射率调制在其两端突然跳变为零；或者说，均匀光栅反射回来的光，即包括从光栅开始处反射的，也包括从光栅末端反射的，这两束光的干涉，造成频域的条纹。这实际上是弱耦合近似下的解释，也是傅里叶变换理论的推演。给滤波器结构上加窗函数，是几乎所有滤波器都会遇到的操作。在弱耦合近似下，布拉格光栅忽略二次反射，退化为有限冲击响应滤波器的模型，反射光可以认为是由光栅内各点反射回来的光构建而成。

仔细观察图 3-3-2 中均匀光栅内的光电场分布伪三维图，就会发现布拉格频率两边有往外“发散”的分布；这意味着在固定入射光频率下，反射光在光栅内呈现周期性强弱变化的分布，这种特殊分布也和反射谱中的周期性边模是对应的。而切趾光栅不存在这种现象。这种分布很清晰地展示了我们在 2.1.3 小节中提到的“相位匹配”的概念。当入射光偏离布拉格频率的时候，从光栅各处反射回来的光由于相位失配的原因，不能够在长距离上产生累积——即短距离(即周期性分布的半个周期内)观察会发现较为明显的反射,但长距离(即周期性分布的一个周期)观察则会发现由于失配带来的相干相消,因而会出现周期性强弱起伏。另外,这种强度周期性分布发生在离开布拉格频率周围的所有频率处,即不管入射频率是处于边模的波峰,还是边模之间的零点。均匀光栅的边模正是由于短距离内的相干累积,尤其是入射端附近的累积造成的。切趾可以改变短距离相干累积的分布。除控制交流折射率调制强度随距离的分布外,光纤布拉格光栅还有其他的切趾方式,我们将在后文介绍。

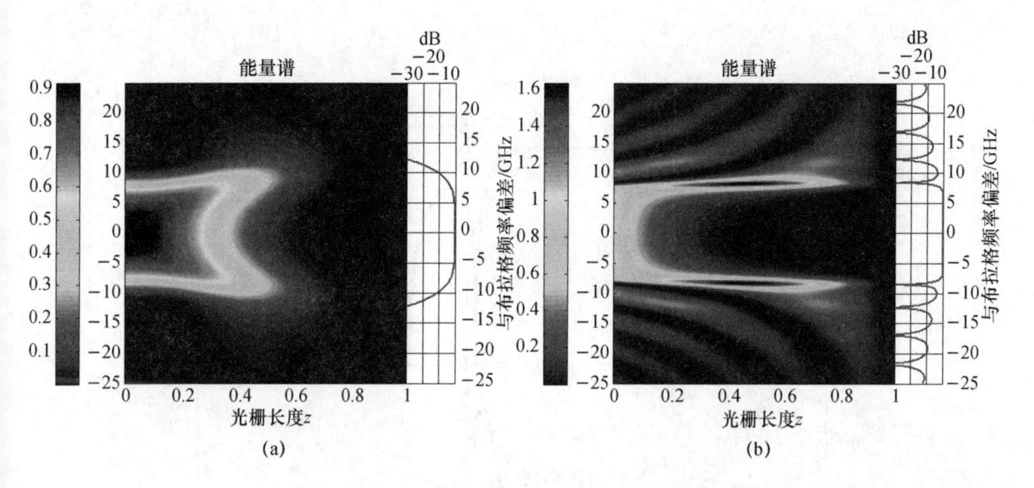

图 3-3-2　切趾和均匀布拉格光栅内光场分布的对比

对光纤布拉格光栅切趾之后,带来一个新的概念——"切趾补偿"。由于当前在大多数情况下会基于相位模板方法制作光纤光栅,而且通过控制紫外光在光纤某处的曝光时间来控制交流折射率调制的大小;这也顺便导致了该处直流折射率调制的增大。因此,如果采用较为简单的切趾方法,光栅的直流折射率调制强度 n_{DC} 会具有和交流调制 n_{AC} 相同的分布轮廓,而且在其幅度一般情况下都等于或者大于 n_{AC}。在上面的升余弦切趾的例子中,如果我们假设其直流调制轮廓和强度与其交流相同,得到的频率响应如图 3-3-3 所示。

可见,含直流调制的切趾光栅的频响中心频率降低,偏离了布拉格频率约 10 GHz,即对应的中心波长变长;一般人们把这种情况称为"红移"。另外一个特点则是,频谱发生了不对称特性,其低频(即长波)方向滚降速度变缓,高频(即短波)方向出现震荡,类似于未切趾的均匀光栅。这个现象是容易理解的,直流调制等效地将光栅的有效折射率提高,根据布拉格条件,其反射谱将会发生红移,因此长波方向开始对光产生较明显的反射。但这种红移不是均匀地移动,由于切趾光栅中心处反射率高,两侧反射率低,因而光栅中心部分的布拉格频率红移得更多,使得短波长的光在入射到光栅后受到中心部分的反射削弱;但受两侧红移不明显的部分反射率没有降低，这样短波的光就会在光栅两端之间形成类似“法布里珀罗腔”的谐振以及与均匀光栅类似的振荡反射谱。可见，虽然切趾在理论上能够解决均匀光栅反射谱低边模抑制的问题。但在实际制作中，由于同时引入了非均匀的直流折射率调制分布，又导致了新的在短波方向的高边模。因而，切趾补偿（即在切趾之后将直流折射率调制分布“抚平”）是切趾光栅必须完成的步骤。我们在 2.2.1 小节中介绍了直流折射率调制与交流调制的等效性；也就是说，在理论上，相位调制既可以通过交流折射率调制引入（即啁啾、相移等），也可以通过直流调制引入。该点可算作直流折射率调制的用处。

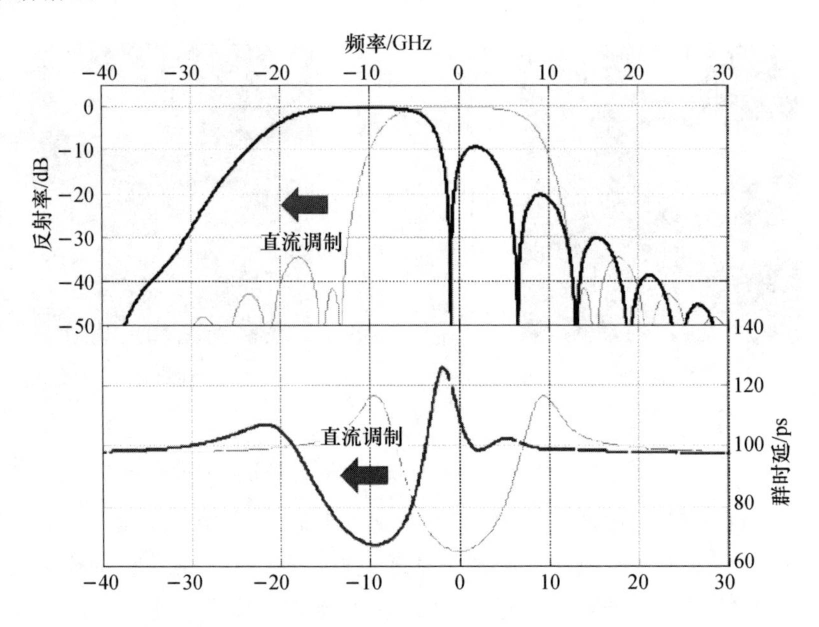

图 3-3-3　切趾带来的直流折射率变化和引起反射谱的畸变

3.3.2　啁啾与色散

我们在 2.2.2 小节介绍了啁啾的基本概念。最简单的“线性啁啾”，即光栅的布拉格频率随着光纤光栅的位置呈线性变化，这时候交流折射率调制含有随距离二次变化的相位分布，即

$$n_{AC} \propto e^{i\frac{\pi C}{\Lambda^2}z^2} \tag{3-3-1}$$

注意，本书对线性啁啾的定义如式（3-3-1）所示，而非布拉格波长随距离的线性变化，虽然这两者在短距离或者啁啾系数 C 较小的情况下成立。作为一个例子，我们假设线性啁啾光栅的有效折射率为 1.45，布拉格频率为 1 550 nm，光栅长度为 6 cm，啁啾系数 C 为 0.1 nm/cm，交流调制最大值为 2×10^{-4}。

```
% % chirped FBG parameters
NuFBG = 500;
length_aFBG = 60e - 3;  chirprate = 0.1e - 9/1e - 2;
zFBG = linspace ( - length _ aFBG/2, length _ aFBG/2 - length _ aFBG/NuFBG,
NuFBG).';
nAC = 2e - 4 * exp(i * pi * chirprate./(c/2/neff/braggfreq).^2. * zFBG.^2);
nDC = zeros(NuFBG,1);
uFBGlength = zeros(NuFBG,1) + length_aFBG/NuFBG;
```

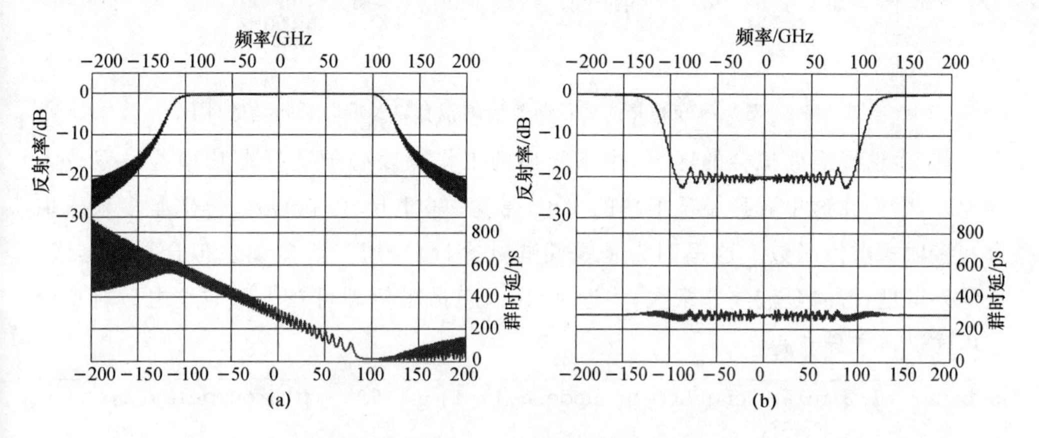

图 3-3-4 啁啾布拉格光栅的反射谱和透射谱以及对应的群时延谱

光栅的反射透射谱以及群时延谱如图 3-3-4 所示。该图所示的啁啾光栅的频响和均匀光栅对比，具有两个明显的特征。首先，反射谱和透射谱的群时延不再相同。反射谱的群时延随频率接近线性变化；下面我们会讲到，这是啁啾的作用。而透射谱群时延基本为常数，数值约等于光直接穿越光栅的延时。其次，反射群时延谱均存在较大的抖动；反射谱顶部虽然平坦，但这是由于反射率饱和引起的，其抖动可以从其透射谱观察到。群时延的抖动，也被称为波纹(ripple)。群时延波纹在实际制作的光纤布拉格光栅中非常常见。在存在波纹的情况下，色散很难再通过群时延的导数(即公式(3-1-7))求得；因为差分将导致极大的不真实的色散值。这时候，可以根据群时延谱的特征，采用合适的多项式对群时延谱进行拟合，将波纹剔除。图 3-3-5 即为上述光栅的色散和群时延波纹。这里用到了 MATLAB 提供的多项式拟合函数：

```
posXdB = find(abs(reflectivity).^2>10^( - 1/10) * max(abs(reflectivity).^
2));
p_groupdelay = polyfit(freqshift(posXdB),rdelay(posXdB),1);
rdelay_fit = polyval(p_groupdelay,freqshift(posXdB));
```

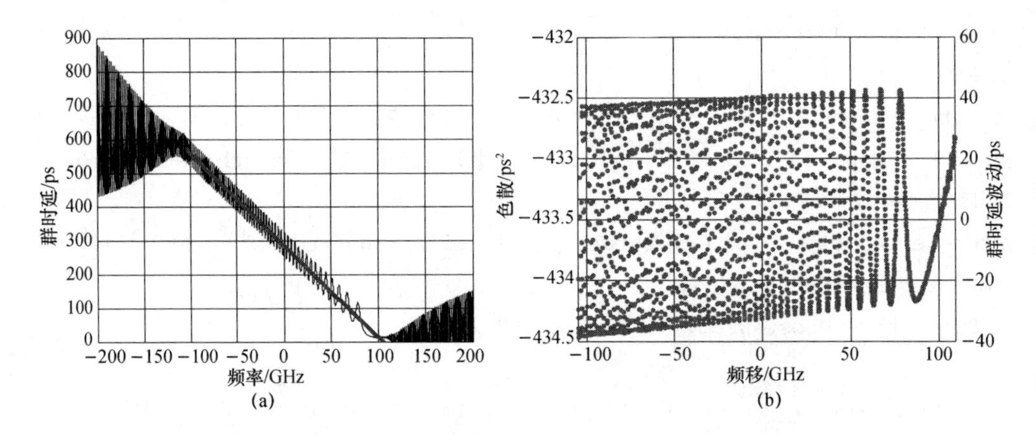

图 3-3-5 对啁啾布拉格光栅群时延谱的拟合以及群时延抖动的计算

首先，选择需要拟合的区域；由于光栅的工作频段必须选择在功率透过率较大的地方，因而在这里选择了反射率的 1 dB 带宽。polyfit 和 polyval 分别是多项式拟合和多项式求值函数。这里因为是线性啁啾，因而采用一阶多项式拟合群时延谱。从结果可见，群时延波纹非常大，将近 90 ps。色散求解即可在去除波纹之后对拟合多项式进行求导获得：

```
p_beta2 = 1/2/pi * (length(p_groupdelay) - 1: - 1:1). * p_groupdelay(1:end - 1);
beta2_fit = polyval(p_beta2,freqshift(posXdB));
```

其中，色散数值约为 $-429\ \mathrm{ps}^2$ 或 334 ps/nm。

上述群时延波纹是由于光栅未被切趾引起的。啁啾光栅的切趾不像非啁啾光栅那样具有固定的窗函数，对于不同啁啾特性和目标反射谱形状，往往采用不同的切趾函数。如果啁啾为线性，且目标反射谱具有平坦的顶部，可以采用超高斯形状的切趾函数，如公式(2-2-10)所示。例如，当上述光栅具有 4 阶超高斯切趾形状，且切趾函数的半高全宽为光栅长度的 3/4 时，响应如图 3-3-6 所示。

由于计算的是群时延相对拟合值(这里将群时延做线性拟合)的偏离，图 3-3-6 说明群时延波纹已经很好地被抑制掉了；而且，相对二阶色散的群时延偏离也很小，在 100 GHz 左右的带宽内仅为数皮秒。切趾后，啁啾布拉格光栅具有很好的色散特性，功率谱光滑很多，经常被用于传输光纤的色散补偿。

如图 3-3-7 所示，观察反射光在啁啾布拉格光栅内的分布，就能很清楚地理解其色散产生的原因。与均匀或者切趾光栅不同(对比图 3-3-2)，啁啾布拉格光栅内不同频率处的反射光的形成位置不同。

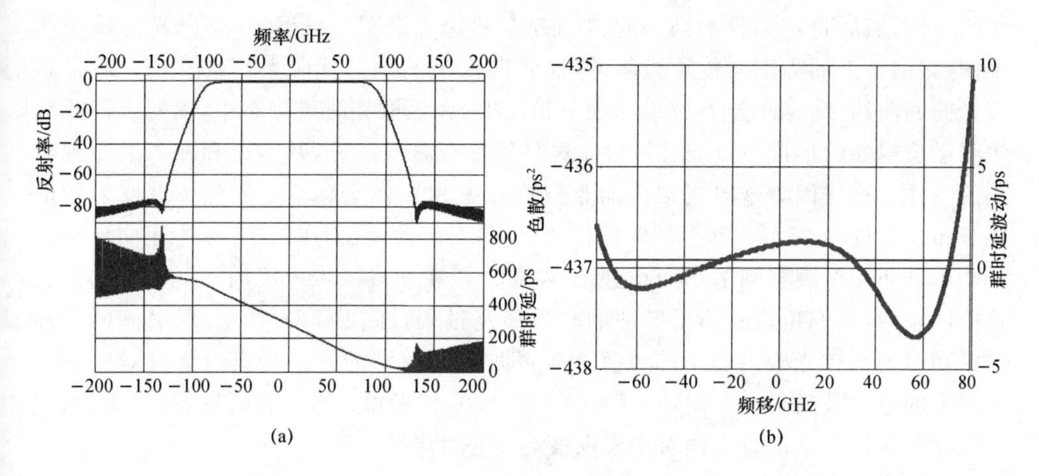

图 3-3-6 切趾啁啾布拉格光栅的反射谱和群时延谱

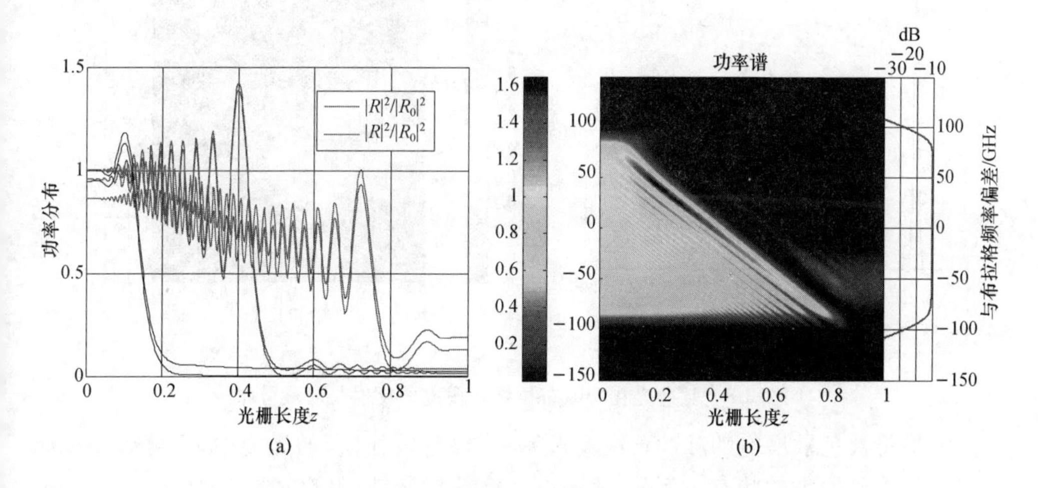

图 3-3-7 不同波长的光在啁啾布拉格光栅内的不同位置处被反射，形成与均匀光栅截然不同的反射光场分布

对图 3-3-7 所示光栅而言，其长波方向的光在光栅的末端被反射，而短波方向的光则会在光栅开始处即被反射出光栅。被反射位置的不同，带来其在光栅内传输的延时不同，因而导致色散。入射脉冲在啁啾光栅内的时域分布也同样会给我们丰富的信息去理解光栅与光的相互作用。仿照图 3-2-3 中的均匀光栅的例子，我们同样入射 10 ps 的脉冲到该啁啾光栅内。如图 3-3-8 所示，在入射端，我们可以发现出射脉冲极大地展宽了，伴随着的同样是，峰值功率的降低。然而，计算发现脉冲的能量并没有损失多少，出射脉冲相对于入射脉冲的能量比值约为 0.99，即损耗仅有 −0.05 dB。这是由于啁啾光栅带宽的展宽，使其完全涵盖了入射脉冲的频谱。图 3-3-8展示了该脉冲光在光栅内的正、反向分布；为了更容易对比，我们将正反向光

作归一化，然后将功率叠加到一起得到分布的伪三维图。根据正、反向光传输方向不同，斜向右上的为正向传输光脉冲，而斜向左上的则是反向光。如图 3-3-8 所示，在光栅的前约 25％的位置，光基本没有被反射（在反射光时域分布中，斜向上的趋势表明了反射光的形成与传输过程），在这些位置观察反射光，基本上和在入射端观察到的一样。这是因为这段光栅内的布拉格频率和入射光频率是失配的。反射的形成分布在光栅的 25％～70％的匹配位置之间；对应地，我们在图 3-3-8 中正向传输光的功率分布中也观察到了，光的能量绝大部分是在这段区域内逐渐降低为零的。在这段区域内，我们也观察到了脉冲的时域展宽过程，即在图 3-3-8 中，反射光的脉冲前沿和后沿均在光栅内的不同位置产生，即：不同频率的光在光栅内具有对应布拉格频率的地方被反射。在图 3-3-7 和图 3-3-8 中，读者可以自行将时域或频域分布图与光栅布拉格频率的分布作对比来观察上述的对应性。

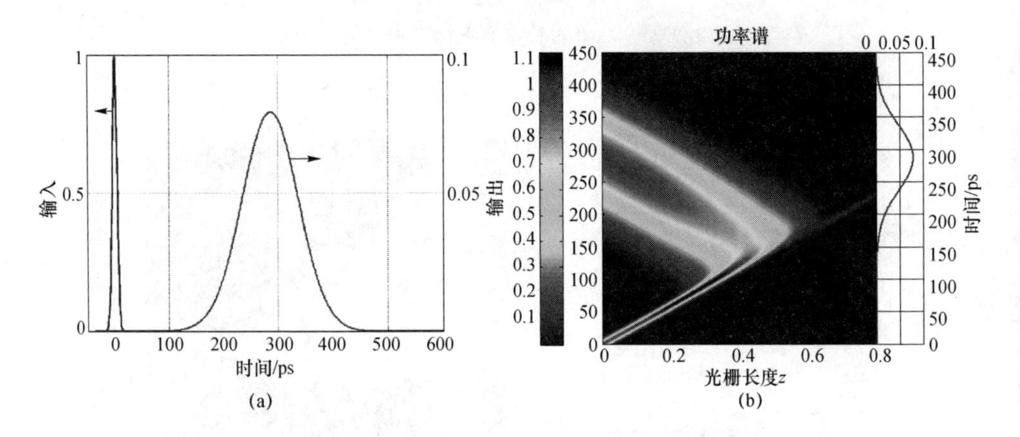

图 3-3-8　脉冲光在啁啾布拉格光栅内的反射与时域分布

如果将被色散展宽的脉冲再次输入另一个“色散补偿”的光栅中，则可以发现脉冲又会压缩到原来的状态。例如，我们设计该补偿光栅，具有和图 3-3-8 的啁啾光栅具有相同的参数，只是啁啾系数变为－0.1 nm/cm，时域光脉冲在光栅内的正、反向合成分布如图 3-3-9 所示。即光又被压缩回原来的脉宽。啁啾光栅的该特性可以用于光纤通信系统中的色散补偿；或者利用这样一对啁啾系统互为相反数的光栅，作为光窄脉冲的拉伸—压缩器，在非线性光学中有重要应用。

由图 3-3-8 和图 3-3-9 可见，啁啾光栅内的色散原理与常见的光纤色散是不同的。在光纤波导中，除材料本身的色散外，结构带来的色散被称为波导色散，其产生原因可以简单地理解为：当光频率变化时，其截面场分布跟随变化，导致其覆盖的不同区域材料的平均折射率发生改变，从而产生群时延的变化和色散。或者说，光纤内的结构色散是由光电场在波导横向上的分布随频率的改变导致的。而由图 3-3-8 和图 3-3-9 可见，啁啾光栅内的色散，则是由光电场在波导纵向上的分布随频率的改变（即传输路径的变化）导致的。因而，我们可以在布拉格光栅中引入“谐振反射点”

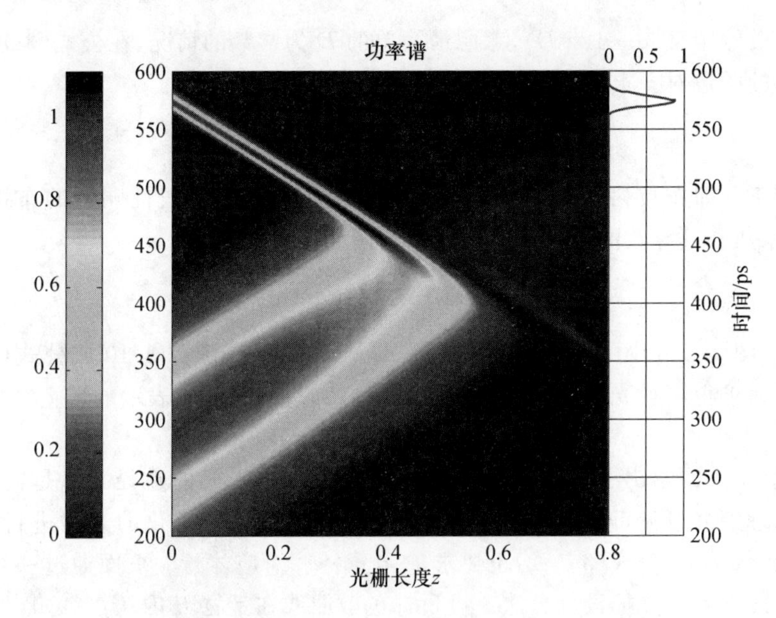

图 3-3-9　啁啾布拉格光栅对啁啾脉冲的时域压缩作用

这个概念。布拉格光栅是"分布反馈",不存在固定某处的反射点,均匀光栅内的光电场分布非常明确地表现了这一点。虽然啁啾光栅内也不存在集总式的反射点,如图 3-3-7 所示布拉格频率的光在光栅内的正、反向分布同样占据了一定的长度,但我们仍可以形象地认为某一频率的光在啁啾光栅内被具有相同布拉格频率的部分所反射。不同频率的光,其谐振反射点不同,因而延时也不同。该原理可以由图 3-3-10

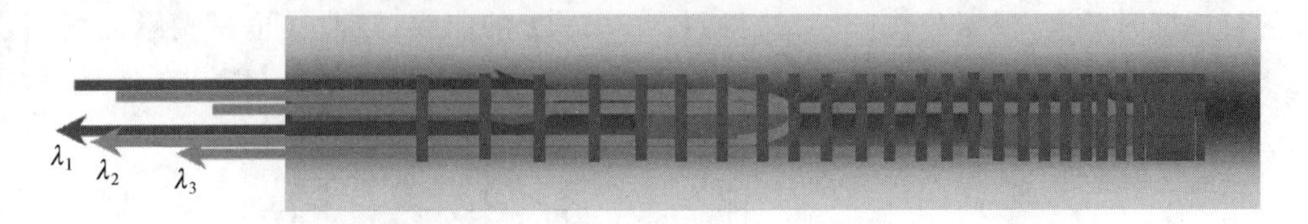

图 3-3-10　不同波长的光在啁啾布拉格光栅内的不同位置反射从而形成色散

表示。即布拉格光栅的"分布反馈"也包含"局域性"。根据这个概念,我们可以得到一种啁啾光栅的设计方法。设布拉格光栅入射端为 $z=0$,z 处的光栅周期为 $P(z)$,频率为 f 的光在此处被反射,应满足 $f=c/(2n_{\mathrm{eff}}P)$ 或 $\lambda=2n_{\mathrm{eff}}P$(即光栅的布拉格条件);而该光返回到入射端的时延为 $\tau=\dfrac{2z}{c/n_{\mathrm{eff}}}$(即光栅的群延时谱线)。两者联立即可以得到光栅的周期随距离的表达式(即啁啾分布):

$$z=\frac{c}{2n_{\mathrm{eff}}}\tau\left(f=\frac{c}{2n_{\mathrm{eff}}P}\right)\text{或 } z=\frac{c}{2n_{\mathrm{eff}}}\tau(\lambda=2n_{\mathrm{eff}}P) \tag{3-3-2}$$

该方程利用反函数的形式给出了光栅周期 P 的变化应如何受其群时延谱的影响。

注意到色散的定义($d\tau/d\lambda=D$),考虑最简单的 D 为常数的情况,在公式(3-3-2)中后一个方程的两边对 z 求导,得到

$$D\cdot C=\frac{1}{c} \tag{3-3-3}$$

其中,$C=P'$(即布拉格光栅的啁啾系数)。该公式表明,在线性啁啾的布拉格光栅内,啁啾系数和其导致的色散成反比。用常用的单位表示,即

$$D(\text{in ps/nm})\cdot C(\text{in nm/cm})\approx\frac{100}{3} \tag{3-3-4}$$

可以验证,图 3-3-6 中的例子满足该关系式。同样,根据图 3-3-10 或公式(3-3-3),我们也容易求得啁啾光栅的带宽;当线性啁啾的时候,用波长表示的带宽约为

$$B_{\lambda}=2n_{\text{eff}}CL \tag{3-3-5}$$

公式(3-3-2)给出了设计具有高阶色散的布拉格光栅的途径。但是需要注意,通过其物理解释可见,该式子只能针对群时延随频率单调变化的光栅进行设计;也就是说,在数学上,公式(3-3-2)也要求 P 与 z 一一对应才行。下面通过一个实例来介绍该非线性啁啾光栅设计方法。设目标色散曲线在带宽 B 内从 β_{21} 变化为 β_{22},即

$$\beta_2(f_S)=\frac{\beta_{22}-\beta_{21}}{B}f_S+\frac{\beta_{22}+\beta_{21}}{2} \tag{3-3-6}$$

其中,f_S 是偏离布拉格频率的数值。根据公式(3-3-6),群时延是色散的积分,即

$$\tau=\int_0^{f_S}\beta_2(x)\,\mathrm{d}2\pi x=\frac{\beta_{22}-\beta_{21}}{B}\pi f_S^2+(\beta_{22}+\beta_{21})\pi f_S \tag{3-3-7}$$

设 $\beta_{21}=120/2\pi\ \text{ps}^2$,$\beta_{22}=3\,000/2\pi\ \text{ps}^2$,$B=480$ GHz。由积分式可以得到带宽 B 内的目标群时延谱;根据公式(3-3-2)得到图 3-3-11 的曲线,该曲线也是啁啾光栅内

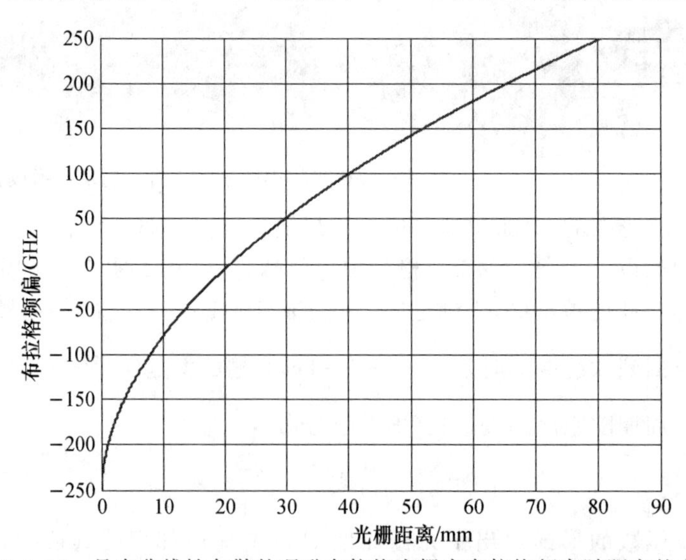

图 3-3-11 具有非线性色散的啁啾布拉格光栅内布拉格频率随距离的变化

布拉格频率随距离 z 的分布曲线。根据瞬时的布拉格频率与光栅距离的关系，积分即可得到布拉格光栅的交流折射率调制相位分布。该非线性啁啾布拉格光栅的设计流程如下：

```
%% nonlinear chirp FBG design
fwin = 500e9;    fpts = 2000;   dfs = fwin/fpts;
freqshift = linspace(-fwin/2,fwin/2-dfs,fpts).';

beta21 = 120/2/pi*1e-24;
beta22 = 3000/2/pi*1e-24;
BW = 480e9;
beta2 = polyval([(beta22-beta21)/BW,(beta22+beta21)/2],freqshift);
groupdelay = cumtrapz(2*pi*freqshift,beta2);
z_resonate = c/2/neff*groupdelay;
figure; plot(z_resonate*1e3,freqshift/1e9,'LineWidth',2); grid on;
set(gca,'Box','on');    set(gca,'FontSize',11);
xlabel('grating distance / mm','FontSize',12,'FontWeight','bold');
ylabel('Bragg frequency offset / GHz','FontSize',12,'FontWeight','bold');

NuFBG = fpts;
length_cFBG = z_resonate(end) - z_resonate(1);
uFBGlength = [z_resonate(2) - z_resonate(1);(z_resonate(3:end) - z_reso-
nate(1:end-2))/2;z_resonate(end) - z_resonate(end-1)];
phi_nAC = cumtrapz(z_resonate,-4*neff*pi/c*freqshift);
nAC = 1e-4*exp(1i*phi_nAC).*exp(-log(2)*(2*(z_resonate-length_
cFBG/2)/(0.75*length_cFBG)).^8);
nDC = zeros(NuFBG,1);

%% frequency / time grid
fwin = 1000e9;    fpts = 2^12;   dfs = fwin/fpts;
freqshift = linspace(-fwin/2,fwin/2-dfs,fpts).';

fbgsimu(neff,braggfreq,uFBGlength,nAC,nDC,freqshift,'nonlinearchirp_res
',1,0);
```

在代码中，我们利用 MATLAB 提供的 cumtrapz 指令实现积分，该积分的初值为零，用来替代公式(3-3-7)的功能；随后即可得到光栅“谐振点”位置 z_resonate 和该处瞬时布拉格频率 freqshift 的关系；再次利用 cumtrapz 指令，根据公式(3-3-2)得到光栅位置与交流折射率相位的关系。最后,我们对该啁啾光栅进行五阶超高斯切趾,其半高全宽为光栅长度的 85%;最大折射率调制为 1×10^{-4}。同时假设光栅没有直流调制分布。对该光栅进行仿真,得到其反射频响特性如图 3-3-12 所示。很明显,其群时延谱存在高阶非线性。对其 15 dB 带宽内的群时延利用二次函数进行拟合,求得的色散与残余群时延波纹如图 3-3-12 所示。虽然其带宽没有达到设计值480 GHz(由于切趾,光栅两侧的反射率降低),但色散斜率约为 0.96 ps^2/ GHz,与设计值(约 0.96 ps^2/ GHz)完全一致;而且除去二次拟合值之外的残余群时延在 15 dB 带宽内仍在几个 ps 以内,说明更高阶的色散基本可以忽略。该例子表明,谐振反射点可以较好地对非线性啁啾的光栅进行设计。但其共振反射点与布拉格频率一一对应的要求,使得目标啁啾光栅的群时延谱必须单调变化;而且,我们还发现光栅反射谱不对称,这是由于利用对称的窗函数去切趾含有非线性色散的光栅所导致的,因而也限制了该方法的应用范围。

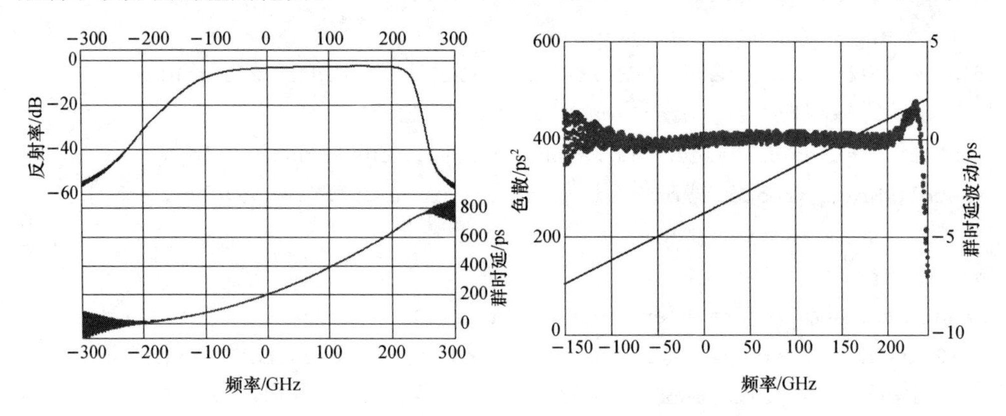

图 3-3-12 非均匀啁啾布拉格光栅的反射谱和群时延谱

下面,我们研究被啁啾光栅所拉伸的脉冲的特性。图 3-3-8 中的时域展宽脉冲,其能量相对于入射光几乎没有降低,表明其带宽仍然较宽。通常人们将这种时域和频域都展宽的脉冲,称为啁啾脉冲。由图 3-3-8 便可知啁啾脉冲的特点:不同时间、不同位置处的脉冲频率不同。我们可以定义一个"局部频率"的概念

$$f_{\mathrm{loc}}=\frac{1}{2\pi}\frac{\mathrm{d}\varphi}{\mathrm{d}t} \tag{3-3-8}$$

其中,φ 是光复振幅包络函数的相位。根据该定义,计算啁啾光栅的输出脉冲,得到如图 3-3-13 所示结果。

在脉冲的主要能量分布时间段内,其局部频率覆盖了将近 200 GHz,而且是近似线性变化的。对该变化进行线性拟合,可得到 dfloc/dt~0.363 GHz/ps。这时候脉冲的特性与啁啾光栅特性很类似,其周期都随着距离或者时间线性变化,因而这种脉冲也被称为啁啾脉冲。脉冲的啁啾在所有色散介质或器件中都会被改变(产生或者消除)。

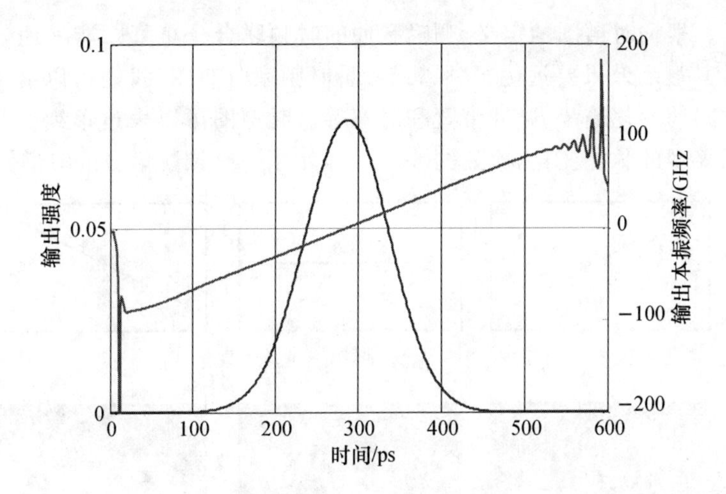

图 3-3-13 啁啾脉冲的瞬时频率随时间的变化

作为一个延伸,我们再介绍“频率”这一概念的不同含义。图 3-3-13 中引入了一个“局部频率”或称之为“瞬时频率”的概念来描述光脉冲的瞬态频率特性。显然,这里的“频率”和 1.2.2 小节引入的频率是两个不相同的概念。在 1.2.2 小节中,频率是模式坐标系内的一根坐标轴;它不是光场的属性,光电场只具有频谱分布这一属性,即沿着频率这个坐标的分布情况。在模式坐标系中的频率,可以类比于我们在时空坐标系下的“时间”这一概念:同样的,时间不是电磁场的属性,但电磁场具有时间分布。因此,光电场和“频率”相关的性质,既可以用时域内的局部频率来描述,也可以用频域内的频谱分布来描述。两者具有相似性,比如对啁啾脉冲而言,随时间线性变化的局部频率对应着频谱内较宽的频谱分布。由于频率这一概念在电磁场中应用非常广泛,在绝大多数情况下被用到时并不指出它属于哪个定义,读者需根据语境自己判断。值得一提的是,人们提出了一个新的概念,称为“Spectrogram”,可称之为“时谱图”,它利用短时加窗傅里叶变换分析每一小段时间内脉冲的频谱特性,从而综合上述两个频率的概念来刻画脉冲的时频分布特性。图 3-3-14 是时谱图

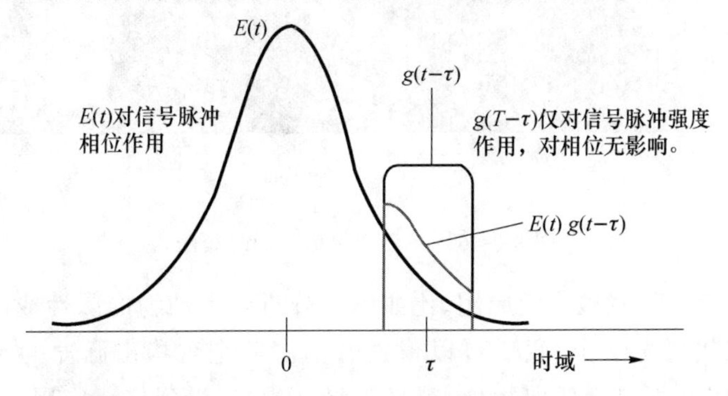

图 3-3-14 时谱图的定义

的形象定义。根据时谱图的定义，啁啾脉冲的时频联合分布可以清晰地表示如图 3-3-15 所示。其显示效果要远优于频谱或者瞬时频率分布图，我们可以清晰地看到局部频率随时间的变化趋势、脉冲带宽和时宽等。时谱图可以表达单纯的频谱或者时域分布难以表现的脉冲变化，比如图 3-3-16 表示了一个调频信号的时谱图。

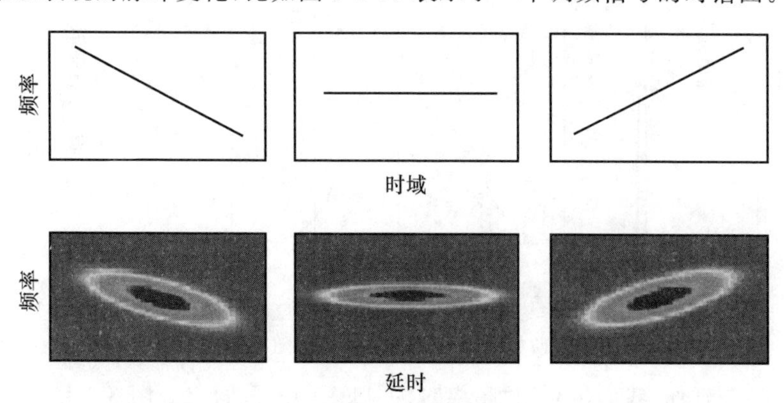

图 3-3-15　啁啾脉冲的时谱图示意

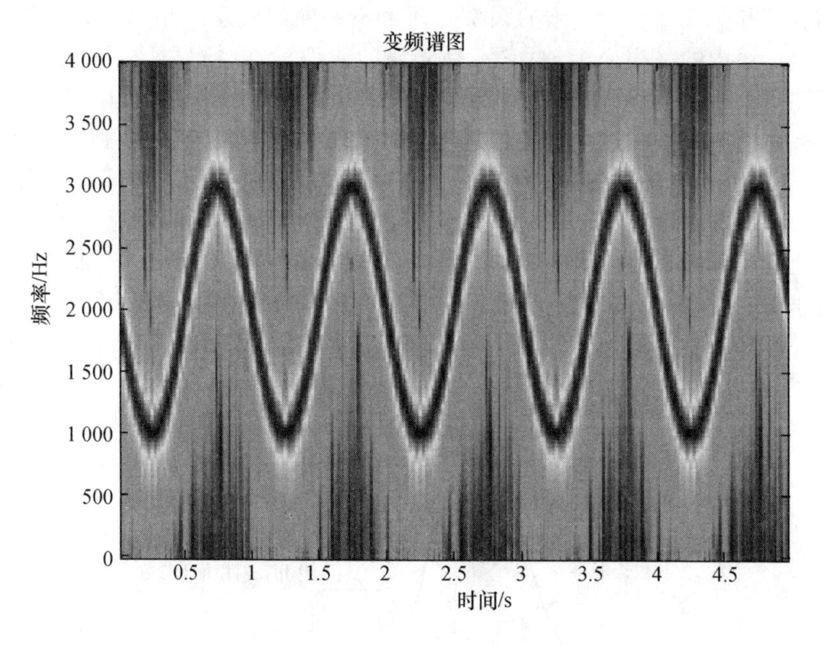

图 3-3-16　一个调频信号的时频图

时谱的分析很早就被广泛应用，比如用来分析各种动物的属性或者分辨发声动物的物种。在超快光学中，我们可以根据时谱图完全重构出脉冲的包络和相位信息，而且时谱图并不包含任何相位，容易测量，因而也受到广泛应用。MATLAB 提供了时谱图计算函数(spectrogram)，感兴趣的读者可以深入研究。

3.3.3　相移与谐振

相移是布拉格光栅中的突变现象，也必然导致光栅频率响应的特异之处。以典型的 π 相移布拉格光栅为例，假设光栅长度为 2 cm，交流折射率调制强度为均匀分布的 1×10^{-4}，直流调制为 0，光栅中心位置处有 π 的相位跳变。

```
% % pi-shift FBG parameters
NuFBG = 2;
nAC = [1e - 4; - 1e - 4];
nDC = [0;0];
uFBGlength = [10e - 3;10e - 3];
```

光栅频率响应如图 3-3-17 所示。该相移布拉格光栅的反射谱与均匀光栅类似，具有很高的旁瓣。但是在其主瓣中心出现了一个很窄的凹陷，对应了其透射谱内位于布拉格频率处的透射峰。该透射峰即为相移布拉格光栅的典型特征，下面我们围绕该透射峰的特性展开分析讨论。图 3-3-17(b)为相移光栅的投射频谱。首先，光栅透射幅频特性具有很细的带宽，在该例中，3 dB 带宽仅为 670 MHz。该数值在其他类型布拉格光栅的反射谱中是很难实现的。在 2.2.3 小节中我们分析得知，布拉格光栅的反射谱与其空间结构成傅里叶变换的关系，反射谱越窄说明需要的光栅长度越长。根据均匀布拉格光栅带宽公式(3-1-3)，500 MHz 带宽(即用波长表示的 4 pm 带宽)至少需要光栅长度为 41.4 cm；切趾之后的光栅所需要的长度将更长。而这里的光栅长度仅为 2 cm。其次，相移光栅在其透射峰处具有很大的群时延，在该例中为 650 ps，对应光在折射率为 1.45 的光纤内的传播距离长达 13.5 cm，也远超光栅的长度；同时也伴随着很大的色散。这均表明相移给处于布拉格频率处的光电场在光栅内分布带来了极大的改变。

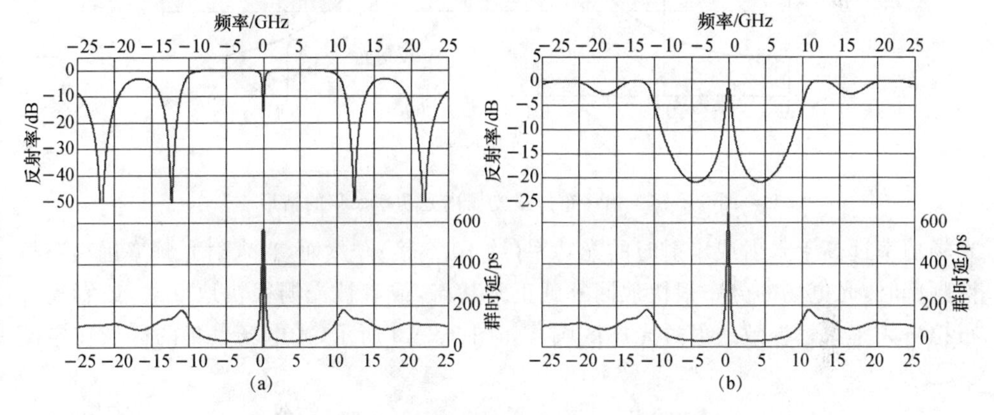

图 3-3-17　典型相移布拉格光栅的反射特性和透射特性

观察频率为布拉格频率的入射光，会发现无论正向还是反向传输的场分布，都

会在 π 相移点处高度聚集。由图 3-3-18 可见，以正向传输光电场为例，在相移处的

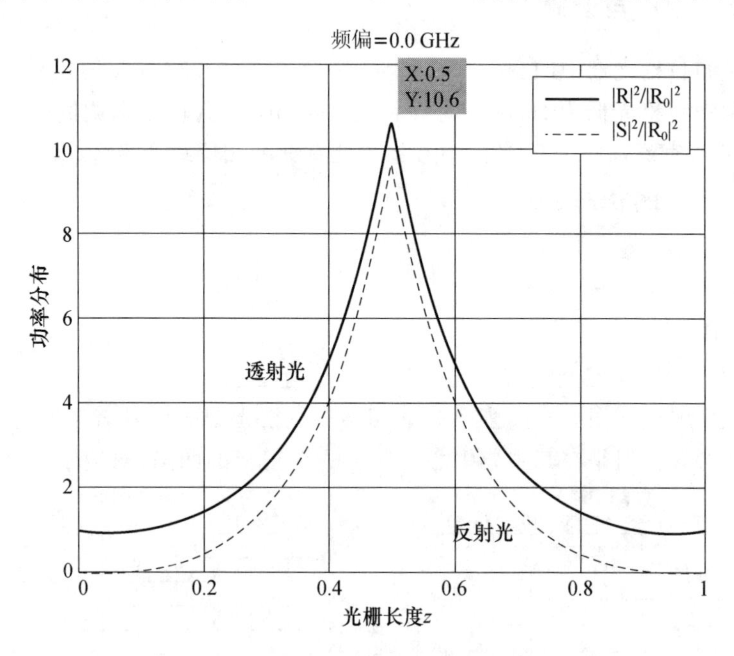

图 3-3-18　相移布拉格光栅内光功率聚集的情形

光场功率远高于入射或出射时的光功率(约 10.6 倍)。然而，当入射光频率远离布拉格频率时，光电场的分布很快地回复到正常状态，或者被光栅很快地反射，或者离开布拉格频率太远导致透射过光栅区域。如图 3-3-19 所示，光电场聚集的区域在空间

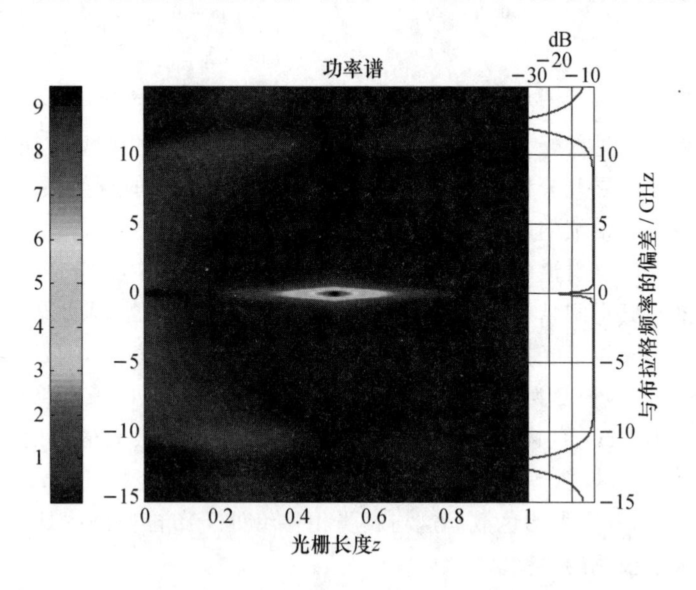

图 3-3-19　相移布拉格光栅内的光场分布

上处于 π 相移位置，在频域上处于布拉格频率处。可以想象，当光入射到 π 相移光栅后，相移光栅将布拉格频率之外的光反射出光栅，但是将和布拉格频率非常接近的光"吸纳"到光栅中，并且在 π 相移区域内积攒起来，然后再从光栅的另一端透射出去。这个吸纳的过程，既导致了光功率在空间上的聚集倍增，也导致了光的延时。图 3-3-20 是上述"吐纳"过程的一个仿真展示，注入相移光栅的光脉冲载频为光栅的布拉格频率，脉冲宽度为 1 ns 高斯脉冲，无啁啾；图 3-3-20 中每条曲线表示的是某一时刻光在光栅内（以及光栅外部）的分布情况，注意，光脉冲的空间长度大于光栅长度，仿真时可以在光栅两端延伸出 $n_{AC}=0$ 的部分。该过程明显地说明光栅相移处对光的吸收和延迟作用。

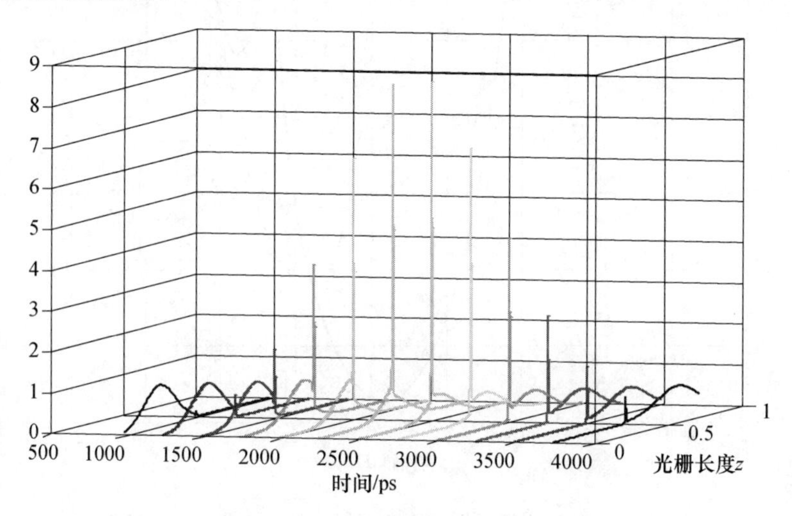

图 3-3-20　脉冲穿过相移布拉格光栅的过程

我们在之前的图 3-2-2 中发现了光功率在布拉格光栅内某处聚集（即光功率大于入射到光栅时的功率）。这些现象都对应着相同的端面频率响应特征（即极窄的透射峰和慢光效应）；而且，π 相移光栅的强度越大，功率聚集和慢光的效应就越明显，对应的透射峰也就会越窄。π 相移光栅只不过利用 π 相移将包括均匀光栅在内的透射峰从反射峰的边缘移动到了主瓣中间，使得这种效应更加明显。当我们将布拉格光栅中心处的相移从 π 逐渐变为 0 或者 2π，就会发现透射峰会从布拉格频率逐渐移动到主瓣的边缘，如图 3-3-21 所示。

实际上，光功率局部聚集极窄的透射频响以及慢光，这三个现象在很多光器件中是同时出现的，表明在该器件中发生了（纵向，即光传播方向；与 1.2.3 小节中提及的横向谐振对应）谐振现象，形成了谐振腔。另外一个伴随的现象，如图 3-3-17 所示，在透射峰处伴随着极大的色散；实际上，谐振可视为形成色散的第三个原因（前两个见 3.3.2 小节，即：不同频率的光感受到的折射率不同或者传播路径不同）。典型的谐振腔结构，除含有 π 相移的布拉格光栅外，在光子晶体、微环等光电子器件中都能够找到。无源的光学谐振腔大概可以分为两类。第一类类似于微波谐振腔，在空间的三个维度上都形成反馈约束，该类谐振腔体积非常小，通常被称为微腔，典型结构包括光子晶体微腔、微球、微盘等。第二类则是(准)开放式谐振腔，在光传播方向(即纵向)上有反馈，而横向则为开放式的或者由波导约束的结构；典型例子是开放式的法布里-珀罗腔，以及这里介绍的相移布拉格光栅、硅基的微环等。总之，纵向的反馈是所有无源谐振腔必须的条件。

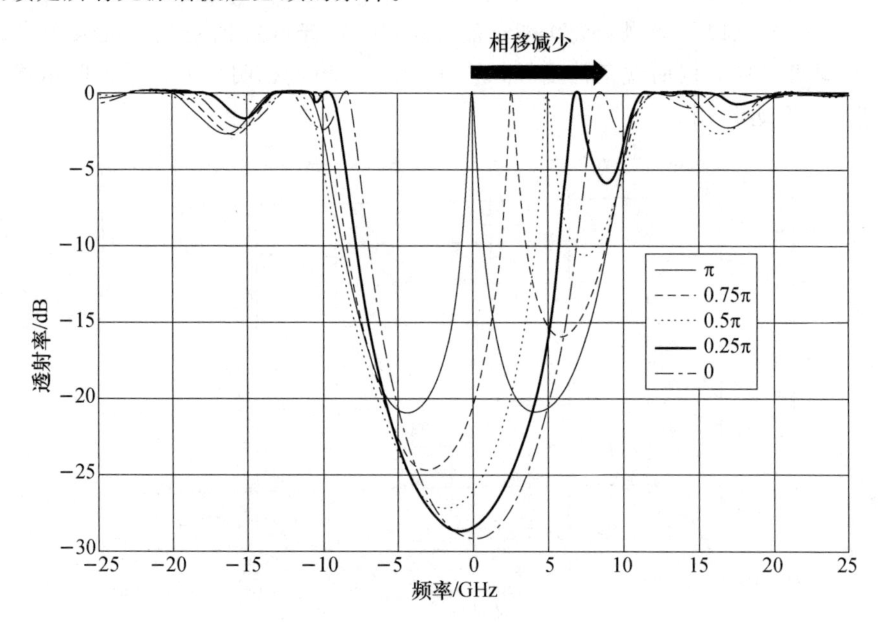

图 3-3-21 相移光栅透射谱中的透射峰位置与相移量的关系

在这里，我们就以布拉格光栅为例，深入分析被称之为分布反馈式谐振腔的一些规律和应用。谐振腔最典型的现象是功率的聚集。将布拉格光栅从其中某一点分为前、后两端，均以左端为入射端，右端为出射端，定义这两端的传输矩阵为 $\boldsymbol{T}_1$ 和 $\boldsymbol{T}_2$，如图 3-3-22 所示。

$$\text{输入}—\begin{pmatrix} A_1 & B_1 \\ C_1 & D_1 \end{pmatrix}—\text{分割点}—\begin{pmatrix} A_2 & B_2 \\ C_2 & D_2 \end{pmatrix}—\text{输出}$$

图 3-3-22 含有谐振腔的布拉格光栅传输矩阵示意图

可以得到布拉格光栅总的传输矩阵为

$$\boldsymbol{T}=\boldsymbol{T}_2\boldsymbol{T}_1=\begin{pmatrix} A_2A_1+B_2C_1 & A_2B_1+B_2D_1 \\ C_2A_1+D_2C_1 & C_2B_1+D_2D_1 \end{pmatrix} \tag{3-3-9}$$

由对应的散射矩阵可知其左端的反射率为

$$\rho_{\text{total}}=-\frac{C_2A_1+D_2C_1}{C_2B_1+D_2D_1} \tag{3-3-10}$$

假设入射光复振幅为 1,则中间分割点的正、反向场包络复振幅为

$$\begin{pmatrix} R \\ S \end{pmatrix} = \begin{bmatrix} A_1 & B_1 \\ C_1 & D_1 \end{bmatrix} \begin{pmatrix} 1 \\ \rho_{\text{total}} \end{pmatrix} = \begin{bmatrix} 1 \\ -\dfrac{C_2}{D_2} \end{bmatrix} \frac{1}{\dfrac{C_2}{D_2}\dfrac{B_1}{D_1}+1} \frac{\det T_1}{D_1} \tag{3-3-11}$$

再次根据传输矩阵与散射矩阵的关系可知:

$$\begin{pmatrix} R \\ S \end{pmatrix} = \begin{pmatrix} 1 \\ \rho_2 \end{pmatrix} \frac{t_1}{1-\rho_2 \rho_1'} \tag{3-3-12}$$

其中,ρ_2 是从左端入射的 T_2 的复振幅反射率,ρ_1' 是从右端入射的 T_1 的复振幅反射率,t_1 是从左端入射的 T_1 的复振幅透射率。该公式表明,谐振造成的光功率聚集程度,由 t_1 和 $\rho_2\rho_1'$ 共同决定。在物理上该公式的意义非常明显:t_1(即第一段光栅的正向透射率)决定了多少光能够入射到谐振腔内;$\rho_2\rho_1'$(即往返反射率)决定了多少光能够留在谐振腔内。由于前、后布拉格光栅均是无源器件,因而不管是透射率还是反射率,绝对值都小于 1,因而唯一可能实现功率聚集,R 和 S 的功率远大于 1(即入射光功率)的条件为

$$|1-\rho_2\rho_1'| \to 0 \tag{3-3-13}$$

即要求 $\rho_2\rho_1' \sim 1$,注意这两个反射率均为复振幅反射率,该要求意味着:前、后两端布拉格光栅的反射率足够高,而且相位之和为 0(或者 2π 的整数倍)。前一个条件比较容易理解:既然要形成功率聚集,那就不能让吸纳进来的光那么容易地泄露出去,所以必须需要两端尽量高的反射率使光在其中来回振荡。后一个条件则决定了可以被吸纳进谐振腔的光的频率必须满足的相位条件。如果和其他谐振腔(比如法布里-珀罗腔)对比,可以发现形式基本是一致的。假设前、后两段光栅都是均匀光栅,研究布拉格频率处的情形。根据公式(3-1-2),后段正向入射反射率是 $\mathrm{i}\,\kappa_2/|\kappa_2|\tanh(|\kappa_2|L_2)$,前段反向入射反射率则为 $\mathrm{i}\,\kappa_1^*/|\kappa_1|\tanh(|\kappa_1|L_1)$,因而

$$\rho_2\rho' = -\frac{\kappa_1^*\kappa_2}{|\kappa_1\kappa_2|}\tanh(|\kappa_1|L_1)\tanh(|\kappa_2|L_2) \tag{3-3-14}$$

可见,在这种情况下若要实现谐振功率聚集,必须要求 $\arg(\kappa_1^*\kappa_2)=\pi$,即前、后光栅的交流折射率调制相位相差 π,也就是开始仿真的 π 相移光栅。实际上,从公式(3-3-13)可见,相移并非谐振腔的必要条件。例如,在均匀光栅中,虽然布拉格频率不满足该条件,但由于光栅存在非零的群时延和色散,当频率偏移后,则存在满足往返反射率相移为零的频率点,这些点就形成如图 3-2-2 所示的均匀光栅主旁瓣之间的零反射点,具有谐振的特征。但是由于偏离了布拉格频率,反射率降低,导致谐振现象不如 π 相移光栅那么明显。

假设前、后两段光栅在谐振点处具有相同的很高的反射率,而且均无损,那么 $|R|^2$ 和 $|S|^2$ 基本相同:

$$|R|^2 = \frac{|t_1|^2}{(1-|\rho_1|^2)^2} = \frac{1}{|t_1|^2} \tag{3-3-15}$$

即功率增加的倍数是其中一段光栅的功率透射率的倒数。即:光栅的反射率越高,透过的光越少,功率聚集的效应就越明显。这和图 3-2-2 所示的常规反射完全不同,当谐振存在的时候,发生谐振的光不但没有被第一段光栅的高反射率反射回去,反而能够穿过它,然后被陷入两端光栅中间。这是光的波动特性非常明显的体现,和图 3-3-7 所示的局域性分布反馈不同,这里体现了光电场在布拉格光栅中的一种"全局性"的分布特征,即其行为完全不能由某个部分的光栅结构去决定。

谐振腔的应用广泛,总的来讲可以包括:极窄带的滤波器、激光器、慢光以及非线性增强。下面我们分别简单介绍。

首先,我们在图 3-3-17 中已经展示了谐振腔极大的群时延。根据公式(3-3-9),级联光栅的总的透射率为

$$t_A=\frac{\det T_1\det T_2}{C_2B_1+D_2D_1}=\frac{t_1t_2}{1-\rho_2\rho_1'} \tag{3-3-16}$$

下面的分析,我们假设前、后两段光栅都是均匀光栅,参数完全相同,但光栅中间有 π 相移。将均匀光栅的传输矩阵各个参数的值(公式(2-2-44))代入公式(3-3-16)可得

$$t_A=\frac{1}{\left[\cos\left(\frac{\gamma L}{2}\right)-\mathrm{i}\,\frac{\sigma}{\gamma}\sin\left(\frac{\gamma L}{2}\right)\right]^2+\left[\mathrm{i}\,\frac{\kappa}{\gamma}\sin\left(\frac{\gamma L}{2}\right)\right]^2} \tag{3-3-17}$$

其中,假设每段光栅的长度为 $L/2$,整个光栅长度为 L。我们只考虑透射峰周围,即 $\sigma\sim0$ 的地方。假设 $\sigma\ll\kappa$,公式(3-3-17)可以简化为

$$t_A\approx\frac{1}{1-\mathrm{i}\,\frac{\sigma}{\kappa}\sinh(\kappa L)} \tag{3-3-18}$$

即透射峰是典型的洛伦兹型(这也是众多谐振腔的频响特性),如图 3-3-23 所示。可见,当 $\sigma=0$(即入射光频率为布拉格频率)时,$t_A=1$,即为最大值。可以将该近似与图 3-3-17 所示的均匀 π 相移光栅的透射谱频率响应作比较,如图 3-3-23 所示。可见,该近似表达式在布拉格频率处的近似程度还是很高的。根据公式(3-3-18),我们可以求得透射峰相位谱为

$$\arg t_A=\tan^{-1}\left[\frac{\sigma}{\kappa}\sinh(\kappa L)\right] \tag{3-3-19}$$

容易求得

$$\tau(\sigma=0)=\frac{\sinh(\kappa L)}{\kappa L}\times\frac{L}{c/n_{\mathrm{eff}}} \tag{3-3-20}$$

注意,$\mathrm{d}\sigma/\mathrm{d}\omega=n_{\mathrm{eff}}/c$。显然$\frac{L}{c/n_{\mathrm{eff}}}$是光穿过长度为 L 的光纤的时延;而 π 相移光栅将该延时放大了。当光栅很弱,$\kappa L\ll1$ 时,该放大系数接近 1,表明光几乎不受任何影响地穿过光栅区;而当光栅很强的时候,$\sinh(\kappa L)\approx \mathrm{e}^{\kappa L}/2$,群时延将以接近指数的速度迅速变大。

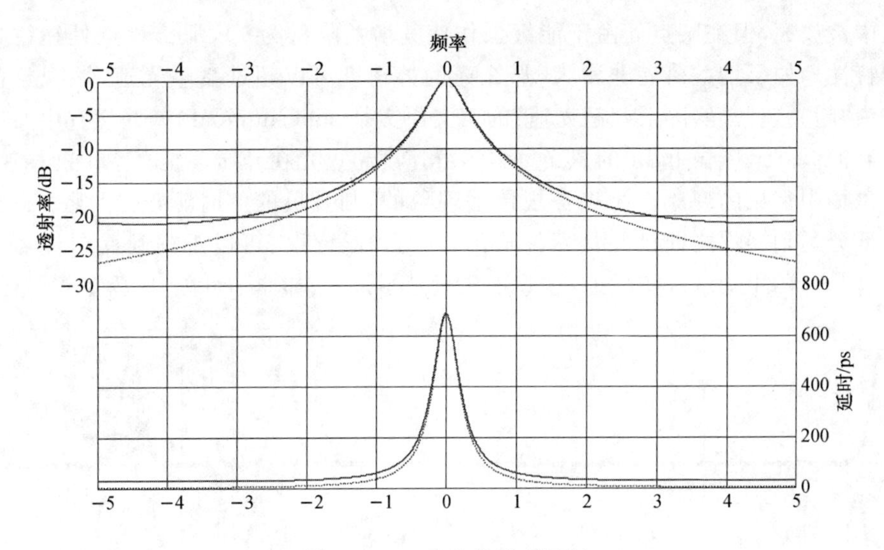

图 3-3-23　洛伦兹线型近似

必须注意的是，上述被放大的群时延只存在于很小的范围内，因为当光频率离开布拉格频率后，谐振条件不再满足，透射率马上就会从 1 降低，并且很快接近零。对上述的均匀 π 相移光栅，我们可以估计其带宽数值。根据公式(3-3-18)，当 $\sigma \ll \kappa$ 时，

$$|t_A|^2 \approx \frac{1}{1+\left|\frac{\sigma}{\kappa}\sinh(2\kappa L)\right|^2} \tag{3-3-21}$$

因而可求得其 3 dB 带宽为

$$\Delta f=\frac{c}{2n_{\mathrm{eff}}\pi}\Delta\sigma=\frac{c/n_{\mathrm{eff}}}{\pi L}\frac{\kappa L}{\sinh(\kappa L)} \tag{3-3-22}$$

可见，当 κL 很大时，透射峰的带宽也被压缩了，而且其带宽和布拉格频点处的群时延具有下面的固定关系：

$$\tau \times \Delta f = 1/\pi \tag{3-3-23}$$

也就是说，无论均匀 π 相移光栅的参数如何选择，当处于慢光工作状态时，透射峰处的延时带宽积总是个常数，而且该数值并不大。

延时带宽积是慢光器件中的一个重要概念。几乎对所有的谐振腔(纵向谐振，包括微环、微腔等)的慢光器件而言，延时带宽积总是个和公式(3-3-23)差不多的常数。这个概念，也可以通过著名的 Kramers-Kronig 关系获得。该关系表明，对于任何物理可实现的线性时不变的滤波器，它的幅频特性和相频特性具有固定的关系；幅频特性剧烈地变化，便会导致相频特性在该处有较大的群时延变化。这种变化既可能像 π 相移光栅这样具有慢光特性，也可能使光速的群速度变大。一般来讲，如果幅频特性和 π 相移光栅类似，某处的透过率突然高出周围很多，那么在该点往往具有慢光特点；但如果相反地，某频点处的透过率突然低于周围很多(比如光在增益

介质中被放大，但在某点处由于能级操作使其增益降低为1)，那么该点处往往具有快光特性。如果增益落差非常大，那么光的群速度可以超过真空光速，该现象普遍被称为“超光速”。实际上，“超光速”的英文原文是superluminality，并没有中文字面所含有的faster-than-light的意义；而且，群速度超过光在介质甚至真空中的相速度，是电磁场中常见的现象。超出常规传播现象的，则是负的群时延，可以观察到脉冲主要部分达到器件之前已经被器件输出；同时，在器件内可以观察到反向传播的脉冲，如图3-3-24所示。实际上，这些现象只是不常见，却非不可能，因为不管是慢光、

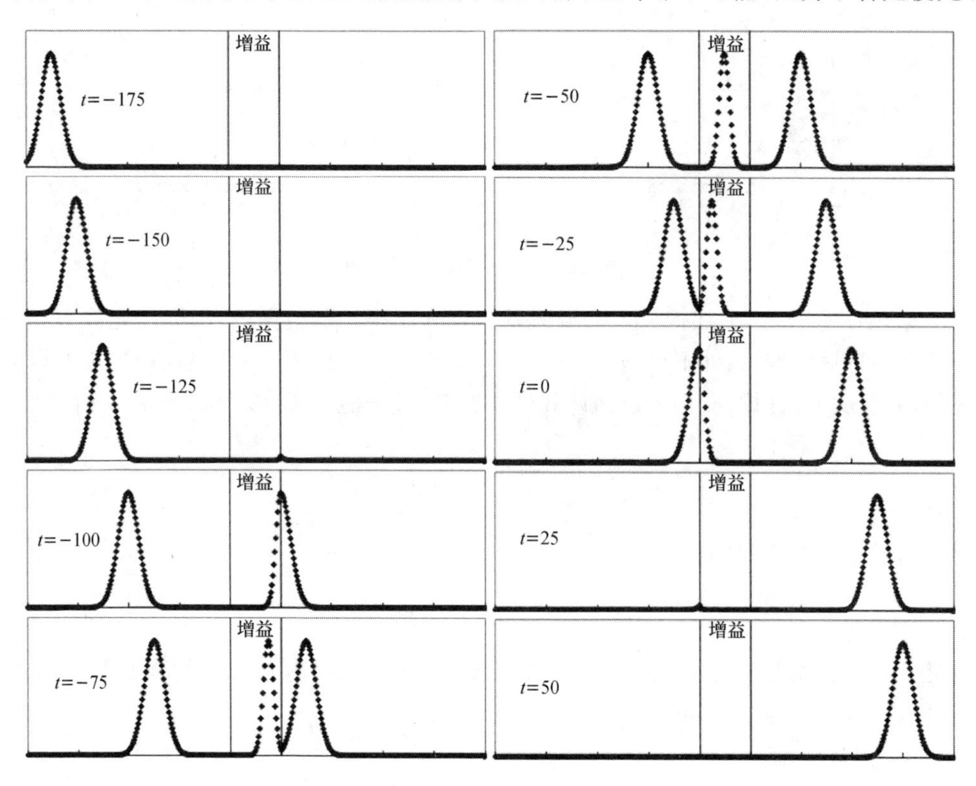

图3-3-24 光脉冲穿越负折射率介质示意图

快光、超光速或者负群时延，都没有违反因果关系所确定的线性时不变系统所必须满足的Kramers-Kronig关系。在这方面有众多讨论，比较有趣的结论是，在超光速或者负群时延的传播情况下，信息的传播速度仍低于介质内的光的相速度，即群速度和信息传播速度是两个概念。无论如何，延时的变化量和带宽的乘积基本是固定的数值；这极大地限制了慢光在光通信方面的应用。在2005年慢光概念刚被提出的时候，人们希望通过可调谐的慢光实现光的缓存功能。在信号处理层面，非线性光学可以让信号能够以光的形式进行比较复杂的模拟或数字运算，至少在理论上；但和电子器件最大的不同则是，光无法实现信息的全光存储。信息的存储是互联网协议(Internet Protocol，IP)下数据交换必须拥有的功能，如果实现不了信息存储，那在光的层面上，信息只能达到链

路交换的层次。如果可以通过可调谐慢光实现光的缓存，那在理论上，就能够去除网络交换节点处的光电光转换，实现全光交换的光网络终极目标。经过无数人的努力，基本证明现阶段这个想法是不现实的，即使在理论上。由于数据信号本身占有一定带宽，对于无啁啾的傅里叶变换极限脉冲而言，它的脉宽带宽积也是固定的约为1的数值；固定且不大的延时带宽积，使得器件只能延时不到1 bit的信息，在实际中是没有用处的。横向谐振（如特殊设计的光子晶体光纤）或者材料能级之间的谐振（如窄带增益介质等）导致的慢光现象中，人们可以通过延长器件或材料的长度来实现延时带宽积的增加，但要求器件体积庞大，缺少实用价值。

不过，谐振腔内的慢光效应在非线性光学中逐渐引起广泛的注意，并且吸引越来越多的人投身其中。由于谐振腔能够将光功率急剧地聚集，当材料有非线性特性的时候，我们就有可能通过输入功率不大的光等效地实现原本需要很大功率的光才能得到的非线性效应。这或许会使非线性光学和集成光学结合到一起实现很多非常有用的器件，如"双稳态器件"以及当前的研究热点"集成光学频率梳"，如图3-3-25所示。

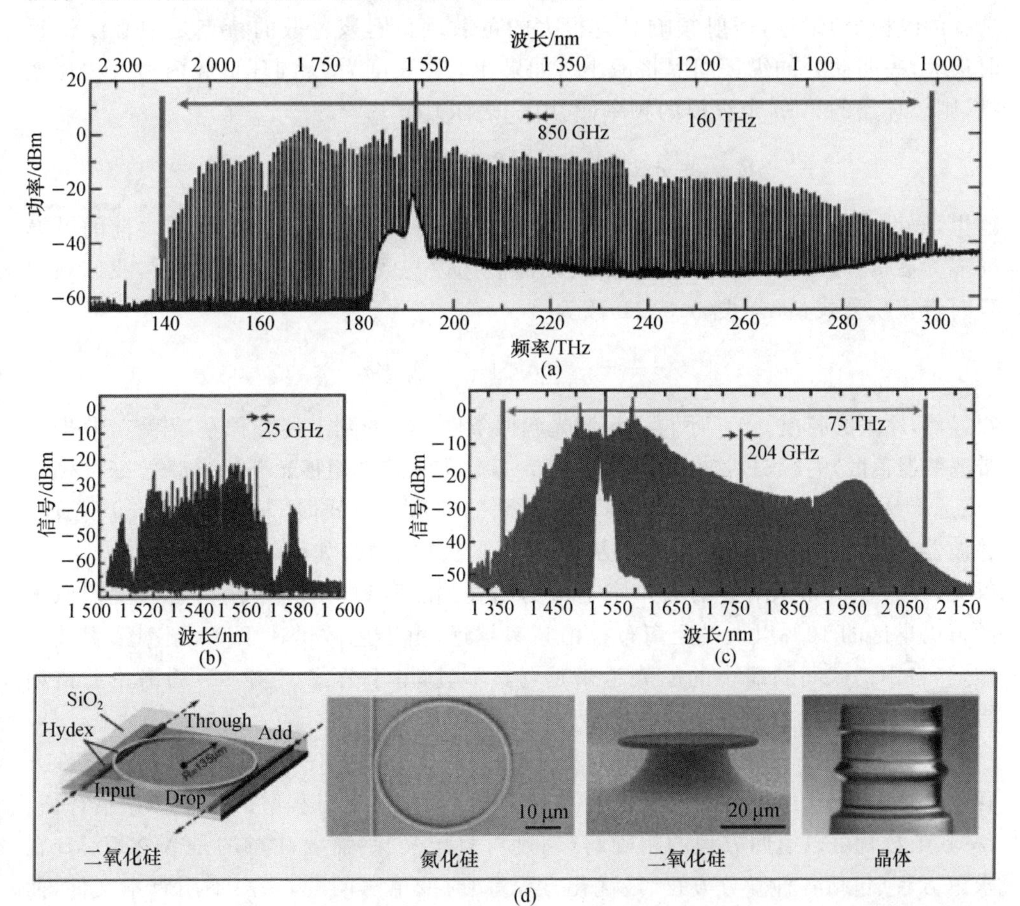

图 3-3-25 基于微腔的集成光学频率梳

对于光纤布拉格光栅而言，基于相移实现的谐振腔的最大应用莫过于其在窄线宽光纤激光器中的选模作用了。相移光栅的选模作用典型的应用场景有两个：它可以作为一个极窄带的滤波器，放置在一个腔长较长的光纤激光器中将其中某一个特定的纵模挑选出来；或者可以将相移光栅直接刻写在增益光纤上，将激光振荡束缚在光栅内部。后者有个专门的名称“分布反馈式光纤激光器”。

这里介绍第一种用法，即纵模选择滤波器，其典型应用环境是将其（连同隔离器一起）放置在环形腔光纤激光器内。当不存在相移光栅时，光纤激光器的纵模间隔和其环长 L_0 成反比，即 $\Delta f=c/n_{\mathrm{eff}}/L_0$。如果考虑到增益光纤的长度（一般为了实现极低的相位噪声，会选择掺杂浓度较低的增益光纤），波分复用器、隔离器、耦合器等无源器件的尾纤长度等，L_0 一般会在 m 的量级，即对应的纵模间隔在 100 MHz 以内。这时候就可以使用相移光栅实现如此之窄的滤波响应。

在用谐振腔作滤波器的时候，我们可以很明显地在激光器腔内观察到滤波器带来的频率牵引效应。图 3-3-22 和公式（3-3-19）都说明了在中心波长（即我们目标选择的纵模处）附近，透射频响具有很大的色散；而且，该色散的特点是中心波长延时最大，表明此处的纵模间隔将减小。如果在上述长度为 L_0 的环形腔内加入相移光栅，则总环路的第 m 个纵模的频率（利用 σ_m 表示）为

$$\theta_{\mathrm{loop},m}=\sigma_m L_0+\tan^{-1}\left[\frac{\sigma_m}{\kappa}\sinh(\kappa L)\right]=2m\pi \tag{3-3-24}$$

这里，假设布拉格频率（$\sigma=0$）即为原来的纵模之一。考虑到不加滤波器之前的纵模间隔为 $\Delta\sigma_0=2\pi/L_0$；同时为了更加突出滤波选模与频率牵引之间的关系，我们利用延时带宽积公式，将公式（3-3-24）改为

$$\frac{\sigma_m}{\Delta\sigma_0}+\frac{1}{2\pi}\tan^{-1}\left(\frac{\sigma_m}{\Delta\sigma/2}\right)=m \tag{3-3-25}$$

很显然，原来的腔模 $m\Delta\sigma_0$ 不再满足激光起振条件了。受到上述方程左端第二项（即窄带滤波器色散）的影响，腔模 σ_m 普遍小于 $m\Delta\sigma_0$。如果选择相移光栅滤波带宽 $\Delta\sigma=2\Delta\sigma_0$（该选择是合理的，即：当布拉格频率为原来的环形腔模式时，其相邻两个边模通过滤波器之后的损耗为 3 dB），上述方程的解（m 从 0 到 10）如图 3-3-26 所示。
可见，在布拉格频率附近的频率牵引最为明显，相邻纵模的频率偏移能够达到原来的自由谱区的 10%以上。距离布拉格频率越远，由于色散迅速下降，频率牵引效果减弱，自由谱区间隔缩小的趋势越来越弱。不过，由于公式（3-3-22）的洛伦兹谱型带宽约束，一般只要考虑紧挨布拉格频率的纵模即可。

公式（3-3-25）是一个非线性方程，MATLAB 提供了一个简单有力的非线性方程求解函数 fzero。只要输入要求解的方程的定义以及对方程解的一个初始估计值，fzero 函数就可以返回方程的精确解（精度可自定义）。需要注意的是 MATLAB 在求解方程（包括各种微分方程、最优化方程等）时的语法问题，一般不用脚本文件，而是用函数文件来描述整个求解的过程；函数文件的优点是，在其中我们可以对求解

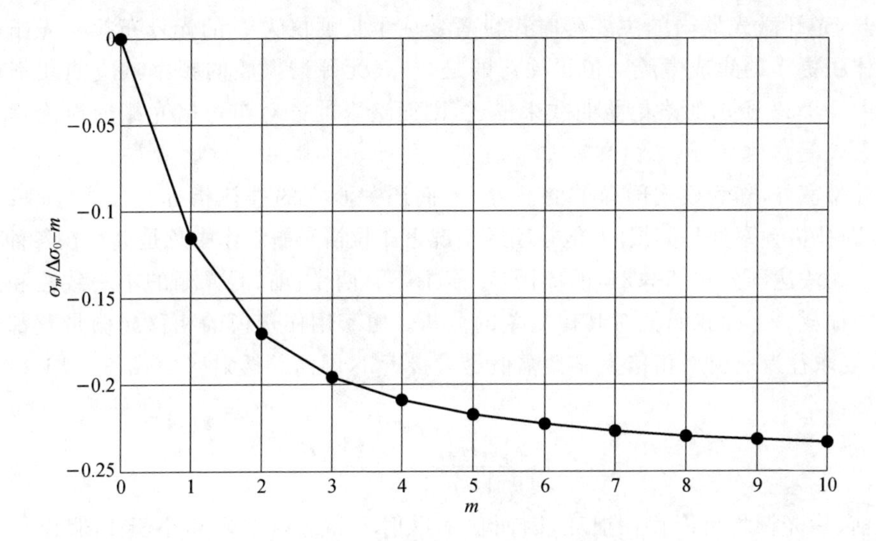

图 3-3-26 相移光栅透射峰的大色散引起的频率牵引

对象进行定义(即其中可以包含新的、多个函数文件;而脚本文件一般不允许)。另外,其中的子函数可以访问主函数的工作区(类似全局变量;但子函数之间不能相互访问,主函数也不能访问子函数的工作区),这给程序的编写带来很多方便。下面是方程(3-3-25)的求解代码:

```
function frequency_pulling()
m = 2;
x = fzero(@modeequ,0,optimset('TolX',1e - 12))
function res = modeequ(x)
        res = x + 1/2/pi * atan(x) - m;
end
end
```

注意所有的函数(包括主函数)需要利用 end 结束,以区分各个函数的定义区。子函数可以放在主函数的 end 之后,但会导致无法访问主函数的工作区。optimset 可以修改求解器的默认设置。

一般来讲,激光器的线宽和腔长成反变的关系,因而窄线宽激光器都会追求腔长的增加。但是,腔长变长会导致纵模间隔变窄、纵模选模困难(若无有效的纵模选择,激光器会多模式激射;多纵模振荡会给激光器带来额外的非线性,导致每个纵模的线宽变宽),还会带来激光器的封装带宽问题。光纤容易受外界振荡、温度等变化的影响,为了降低这种额外的噪声来源,需要把激光器封装到密闭减震的环境中;光纤越长,这种封装就越困难。人们提出了“慢光激光器”的概念,试图利用慢光效应,在体积比较小的光器件中实现传统中十几米甚至更长距离的光纤才能带来的延时。

这时候，光纤激光器内的主要延时提供者变成了长度仅为 L 的光纤布拉格光栅或者其他体积更小的集成微腔。值得注意的是，一般无源谐振腔的频率响应曲线都可以用如图 3-3-23 所示的洛伦兹曲线来描述，因而这里的针对布拉格光栅的讨论具有普适性。

除带宽外，作为模式选择的滤波器，人们还关心它的损耗指标。公式(3-3-21)表明，在布拉格频率处是无损的，但在实际情况下布拉格光栅制作中总是会存在各种不理想性。无法达到公式(3-3-21)的原因，可能主要有两个：前、后光栅的不一致性和光栅本身的损耗。下面我们就对其作简单的分析。由于用作选模的相移光栅带宽都比较窄，即要求往返反射率相移为 π 且幅值尽量接近 1，因而总透射率公式(3-3-16)可做如下近似：

$$|t_A|=\frac{|t_1t_2|}{1-|\rho_2\rho_1'|}\approx\frac{2|t_1t_2|}{1-|\rho_2\rho_1'|^2} \tag{3-3-26}$$

由于前、后光栅均可能存在损耗，因而功率反射率和透射率之和小于 1，假设分别为 α_1^2 和 α_2^2。代入公式(3-3-26)并简化近似，得到

$$|t_A|\leqslant\frac{1}{\dfrac{1-\alpha_1\alpha_2}{|t_1t_2|}+1} \tag{3-3-27}$$

若要达到公式(3-3-27)的最大值，需要 $\alpha_1|t_2|=\alpha_2|t_1|$，即前、后两段光栅具有一致性。假设前、后光栅在损耗和透射率方面相同，则公式(3-3-27)简化为

$$|t_A|_{\max}=\frac{1}{\dfrac{1-\alpha^2}{|t|^2}+1} \tag{3-3-28}$$

显然，当前、后两段光栅损耗为零的时候，$\alpha=1$，透射率达到最大值 1。这和上面的结论是一致的。但若光栅有损耗，若 $|t|^2\ll 1$，则光栅很小的损耗都会被放大，导致总的透射率降低。当要求透射峰带宽很小的时候，每一段光栅的透过率就会要求非常低。以均匀光栅为例，根据公式(3-1-2)，透射率为 $1/|t|^2=\cosh^2(\kappa L/2)\approx e^{\kappa L}/4$；根据公式(3-3-22)，构成的 π 相移光栅(当光栅无损的时候)带宽为 $\Delta\sigma=2\kappa/\sinh(\kappa L)\approx 4\kappa\,e^{-\kappa L}$，即 $\Delta\sigma/|t|^2\approx\kappa$，如果用频率表示，即为 $\Delta f/f\approx|t|^2 n_{AC}/2\,n_{eff}$。可以代入实际中的典型值对公式(3-3-28)进行估计。通常，光的频率在 200 THz，n_{AC} 为 10^{-4}(由上面的推导可见，在保证透射峰带宽的情况下，n_{AC} 越小，光栅越长，则需要的单边光栅透射率就越高，光栅制作就容易一些；但光栅加长可能会导致损耗变大，实际设计中需要综合考虑)，要求单边光栅的透射率近似为 Δf(in MHz)$\times 10^{-4}$。这意味着，即使是 100 MHz 的透过缝，要求单边光栅透射率低至 −20 dB；而且，带宽每低一个数量级，要求单边光栅透射率就低一个数量级。由公式(3-3-28)知，这对布拉格光栅的损耗提出了很高的要求。光栅损耗 $1-\alpha^2$ 和单边光栅透射率一样时，虽然也很低，但根据公式(3-3-28)，总体的透射峰就会降低 3 dB。虽然光纤本身的损耗极低(如果按照

0.2 dB/km 计算，每米光纤的损耗为 $1-10^{-\frac{0.2/1\,000}{10}}\approx 5\times 10^{-5}$)，但光纤在载氢、刻写等过程中都会引入不等的损耗，使得透射峰的透过率下降。实际上，这是所有无源谐振腔的共同问题，品质因子一直是各种谐振腔的研究重点。

既然相移布拉格光栅本身就是一个谐振腔，如果将其内放置对光的增益功能，就形成分布反馈光纤激光器。分布反馈激光器的概念始于 1970 年前后的染料激光器的研究；1972 年美国贝尔实验室的 Kogelnik 和 Shank 等人采用耦合模式理论对分布反馈激光器的工作原理进行了深入分析。在那一时期就发现了分布反馈的两种机制：折射率耦合和增益耦合。在光纤里，通常采用的是折射率耦合方式。分布反馈激光器的实现非常简单：将光栅刻写在增益光纤上，然后对光纤进行泵浦。只要某一频率的光满足相位自再现条件，同时其小信号的往返增益超过 1，即能够激射从而实现光的输出。分布反馈的光纤激光器具有很多优势。首先，它在横向上受到光纤的约束，因而可以在没有任何准直等操作的情况下实现单横模，而且基横模光斑是高斯型分布，输出质量优越。其次，能够激射的纵模，除必须满足相位自再现外，还受到光栅本身的滤波影响；正、反向的反射谱都被布拉格条件所约束，只能在较窄的频段内实现高反射率。因而，分布反馈式的激光器不像法布里珀罗腔激光器，其可能激射的纵模个数大为减少。例如，如果光栅是均匀的，那么满足相位自再现的纵模只能是透射谱的透射峰对应的频率（读者可根据本节理论自行推导）；但满足最低往返反射损耗的纵模个数，迅速缩少到两个（即主瓣旁瓣反射率接近零的两个频点）。如果采用 π 相移光栅，则激射的纵模只剩下布拉格频率了，实现天然的单纵模输出。

分布反馈是激光器的重要结构之一，基于此的半导体激光器已经是当前长距离光纤通信系统的主流光源，它具有优异的动态单模特性。π 相移光栅的单纵模特性，使其在窄线宽光纤激光器中具有重要意义，可以替代上面“长腔长＋窄带滤波”的设计。由于光纤激光器的长度可以达到 cm 量级，远超半导体激光器，因而光纤分布反馈激光器的线宽要远小于半导体的，多为 10 kHz 甚至以下量级。

在光纤中实现增益的手段有两类：受激辐射；光学非线性效应。前者是在光纤中掺杂铒、镱等稀土元素，然后注入泵浦光将掺杂粒子输运到较高的能级，通过受激辐射跃迁的方式实现入射信号光的增益。后者则是通过拉曼散射、布里渊散射、四波混频等非线性效应，将泵浦光的能量直接转移到信号光中。由于光纤本身的非线性效应较弱，在短腔的光纤激光器中，多通过掺杂稀土元素获得光的增益；1 550 nm 波段一般通过掺铒离子实现增益。

光在掺铒光纤内的传输是个非线性的过程，主要受两个因素的影响。首先是信号光感受到的增益随着注入信号光功率的增大而逐渐降低，该效应也被称为增益饱和。一般地，增益 g 被定义为

$$\frac{\mathrm{d}P}{\mathrm{d}z}=gP \tag{3-3-29}$$

其中，P 是 z 处的光功率。发生增益饱和时，g 不再是常数，

$$g=\frac{g_{ss}}{1+\frac{P}{P_{sat}}} \tag{3-3-30}$$

其中，g_{ss} 是小信号增益，即信号光功率很低时的增益。P_{sat} 是饱和功率；根据公式(3-3-30)，光功率等于饱和功率时，信号增益会比小信号增益降低 3 dB。g_{ss} 和 P_{sat} 是与增益光纤的性质、泵浦光功率等有关。其次是非线性过程，也被称为动态特性，即当入射光功率随时间变化时，上述公式不再成立，信号光增益由复杂的速率方程决定。但在两种情况下，速率方程可以退化为简单的增益饱和公式(3-3-30)。通常，通过掺杂光纤的"纵向弛豫时间(T_1)"来衡量动态特性的触发条件；对掺杂光纤而言，T_1 在毫秒量级。当入射光信号的瞬时功率随时间的变化速度远小于 $1/T_1$ 时，可以认为增益光纤处于准静态的状态，由公式(3-3-30)可以得到较为精确的近似。单纵模的连续光激光器就工作在这个状态。当入射光信号的瞬时功率随时间的变化速度远大于 $1/T_1$，但在 T_1 这个时间尺度上，光信号的平均功率却没有变化，这时候增益仍然可以利用公式(3-3-30)描述，只不过其中的信号光功率 P 需替换为其平均功率。光纤通信中的掺铒光纤放大器即工作在这个状态：光功率可能和编码速率变化速度一样快，但平均功率不变。而实际上，为了让光放大器工作点稳定，光纤通信系统必须保持平均功率的恒定。以纳秒以下的脉宽、兆赫兹以上的重复频率运转的锁模光纤激光器也处于这种工作状态。只有当信号光功率(包括平均功率)变化和 T_1 差不多量级的时候，公式(3-3-30)才会失效，需要用速率方程才能精确描述信号光增益随时间的变化。调 Q 的光纤激光器就处于这种状态。毫秒量级的纵向弛豫时间，使得掺铒光纤放大器可以在几乎所有的高速通信系统中使用而无须考虑码型效应；相比而言，纵向弛豫时间在纳秒量级的半导体光放大器则没有这个优点。

增益光纤同时还存在增益和噪声两个特性。增益特性是指，不同的掺杂、泵浦方式以及光纤长度得到的增益谱的位置和带宽有所不同。噪声特性则是指，信号光在被放大的同时，会叠加额外的噪声。

上述四个性能比较完整地描述了增益光纤的各个方面。在光纤激光器内，一般仅考虑增益饱和特性下分布反馈光纤激光器的输出和腔内功率分布情况。根据增益的定义，正反向光电场复振幅包络在增益光纤内的传播规律为

$$\frac{\mathrm{d}R}{\mathrm{d}z}=\frac{1}{2}\left(\frac{g_{ss}}{1+\frac{P}{P_{sat}}}-\alpha\right)R,\quad \frac{\mathrm{d}S}{\mathrm{d}z}=-\frac{1}{2}\left(\frac{g_{ss}}{1+\frac{P}{P_{sat}}}-\alpha\right)S \tag{3-3-31}$$

由于布拉格光栅的长度一般较短，为简单起见我们可以假设小信号增益和饱和功率都不随距离发生变化。α 是光纤本底损耗。定义由增益带来的直流耦合系数为

$$\sigma_g=\frac{-\mathrm{i}}{2}\left(\frac{g_{ss}}{1+\frac{P}{P_{sat}}}-\alpha\right)=\frac{-\mathrm{i}}{2}\left(\frac{g_{ss}}{1+\frac{|R|^2+|S|^2}{P_{sat}}}-\alpha\right) \tag{3-3-32}$$

结合原有的耦合模式方程,增益下的新方程为

$$\begin{pmatrix} R \\ S \end{pmatrix}' = \mathrm{i}\begin{bmatrix} \sigma+\sigma_g & \kappa^* \\ -\kappa & -\sigma-\sigma_g \end{bmatrix}\begin{pmatrix} R \\ S \end{pmatrix} \tag{3-3-33}$$

需要注意的是,在公式(3-3-32)中我们认为 $P=|R|^2+|S|^2P=|R|^2+|S|^2$。但由于正、反向传输的光是相干的,因而这种处理实际上忽略了两者的干涉项。如果考虑干涉项,则物理上正、反向传输的光形成了驻波,引起的增益起伏构成随距离快速变化的"增益光栅",已不能利用直流耦合系数来描述。

显然,方程(3-3-33)和方程(3-3-32)的联立构成一个非线性方程,之前的传输矩阵算法不再适应。而且,新的问题的边界条件也发生了改变:作为激光器,两端的入射光均为零;同时,因为没有入射光,所以出射光的频率也未知。文献①给出了一个较为简单的求解思路:假设激光器左端输出的光的频率和复振幅分别为 f 和 $S(0)$,$R(0)$为零,基于公式(3-3-33),通过传输矩阵方法逐步计算到激光器的右端,得到输出光功率 $S(L)$;如果 f 和 $S(0)$ 正确,则 $S(L)$为零,此时的 $R(L)$为正确的右端输出。因而,将原问题转化为一个寻找最小值的优化问题。其中传输矩阵求解部分基本和前面的线性器件计算过程一致,差别仅在每段均匀光栅计算时,需要利用公式(3-3-32)对直流耦合系数进行更新。

3.3.4 叠印布拉格光栅

叠印布拉格光栅主要用来产生多个信道的频率响应。当多个布拉格光栅刻写在同一光纤同一位置后,人们最关心的是其频率响应与单个布拉格光栅频率响应之间的关系。根据傅里叶变换关系(2-2-41),当布拉格光栅调制强度很弱的时候,叠印光栅反射响应约等于每个参与叠印的子光栅的反射响应之和。当调制强度增强后,人们关心这个关系是否仍然成立。

```
% % imposed FBG parameters
NuFBG = 1000;
length_iFBG = 50e - 3;
zFBG = linspace ( - length _ iFBG/2, length _ iFBG/2 - length _ iFBG/NuFBG,
NuFBG).';
nAC = 5e - 5 * (0.5 + 0.5 * cos(2 * pi/length_iFBG * zFBG)). * exp( - 1i * 4 *
neff * pi/c * ( - 2e9) * zFBG);
nAC = nAC + 5e - 5 * (0.5 + 0.5 * cos(2 * pi/length_iFBG * zFBG)). * exp( - 1i * 4
 * neff * pi/c * ( + 2e9) * zFBG);
```

① Agrawal G P, Bobeck A H. Modeling of Distributed Feedback Semiconductor Lasers with Axially-Varying Parameters[J]. IEEE Journal of Quantum Electronics, 1988, 24(12).

```
nDC = zeros(NuFBG,1);
uFBGlength = zeros(NuFBG,1) + length_iFBG/NuFBG;
```

图 3-3-27 是一个具体的例子：假设参与叠印的两个子光栅均是升余弦切趾光栅，长度为 5 cm，交流折射率调制最大值为 0.5×10^{-4}；两个子光栅刻写位置完全重合。当两个子光栅的布拉格频率间隔从 40 GHz 缩小到 10 GHz、4 GHz 时，我们可以观察到总响应与分响应之和的关系慢慢从基本相同变化为差异较大。

图 3-3-27 叠印布拉格光栅反射谱与各个子光栅反射谱的关系；实线为叠印布拉格光栅反射谱。一个明显的特点是，当某个频点处的反射率足够高时，两个光栅的贡献会饱和，因为反射率不可能大于 1。图 3-3-27 最后一张是两个子光栅的交流折射率调制“反相叠加”叠加，即在光栅中心位置处交流折射率调制由于叠加导致幅度为零。

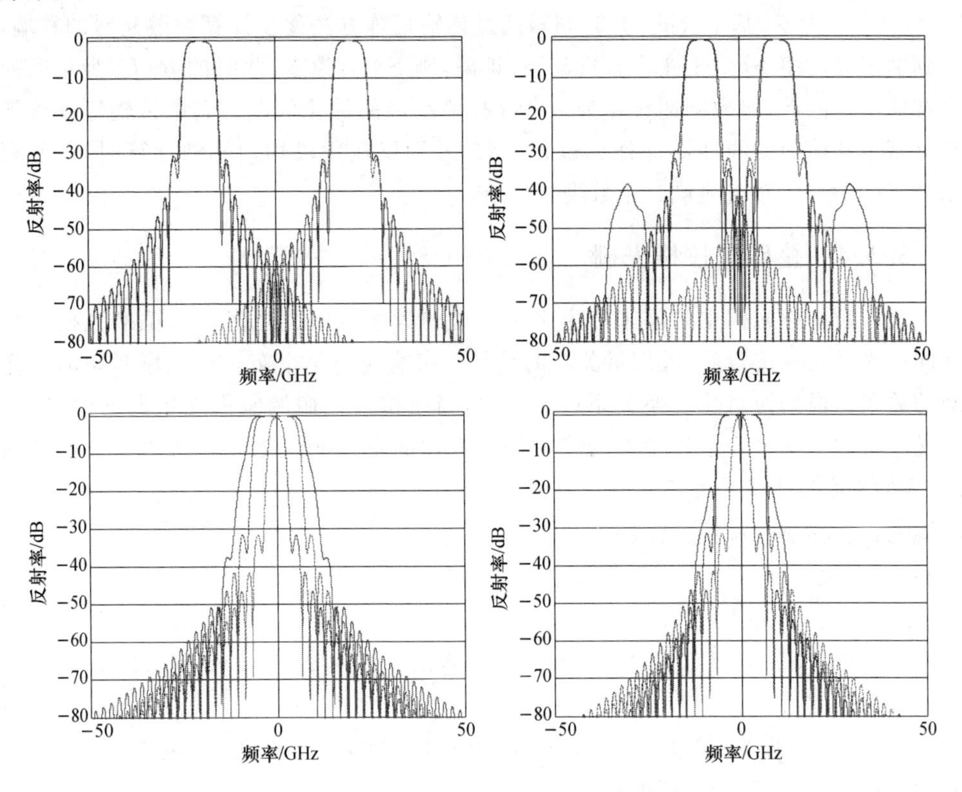

图 3-3-27　叠印布拉格光栅反射谱与各个子光栅反射谱的关系

图 3-3-27 的变化表明，如果子光栅折射率调制强度较大，叠印光栅的反射响应仍然可以表示为多个子光栅反射响应之和，只要满足子光栅单独存在时它们之间的反射响应互不重叠，即：在任何一个子光栅的反射响应所覆盖的频段内，其他子光栅的反射率均为零(或非常低)。可见，布拉格光栅的频响和结构之间存在一定的线性

性。但该关系当子光栅布拉格频率靠近、反射频响在频谱上相互重叠时，由于反射率的饱和效应导致该线性叠加规律的失效。因而，我们将叠印光栅的这种在一定条件下满足的叠加规律，称为“准线性”性。

布拉格光栅的准线性和我们在2.1.3小节讲到的旋转波近似实际上是一致的。布拉格光栅存在的众多简谐分量，由于它们之间的布拉格频率相距甚远，在光纤或者其他光波导内可达到的折射率起伏下，每个简谐分量对应的反射频响带宽远小于各个布拉格频率间隔，因而我们可以简单地认为在一阶布拉格频率附近研究光栅的时候，一阶光栅的折射率调制如公式(2-2-7)所示，是简单的简谐分布。而且，我们在2.1.3小节中通过公式(2-1-44)展示了旋转波近似忽略掉了光电场的何种变化；仿真如图3-3-28所示，随着布拉格频率的远离，抖动降低。图3-3-28表示出了两个子光栅的布拉格频率间隔从40 GHz到5 GHz时，其中一个子光栅中心频率的反射光在叠印光栅内部的分布情况，并且将各个情况与子光栅单独存在时进行对比。可见，叠印给该频率的光分布带来空间上的抖动，该抖动显然是另外一个子光栅的交流折射率调制所引起来的。当两个子光栅的布拉格频率远离后，该抖动的幅度迅速降低，而其抖动频率对应升高。这个现象同我们在2.1.3小节中的理论分析得到的结论一致。

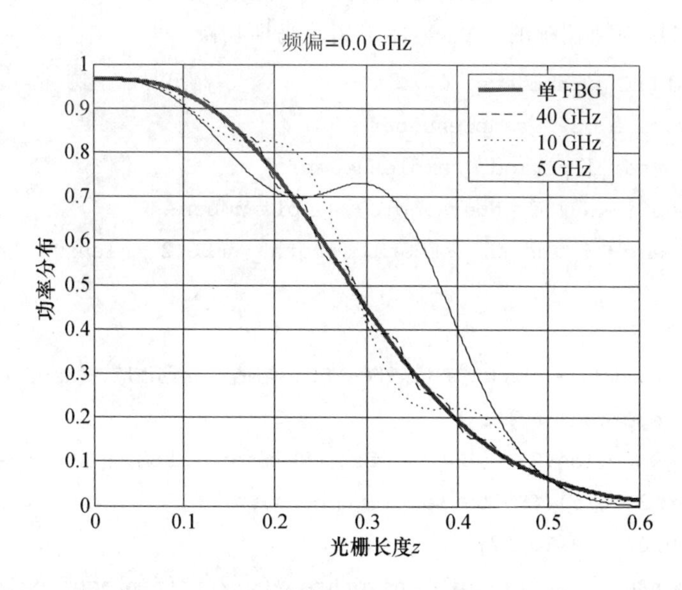

图3-3-28 叠印光栅内反射光场的空间分布

布拉格光栅的准线性也是其非局域特性的一种表现：虽然从足够小的光栅段来看，叠印会给其原先的场分布带来影响(即图3-3-28所示的分布抖动)；但从大尺度看去，与布拉格频率相距足够远的子光栅对其反射率却没有什么影响。准线性的重要应用，我们在后面章节讨论。

3.3.5 采样布拉格光栅

采样布拉格光栅是将一个周期性的慢变包络调制在任意布拉格光栅后的新型光栅。这里的周期性慢变包络，既可以是常见的幅度周期性变化，也可以是相位或频率周期性变化的包络；而后面连续的“种子光栅”，可以是之前介绍的均匀、切趾、啁啾、相移、叠印等各种类型的光栅。在 2.2.2 小节中，我们展示了周期性采样的布拉格光栅相当于众多子光栅的叠印：

$$\Delta n = n_{\mathrm{DC}} + \left[\sum_m \frac{1}{2} S_m \tilde{n}_{\mathrm{AC}} \cdot \mathrm{e}^{-\mathrm{i}\frac{4 n_{\mathrm{eff}} \pi}{c} \left(f_B + \frac{mc}{2 n_{\mathrm{eff}} P} \right) z} + \mathrm{c.\,c} \right] \tag{3-3-34}$$

与直接叠印的布拉格光栅相比它有两个明显的特点：首先，每个子光栅的折射率调制非常接近，如果是严格的周期性采样，那么子光栅的差别仅在折射率调制整体的幅值不同；其次，各个子光栅的布拉格频率间隔相同。根据我们对叠印光栅准周期性的分析，当种子光栅的反射谱足够窄，小于布拉格频率之差时，可以认为各个子光栅是独立的，相互不影响，那么整个反射谱将是种子光栅反射谱在频域上等间隔的复制。采样光栅的这个特点，使其特别适合波分复用系统的应用。

下面是一个例子：啁啾并切趾的采样光栅，采用如公式(2-2-35)的方式，光栅内的每个采样采用高斯切趾的形状，整体采用超高斯切趾。

```
%% sampled FBG parameters
sampleperiod = 1e-3;   samplenumber = 80;
length_sFBG = sampleperiod * samplenumber;
Npersample = 30;   NuFBG = Npersample * samplenumber;
zFBG = linspace(-length_sFBG/2, length_sFBG/2 - length_sFBG/NuFBG, NuFBG).';

nAC = exp(-log(2) * abs(2 * (mod(zFBG, sampleperiod) - sampleperiod/2)/(0.25 * sampleperiod)).^2);
nAC = nAC. * exp(-log(2) * abs(2 * (fix((0:length(zFBG) - 1).'/Npersample) - samplenumber/2 + 0.5)/(0.75 * samplenumber)).^8);
chirprate = 0.02e-9/1e-2;
nAC = 2e-4 * nAC. * exp(1i * pi * chirprate./(c/2/neff/braggfreq).^2. * zFBG.^2);

nDC = zeros(NuFBG,1);
uFBGlength = zeros(NuFBG,1) + length_sFBG/NuFBG;
```

注意上述代码灵活运用了 MATLAB 的求模指令 mod 和求整指令 fix，避免循环赋值的复杂。光栅的反射响应如图 3-3-29 所示。虽然与理论吻合,实现多波长信道的反射,且每个信道均有预期的色散出现,但信道间的幅频特性却差别较大,随着远离布拉格频率,信道的插入损耗迅速变大。原因在于,每个子光栅的交流折射率调制强度受公式(3-3-34)中的 S_m 影响,该数值是周期性采样函数 $s(z)$ 的傅里叶展开级数的幅度;在上述例子中,采样函数为周期性的高斯脉冲,根据傅里叶变换的性质,S_m 由单个采样包络(高斯脉冲)的傅里叶变换决定,它随着级数的增大而衰落,从而造成了上述信道间插损的差异。由此,我们得到了采样布拉格光栅的一个基本性质:每个信道的频响特性由光栅整体切趾与啁啾决定;而信道间的差异则由单个采样的切趾决定。

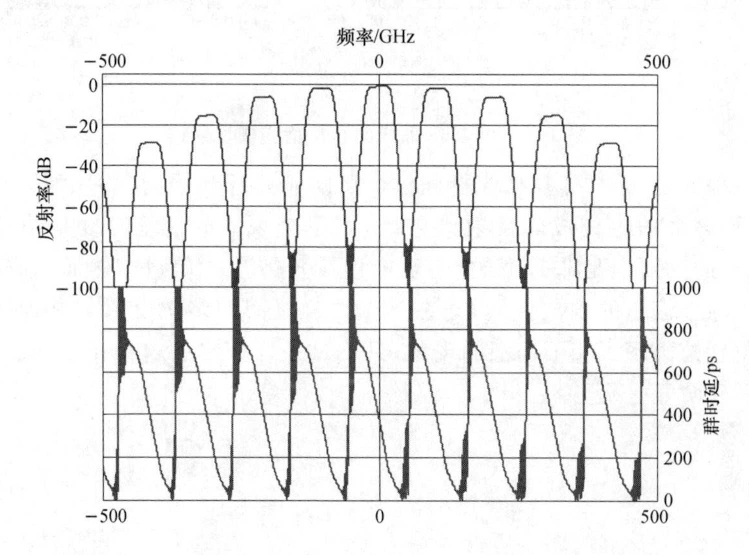

图 3-3-29 采样布拉格光栅反射谱举例(具有多信道色散能力)

由此,若要得到插损均衡的多信道频响,那么单个采样的切趾应该选择那些具有宽且平的傅里叶变换的函数,典型例子是 sinc 函数:

$$\mathrm{sinc}(z)=\begin{cases}\dfrac{\sin z}{z}, & z\neq 0\\ 1, & z=0\end{cases} \tag{3-3-35}$$

可以得到如图 3-3-30 所示的反射频响。

在 1 THz 的带宽内,信道均衡了很多。然后可以观察到,每个信道的反射率大大降低。这是由 sinc 切趾的特性决定的。如图 3-3-30(b)所示,交流折射率调制的峰值仍然是 2×10^{-4},但 sinc 函数的占空比小了不少,即大部分光栅空间均被浪费了;另外,sinc 函数既有很大的交流折射率起伏,也有变化非常快的相位,制作困难,实际中无法采用该方案实现宽且平坦的多信道滤波器件。有关多信道布拉格光栅的设计参见第 5 章。

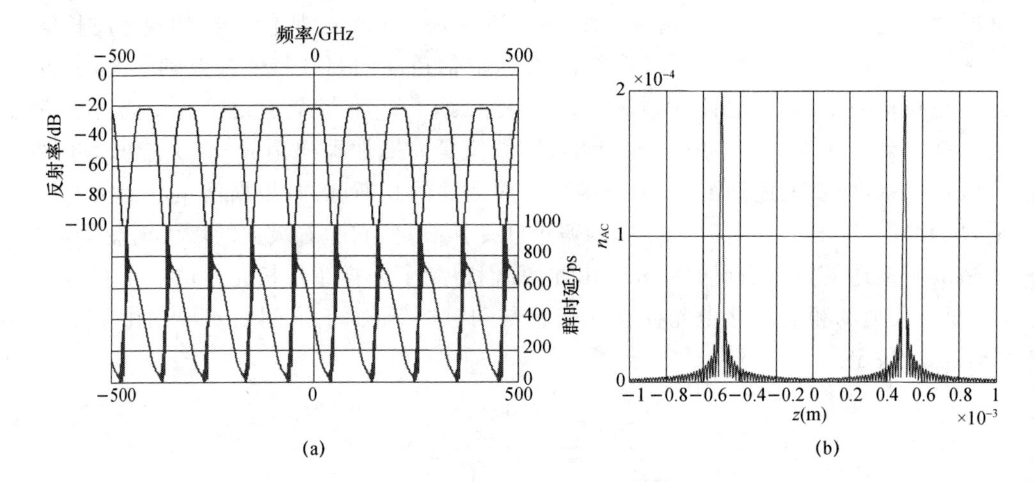

图 3-3-30　sinc 采样的布拉格光栅反射谱

值得一提的是,采样布拉格光栅同样也反映了光纤光栅的“非局域”特性。根据上面的分析,多个信道构成的反射谱包络,由单个采样的傅里叶变换决定;换句话说,单个采样的反射谱是非常宽的,一般会连续覆盖多个信道。然而,采样之后,频响特性呈现独立信道的现象说明,光在多个采样之间的多次反射与叠加之后,在频谱的某些位置处出现了相干相消的现象;只不过采样带来的这种相消不如相移引起的相消剧烈和明显。

第 4 章　光纤布拉格光栅的重构

4.1　重构的理论

布拉格光栅可以被重构既说明了它潜在功能的强大，也说明了它的简单。

4.1.1　基于傅里叶变换的重构

所谓重构，即已知反射频响，求布拉格光栅具体结构的技术。重构是第 3 章已知折射率调制分布求解布拉格光栅频响特性的反过程。理论上，重构比分析过程更有意义，因为实际需要往往提出对频率响应特性的要求，然后才考虑布拉格光栅的结构。当前的布拉格光栅设计过程，一般是根据各种折射率调制对应的光谱特性，通过常用折射率调制的组合来实现目标频响特性。例如，作为滤波器使用的布拉格光栅，可以根据其带宽、滚降、边模抑制等需求来选择最佳的窗函数；如果要实现特定的色散，那就根据公式(3-3-4)得到其啁啾值，根据公式(3-3-5)和目标带宽确定光栅的长度和切趾形状等。然而，这些设计方法均是基于以往经验和根据目标“宏观指标”来设计光栅，并非完全依据目标反射频响进行重构。要实现严格意义的重构，必须建立起光栅结构与反射频响之间的对应关系。

在第 2 章，我们介绍了当光栅反射率足够弱时，其交流折射率调制与光栅反射频响之间是一对傅里叶变换：

$$\left.\begin{aligned} K(2\pi\chi) &= \int \boldsymbol{\kappa}(z)\,\mathrm{e}^{\mathrm{i}2\pi\chi z}\,\mathrm{d}z \\ \rho(f_S, z=0) &= \mathrm{i}K\left(\chi = \frac{2n_{\mathrm{eff}}}{c}f_S\right) \end{aligned}\right\} \tag{4-1-1}$$

该结果给特定的布拉格光栅提供了一个重构思路。

下面举两个例子来说明。

第一个例子，目标反射频响为矩形、无色散的带通滤波，也是通信系统中理想的光滤波器。根据要求，

$$\rho(f_S) \propto \begin{cases} 1, & |f_S| < B/2 \\ 0, & \text{其他} \end{cases} \tag{4-1-2}$$

B 是理想滤波器的带宽。根据公式(2-2-41)可以得到交流折射率调制的傅里叶变

换为

$$K(2\pi\chi)\propto\begin{cases}1, & |2\pi\chi|<\dfrac{2\pi n_{\text{eff}}}{c}B\\0, & \text{其他}\end{cases} \tag{4-1-3}$$

其反傅里叶变换为

$$n_{\text{AC}}(z)\propto\text{sinc}\left(\frac{2\pi n_{\text{eff}}}{c}Bz\right) \tag{4-1-4}$$

依据传输矩阵模型对该 sinc 函数切趾的光栅进行仿真，得到如图 4-1-1 所示结果。仿真时采取的交流折射率调制峰值为 1×10^{-4}，光栅满足弱反射近似，因而其反射频响呈现理想的矩形幅频特性和平坦的相频特性；但是反射率很低，约 −14 dB。如果增大折射率调制，(例如，其峰值为 5×10^{-4})，那么反射率随之上升，但反射频响不再呈现理想的陡降，而且反射群时延谱的抖动增大，也不再平坦，如图 4-1-2 所示。这说明傅里叶变换重构失效。

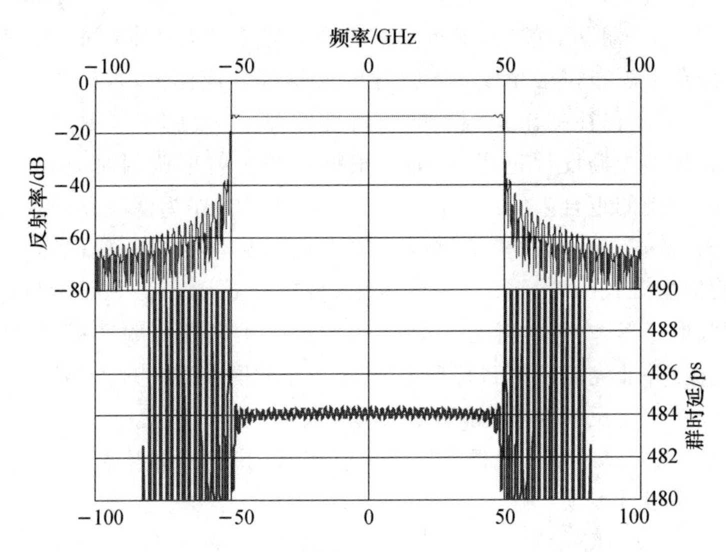

图 4-1-1 根据傅里叶变换重构得到的理想带通滤波光栅的反射谱

第二个例子，是对色散布拉格光栅的重构。在该例子中，我们假设目标反射频响的 3 dB 带宽是 100 GHz，色散为 500 ps/nm。其算法实现重构的过程非常简单，只要对目标频响进行傅里叶逆变换即可。需要仔细处理的地方则是离散网格的对应。我们在 3.1.2 小节介绍了利用 MATLAB 实现傅里叶变换的途径，频域和对应时域的网格必须是对应的，这样 fft/ifft/fftshift 指令前后的变换对才能自动适用其时频网格。同理，若频域网格仍然由 fwin、df 来表示，那么根据公式(3-1-24)，空间网格则为

$$\Delta z\cdot f_{\text{win}}=\frac{c}{2n_{\text{eff}}},\quad z_{\text{win}}\cdot \mathrm{d}f=\frac{c}{2n_{\text{eff}}} \tag{4-1-5}$$

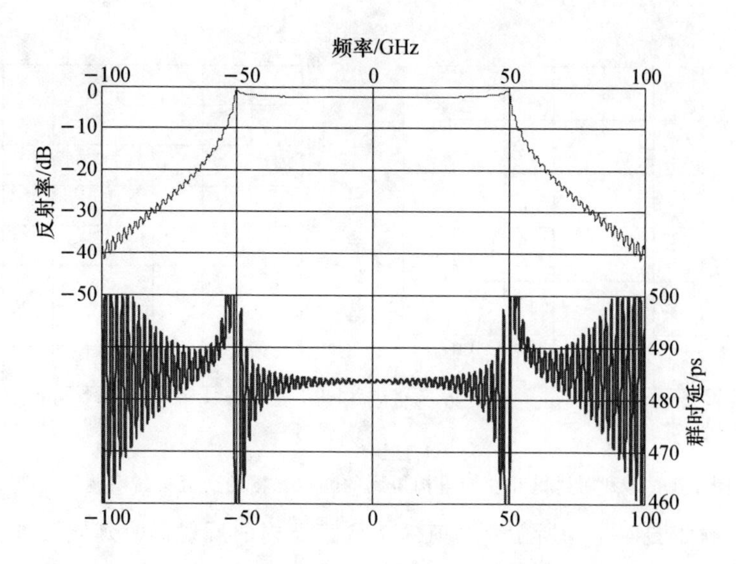

图 4-1-2 在强折射率调制下傅里叶变换重构失效的例子

下面是布拉格光栅重构的实现方式。

```
%% target frequency response
fwin = 500e9; fpts = 2^10;  dfs = fwin/fpts;
freqshift = linspace( - fwin/2,fwin/2 - dfs,fpts).';

target_beta2 = - (1550e - 9)^2/2/pi/c * 500e - 12/1e - 9;
target_bw = 100e9;
target_FR = sqrt(exp( - log(2) * abs(2 * freqshift/target_bw).^8)). * ...
    exp(1i * 0.5 * target_beta2 * (2 * pi * freqshift).^2);

%% Fourier reconstruction
nAC = fftshift(fft(fftshift(target_FR)));     nAC = nAC/max(abs(nAC));
pos = find(abs(nAC)>0.01);     nAC = nAC(pos(1):pos(end)) * 1e - 5;
NuFBG = length(nAC);  length_ftFBG = NuFBG/(2 * neff/c * fwin);
zFBG = linspace( - length_ftFBG/2,length_ftFBG/2 - length_ftFBG/NuFBG,NuF-
BG).';
nDC = zeros(NuFBG,1);
uFBGlength = zeros(NuFBG,1) + length_ftFBG/NuFBG;
```

考虑到实际中光栅切趾的控制能力，程序中对重构得到的光栅进行截断，将小于折射率调制峰值百分之一的部分去掉。图 4-1-3 为得到的重构光栅的交流折射率调制绝对值，并假设其折射率调制峰值为 1×10^{-5}，满足一次反射近似。得到的啁啾

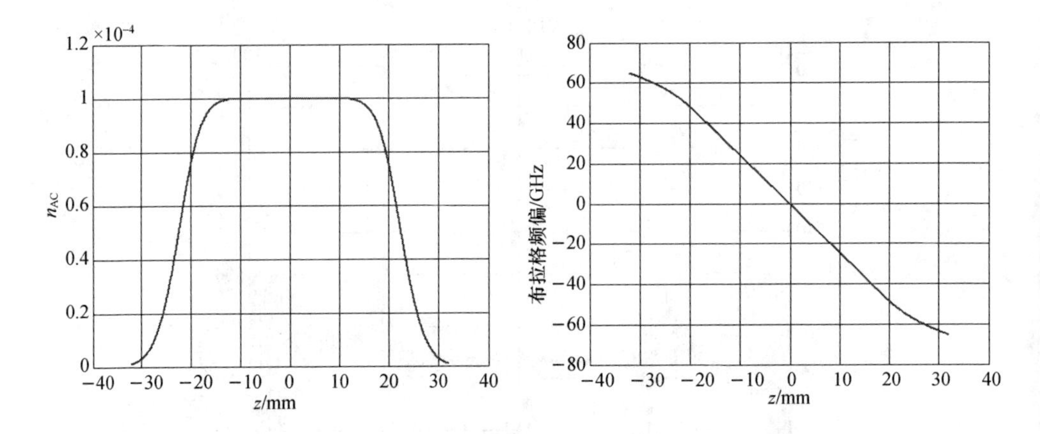

图 4-1-3 利用傅里叶变换重构得到的啁啾光栅的交流折射率调制分布

光栅反射频响如图 4-1-4 所示。对其 15 dB 带宽内的反射群时延做线性拟合，可以得到色散谱以及残留的群时延抖动。可以发现，色散与目标值吻合得非常好，均为 $-637.7\ ps^2$；反射谱也与目标值吻合。进一步增加折射率调制峰值可以发现，其反

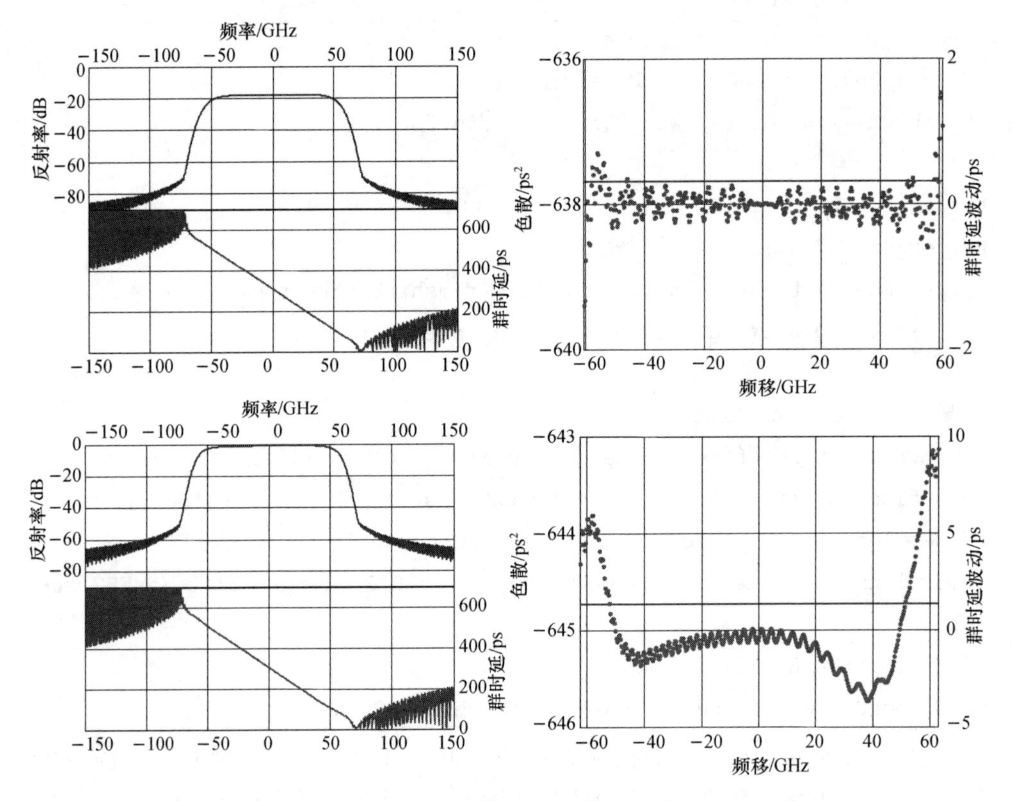

图 4-1-4 利用傅里叶变换重构得到的色散光栅；当光栅具有啁啾时，
傅里叶变换重构即使在大折射率调制下仍然有效

射频响应变化不大，不像无色散的理想矩形带通滤波器变化那么剧烈。例如，当折射率调制增大10倍，为1×10^{-4}时，其峰值反射率已经接近1，不满足弱反射近似，但其反射群时延仍然具有很好的线性度，群时延抖动较小，只是色散值与目标值有所偏差，为$-644.7\ \mathrm{ps}^2$。

利用傅里叶变换重构，我们可以重复3.3.2小节中对具有非均匀色散响应的布拉格光栅进行设计。这里不再利用局域性反射点这一概念，直接对目标频响进行傅里叶变换，得到的光栅交流折射率调制如图4-1-5所示。

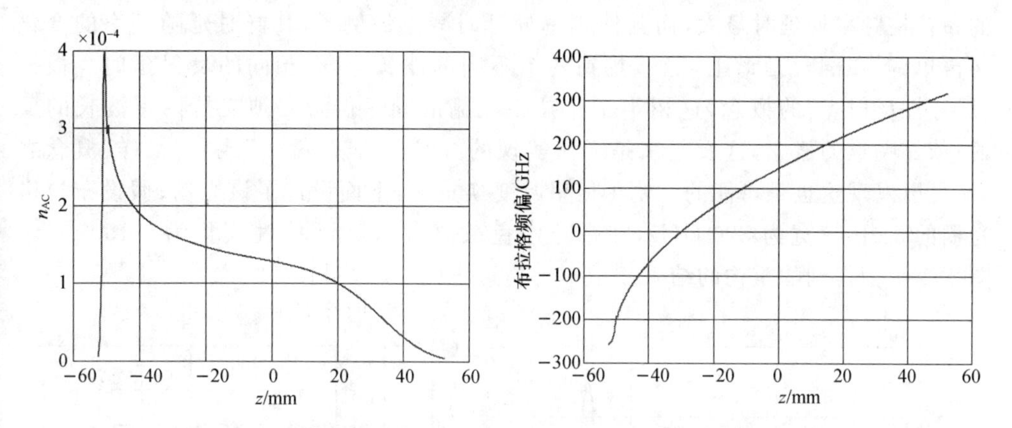

图 4-1-5　利用傅里叶变换重构得到的具有非均匀啁啾的布拉格光栅交流折射率调制

傅里叶变换重构不仅给出了布拉格光栅每个位置处的布拉格频率，同时也给出了应该如何切趾；而第3章的例子，仅是简单地利用超高斯函数对非均匀啁啾的光栅进行切趾。图4-1-5所示的切趾函数非常奇特，但对应非均匀啁啾可见，凸起的折射率调制正好对应了布拉格频率变化较快的位置；在该处，光栅的啁啾很大，如果要达到相同的反射率，那么折射率调制必须相应地提高。最终得到的反射频响如图4-1-6所示。

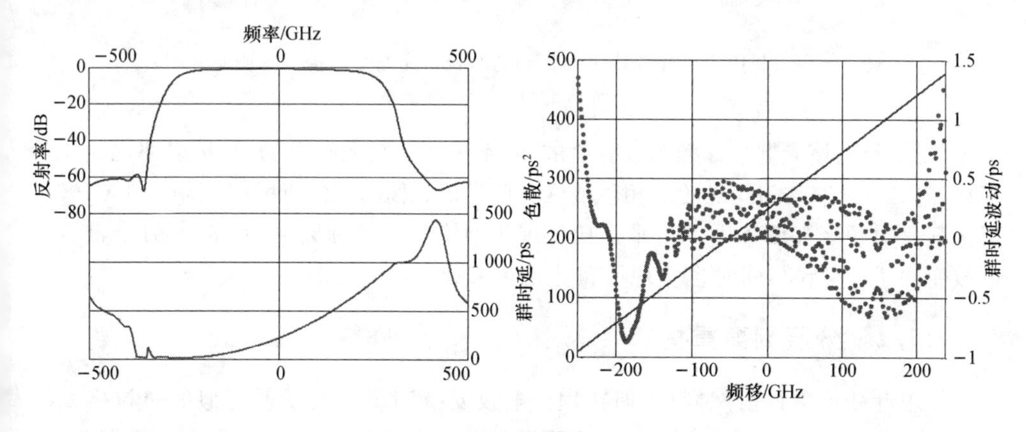

图 4-1-6　利用傅里叶变换重构得到的非均匀色散频率响应

虽然该光栅反射率较高，峰值接近 1，即不满足弱反射的条件，但是其 3 dB 带宽内的色散线性地由 7.9 ps^2 变化至 477.3 ps^2（初设值为 19 和 477.5 ps^2），吻合度还是相当好的。一般来讲，当布拉格光栅具有色散的时候，利用傅里叶变换进行重构的准确度是比较高的，这是因为色散拉开了“局域性反射点”之间的位置，使得不同位置对同一个光谱区域做贡献的情况大为减少。

对色散光栅进行设计时，若抛弃“局域性反射点”这个概念，可使得光栅设计更为自由，无须对群时延谱线再强加单调变化这一要求。例如，第 1 章图 1-1-11 所示的布拉格频率处延时最大，而其他频率处延时减小的例子，其群时延随频率的变化不再单调：在群时延谱上，能够找到两个不同的波长，具有相同的反射延时。根据“局域性反射点”的概念，这相当于布拉格光栅的同一位置必须支持两个波长的反射；依靠啁啾的概念，这看起来是无法实现的。但在了解“叠印”或者“采样”概念之后，可以发现这也是可能的。基于傅里叶变换重构，下面设计了该光栅；假设布拉格光栅的 3 dB 带宽为 300 GHz，在带宽内色散值从 150 ps^2 线性变化为 -150 ps^2。图 4-1-7 为得到的重构的结果。

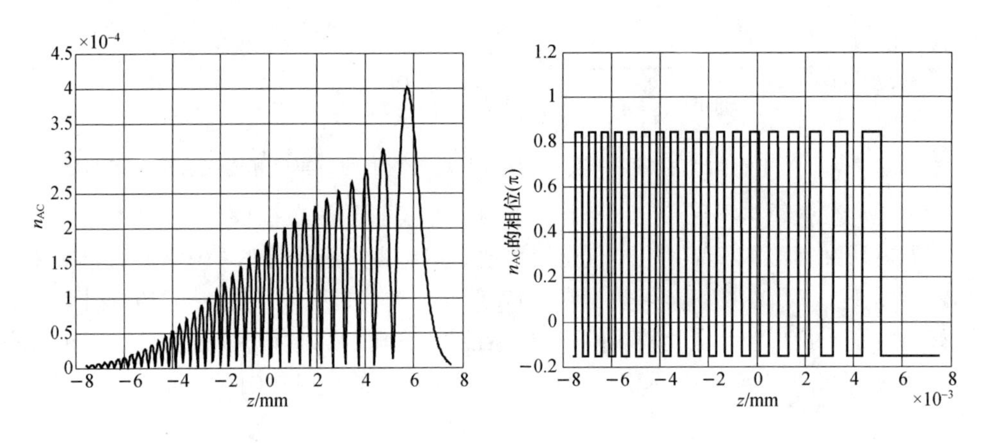

图 4-1-7　利用傅里叶变换重构得到的布拉格光栅交流折射率调制分布，无二阶色散但具有高阶色散

可见，虽然该光栅目标频响含有色散，但光栅结构是无啁啾的：其折射率调制均为实数，同时具有非均匀间隔的 π 相位跳变。假设该光栅的峰值折射率调制为 4×10^{-4}，那么其反射频响如图 4-1-8 所示。比较理想地实现了目标频响，在 300 GHz 带宽内色散变化了 300 ps^2，同时也实现了布拉格频率处的最大延时。

4.1.2　分层剥离重构

傅里叶变换重构虽然简单，但在理论上仅支持满足一次反射近似的布拉格光栅的重构；4.1.1 小节通过实例表明，傅里叶变换重构对具有足够色散值的频率响应，其近似程度也是相当高的。但是，人们仍希望从理论上解决布拉格光栅重构这一问

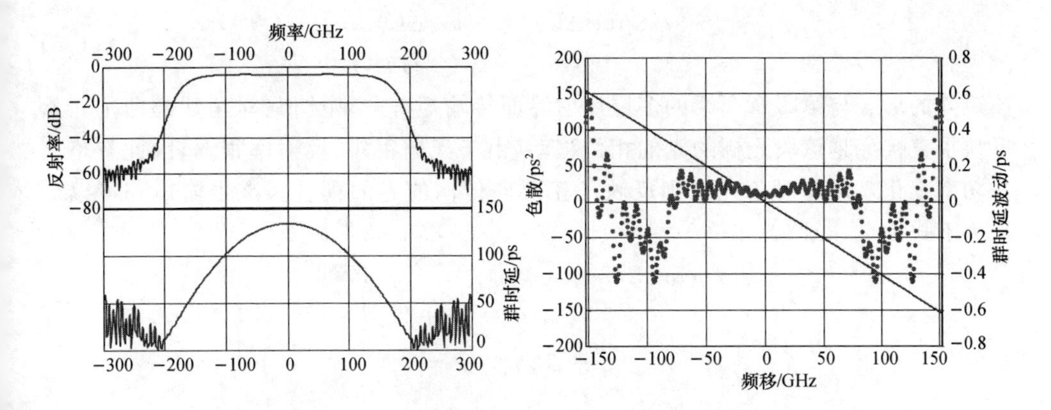

图 4-1-8 具有纯高阶色散的布拉格光栅反射谱例子

题,即:针对任意反射频率响应,只要是物理可实现的,如何设计相应的布拉格光栅将其实现。截至目前,人们研发了多种逆散射的方法实现重构,其中以分层剥离算法(Discrete Layer Peel,DLP)①最为方便,并且具有直观的物理意义。本小节将对该算法进行简单介绍。

分层剥离重构,顾名思义,即将布拉格光栅看作一层层彼此分离的反射、透射界面,根据目标反射频响逐层计算每个界面的透反射特性;然后,通过透反射特性来推演布拉格光栅的交流折射率调制特性。因此,分层剥离重构首先定义了一个新的布拉格光栅模型,"分层剥离模型",如图 4-1-9 所示。

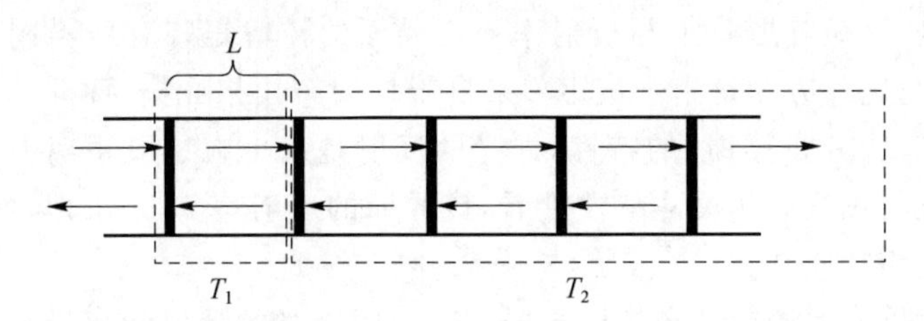

图 4-1-9 布拉格光栅的分层剥离模型

请注意分层剥离模型与第 2 章介绍的传输距离模型的差别。之前的模型,认为任意折射率调制的布拉格光栅都是由一段段的均匀光栅连接而成;而分层剥离模型则认为布拉格光栅是多层理想的透反射界面的依次排列,各个界面间隔相同。既然是对同一个物理实在的描述,两个模型是可以互换的。均匀布拉格光栅的传输矩阵如公式(2-2-43)和公式(2-2-44)所示,当其长度 ΔL 非常小时,该矩阵可近似为

① Ricardo Feced, Michalis N Zervas, Miguel A Muriel. An Efficient Inverse Scattering Algorithm for the Design of Nonuniform Fiber Bragg Gratings[J]. Journal of Quantum Electronics, 1999, 35(8): 1105-1115.

$$T \approx \begin{pmatrix} \exp(\mathrm{i}\sigma\Delta L) & \mathrm{i}\kappa^* \Delta L \\ -\mathrm{i}\kappa\Delta L & \exp(-\mathrm{i}\sigma\Delta L) \end{pmatrix} \tag{4-1-6}$$

该矩阵的形式与第1章介绍的多层反射界面传输矩阵非常类似：对角线的两个元素反映了直接穿越该段光栅的光的相位移动（由于光栅很短，反射率很弱，因此忽略了其功率变化），而非对角元素则反映了正反向传输的光的耦合。该传输矩阵可以分解为下式：

$$\begin{aligned} T = & \begin{pmatrix} \exp(\mathrm{i}\sigma\Delta L/2) & \\ & \exp(-\mathrm{i}\sigma\Delta L/2) \end{pmatrix} \\ & \times \begin{pmatrix} 1 & \mathrm{i}\kappa^* \Delta L \\ -\mathrm{i}\kappa\Delta L & 1 \end{pmatrix} \\ & \times \begin{pmatrix} \exp(\mathrm{i}\sigma\Delta L/2) & \\ & \exp(-\mathrm{i}\sigma\Delta L/2) \end{pmatrix} \end{aligned} \tag{4-1-7}$$

该分解的物理含义非常明显：一段均匀光栅，可以认为是“正反向自由传输＋理想透反射界面＋正反向自由传输”三者的组合，该描述与分层剥离模型（如图4-1-9所示）是吻合的。即：当空间离散化足够时，分层剥离模型可以用来描述布拉格光栅，只要满足两个条件：1)光在各个透反射界面间传输时，其有效折射率同原布拉格光栅的有效折射率；2)每个理想透反射界面的反射率极弱，其传输矩阵为

$$\begin{pmatrix} 1 & \mathrm{i}\kappa^* \Delta L \\ -\mathrm{i}\kappa\Delta L & 1 \end{pmatrix} \tag{4-1-8}$$

值得注意的是，该矩阵形式上与折射率突变界面的传输矩阵有所不同：反对角元素是共轭的复数；这一方面是由于该矩阵来自于均匀布拉格光栅，而非物理实在，另一方面也反映了其“分布反馈”的特性，即光的反射是发生在一段距离上的，因而具有一定相位而且与正反向相关。从左端看，该界面的反射率为 $\mathrm{i}\kappa\Delta L$，与均匀布拉格光栅的反射率也相呼应。

既然任何折射率调制的布拉格光栅可以利用级联的分层剥离模型来描述，而且式(4-1-8)给出了分层剥离模型中每个界面的传输矩阵，那么布拉格光栅可以以分层剥离模型为基础进行仿真分析，计算流程仍然基于传输矩阵。不过，因为分层剥离模型对布拉格光栅的传输矩阵做了更多的近似，其计算精度应较均匀光栅级联的传输矩阵模型差一些。在这里就不赘述了，读者可自行编写相关程序计算。

分层剥离模型的优点在于，基于它可以方便地对布拉格光栅进行重构；已知反射频响之后，只要求出每一层透反射界面的反射率即可。其过程如下。首先，我们将分层剥离模型看作两部分的级联：第一部分，是理想的透反射界面和之后的长度为 ΔL、有效折射率为 n_{eff} 的自由传输；第二部分，则是以第二个理想透反射界面开头的模型剩余部分。分层剥离算法的思路是，基于已知的反射频响，首先求出第一个透反射界面的反射率，求出剥离掉第一部分后剩余模型部分的反射频响；然后上述

剥离过程不断重复，直至反射频响微乎其微为止。假设整个布拉格光栅的反射频率响应(复数)为 H。根据分层剥离模型(如图 4-1-9 所示)，如果我们对其注入一个冲击脉冲(数学上表示为 $\delta(t)$，即冲击函数)，那么模型的反射将是一系列分离的冲击脉冲，该冲击脉冲序列很显然就是分层剥离模型的冲击响应，数学上表示为反射频响的傅里叶逆变换 $h(t)$(严格地讲，由于分层剥离模型是时域离散系统，其冲击响应函数 h 是离散序列而非连续函数，因而 h 与连续频响函数 H 之间是一对离散时间傅里叶变换对，而非简单的傅里叶变换对)。而输出脉冲序列的第一个脉冲，由于它是第一个透反射界面形成的，与之后的界面无关，所以其幅度值 $h(t=0)$ 显然就是第一个界面的反射率。根据离散时间傅里叶逆变换的定义：

$$h(0)=\int_{-\frac{c}{2n_{\text{eff}}\Delta L}/2}^{\frac{c}{2n_{\text{eff}}\Delta L}/2} H(2\pi f)\,\mathrm{d}\,\frac{f}{\text{Period}} \tag{4-1-9}$$

注意其中积分的上、下限。由于分层剥离模型是时域离散系统，时间间隔为 $2n_{\text{eff}}\Delta L/c$，其中 c 为真空光速；因而，其频率响应是周期性的，其周期为时间间隔的倒数，$c/2n_{\text{eff}}\Delta L$。离散时间傅里叶逆变换的积分区域，为频率响应周期的长度。在布拉格光栅重构时，一般给出的是布拉格光栅在关心的频谱范围内的频率响应特性，在这里我们可以认为该频谱范围及其频响在整个频域内是重复出现的。式(4-1-9)给出的是，频响在一个周期内的平均值，因而可简单地表示为

$$\overline{H}=\mathrm{i}\kappa_1\Delta L \tag{4-1-10}$$

$\overline{H}$表示反射频响的平均值，其值等于第一个界面从左端入射时的反射率。这样，就得到了分层剥离模型的第一层对应的光栅结构。

接着，需要将分层剥离模型中的第一部分的影响剥离掉。第一部分的传输矩阵，在得知第一个界面的反射率之后很容易得到，为

$$\boldsymbol{T}_1=\begin{pmatrix}\exp(\mathrm{i}\sigma\Delta L) & 0\\ 0 & \exp(-\mathrm{i}\sigma\Delta L)\end{pmatrix}\begin{pmatrix}1 & \mathrm{i}\kappa_1^*\Delta L\\ -\mathrm{i}\kappa_1\Delta L & 1\end{pmatrix} \tag{4-1-11}$$

假设第二部分的传输矩阵为

$$\boldsymbol{T}_2=\begin{pmatrix}A_2 & B_2\\ C_2 & D_2\end{pmatrix} \tag{4-1-12}$$

那么总的传输矩阵为

$$\begin{aligned}\boldsymbol{T}&=\boldsymbol{T}_2\boldsymbol{T}_1\\ &=\begin{pmatrix}A_2\exp(\mathrm{i}\sigma\Delta L) & \mathrm{i}\kappa_1^*\Delta LA_2\exp(\mathrm{i}\sigma\Delta L)\\ -\mathrm{i}\kappa_1\Delta LB_2\exp(-\mathrm{i}\sigma\Delta L) & +B_2\exp(-\mathrm{i}\sigma\Delta L)\\ C_2\exp(\mathrm{i}\sigma\Delta L) & \mathrm{i}\kappa_1^*\Delta LC_2\exp(\mathrm{i}\sigma\Delta L)\\ -\mathrm{i}\kappa_1\Delta LD_2\exp(-\mathrm{i}\sigma\Delta L) & +D_2\exp(-\mathrm{i}\sigma\Delta L)\end{pmatrix}\end{aligned} \tag{4-1-13}$$

其左端入射时的反射率(即目标频率响应特性)为

$$H=-\frac{\frac{C_2}{D_2}\exp(\mathrm{i}\sigma\Delta L)-\mathrm{i}\kappa_1\Delta L\exp(-\mathrm{i}\sigma\Delta L)}{\mathrm{i}\kappa_1^*\Delta L\frac{C_2}{D_2}\exp(\mathrm{i}\sigma\Delta L)+\exp(-\mathrm{i}\sigma\Delta L)} \tag{4-1-14}$$

其中，$-C_2/D_2$恰好为第二部分的从左端入射时的频响特性，记为 H_2，那么

$$\begin{aligned}H_2&=\exp(-\mathrm{i}2\sigma\Delta L)\frac{H-\mathrm{i}\kappa_1\Delta L}{1+\mathrm{i}\kappa_1^*\Delta LH}\\&=\exp(-\mathrm{i}2\sigma\Delta L)\frac{H-\overline{H}}{1-H\overline{H}^*}\end{aligned} \tag{4-1-15}$$

公式(4-1-10)和公式(4-1-15)给出了分层剥离算法的重构过程：利用公式(4-1-10)求得第一层界面对应的光栅交流折射率调制强度，利用公式(4-1-15)将第一层界面剥离，求后续模型的频率响应特性；然后将该过程不断地重复。

分层剥离重构算法的使用需要注意几个问题。

首先，数值计算必须对频响和交流折射率调制进行离散化。分层剥离的布拉格光栅在空间上是离散的，其间隔为 ΔL，因而其冲击响应也是离散的，这将导致其频率响应是周期性重复在频域的，其周期为$\frac{c}{2n_{\mathrm{eff}}}\cdot\Delta L$。所以，布拉格光栅的空间离散和频率响应带宽直接的关系为

$$B_f\cdot\Delta L=c/2n_{\mathrm{eff}},\quad B_\sigma\cdot\Delta L=\pi \tag{4-1-16}$$

其中，B_σ是由直流失谐量表示的带宽。该关系与傅里叶变换重构(公式(4-1-5))是吻合的；与之前不同的是，当前算法不预设布拉格光栅的长度，而是分层剥离，逐步“削弱”目标反射频响，直至频响基本被剥离完全，残留反射率很低为止。

其次，目标反射频响 H 的“物理可实现性”，它不仅包括反射率不能超过 1 这个很明显的要求，还要求 H 满足“因果性”。根据 H 求解分层剥离模型的第一层界面传输矩阵，即使用公式(4-1-15)时，我们要求 H 的傅里叶逆变换在零时刻的数值反映了冲击响应的“第一个脉冲”，即要求 H 的傅里叶逆变换在 $t<0$ 的区间内没有任何输出；该要求即滤波器的因果要求，即在没有输入的时候不能有输出。根据分层剥离的流程可知，只要目标频响 H 满足因果性，逐层剥离后的各个冲击响应(即 $H2$)就满足因果性。一般情况下，用户给出的频率响应不满足因果性，因而需要在代入分层剥离算法之前进行处理。根据因果性的要求，其处理方法非常简单，只要对频响函数 H 的傅里叶逆变换进行时间移动，让其绝大部分具有明显反射率的冲击响应处于 $t>0$ 的区间，然后设置 $t<0$ 的区间为零，最后进行傅里叶变换得到因果化的 H 即可。

以理想矩形滤波器为例，下面是应用分层剥离算法的流程：

```
% % discrete grid
fwin = 250e9; fpts = 2^12;
dz = c/2/neff/fwin;    dfs = fwin/fpts;
freqshift = linspace( - fwin/2,fwin/2 - dfs,fpts).';
```

```
% % frequency response defination
H = zeros(fpts,1);     H(abs(freqshift)<25e9) = sqrt(0.9);
% H = sqrt(0.9) * exp( - log(2) * abs(2 * freqshift/50e9).^20);
figure; plot(freqshift/1e9,abs(H).^2,'LineWidth',2);   grid on;

dt = 1/fwin;   twin = 1/dfs; t = linspace( - twin/2,twin/2 - dt,fpts)';
h = fftshift(fft(fftshift(H)));
[maxh,maxpos] = max(abs(h));
minpos = find(abs(h)>maxh/100);   minpos = minpos(1);
h = circshift(h,maxpos - minpos);    h(t<0) = 0;
H = fftshift(ifft(fftshift(h)));
hold on;    plot(freqshift/1e9,abs(H).^2,'r','LineWidth',2);


% % DLP
NuFBG = fpts * 4;    nAC = zeros(NuFBG,1); disp('DLP starts');
for k = 1:NuFBG
    nAC(k) = - 1i * mean(H)/dz  * c/pi/braggfreq;
    H = exp( - 1i * 2 * (2 * neff * pi/c * freqshift) * dz). * (H - mean(H))./
(1 - H * conj(mean(H)));
end
disp('DLP ends');

pos = find(abs(nAC)>max(abs(nAC))/100);    nAC = nAC(pos(1):pos(end));
NuFBG = length(nAC);   length_dlpFBG = NuFBG * dz;
zFBG = linspace( - length_dlpFBG/2,length_dlpFBG/2 - length_dlpFBG/NuFBG,
NuFBG).';
figure; plot(zFBG * 1e3,abs(nAC),'LineWidth',2);     grid on;

uFBGlength = zeros(NuFBG,1) + dz;
nDC = zeros(NuFBG,1);
```

其中利用了MATLAB的circshift对时域冲击响应进行移动。值得注意的是，在对滤波器作“因果性”要求后，滤波器的频率响应不再与目标完全吻合。根据测不准原理，时域或者频域加窗，必然导致信号在变换域具有无穷大的宽度；如果有任何截断，那么在变换域的信号就会对应地发生畸变。在将滤波器进行“因果化”时，虽然我们可以尽量地将其时域冲击响应向正的时间方向移动，但这样的操作将导致重构得到的布拉格光栅开始部分冗长；在上面的重构例子中，我们忽略了冲击响应在负时间方向上比其峰值的百分之一还要小的部分，并将冲击响应的起始部分设置在该百分之一幅值的时刻。这种截断，直接导致了目标频率响应的畸变：在滤波器边沿陡降处发生了较大的幅度起伏（吉布斯现象）。

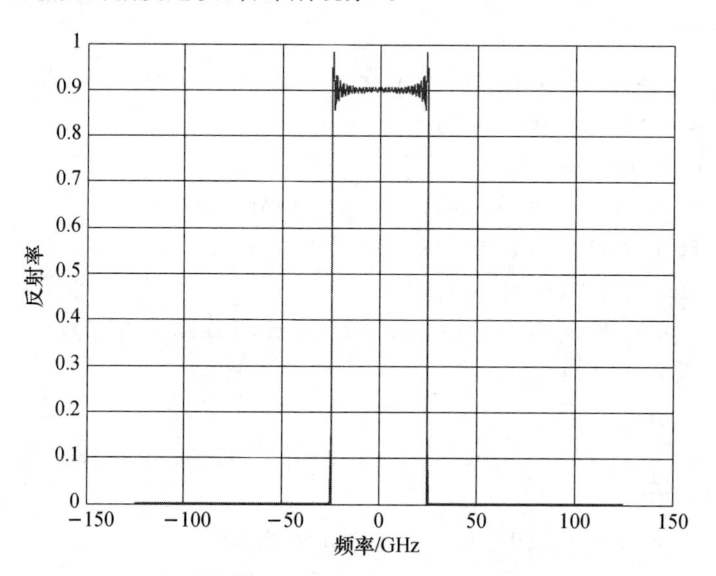

图 4-1-10 时域截断将导致频谱畸变，
在理想矩形脉冲边沿将产生吉布斯现象

除了需要对目标频率响应进行截断处理外，重构得到的布拉格光栅还需要截断，因为其中可能包含较多折射率调制微弱的部分（比如，进行因果化的时候，冲击响应被过分地往正时间方向移动）。运行该程序，得到的布拉格光栅设计如图 4-1-11 所示。

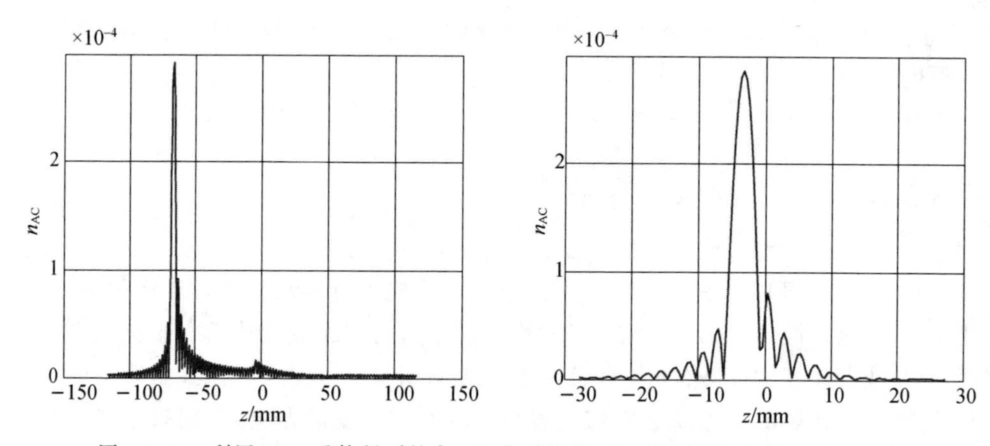

图 4-1-11 利用 DLP 重构得到的实现理想带通滤波器所需要的光栅折射率调制

利用级联均匀光栅的传输矩阵算法进行仿真，得到光栅的反射谱如图 4-1-12 所示。可见，该光栅的反射谱与目标频谱高度重合；但由于在重构之前就对目标频响

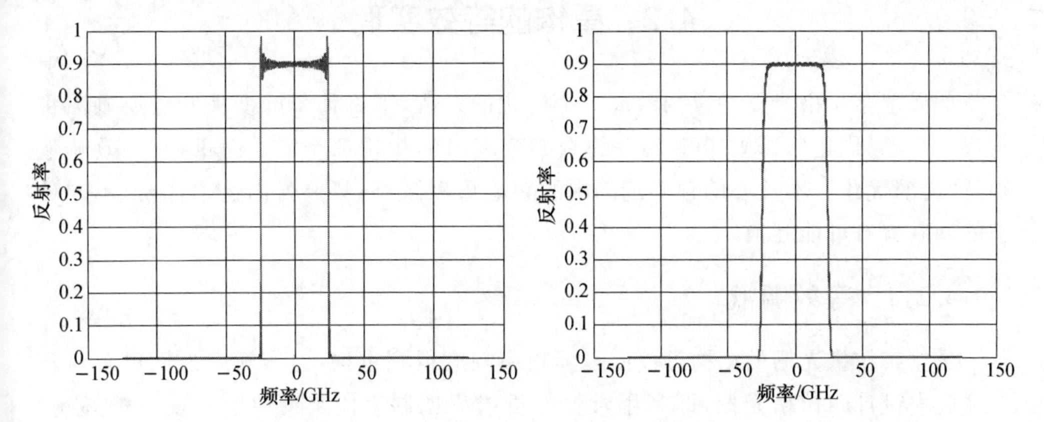

图 4-1-12　利用 DLP 重构得到的理想带通滤波器频响；切趾可以抑制带通边缘的抖动

进行了有限时长的截断，所以实际反射谱与因果化之后的目标反射谱一样，具有吉布斯现象。为了避免这一现象，可以设置目标反射谱的上升沿和下降沿没有突变，比如在上述程序中令其具有 10 阶超高斯轮廓，得到的因果化目标频响与最初的设置差别就很小。对应的光栅重构结果(仿真的反射谱)见图 4-1-11 和图 4-1-12(仿真时设置因果化目标频谱和重构后交流折射率调制截断阈值均为其峰值的$\frac{1}{300}$；矩形重构例子中，过低的截断阈值将导致重构后的光栅非常长，因而均设置为$\frac{1}{100}$)。

从上述结果可见，重构得到的光栅折射率调制不再像 sinc 函数一样对称；另外，目标反射率为 90%，目标反射率也较高，这些均表明了分层剥离算法和傅里叶变换重构的差别。不过，这些差别不大，图 4-1-11 所示的折射率调制也比较接近 sinc 函数。实际上，公式(4-1-15)表明，傅里叶变换重构是分层剥离重构的弱反射近似。假设每一层的反射率都很弱，$\overline{H}\ll 1$，那么公式(4-1-15)的分母可近似为 1，得到$H_2\approx \mathrm{e}^{-\mathrm{i}2\sigma\Delta L}(H-\overline{H})$，或者等价地表示为

$$H\approx \underbrace{\overline{H}}_{\text{第一层反射}}+\underbrace{H_2\exp(\mathrm{i}2\sigma\Delta L)}_{\text{剩余部分反射}}\xrightarrow{\text{傅里叶逆变换}}h(t)\approx\overline{H}\delta(t)+h_2\Big(t-\underbrace{\frac{2\Delta L}{c/n_{\mathrm{eff}}}}_{\text{两层延时差}}\Big) \tag{4-1-17}$$

可见，我们重新得到了傅里叶变换重构。根据该分析，我们对分层剥离算法的迭代公式(4-1-15)有了更深入的认识：$\overline{H}$是第一层的反射率，将其从整个反射频响剥离之后，通过时域移动向负方向移动两层之间的延时差$2\Delta L/(c/n_{\mathrm{eff}})$，将后续各层的总反射频响前移，使得原来的第二层界面变为第一层；考虑到第一层与剩余部分之间的多层反射带来的耦合，因而在公式(4-1-15)中加入了第一层对剩余部分反射的修

正，体现在其分母中，这也是傅里叶变换重构和分层剥离重构的差别之处。

4.2 重构的等效实现

如果把布拉格光栅的重构看成一个优化的过程，那么傅里叶变换和分层剥离重构都是“全局优化”，即要求不关心的频率范围内的频响都是零。而重构-等效啁啾则是“局部优化”，不关心的频率范围内的频响可以随意；只要付出这个代价，不同种类的调制就有可能互换。

4.2.1 等效啁啾

虽然布拉格光栅的结构可以由目标频率响应得到重构，但实际中人们更多地基于经验去设计布拉格光栅，即利用常见的折射率调制手段来近似地实现目标频响。其原因在于各种重构得到的折射率调制过于复杂，平常的光纤布拉格光栅制作工艺无法实现；尤其是得到的复杂的相位调制，如3.3.2小节和4.1.1小节中的非线性啁啾或者4.1.2小节中的各种相位跳变等(sinc函数的零点对应着π-相移)。为了实现重构的布拉格光栅，不少实验室开发了对应的制作工艺和平台，可以实现对光栅任意位置的折射率调制幅度和相位进行控制；文献通常称该类型光栅为超结构光纤光栅(Super-structured FBG，SSFBG)，它实际上是在某个步长下对重构布拉格光栅的一种离散化，用以克服无法实现连续切趾和连续相位调制的困难。即使如此，SS-FBG的制作工艺也是相当复杂的(如图1-1-15所示)，不但导致制作平台对纳米控制、纳米检测的要求，还使得该类光纤光栅的制作无法实现量化，无法降低其实用时的成本。

文献[①]在该问题的解决上走出了关键的一步，第一次提出了不等间隔采样和等效啁啾的概念。等效啁啾认为：不等间隔采样可以在采样布拉格光栅的非零级信道内产生色散；等效的含义是该色散和由于光栅周期的不均匀性带来的色散一样。等效啁啾的意义在于：它首次指出利用采样光栅的采样函数啁啾来替代布拉格光栅的周期啁啾是可能的。等效啁啾一开始用于在多信道色散补偿光纤光栅内引入色散斜率；但是从文献[②]开始等效啁啾更多地用于单信道应用：该文献提出了一种利用等效啁啾在采样布拉格光栅非零级信道内产生复杂群时延谱线的方法，开辟了等效啁

---

① Xiang-Fei Chen, Yi Luo, Chong-Cheng Fan, et al. Analytical Expression of Sampled Bragg Gratings with Chirp in the Sampling Period and its Application in Dispersion Management Design in a WDM System[J]. Photonics Technology Letters, 2000, 12(8): 1013-1015.

② Jia Feng, Xiangfei Chen, Chongcheng Fan, et al. A Novel method to Achieve Various Equivalent Chirp Profiles in Sampled Bragg Gratings Using Uniform-period Phase Masks[J]. Optics Communications, 2002, 205: 71-75.

啾在频域信号处理方面的新思路。

首先回忆光栅啁啾引起色散的原理，如图 3-3-10 所示。布拉格光栅的周期啁啾指的是，不同光栅位置处的布拉格频率或者周期是不一样的；由于布拉格光栅通常仅对满足布拉格条件的光进行反射，因而导致不同位置处被反射的光波长不同，在频率响应中的反映，即不同波长感受到的延时不同（即色散）。啁啾结构和布拉格条件是实现上述过程的核心。当光栅的周期均匀分布，布拉格频率处处相同时，采样提供了另一种产生等效啁啾和色散的途径：虽然此时布拉格频率在光栅各处相同，但周期性的采样导致布拉格光栅可以反射除布拉格频率外的其他多个频率，只要它们满足：

$$f_{B,m}=f_B+m\frac{c}{2n_{\text{eff}}P} \tag{4-2-1}$$

该频率同时由光栅周期和采样周期共同决定。因而，控制采样周期，同样可以实现反射频率的控制，其效果与控制光栅周期类似，只要 $m\neq 0$。

采样布拉格光栅可以看作多个布拉格光栅片段依次级联而成，之后称这些片段为每个“采样”。最简单的采样光栅，其交流折射率调制可以表示为

$$\kappa=\sum_k s(z-kP) \tag{4-2-2}$$

其中，s 是单个采样的交流耦合，P 是采样的周期。由于单个采样的反射率一般非常弱，因而其反射频响可以由其傅里叶变换近似，为 $\mathrm{i}S(2\sigma)\mathrm{e}^{\mathrm{i}2\sigma kP}$。值得注意的是，公式(4-2-2)中的相位项，它反映了入射光在采样光栅内被采样反射，再回到入射端时的相位变化，我们称之为传播相移，即 $2\sigma kP$。根据传播相移，我们可以把采样光栅抽象成离散的反射镜面，如图 4-2-1 所示。

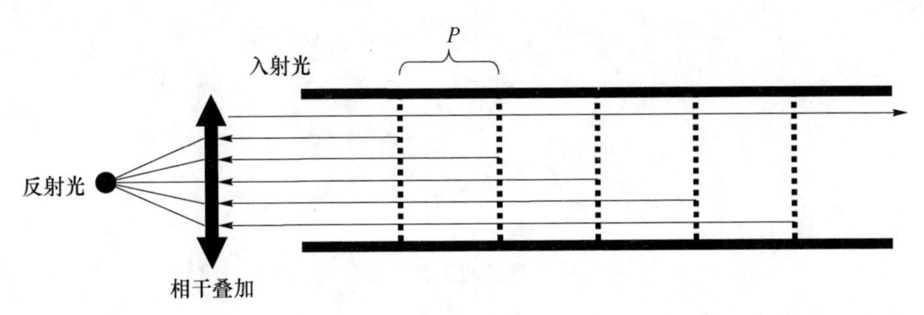

图 4-2-1　采样光栅可以抽象成为众多镜面的级联反射和透射，每个采样抽象成一个镜面

可见，该模型与无采样的布拉格光栅模型是一样的，区别在于反射面之间的距离由 Λ 改为 P，每个反射面的反射谱为相应采样的反射谱。因而，之前的布拉格条件同样可以推广到采样光栅中。为了抓住采样光栅的结构特性，我们先忽略镜面反射的细节，不考虑镜面反射带来的相位移动（可称为反射相移）；同时将各路反射光的相干过程具体到每对相邻的两个镜面中。由于相邻镜面构成一个 FP 腔，光在其

中往返一次的相位移动即为两个镜面传播相移之差为 $2\sigma P$。根据 FP 腔的性质，其第 m 级反射波长由下式确定：

$$2\sigma P=2m\pi,(\text{即 } \sigma_m=m\pi/P) \tag{4-2-3}$$

可见，该采样光栅的每个 FP 腔的反射峰与 k 没有关系。这些反射波长如图 4-2-2 所示。图中每一点都表示了相应位置的 FP 腔所反射的波长，我们称这些点为采样光栅的谐振反射点（和啁啾布拉格光栅的谐振反射点类似）。在该采样光栅中，级次（m）相同的点对应的波长也一样，就构成了采样光栅的第 m 级反射峰。这意味着，多信道是等间隔结构的特性，与采样形状无关；这和之前的结论一致（在公式(3-3-34)中，多信道来自于采样周期性导致的多级傅里叶分量，与具体的 S_m 无关）。由此，对采样布拉格光栅的研究可以分为两个方面：对齐“骨架”结构的研究；对单个采样的研究。出于简化工艺的考虑，由于对单个采样的控制实现起来比较复杂（采样长度一般都比较短，难以在其中再作细致的结构），对其周期性结构的研究更容易在实际应用中得以推广。在本章，将重点讨论如何通过排列图 4-2-2 中的谐振反射点来得到实际中所需要的采样光栅。

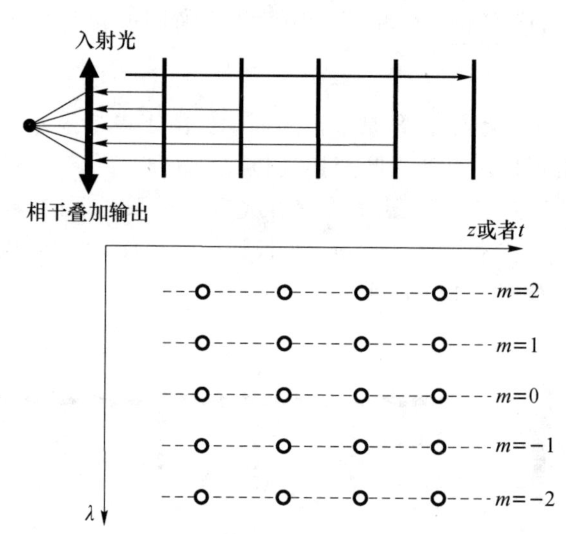

图 4-2-2　采样布拉格光栅的级联反射（谐振反射点）模型

图 4-2-3 是等效啁啾，即不等间隔采样的一个示意图。其中上半部分表示了不等间隔采样时采样光栅的谐振反射点模型，设第 k 个 FP 腔的间隔是 P_k，它将产生一系列谐振反射点，间隔是 $\Delta\lambda_k$，对应地在图的下半部分表示，不同的 P_k 将产生不同的 $\Delta\lambda_k$。所有的 FP 腔对应的谐振反射点都可以在该图中表示，而且相同 m 的反射点构成该采样光栅的一个信道。图中下半部分的横轴表示反射点发生发射的位置，正比于该频率的入射光在采样光栅中的时延，故该图显示了光栅每个信道的“时延-入射光频率”关系，可见，$m\neq0$ 的信道有和 m 有关的色散，而且反射谱展宽；零级峰没有

色散。如果把上面的过程倒过来，给定图中下半部分的“时延-入射光频率”关系，同样可以利用“谐振反射频率点”的概念构造出上半部分的不等间隔采样的光栅，这就是利用等效啁啾实现复杂群时延谱线的基本思想。

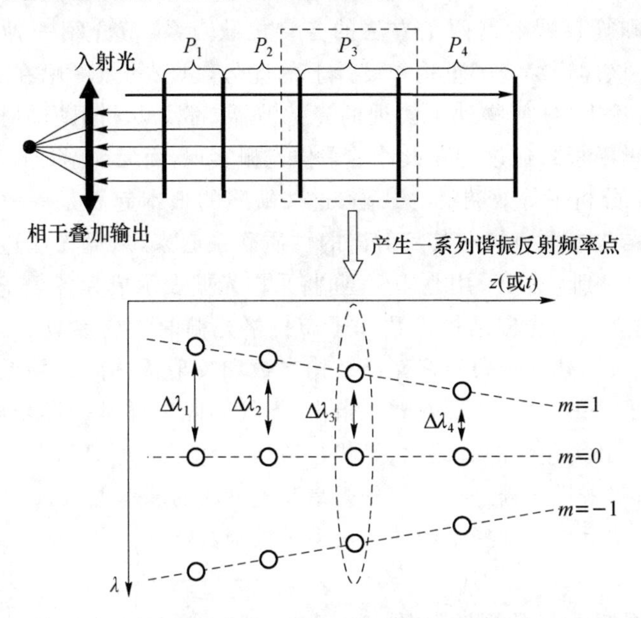

图 4-2-3 等效啁啾光栅的级联反射(谐振反射点)模型

从采样光栅的采样周期(毫米或者亚毫米量级)和光栅周期(亚微米量级)的数量级的差别就可以看到利用等效啁啾，即利用采样啁啾替代布拉格周期啁啾的重大意义：对一个毫米或者亚毫米量级的位移的精确控制，只需要制作平台具有微米或者亚微米的控制精度；而对一个亚微米量级的位移的精确控制，则需要制作平台具有纳米甚至以上的控制精度。而前者对一般的制作平台来说是比较容易的。例如，德国 PI 公司生产的平移台，定位精度在 0.1 μm。简单地说，等效相移对制作平台的精度要求比其他技术至少低两个数量级。

但是，基于图 4-2-3 的等效啁啾还有其不完善的地方。首先，这个方法忽略了对采样光栅的切趾；切趾在很多情况下对采样光栅的反射谱形状有比较大的影响，不恰当的切趾方式往往会导致反射谱的非理想性或者谱线和群时延的抖动。其次，根据图 4-2-3 的设计方法，等效啁啾只能用来设计单信道内群时延随波长单调变化的采样光栅(不同位置但是具有相同谐振反射点的 FP 腔之间会有相互作用，该现象类似于 3.3.2 小节中利用谐振反射点对非线性啁啾光栅的设计)；这样就大大地限制了等效啁啾的应用范围，因为很多复杂的布拉格光栅往往也具有复杂的相位调制(例如，包括相移等离散的相位调制)。最后，谐振反射点也具有一定的近似性，使得设计的采样光栅和目标值有所偏差。总之，等效啁啾虽然在制作上具有重构无可比拟的优势，但是在采样光栅设计上有较大的局限性。

4.2.2 重构-等效啁啾理论

针对重构和等效啁啾这两个方法的各自优缺点，本节介绍一种“重构-等效啁啾”的新理论。该理论综合了重构在设计上的优势，以及等效啁啾在制作上的优势，该理论指出：理论上，任何物理可实现的光滤波器，都可以利用均匀相位模板（或者商用的线性啁啾模板），通过特殊设计的采样光栅实现，而无须附加任何相位调制。

4.2.1 小节分析了等效啁啾的缺陷；这些缺陷的根本起因是等效啁啾方法没有把采样光栅的结构参数直接和其反射谱的性质联系起来，从而无法进一步研究。从 2.2.2 小节我们得到启示：采用叠印模型，将采样光栅表示成为各个子布拉格光栅的叠加，就可以建立采样光栅结构参数和子布拉格光栅的结构参数之间的关系；采用重构的方法，又可以建立子布拉格光栅结构参数和反射谱之间的关系，这样，这个根本问题就解决了。另一方面，等效啁啾指出，不等间隔采样是采样光栅的关键，切趾也是改进方法所必须包含的。因此，寻找合适的含切趾的不等间隔采样函数是改进方法的出发点；对采样光栅进行叠印分析是改进方法的基本思路。

重构-等效啁啾理论选择下面的改进型采样函数：

$$S(z)=A(z)\times s_0[z+f(z)] \tag{4-2-4}$$

其中，$s_0(z)$是周期为 P 的周期函数，$A(z)$表示对该采样函数的切趾，而 $f(z)$用来表示对原周期函数的相位调制。采用这样的表达形式是基于这样的思考：常用式(2-2-11)的形式来表示对均匀光栅（周期函数）引入的啁啾，即

$$\cos\left[\frac{2\pi z}{\Lambda}+\varphi(z)\right] \tag{4-2-5}$$

那么采用式(4-2-4)表示在采样函数$s_0(z)$内引入啁啾就很自然了。这时该采样光栅的折射率调制可以表示为

$$\Delta n(z)=\frac{1}{2}S(z)\exp\left[-\mathrm{i}\,\frac{2\pi z}{\Lambda}-\mathrm{i}\varphi(z)\right]+\mathrm{c.\,c} \tag{4-2-6}$$

其中，$\varphi(z)$表示相位模板给采样光栅带来的相位调制。对该采样光栅的叠印展开，我们可以参考周期函数$s_0(z)$的傅里叶展开：

$$s_0(z)=\sum_m F_m\exp\left(-\mathrm{i}\,\frac{2m\pi}{P}z\right)+\mathrm{c.\,c} \tag{4-2-7}$$

因而 $S(z)$可以展开为

$$S(z)=A(z)\sum_m F_m\exp\left\{-\mathrm{i}\,\frac{2m\pi}{P}[z+f(z)]\right\}+\mathrm{c.\,c} \tag{4-2-8}$$

带入公式(4-2-6)即可得到改进采样光栅的叠印模型。根据 3.3.4 小节对叠印布拉格光栅“准线性”的讨论，当 P 足够小，各个反射峰互不重叠时，采样光栅的子光栅和反射峰是一一对应的，因此我们只考虑第 m 级子光栅：

$$\Delta n_m(z)=\frac{1}{2}F_m A(z) \times \exp\left[-\mathrm{i}\frac{2m\pi f(z)}{P}-\mathrm{i}\varphi(z)\right] \times \exp\left[-\mathrm{i}\frac{2\pi z}{\Lambda}-\mathrm{i}\frac{2m\pi z}{P}\right]+\mathrm{c.c} \tag{4-2-9}$$

通过和任意布拉格光栅(下面称其为种子光栅)的折射率调制,即

$$\Delta n_S(z)=\frac{1}{2}A_S(z)\exp[-\mathrm{i}\varphi_S(z)]\exp\left(-\mathrm{i}\frac{2\pi z}{\Lambda_S}\right)+\mathrm{c.c} \tag{4-2-10}$$

比较可知,公式(4-2-9)右端三项分别为第 m 级子布拉格光栅的切趾、相位调制和周期。如果令

$$\left.\begin{aligned} A(z)&=\frac{A_S(z)}{F_m} \\ f(z)&=\frac{\varphi_S(z)-\varphi(z)}{2\pi}\frac{P}{m} \\ P&=\frac{m\Lambda^2}{\Lambda-\Lambda_S} \end{aligned}\right\} \tag{4-2-11}$$

成立,公式(4-2-9)将和公式(4-2-10)等价,这样我们把采样光栅的结构参数 A、f 同其第 m 级子光栅的结构参数 A_S、φ_S联系了起来。最后,该子光栅的结构参数 A_S、φ_S 可以通过重构和其反射响应联系起来。到此,我们建立起采样光栅(公式(4-2-6))和其第 m 级反射峰之间的关系,并指出,如果该采样光栅满足(公式(4-2-11)),那么它的第 m 级反射峰将具有和种子光栅(公式(4-2-10))同样的响应,只要满足 P 足够小的条件。

这个结论可以使采样光栅实现任意物理可实现的反射响应。如果要实现的反射响应是 $H(\omega)$,利用任何布拉格光栅的重构方法,就可以得到能够实现 $H(\omega)$的种子光栅(即公式(4-2-10)),再利用公式(4-2-11),便可得到采样光栅的结构;而 $H(\omega)$将出现在该采样光栅的第 m 级反射峰中。这个过程可以用图 4-2-4 表示。基于该过程利用采样光栅实现复杂反射响应的方法称为重构-等效啁啾(Reconstruction Equivalent Chirp,REC)方法。

和等效啁啾方法相比,重构-等效啁啾方法解决了两个关键问题:①给出了实现指定反射响应时应该采用的切趾方式;②可以实现任意相位调制。从设计角度上讲,REC 方法直接面对反射响应,可以同时实现对反射谱和相位谱的要求而不限定其具体形式,从而实现各种频率信号处理器(只要物理可实现即可)。从实现角度上讲,REC 方法给出的采样光栅可以利用商用的均匀或线性啁啾相位模板实现,实验装置只需微米或者亚微米量级的控制精度;既可以利用如图 1-1-9 所示的简单布拉格光栅制作平台实现,也可以利用更适合大规模生产的幅度模板的方法实现。REC 在实现角度上的限制,仅在于其成立条件,也就是采样周期 P 的大小上:能够实现的

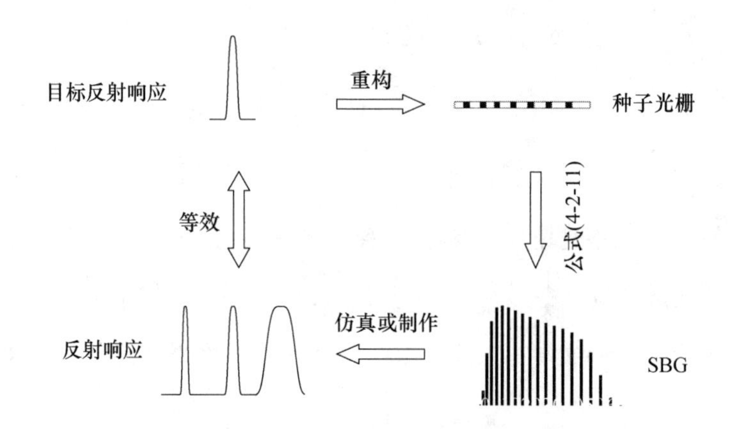

图 4-2-4　基于重构-等效啁啾方法进行布拉格光栅设计和实现的流程图

最小采样周期受给定实验平台的限制(如果采用幅度模板的方法,P 可以在几十微米甚至更小;通常,实验室的平台,P 最小值在 100 μm 左右,受紫外光斑聚焦大小的限制),因而 REC 方法在带宽较宽的布拉格光栅方面会受到不同制作平台的制约;然而在窄带应用上(也是光信号处理最常见的情况),REC 方法实现了布拉格光栅对频域信号处理的"最终目标"。

下面看看等效公式(4-2-11)中每一个量的意义。

(1) m 是选择的采样光栅的信道级数,从公式(4-2-9)可见,只有 $m\neq0$ 的信道会有等效啁啾,这也和之前图 4-2-3 的结论相同。

(2) F_m 是第 m 级信道对应的傅里叶变换系数,该数值小于 1,因而 REC 所需的折射率调制强度要大于种子布拉格光栅的折射率调制强度,这是利用等效的一个代价。实际中要求该数值越大越好;一般 F_m 是随 m 的增大而变小的,而+1 级信道往往受包层模式损耗而导致低反射率,所以-1 级信道是实现 REC 方法的理想信道。F_{-1} 取决于 $s_0(z)$ 每个采样的形状。例如,如果 $s_0(z)$ 为方波,其占空比为 0.5 时 F_{-1} 最大,大概为 1/3。本书中所有关于 REC 的讨论都将针对采样光栅的-1 级信道。

(3) 当 $m=-1$ 时,等效方程变为

$$\left.\begin{aligned} A(z)&=\frac{A_S(z)}{F_{-1}} \\ f(z)&=-\frac{\Delta\varphi(z)}{2\pi}P \\ P&=\frac{\Lambda^2}{\Delta\Lambda} \end{aligned}\right\} \qquad (4\text{-}2\text{-}12)$$

其中,$\Delta\Lambda=\Lambda_S-\Lambda$,$\Delta\varphi=\varphi_S-\varphi$ 分别是种子布拉格光栅和采样光栅之间的周期差和相位调制差。其周期差也对应了光栅的信道间隔,根据 REC 方法的成立条件,该周期差使得-1 级反射峰和 0 级反射峰、-2 级反射峰不重叠,即 P 应该小于某一数值

P_{Max}。P_{Max}和实现的反射响应以及采样光栅采用的相位模板(即 $\varphi_s(z)$)都有关系。

(4) $\Delta\varphi$ 表示实现目标反射所必需的,而相位模板又没有提供的相位调制,它由 $f(z)$提供。由于$s_0(z)$是周期性函数,故 z 实际上是$s_0(z)$的相位,由公式(4-2-4)可见,$z+f(z)$就是 REC 所设计的 SBG 的采样函数的相位,$f(z)$是对原来周期性函数 $s_0(z)$的非线性相位调制,即对采样函数的啁啾。由公式(4-2-8)可见,该非线性相位调制和它所实现的等效相位调制成正比。

(5) $A(z)$是整个采样光栅的切趾轮廓。

公式(4-2-12)以显式的形式给出了 REC 方法所设计的采样光栅的结构,因此可以直接应用到采样光栅的设计中。下面我们讨论两种典型情况下等效公式的形式,也是实际应用中最常用的两个 REC 的具体模型。

① 方波采样模型

$s_0(z)$是占空比为γ 的方波。当利用幅度模板制作采样光栅的时候就属于这种情况。这时,$s_0(z)$中的非零区域由下式决定:$\{z/P\}<\gamma$,函数$\{x\}$定义为 x 减去小于 x 的最大整数,即$\{x\}$为 x 的小数部分。故采样光栅(即公式(4-2-4))中折射率调制非零部分为$\{z+f(z)/P\}<\gamma$,由公式(4-2-12)可得该采样光栅的采样函数为

$$S(z)=\begin{cases}\dfrac{A_{\mathrm{S}}(z)}{F_{-1}}, & \left\{\dfrac{z}{P}-\dfrac{\Delta\varphi(z)}{2\pi}\right\}<\gamma \\ 0, & \text{其他}\end{cases} \tag{4-2-13}$$

在实际中,由于 P 远小于$A_{\mathrm{S}}(z)$的变化率,所以不需要考虑在单个采样内部$A_{\mathrm{S}}(z)$的变化,即取$A_{\mathrm{S}}(z)$在每个采样内部的平均值即可。值得注意的是,公式(4-2-13)得到的采样光栅其每个采样的大小并不相等;由于一般情况下采样率将远大于 $\Delta\varphi(z)$的非线性变化率,即在一个周期内部可以认为 $\Delta\varphi(z)$是线性的,所以新的采样光栅其占空比各处近似相等,而且近似为 γ。可以认为方波采样 REC 模型的特征是占空比不变。

② 冲击采样模型

如果基于图 1-1-9 的装置制作采样光栅,那么每个采样的形状和大小将会一样。这样的制作方式在实际中也是很普遍的,这时候我们关心的是每个采样的中心位置 z_k和此采样的折射率调制强度 A_k。该情况实际上就是公式(4-2-13)中 $\gamma\rightarrow 0$ 的情况,即:

$$\left.\begin{aligned}&\left\{\frac{z_k}{P}-\frac{\Delta\varphi(z_k)}{2\pi}\right\}=0\\ &A_k=\frac{A_{\mathrm{S}}(z_k)}{F_{-1}}\end{aligned}\right\} \tag{4-2-14}$$

这时,z_k不再是显式的了,需要求解方程得到。关于该模型我们在下一节中将详细讨论。可以认为冲击采样 REC 模型的特征是采样形状不变。

下面举两个例子来说明 REC 方法的正确性,其中我们应用的都是如公

式(4-2-13)的方波采样的 REC 模型，并且取 $\gamma=0.5$；假设制作采样光栅时用到的相位模板都是均匀的，即 $\varphi(z)=0$。

(1) 具有三阶色散的色散补偿器

该器件具有非零的色散斜率，可以用于可调谐色散补偿。根据 REC 方法的流程图 4-2-3，首先定义该器件的反射响应：

① 反射谱为四阶超高斯形，$R(\Delta\lambda)=\exp(2\Delta\lambda/B)^8/\mathrm{sqrt}(2)$，其中 B 是反射谱的 3 dB 带宽，这里取 $B=2$ nm。

② 群时延谱线为 $\tau(\Delta\lambda)=1/2*D_2\Delta\lambda^2+D_1\Delta\lambda$，其中 D_2 和 D_1 分别表示该器件的三阶色散和二阶色散。这里取 $D_2=-130$ ps/nm^2，$D_1=-190$ ps/nm，表示该器件在其 3 dB 带宽内部色散值从 -60 ps/nm 线性变化到 -320 ps/nm。相位谱线是群时延谱线的积分。

重构算法这里采用的是傅里叶变换方法，得到的种子布拉格光栅如图 4-2-5 所示。这里利用“本地周期”$\Delta\Lambda$ 来描述布拉格光栅的相位调制，根据公式(2-2-17)，本地周期和布拉格光栅相位调制 $\varphi(z)$ 之间的关系为

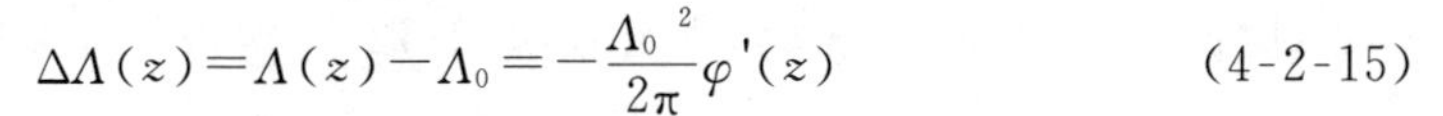

$$\Delta\Lambda(z)=\Lambda(z)-\Lambda_0=-\frac{\Lambda_0{}^2}{2\pi}\varphi'(z) \qquad (4\text{-}2\text{-}15)$$

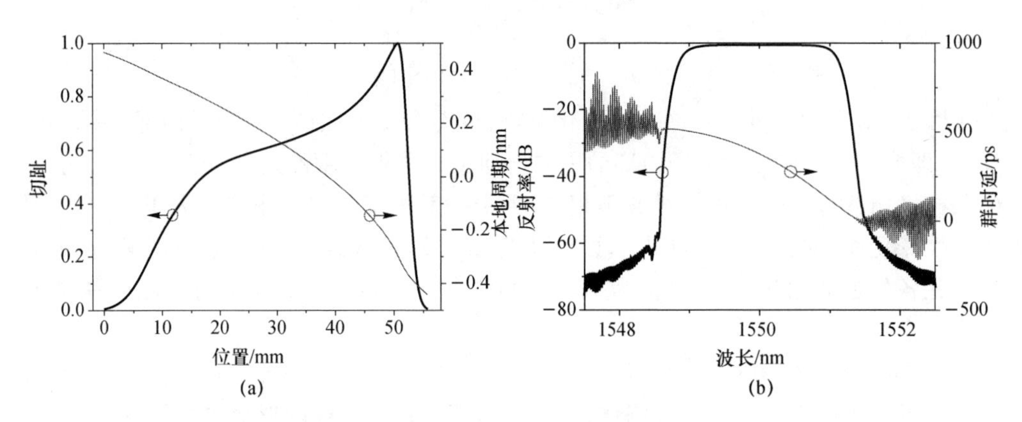

图 4-2-5 重构得到的具有三阶色散的种子布拉格光栅的结构图和反射谱

由图 4-2-5(a)可见，本地周期既非常数也非线性变化，即该种子布拉格光栅具有非线性啁啾。利用传输矩阵方法得到的该种子光栅的反射谱如图 4-2-5(b)所示，其中最大折射率调制取 2.5×10^{-4}。仿真得到的 D_2 和 D_1 分别为 -132.0 ps/nm^2 和 -192.4 ps/nm，可见利用傅里叶变换方法重构具有较大色散的布拉格光栅，即使反射率比较高(该例中峰值反射率为 -0.6 dB)，其结果也比较接近。

取 $P=0.2$ mm，利用公式(4-2-12)，我们可以得到对应的采样光栅的结构，并用图 4-2-6 表示。这里利用采样周期来表示相邻两个采样的中心位置之间的距离。对比图 4-2-6(a)和图 4-2-5(a)，可见采样光栅的采样周期的变化和种子布拉格光栅本

地周期的变化成正比而且反相,这和公式(4-2-12)是一致的。利用传输矩阵方法仿真,该采样光栅的反射谱如图 4-2-6(b)所示,其中在 $m=-1$ 的反射峰中实现了需要的群时延谱线。计算可得,D_2 和 D_1 分别为 $-132.6\ \text{ps/nm}^2$ 和 $-192.8\ \text{ps/nm}$,峰值反射率为 -0.6 dB,和重构得到的种子布拉格光栅的时延谱完全吻合,说明 REC 方法可以完全实现由重构得到的种子布拉格光栅的反射谱,即能够实现需要的反射响应。

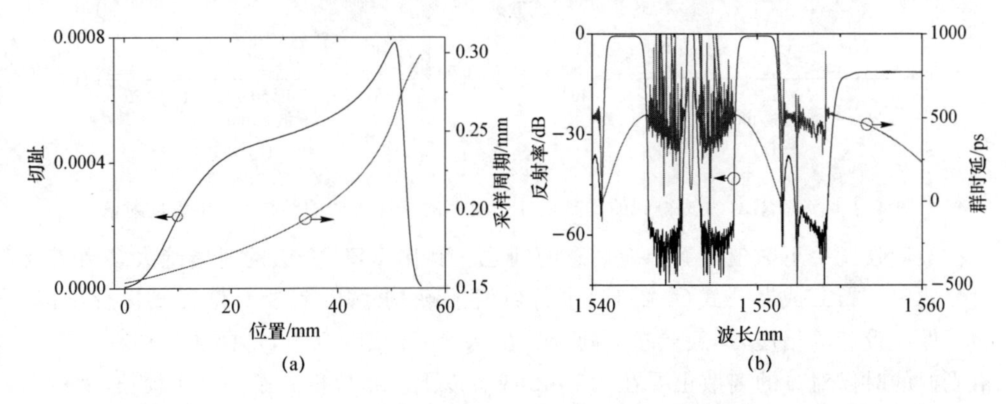

图 4-2-6 由 REC 方法得到的具有三阶色散的采样光栅的结构和反射谱

(2) 具有线性反射率的滤波器

在反射带内部该器件的幅度反射谱对波长是线性变化的(幅度反射谱为直角三角形),而且无色散。设反射谱的带宽 $B=0.4$ nm,最高幅度反射率为 0.5,则根据分层剥离算法,种子布拉格光栅的结构如图 4-2-7 所示。该子布拉格光栅具有更为复杂的、振荡形的非线性啁啾。利用传输矩阵算法,该种子光栅的反射谱如图 4-2-7(b)所示。利用公式(4-2-12),我们可以得到对应的采样光栅的结构,并用图 4-2-8 表示。利用传输矩阵可以得到该采样光栅的反射谱,如图 4-2-8(b)所示。又一次证明,由 REC 方法得到的采样光栅其反射谱和重构种子布拉格光栅的反射谱以及设计值非常吻合。

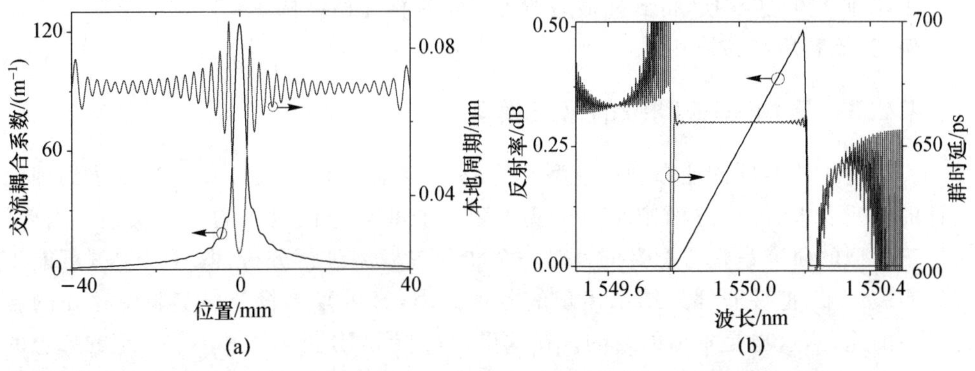

图 4-2-7 重构得到的具有线性反射率的种子 FBG 的结构和反射谱

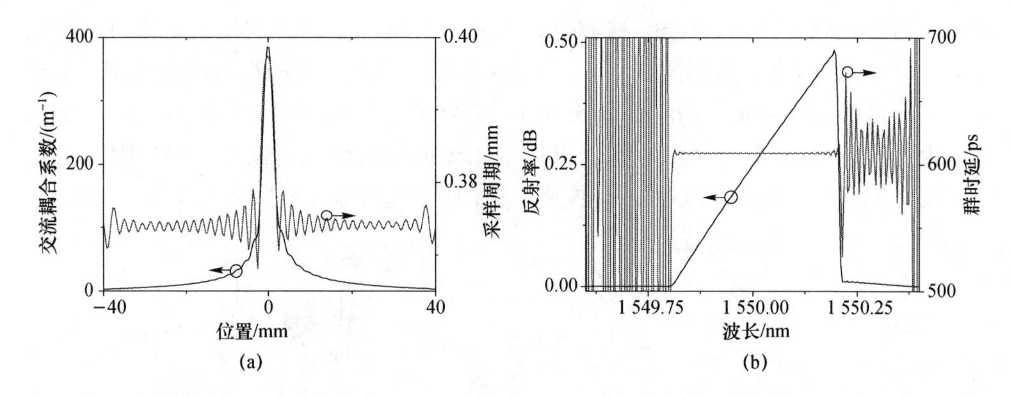

图 4-2-8 由 REC 方法得到的具有线性反射率的采样光栅的结构和－1 级反射谱

最后强调一下数值计算中应注意的问题。利用 REC 方法的时候绝大多数需要对公式(4-2-13)或者公式(4-2-14)进行数值求解,求解时就要对位置 z 进行离散。为了保证设计的精度,一般要求 z 的步长在 0.1 μm 或者以下,这样在重构种子布拉格光栅的时候对 z 的离散也要在 0.1 μm 或者以下。布拉格光栅一般比较长,大概在几个厘米左右,因此传输矩阵模型的划分段数就要在 10^5 量级甚至更多。如果采用傅里叶变换方法进行重构,该分段数目并不显多,因为这时可以采用 FFT 等快速算法;但是如果利用 DLP 算法,这么多的段数会造成计算时间很长。为了同时保证精度和速度,在设计的时候我们可以先利用大步长的分层剥离算法,然后再对重构结果进行"插值"来缩短步长。在实践中我们发现,利用"零拓展频域"的方法来实现插值具有很好的效果,其过程如下:

① 对大步长分层剥离算法的结果进行 FFT 变换,得到一个频域的序列;

② 拓展该频域序列的频率范围(注意,频率范围和空间步长成反比),直到对应的空间步长满足要求为止;

③ 设拓展的频率范围内上述频域序列的值为零;

④ 作傅里叶逆变换,得到插值后的种子布拉格光栅结构。

例(2)就利用了该算法。

4.2.3 重构-等效啁啾的修正模型

实际制作的器件往往和理论模型有差别:一方面是由于实际往往难以达到理论设计的一些要求;另一方面则是由于实验装置的非理想性引入的一些误差。因此,对修正模型的研究是很有意义的。对一个非理想模型进行分析,既可以预测可能出现的实验结果,把握非理想结果出现的各种原因,又可以寻找补偿实验中存在的各种误差的途径,这也是本节的目的。在这里,我们首先分析 4.2.2 小节介绍的理想的 REC 模型在具体实验平台上的变型,然后提出一个针对一般情况的误差补偿途径。

1. 冲击采样模型中对同采样结构的修正

众多实验室的布拉格光栅制作采用氩离子倍频紫外激光器，实验平台如图 1-1-9 所示；为了简化制作，各个采样都是紫外光一次曝光形成的，制作的采样光栅的各个采样形状相同，我们称之为同采样结构（实际上当采样光栅周期比较小的时候，比如小于 0.5 mm，也只能做成这样的结构）。这时我们关注的是曝光的位置和曝光量的大小，即采用公式(4-2-14)所示的冲击采样模型。但是我们在 4.2.2 小节中指出，REC 模型（方波采样模型）是等占空比结构。在不等间隔采样下，这两种结构显然不等价，即同采样结构会带来结果的非理想性。下面给出一个例子。

我们设计一个具有线性色散的滤波器，3 dB 带宽为 1.5 nm，色散为 200 ps/nm，均匀相位模板。按照公式(4-2-14)得到的采样光栅的结构如图 4-2-9 所示。单个采样分别采用宽度为 0.1 mm 和 0.2 mm 的矩形时，对应的采样光栅的－1 级反射峰如图 4-2-10 所示。

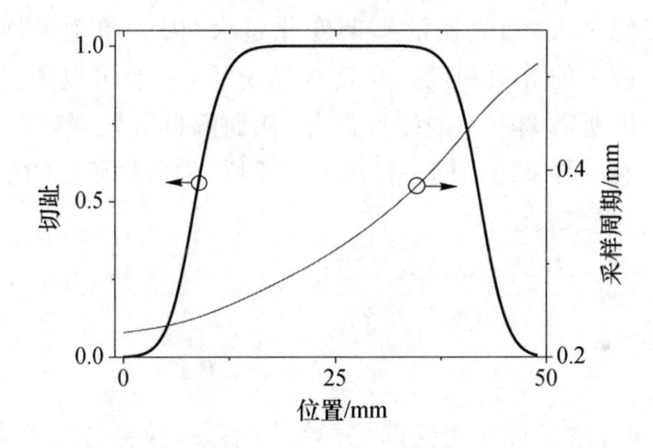

图 4-2-9 利用公式(4-2-14)设计的具有二阶色散的采样光栅的结构图

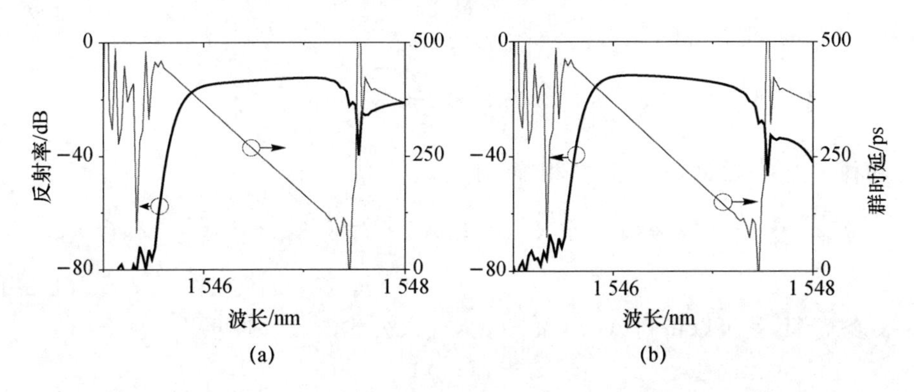

图 4-2-10 单个采样长度不同时采样光栅的－1 级反射峰形状也不同

在两种不同的情况下，采样光栅的群时延谱线和目标值一致，但是反射峰各有倾斜。引起这种反射峰倾斜的原因是占空比在整个采样光栅内不相等。下面是一个物理解释:反射谱是由采样光栅各个采样的贡献组成的,对于这种具有色散的采样光栅,和图 4-2-2 所示一样,其反射谱的不同部分是由采样光栅的不同部分贡献的;对照采样光栅的时延谱可见,反射谱短波方向是由采样光栅尾端采样提供的,而反射谱长波方向是由光栅始端采样提供的。根据图 4-2-9,采样光栅始端占空比要比尾端占空比大。当采样小、平均占空比小时,采样在−1 级峰附近的反射谱比较平坦,占空比大的地方(光栅的始端)采样多一些,(长波)反射率就会高一些,对应了图 4-2-10(a)的情况;当采样大、平均占空比大的时候,采样在−1 级峰附近的反射谱变得不平坦,长波的反射率降低,对应了图 4-2-10(b)的情形。

可见,同采样结构存在着“占空比变化”和“采样形状”两种因素的影响,产生反射谱的非理想性。要避免这种情况,针对上面的例子,可以存在某个采样长度,使得反射谱恰好平起来。另外,从上面的分析我们可以看出,产生这种情况的原因在于采样光栅占空比变化过大,即光栅的周期变化过大(因为单个采样长度都相等),说明该采样光栅中有过大的等效啁啾。在这种情况下,一般可以通过 $\varphi(z)$,即选择合适的相位模板来提供所需啁啾中的线性部分,从而降低等效啁啾。

从根本上讲,这种差异来源于同采样结构和 REC 中采样函数的假设(公式(4-2-4))不等价,它应该用下式来表示:

$$S(z)=q(z)\otimes\{A(z)s_0[z+f(z)]\} \tag{4-2-16}$$

其中,$\otimes$表示卷积,$s_0(z)$是冲击函数序列

$$s_0(z)=\sum_k\delta(z-kP) \tag{4-2-17}$$

下面我们把 REC 的等效过程应用到同采样结构中去,看看结果和冲击采样模型有什么差别。该采样光栅的−1 级反射峰对应的子布拉格光栅的折射率调制为(为了简单,下面的一些推导中我们去掉了一些常数因子)

$$\Delta n_{-1}(z)=q(z)\otimes\left\{\frac{1}{2}A(z)\exp\left[\mathrm{i}\frac{2\pi f(z)}{P}-\mathrm{i}\varphi(z)\right]\right\}\times\exp\left[-\mathrm{i}\frac{2\pi z}{\Lambda}+\mathrm{i}\frac{2\pi z}{P}\right]+\mathrm{c.c} \tag{4-2-18}$$

令它和种子光栅(公式(4-2-10))相等,有

$$q(z)\otimes\left\{\frac{1}{2}A(z)\exp\left[\mathrm{i}\frac{2\pi f(z)}{P}-\mathrm{i}\varphi(z)\right]\right\}=\frac{1}{2}A_S(z)\exp[-\mathrm{i}\varphi_S(z)] \tag{4-2-19}$$

对右式解卷积,就可以得到 $A(z)$和 $f(z)$,代入公式(4-2-16)可得

$$\left.\begin{array}{l}\left\{\dfrac{z_k+f(z_k)}{P}\right\}=0\\ A_k=A(z_k)\end{array}\right\} \tag{4-2-20}$$

从而可以求得 z_k和 A_k,而采样光栅的采样函数(公式(4-2-16))可以化简为

$$S(z)=\sum_{k}\frac{A_k}{1+f'(z_k)}q(z-z_k) \tag{4-2-21}$$

对比公式(4-2-12),修正主要体现在：

① 利用单个采样的形状修正种子光栅的反射谱,体现在公式(4-2-19)。在弱光栅近似下,这种修正可以看作是利用单个采样的反射谱除以原来布拉格光栅的反射谱,作为新的子光栅的反射谱。这样就修正了图 4-2-10(b)所体现的“采样形状”因素的影响。

② 利用采样间隔(在同采样结构中即占空比)来修正折射率调制幅度,体现在公式(4-2-21)中。该修正意味着降低间隔变近(间隔小于 P,即 $f(z)$ 大于 1,大占空比)的采样的折射率调制幅度。这样就修正了图 4-2-10(a)所体现的“变占空比”因素的影响。

值得注意的是,一般 $q(z)$ 是实函数,作傅里叶变换后其相位谱是线性的,所以 A 修正仅仅是对原采样光栅的设计,即对公式(4-2-12)中 $A_S(z)$ 的修正;B 修正也仅是对 $A_S(z)$ 的修正。也就是说,单个采样形状不变不会引起等效啁啾的偏差,这和上例中群时延谱线没有偏差的结果一致;它引起的对原 REC 模型的修正仅是对切趾(即各个曝光点的曝光强度)的修正。

2. 存在直流调制时的修正

存在直流调制是所有切趾布拉格光栅制作过程中共同的问题。一般的解决方法有二次曝光(正常制作光栅之后去掉模板对光栅再曝光补偿一次,使得光栅各处总曝光量一致)、设计特殊的光路或者模板使得直流调制恒定等方法。后一种方法比较复杂或者需要特殊相位模板;二次曝光会大大延长采样光栅的制作时间,而且还要在实验中不断地改动光路。

在 REC 模型中,直流调制也是一种相位上的调制,和模板带来的啁啾没有什么差别,故我们可以利用等效啁啾将其补偿掉。基于这种想法,上述所有等效公式(即公式(4-2-12)～公式(4-2-14))中所有 $\Delta\varphi(z)$ 应修正为

$$\Delta\varphi(z)=\varphi_S(z)-\varphi(z)-\varphi_{DC}(z) \tag{4-2-22}$$

其中,我们在 2.2.1 小节中给出了

$$\varphi_{DC}(z)=\int\frac{4\pi}{\lambda}n_{DC}(z)\mathrm{d}z \tag{4-2-23}$$

如果设采样光栅的对比度(交流折射率调制和直流折射率调制只比)为 α,则公式(4-2-23)中 $n_{DC}(z)=S(z)/\alpha$。公式(4-2-22)和公式(4-2-23)即为对原等效公式的修正。

联立之后,等效公式中的 f 将不再是显式的了,求解比较复杂,这里不再举例。从修正过程来看,对直流调制(即对采样光栅附加相位调制)的修正可以通过调整各个曝光点的位置来实现,而对切趾轮廓没有影响。

3. 更一般的修正模型

虽然上面的两个修正模型依然比较理想，但是给我们的启示则是非常重要的：

① 外界对理想的采样光栅结构参数的影响“渗透”到-1级子光栅中，从而影响-1级峰的性质；因此，修正应该“落实”到-1级子光栅中去，而不是停留在采样光栅的结构参数上。例如，对同采样结构的修正，虽然原因来源于变占空比，但是我们不追求一定要把同采样变成同占空比，只要修正模型的-1级峰被修正即可。这充分体现了“等效”的含义。

② 修正不以复杂原模型为代价，也就是说，不增加设计的工艺难度。例如，直流调制虽然等价于对采样光栅的相位调制，但不要通过引入附加相移等补偿。

有了这两个“修正原则”，我们从更一般的意义上考虑外界对理想 REC 模型（即公式(4-2-4)）的影响及其修正。根据原则 A，外界的影响渗透到其-1级反射峰当中：

$$\Delta n_{-1}(z)=\frac{1}{2}[F_{-1}A(z)+A_E(z)]\times\exp\left[\mathrm{i}\frac{2\pi f(z)}{P}-\mathrm{i}\varphi(z)-\mathrm{i}\varphi_E(z)\right] \tag{4-2-24}$$

其中，$A_E(z)$和$\varphi_E(z)$分别是这些影响在采样光栅的-1级反射峰中的体现。由原则 B，采样光栅的修正模型应该具有下面的形式：

$$S(z)=[A(z)+\Delta A(z)]\times s_0[z+f(z)+\Delta f(z)] \tag{4-2-25}$$

其中，$A(z)$和$f(z)$是对采样光栅结构参数的修正，修正模型(4-2-25)和原模型(4-2-4)具有相同的工艺。再由原则 A，这种修正要体现在采样光栅的-1级峰中。考虑相同的外界影响，修正采样光栅的-1级子光栅具有如下的折射率调制：

$$\Delta n_{-1}(z)=\frac{1}{2}[F_{-1}A(z)+F_{-1}\Delta A(z)+A_E(z)]\times\exp\left[\mathrm{i}\frac{2\pi f(z)}{P}-\mathrm{i}\varphi(z)+\mathrm{i}\frac{2\pi\Delta f(z)}{P}-\mathrm{i}\varphi_E(z)\right] \tag{4-2-26}$$

我们让修正对-1级峰的影响和外界对-1级峰的影响抵消：

$$\Delta A=-\frac{A_E}{F_{-1}},\quad \Delta f=\frac{\varphi_E}{2\pi}P \tag{4-2-27}$$

就完成了对 REC 模型的修正。

本节所考虑的修正，不管是同采样、直流调制，还是一般模型，都是在已知外界影响的情况下进行的（q、φ_{DC}、$A(z)$和$f(z)$等已知）。外界影响的获得，依赖于对现有实验结果的分析，本书把该部分连同对多信道采样光栅的分析一起放在之后章节详细讨论。在那里，分析方法和修正模型结合，成为实现基于 REC 方法的频域信号处理器的一般化的工艺流程。

4.2.4 等效相移

相移和啁啾都是对布拉格光栅的一种相位调制，其差别仅在于啁啾显得“缓和”

一些，而相移则是在光栅中发生的相位突变。相移在光栅中的应用不亚于啁啾，如分布反馈式(DFB)光纤激光器；在一些复杂的信号处理器(如光码分多址复用(OCD-MA)编解码器)中，相移发挥了至关重要的作用。这一节我们详细讨论一下相移的等效。

相移同样可以利用 REC 方法处理。例如，采样光栅的各个采样的中心位置可以由公式(4-2-14)决定；如果在原种子光栅的 $z=x$ 处引入相移 θ(种子光栅的折射率调制变为公式(2-2-23))，则采样光栅在 $z<x$ 的区域内采样的位置 z_k 仍然由公式(4-2-14)决定，而在 $z>x$ 的区域内 z_k 由下式决定：

$$\left\{\frac{z_k}{P}-\frac{\Delta\varphi(z_k)-\theta}{2\pi}\right\}=0 \tag{4-2-28}$$

如果近似地认为 $\Delta\varphi(z)$ 在长度为 P 的范围内变化很小，则上式的近似解为

$$z_k=z_k^0-\frac{\theta}{2\pi}P \tag{4-2-29}$$

其中，z_k^0 为原采样光栅(即公式(4-2-14))在 $z>x$ 的区域内的解。可见，相移使得相移后所有的采样点发生整体的平移，也就是说，采样光栅处在相移点的周期发生下面的变化：

$$P_x=P_x^0\times\left(1-\frac{\theta}{2\pi}\right) \tag{4-2-30}$$

其中，P_x^0 是原采样光栅在 z_0 处的周期，而其他周期不变。可见，利用 REC 方法，通过改变采样光栅在某处的周期，可以在其－1 级反射峰内得到相应的相移，该方法称为等效相移(EPS)。

利用 EPS，我们可以仅仅通过改变采样光栅的周期来得到目标相移。例如，如果要在均匀布拉格光栅内部引入 π 的相移，根据公式(4-2-30)，只要将一个等周期采样的采样光栅内的相应位置上的采样周期改为原来的 0.5 或者 1.5 倍即可。下面我们将从三个例子来说明 EPS 方法的应用。

1. 中部有单个等效 π 相移的均匀采样光栅

根据上面的分析，只要将均匀采样光栅的中心位置处的周期改为原来的 1.5 倍或者 0.5 倍即可，即该采样光栅的采样函数可以由图 4-2-11 表示。和普通含有 π 相

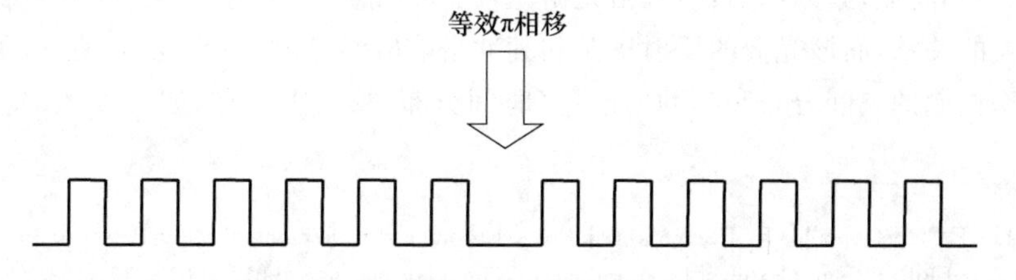

图 4-2-11 在采样光栅中引入等效 π 相移

移的均匀布拉格光栅一样，等效 π 相移也可以在采样光栅的－1 级反射峰内形成透

射峰，如图 4-2-12 所示。和含有 π 相移的均匀布拉格光栅一样，图 4-2-12 中的透射峰也对应着一个谐振腔，仿真和实验都证明，该谐振腔和普通 DFB 谐振腔具有相同的性质，如果该采样光栅结构刻在增益光纤上，也可以形成单纵模激射。

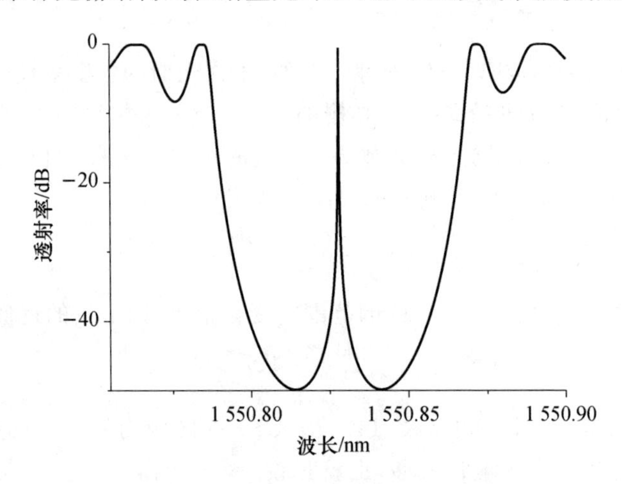

图 4-2-12　等效 π 相移在采样光栅的 −1 级反射峰内形成透射峰

2. 直接扩频的光码分多址复用(*DS-OCDMA*)系统中的双极性编码、解码器

利用布拉格光栅做 DS-OCDMA 系统的编码/解码器是从文献①开始的。该文献采用的是“超结构光栅(SSFBG)”的方案，其结构如图 4-2-13 所示。

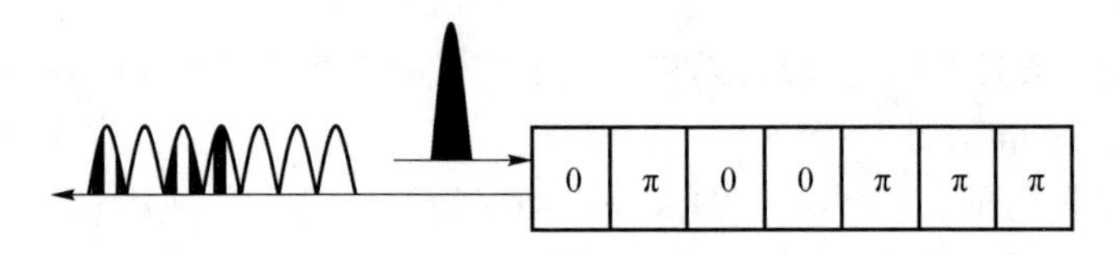

图 4-2-13　利用 SSFBG 做 OCDMA 编码的示意图

该超结构光栅没有幅度上的切趾，但是每一段光栅的相位和要实现的编码方案中对应的码片的相位相同。文献②指出，当 SSFBG 比较弱的时候，可以很好地实现目标编码、解码功能，原因如下：布拉格光栅比较弱的时候，其反射谱和折射率调制满足傅里叶变换的关系，而该光栅的反射谱又和其冲击响应满足傅里叶变换的关系，所以光栅的折射率调制的空间分布和其冲击响应(时间分布)形式上一样；如图 4-2-13 所示，该

① The P C, Petropoulos P, Ibsen M, et al. Phase Encoding and Decoding of Short Pulses at 10 Gb/s Using Superstructured Fiber Bragg Gratings[J]. Photonics Technology Letters, 2001, 13(2): 154-156.

② Peh Chiong The, Periklis Petropoulos, Morten Ibsen, et al. A Comparative Study of The Performance of Seven-and 63-Chip Optical Code-division Multiple-access Encoders and Decoders Based on Superstructured Fiber Bragg Gratigns[J]. Journal of Lightwave Technology, 2001, 19(9): 1352-1365.

SSFBG 的冲击响应即为和其结构相同的脉冲序列，从而完成其编码过程。

超结构光栅也可以利用 EPS 方法实现。首先表示出原 SSFBG(种子布拉格光栅)的相位调制：

$$\varphi(z)=\varphi_k,\quad kL\leqslant z<(k+1)L \tag{4-2-31}$$

其中，$0\leqslant k<N-1$，N 是码片总数，L 是每个码片的长度。为简单起见，我们令采样光栅的周期 P 为码片长度的整数分之一，即 $P=L/M$，M 为整数。这样，我们可以将坐标 z 表示为

$$z=kL+lP+x=(kM+l)P+x \tag{4-2-32}$$

其中，k 和 l 都是整数，$0\leqslant k<N-1$，$0\leqslant l<M$，而 x 满足 $0\leqslant x<P$。将公式(4-2-31)和公式(4-2-32)带入公式(4-2-29)，就可以得到各个采样中心位置：

$$z_{kM+l}=\left(kM+l+\frac{\varphi_k}{2\pi}\right)\frac{L}{M} \tag{4-2-33}$$

得到的采样光栅总采样个数为 MN。由公式(4-2-33)可见，由于非零的 φ_k 引起光栅采样位置的移动，即产生了等效相移。

其中的一个特殊情况是采用二进制相位编码，即 φ_k 只取 0 和 π，由公式(4-2-9)可得，这时候 -2 级信道的等效啁啾为

$$\varphi_{-2}(z)=\frac{-4\pi f(z)}{P}=2\varphi(z)=0\text{ 或 }2\pi \tag{4-2-34}$$

也就是说，-1 级信道的两个相邻信道，0 级和 -2 级的等效啁啾都为零，两个子光栅都是均匀光栅。如果所需的码片个数 N 很高，采样光栅很长，那么这两个相邻信道就会很窄，不会对 -1 级信道产生干扰，所以这时候采样周期 P 就可以取的比较大，仿真和实验验证，当 P 取 L，即 $M=1$ 时仍然可以得到理想的编码、解码效果，这时候

$$z_k=\left(k+\frac{\varphi_k}{2\pi}\right)L \tag{4-2-35}$$

也就是说，采样光栅的段数和 SSFBG 的段数相等，却无须像 SSFBG 那样做真实的相移。

下面是一个仿真的例子，比较了 511 个码片、编码速率为 $R=500$ GChip/s 的 SSFBG 和采样光栅的编码、解码效果。码片长度和编码速率的关系为

$$L=\frac{c}{2n_{\mathrm{eff}}R} \tag{4-2-36}$$

在某一个编码(OC-A)要求下，分别利用 SSFBG 和采样光栅得到的反射谱如图 4-2-14 所示。其中采样光栅中令每个采样都是方波，占空比为 0.5。然后我们又设计了该编码器对应的解码器(OC-B)和一个不匹配解码器(OC-C)，利用图 4-2-15 所示的系统来验证 SSFBG 和采样光栅的编解码效果。其中，输入脉冲(高斯脉冲)被 OC-A 编码，然后分别被 OC-B 匹配解码和 OC-C 非匹配解码；我们用 P/W 表示匹配解码中主峰和噪声主峰的功率比，用 P/C 表示匹配解码主峰和非匹配解码噪声主峰的比

(上述两个指标用于对编解码器的评价)。这样,分别利用 SSFBG 和采样光栅得到的解码效果如图 4-2-16 所示。其中左上和右上是利用 SSFBG 作匹配解码和不匹配解码时的效果;左下和右下是利用采样光栅作匹配解码和不匹配解码时的效果。仿真中我们假设入射的高斯光脉冲的半高全宽为 2 ps。可见利用 REC 方法可以得到和 SSFBG 相同的编码、解码效果。

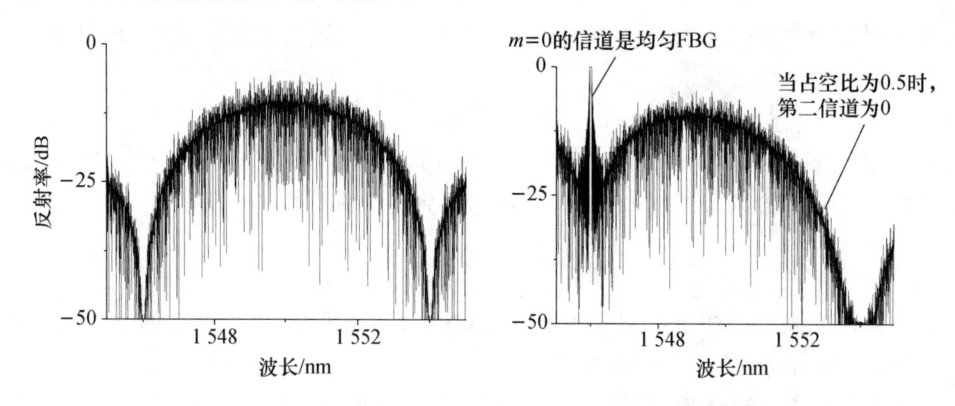

图 4-2-14　分别利用 SSFBG(左)和采样光栅(右)得到的反射谱

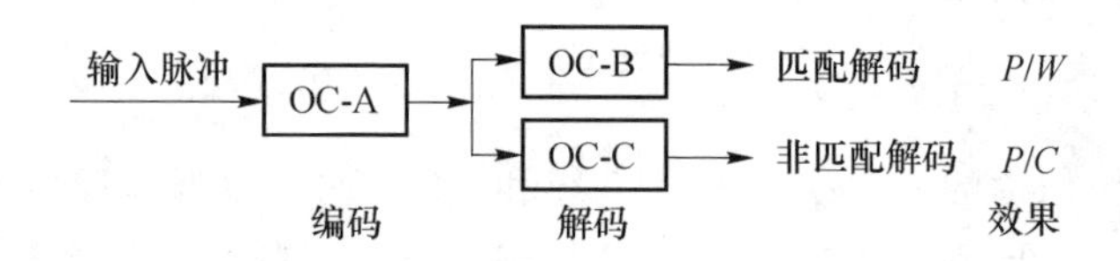

图 4-2-15　编解码效果的验证系统

3. 对直流调制的补偿

在 4.2.3 小节中我们讨论了直流调制的补偿问题,并给出了一个修正的 REC 模型,但在该模型里面 $f(z)$受 $A(z)$的影响,求解比较复杂。我们从另一个角度考虑:直流调制等价于对采样光栅的相位调制,那么可以近似地认为直流调制在采样光栅的每个采样后面做了一个相移;补偿该相移可以利用上述的等效相移。

首先,我们通过公式(4-2-23)得到每个采样后由于直流调制带来的相移(根据相移的定义,两个采样之间的相移为前一个采样的相位减去后一个采样的相位):

$$\theta_k=\frac{2\pi}{n_{\mathrm{eff}}\Lambda}n_{\mathrm{DC},k}L_k \tag{4-2-37}$$

其中,$n_{\mathrm{DC},k}$为第 k 个采样的平均直流折射率调制,L_k为该采样的等效长度。要补偿该相移,就要在第 k 个采样后做相移 $-\theta_k$,根据等效相移公式(4-2-30),第 k 个采样和第 $k+1$ 个采样之间的距离 P_k将变为

$$P_k=P_k^0\times\left(1+\frac{\theta_k}{2\pi}\right)=P_k{}^0\times\left(1+\frac{n_{\mathrm{DC},k}L_k}{n_{\mathrm{eff}}\Lambda}\right) \tag{4-2-38}$$

从而完成了对直流调制的补偿。

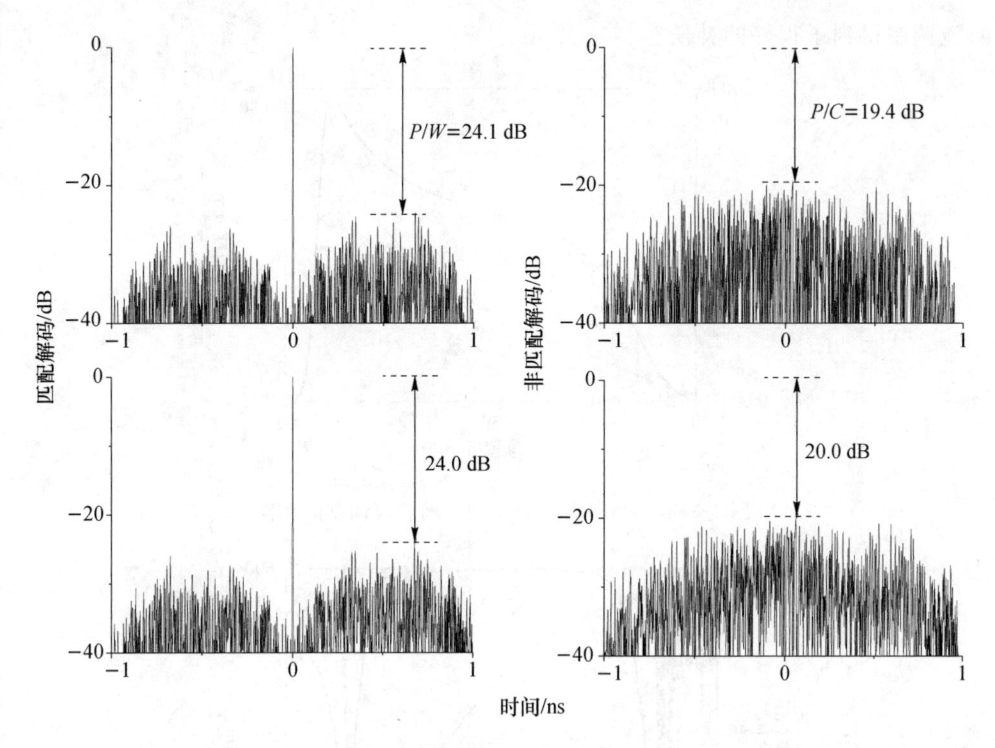

图 4-2-16 分别利用 SSFBG 和采样光栅得到的编码效果

例如，考虑直流调制的时候，图 4-2-5(b)所示的采样光栅其−1 级反射谱会发生变形(由于 FP 效应，反射峰向长波倾斜)，如图 4-2-17 所示。

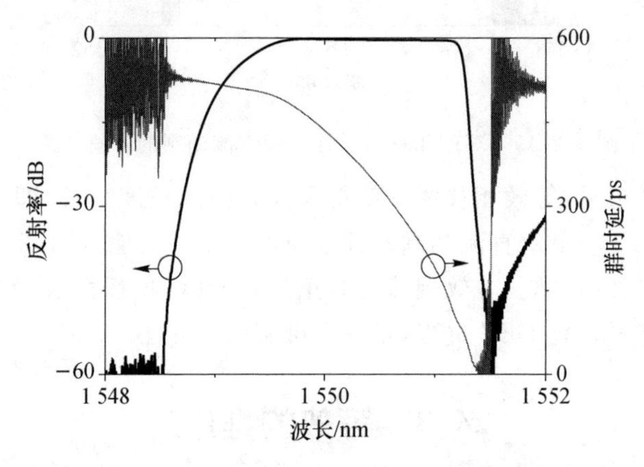

图 4-2-17 直流调制使采样光栅的反射谱发生形变

设 $n_{DC}=n_{AC}$。利用公式(4-2-38)对该采样光栅设计进行修正，可以得到如图 4-2-18 所示的结构图。其中，点画线表示的是修正前采样光栅的采样周期分布，实线则是修正后的。通过上述修正，光栅的−1 级反射谱如图 4-2-19 所示。对比图 4-2-17，直流调制得到了很好的补偿。

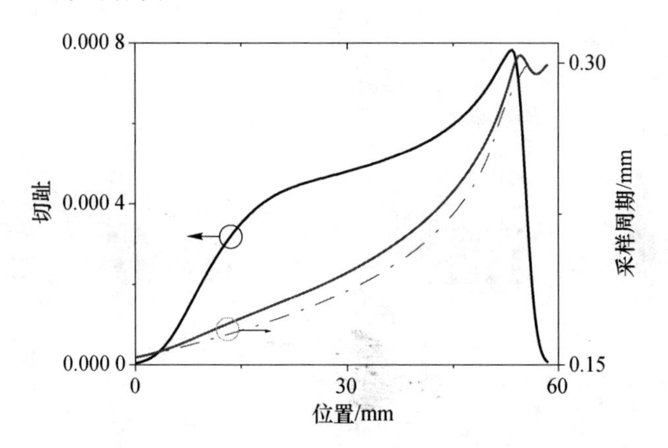

图 4-2-18　等效相移对采样光栅直流调制的补偿

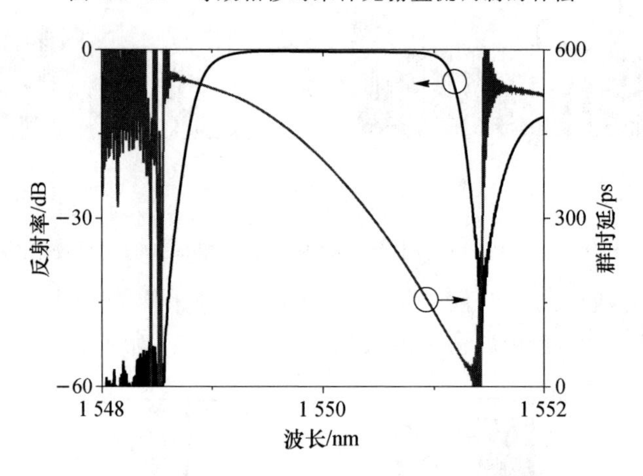

图 4-2-19　等效相移对采样光栅直流调制的补偿效果

由图 4-2-18 可见，等效相移修正使得采样光栅的长度变长，即切趾轮廓也稍有改变；这是和 4.2.3 小节对直流调制的补偿模型有差别的地方，4.2.3 小节的修正并不会影响光栅的切趾轮廓。等效相移的修正是在 REC 过程之后，称为后补偿，不会像4.2.3小节那样复杂化 REC 过程，是一个可实用的方法。

4.3　等效的推广

寻找模型之间的相似之处，就能够把同一个技术四处推广。

4.3.1　正系统和等效相位调制

上面我们从“叠印模型”的角度、从一个比较数学化的视角讨论 REC 方法；这里讨论它的物理本质。我们再回到采样光栅的级联反射模型(图 4-2-1);在时域上,它对入射光信号的处理是通过“分束、时延、加权叠加”的方式,因此它和图 1-1-13 所示的 MEMS、PLC 等对光信号的处理方式在本质上是一样的,我们称之为“横向滤波器”,如图 4-3-1 所示。满足该结构的滤波器也被称为“有限冲击响应滤波器(FIR)”。

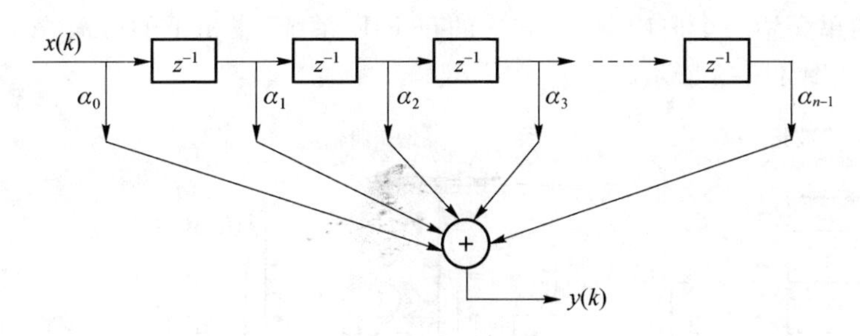

图 4-3-1 横向滤波器(即 FIR)的结构图

然而,公式(4-2-4)给出的 REC 方法得到的采样光栅的采样函数,无论目标反射响应有多复杂,采样函数总是非负的,也就是说,该采样光栅是一个“正 FIR 系统”,即图 4-3-1 中各个加权系数 α_k 都为正数。从传统意义上讲,“正 FIR 系统”只能实现功能非常有限的滤波。但是,REC 方法突破了这一限制,使得一个“正 FIR 系统”可以实现和复数加权的 FIR 相同的功能,那么这些等效的加权相位是从哪里得到的呢?

在级联反射模型中,位于 z 处的采样(第 k 个采样),对入射光 σ 的反射率为(由 4.2.1 小节):

$$\rho_k = \exp(\mathrm{i}2\sigma z) \tag{4-3-1}$$

可见,对于具有布拉格波长的入射光,直流失谐量 σ 为零,那么任何位置的采样其反射率均为 1(正数),这时该采样光栅即为“正 FIR 系统”。但是如果 σ 不为零,则上述反射率就会有一个相位 $2\sigma z$。更进一步,如果采样是等间隔的,那么这个相位随 k 就是线性变化的,从 FIR 的理论看,线性变化的相位只是对频谱在频域中的平移,不会从根本上改变 FIR 的性质。所以,上面的问题(即等效的加权相位的来源)就是 $\sigma \neq 0$(非零频的载波)和不等间隔采样,这正是 REC 方法的本质。

$\sigma \neq 0$(非零频的载波)意味着:如果信号被调制到 $\sigma = 0$ 的光上,是无法产生等效相位调制的;如果被调制到 $\sigma \neq 0$ 的光上,就会产生等效相位调制。因此,REC 系统中等效的加权相位来源于载波;而常规的 FIR 系统中,相位调制来源于器件本身:这就是等效相位调制的来源,也是 REC 的本质所在。也正是由于相位调制来源于载波,当载波变化的时候相位调制也会变化,所以 REC 方法适用于窄带应用。但是对于一般的信号处理而言,窄带就足够了。

显然,REC 方法可以推广到所有如图 4-3-1 所示的 FIR 系统中。不仅如此,在强布拉格光栅情况下也可以使用 REC 方法，表明 REC 的适用范围是所有“类傅里叶变换系统”，也就是说，只要系统的结构和其响应之间近似满足傅里叶变换关系就可以了。更具体的是，具有周期性结构的器件，如果在周期差别足够大的情况下，不同周期结构的叠加能导致响应的叠加，就可以利用 REC 方法，应用过程和图 4-2-4 一样，只不过对应不同的重构算法而已。

下面简单介绍一个应用 REC 方法的正 FIR 系统：非相干的微波光子滤波器系统，其结构如图 4-3-2 所示。

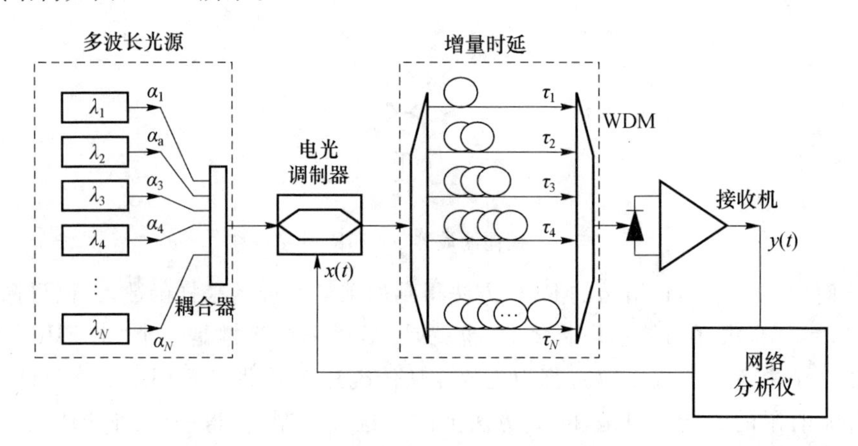

图 4-3-2　非相干的微波光子滤波器系统

微波信号 $x(t)$ 调制到一个多波长源上，然后通过一个波分解复用器（WDM）分束，各个频率的光经过不同的传输延时后再耦合起来，由一个接收器转变为电信号。由于是一个非相干系统，各个频率的光在接收器中没有相互作用，高频的拍频信号被滤除，得到的电信号将是各个波长的光的能量和：

$$y(t)=\sum_k \alpha_k x(t-\tau_k) \tag{4-3-2}$$

其中，α_k 是多波长源中各个波长的能量加权，因此 $\alpha_k>0$，该系统是一个正 FIR 系统。

很多文献都有关于将上述系统扩展为含相位响应的报道，虽然方法各异，但都是基于“相位调制来源于器件本身”的思路。根据上面的分析，REC 方法同样可以应用到该系统中，思路和图 4-2-4 一样，并且可以得到和公式（4-2-11）同样的等效公式。唯一的差别在于该系统的重构只是简单的傅里叶变换而已。

FIR 或类 FIR 结构是频域信号处理的一个基本结构，很多器件或者子系统都是基于该结构的；而像布拉格光栅这样不属于 FIR 结构的，也可以通过采样的方法转化为 FIR 结构（SSFBG 也属于 FIR 结构）。由上面的讨论可知，REC 是该结构的一个通用理论，当研究的 FIR 系统难以实现要求的相位调制的时候，REC 方法就有可能提供一个简单的途径。

4.3.2 采样布拉格光栅中的其他等效

从数学角度上讲,REC 也是一种重构,两者都是根据给定的反射响应来得到布拉格光栅的结构。而两者的差别在于,重构考虑的是整个频域,而 REC 仅考虑频域的一小部分,也就是说,REC 只关心频域中部分范围反射响应和目标值一致,其余范围不关心。从傅里叶变换角度看,反射谱和 FBG 结构是一一对应的;所以,只有当仅考虑频谱一部分的重构时,才有等效的余地。

所以,我们可以把"等效"定义为在保证频域部分范围反射响应和目标一致的情况下,利用布拉格光栅中的一种调制替代另一种调制的过程。等效的目的是简化光栅的制作。REC 是利用幅度调制来等效实现相位调制,因为在一般的光栅制作平台上幅度调制比相位调制实现起来简单。而有时候相位调制更容易实现。例如,使用特殊的相位模板,这时候也可以利用相位调制来等效实现幅度调制。这里对其原理作简单介绍。

等效的思路是:只考虑关心的频率段,在此之外的频率范围不考虑。例如,均匀光栅,其传输矩阵为公式(2-2-43)和公式(2-2-44),如果该光栅的长度很短,而且我们只考虑其布拉格波长附近的一小段频率范围,其传输矩阵可以化简为

$$\boldsymbol{T}=\begin{pmatrix} \exp(\mathrm{i}\sigma L) & \mathrm{i}\kappa^{*}L \\ -\mathrm{i}\kappa L & \exp(-\mathrm{i}\sigma L) \end{pmatrix} \tag{4-3-3}$$

要实现不做幅度调制而使得光栅对光的反射率降低,我们可以考虑在光栅中部引入相移;例如,中部含有 π 相移的均匀布拉格光栅在其布拉格波长处反射率为零,使两段光栅对入射光的反射贡献在布拉格波长附近抵消。基于这个想法,我们用中间含相移的光栅替代均匀光栅,如图 4-3-3 所示。

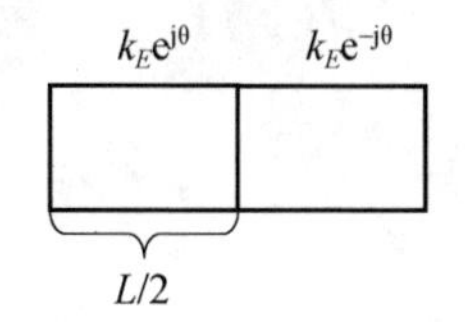

图 4-3-3 利用相位调制等效切趾的示意图

同样我们可以计算这两段光栅在其布拉格波长附近的近似传输矩阵:

$$\boldsymbol{T}=\begin{bmatrix} \exp(\mathrm{i}\sigma L) & \mathrm{i}\kappa_E{}^{*}L\cos\theta \\ -\mathrm{i}\kappa_E L\cos\theta & \exp(-\mathrm{i}\sigma L) \end{bmatrix} \tag{4-3-4}$$

等效(或替代)的含义,就是令公式(4-3-3)和公式(4-3-4)两个矩阵相等,即

$$\kappa_E\cos\theta=\kappa \tag{4-3-5}$$

我们可以把任意的布拉格光栅化为传输矩阵模型,对其中每一段应用上述过程。可

见,如果$|\kappa_E|\geqslant\max|\kappa|$,保持光栅原有的相位调制,即 $\arg(\kappa_E)=\arg(\kappa)$,再附加如图 2-6-1 所示的相位调制

$$\theta=\arccos\left(\left|\frac{\kappa}{\kappa_E}\right|\right) \tag{4-3-6}$$

就可以保持$|\kappa_E|$为常数,利用附加的相位调制实现等效的切趾。和 REC 不同的是,上述等效过程针对的是采样光栅的 0 级反射峰。

从公式(4-3-3)还可以看到,我们也可以通过控制每一段光栅的长度来等效控制折射率调制;这就是采样光栅中变占空比切趾的出发点。变占空比可以应用到 REC 过程中,但是由于现阶段变占空比切趾在实现上有些困难,应用较少,本书不作叙述。

从公式(4-3-3)可以看为针对 0 级信道的传输矩阵,针对不同信道该传输矩阵会有变化,因而上述的等效切趾或者变占空比等过程均会有相应的变化。推广开来,采样光栅内的任何等效只能对某一级信道发挥最佳的作用,无法同时作用于所有信道。牺牲其他信道的性质,是"等效"的一个代价。

4.3.1 小节和 4.3.2 小节都是从微观的角度来考察等效过程,我们也可以通过公式(4-3-3)等建立 REC 等效过程的表述,但是我们最终将其作为 REC 的物理解释,设计时却选择了如 4.2.2 小节的叠印表述,因为在数学上叠印模型能更精确方便地表示采样光栅结构和性质之间的关系。但是并非所有的采样光栅结构都可以直接这样处理。例如,第 5 章将要介绍的采样大啁啾光栅,只有从级联反射模型出发;但是最终我们还是通过级联反射模型对布拉格光栅做了近似的展开,才能讨论各个信道的性质。总之,叠印展开是分析采样光栅的基本思路。

第 5 章　多信道布拉格光栅

5.1　宽带多信道布拉格光栅

布拉格条件约束了光栅的带宽，但是应用需求要求布拉格光栅走向宽带。

第 1 章提到，随着 WDM 系统的发展，宽带多信道是布拉格光栅的一个重要的发展趋势。然而，根据布拉格条件，光栅在一般情况下是窄带器件；如果想让其反射谱覆盖超过十几甚至几十纳米的带宽，需要对布拉格光栅进行一些特殊处理，总的说来，这些处理分为两类。

1. 叠印

具有不同布拉格波长的光栅叠印在一起就可以得到多信道光纤光栅。从数学角度来讲，具有多信道反射谱的任何一种光栅都是某种形式的叠印结果。下面是一个叠印布拉格光栅的模型：

$$\Delta n(z)=A(z)\sum_{k}\exp\left(\mathrm{i}k\,\frac{2\pi\Delta\Lambda z}{\Lambda^{2}}\right)\exp\left(-\mathrm{i}\,\frac{2\pi z}{\Lambda}-\mathrm{i}\varphi_{k}\right)+\mathrm{c.\,c} \qquad (5\text{-}1\text{-}1)$$

在该模型中，各个子光栅叠印在一起，其相邻子光栅的周期差为 $\Delta\Lambda$，而且具有相同的切趾、啁啾等调制，用 $A(z)$表示，因此我们称之为“同叠印模型”；各个子布拉格光栅的初始相位（$z=0$ 处的相位）为 φ_k。由于叠印光栅的折射率调制是各个子光栅的和，所以会随着实现的信道数目的增加而增加；对于高信道数目的多信道布拉格光栅而言，折射率调制就成了一个基本限制。文献①对折射率调制随信道数目的增加关系作了详细的分析，认为该关系取决于各个子光栅之间的相位关系，即 φ_k。最坏的情况，例如在某一点处各个子光栅具有相同的相位（比如 $\varphi_k\equiv 0$ 时的 $z=0$ 处），布拉格光栅的折射率调制最大值就是各个子光栅折射率调制幅度之和，这时折射率调制将正比于信道数目 N。要降低折射率调制，就要选择一组合适的 φ_k，最大可能地消除这种“同相位”的情况，使得在任何地方发生同相位情况的子光栅的数目降到最低；这个方法称为“失相（dephasing）”。文献证明，在公式(5-1-1)所示的模型中，在通过失相而得到的最佳情形下，折射率调制和信道数目的开方成正比：

---

① Alexander V Buryak, Kazimir Y Kolossovski, Dmitrii Yu Stepanov. Optimization of Refractive Index Sampling for Multichannel Fiber Bragg Gratings[J]. Journal of Quantum Electronics, 2003, 39(1): 91-98.

$$\Delta n \propto \sqrt{N} \tag{5-1-2}$$

从工艺角度讲，叠印不是制作多信道布拉格光栅的最佳方法。首先，叠印需要很多相位模板；其次，叠印时后面写入的子光栅会对之前写入的子光栅的反射谱产生影响；最后，现在并没有一个有效的方法来得到设计的 φ_k，各个子光栅之间的相位关系是随机的。目前，通过叠印得到的多信道数目最大可以到 16（基于单根布拉格光栅；该工作由加拿大 Teraxion 公司在 2002 年完成，可参考文献①）。因此，到目前为止关于叠印制作多信道布拉格光栅器件的研究基本上都局限于仿真。

2. 深采样调制

采样可以得到多信道反射谱，而且由于布拉格光栅的折射率调制和其反射谱成近似的傅里叶变换，要得到很宽的谱线，就要求对光栅进行深调制。我们在前面讨论的都是幅度采样（比如方波采样），可以证明，单纯的幅度采样，如 $\varphi_k=0$ 时的模型(5-1-1)，属于最坏情况下的叠印，实际中不会采纳：深幅度调制要求采样光栅的占空比很小，光栅的利用率很低，要求的折射率调制就很高（可以参考英国南安普敦大学 1998 年关于 Sinc 切趾的工作②，之后就很少有这方面的研究了）。相比幅度调制，相位调制可以更有效地展开布拉格光栅的谱宽；相比叠印，相位调制方式比较容易实现（当然，这也是在巨额投资之下完成的）。因此一些研究组提出了相位采样光栅。经过美国的 Phaethon 公司和加拿大的 Teraxion 公司的发展，到目前为止，通过相位采样得到的多信道滤波器（也叫梳状滤波器）和多信道色散补偿器已经可以达到覆盖整个 C 波段的水平（见第 1 章）。但是，第 1 章也指出，相位采样所需的相位模板异常复杂，制作困难。因为相位采样技术是目前多信道布拉格光栅技术的主流。

除叠印、幅度、相位采样外，近年来又发展起一种基于 Talbot 效应（自成像效应）的多信道布拉格光栅器件：对啁啾光栅进行采样，当采样的周期和布拉格光栅啁啾系数满足一定关系时，光栅会有多信道反射谱的特征。由于其啁啾远大于用于色散补偿的布拉格光栅的啁啾，因此该结构被称为采样大啁啾光栅（Sampled Bragg Grating with Large Chirp，LCSBG）。清华大学在 2000 年提出 LCSBG 并在 2002 年制做出完全基于单根布拉格光栅的 C 波段 50 GHz 光学 interleaver（光学分插复用器）③；随后加拿大的 Laval 大学、McGill 大学等也进行了一些研究和实验。与相位采样技术相比，LCSBG 结构简单，无须相移，因而在制作上比相位采样光栅拥有更大

---

① Painchaud Y, Chotard H, Mailloux A. Superposition of Chirped Fiber Bragg Grating for Third-order Dispersion Compensation over 32 WDM Channels[J]. Electronics Letters, 2002, 38(24), 1572-1573.

② Jose Azana, Miguel A Muriel. Temporal self-imaging effects: theory and application for multiplying pulse repetition rates[J]. Journal on Selected Topics in Quantum Electronics, 2001, 7(4): 728-744.

③ Xiang-fei Chen, Chong-cheng Fan, Y Luo, et al. Novel flat multichannel filter based on strongly chirped sampled fiber Bragg grating[J]. Photonics Technology Letters, 2000, 12(11): 1501-1503; Xiangfei Chen, Jin Mao, Xuhui Li, et al. High-channel-count comb filter with a simple structure. OFC2004, paper TuD2.

的优势。但是,其发展却远没有相位采样技术迅速和完善(两者提出时间差不多,相位采样技术的首次实验报道是 Pheathon 公司在 2002 年提出的),其原因,笔者认为既有技术方面的,也有非技术方面的:

(1) 人们对 LCSBG 的研究还不够。LCSBG 结构看似简单但是分析比较复杂;而相位采样光栅虽然制作起来复杂,但是原理非常简单,和一般采样光栅无异。虽然根据 Talbot 效应的发生条件已经得到了 LCSBG 的成立条件,但从发表的文章来看,所有的讨论也就到此为止了。至于 LCSBG 反射谱的细节,LCSBG 结构是如何影响其性质的,这些讨论都没有进行。

(2) LCSBG 设计受模板限制。根据文献分析,具有某一啁啾系数的模板,只能设计某一个信道间隔的梳状滤波器;加拿大一些大学的进一步研究表明,LCSBG 只能实现为该信道间隔的整数分之一的信道间隔。

(3) 基于 LCSBG 难以实现多信道色散(笔者认为这是限制其发展的主要原因)。LCSBG 最早提出是为了实现 interleaver,它本身也非常适合(相比其他非光纤光栅器件和相位采样光栅)。但是随着光通信市场的萎缩,DWDM 系统发展受限,interleaver 的需求也随之消失;AWG 的发展又使得梳状滤波器的需求大大减少。而多信道色散补偿技术则是任何 WDM 系统都需要的,其需求远大于梳状滤波器,甚至有上升趋势。基于相位采样光栅的色散补偿其原理非常简单,又有大公司的资金支持,因此迅速发展起来。而且,多信道色散补偿(尤其是覆盖整个 C 波段、具有大色散的)器件领域,几乎没有和光纤光栅竞争的。而梳状滤波器,如果没有像 interleaver 那样的严格要求,替代器件则有不少。因此,对其研究也缓慢下来。

(4) 发展布拉格光栅的一些公司不拥有 LCSBG 的知识产权,因此不愿意发展这项技术,也可能是 LCSBG 没有相位采样技术发展迅速的原因。

然而,LCSBG 是不同于以往任何一种采样光栅的结构,它不属于模型(5-1-1)。它本身具有大啁啾,有宽带的特性,有可能避免烦琐的相移;它从“空间复用”的概念出发,解决了折射率调制需求和信道数目之间的矛盾。本章对 LCSBG 的讨论表明:LCSBG 信道间隔和啁啾之间的限制关系可以去掉,色散也可以引入;而且,可以基于同一相位模板,(在比较大的范围内)得到任意的信道间隔和任意的色散,也可以引入所需要的色散斜率。要达到这些目的,只要在 LCSBG 中引入相移。与相位采样光栅不同的是,在 LCSBG 中相移是发生在采样之间的,单个采样无复杂的内部结构,相移之间的距离在亚毫米量级,所以可以比较方便地得到(例如,在传统的制作平台上添加一个 PZT,就可以实现布拉格光栅的相位控制)。因此,LCSBG 只需要商用的相位模板,而且基于同一相位模板的设计也比相位采样光栅灵活。

本章首先在对各种已有采样光栅的分析基础上提出两类基本的采样光栅模型及其特征;之后讨论 LCSBG 的原理和性质,以及它的修正模型。由于 LCSBG 难以直接用叠印模型处理,本章首先利用级联反射模型分析。这种分析方法不同于以往文献基于 Talbot 效应对 LCSBG 的分析，将更有利于下一步的分析（Talbot 效应的理论可以参考文献[①]）；在得到了多信道的“框架”之后，再通过级联反射模型对其做叠印展开，具体分析采样光栅结构参数和性质的关系。

5.2 采样大啁啾布拉格光栅

大啁啾给了布拉格光栅一个宽带化的简单方法，因为大啁啾模板容易制作。

5.2.1 两类采样光栅模型 · 相位采样

4.2.1 小节的讨论告诉我们，多信道的产生源于采样光栅的“骨架”结构，因此有必要分两步来考虑采样光栅：第一步，忽略采样的性质，即忽略级联反射模型中各个镜面的反射相移，它们仅提供一个低反射率，我们重点关注其中的传输相移对形成多信道反射谱的决定性作用；第二步，在多信道的“框架”下，考虑采样形状对采样光栅反射谱的贡献。本小节重点考虑第一步。这里总结了各种结构各异的采样光栅，总结出两种基本的采样“框架”。

4.2.1 小节已经介绍了一个最简单的采样光栅，我们可以把它的特征定义为：传播相移随 k 成线性关系：

$$\theta_k = 2\sigma P \times k \tag{5-2-1}$$

这种线性关系造成每个 FP 腔的往返相移与 k 无关，它们的零级峰相同，形成如图 4-4-2所示的谐振反射点分布。我们称该类采样光栅为第一类采样光栅，它们的信道间隔由下式决定：

$$\Delta\sigma = \frac{\pi}{P}, \quad \Delta\lambda = \frac{\lambda^2}{2n_{\mathrm{eff}}P} \tag{5-2-2}$$

目前研究的采样光栅大部分都属于第一类，信道间隔和采样周期满足式（5-5-2）可以说是第一类采样光栅的外部特征。

对第一类采样光栅来说，其总带宽显然由单个采样的反射谱宽度决定（第一类采样光栅的级联反射模型如图 5-2-1 所示）。为了提高单采样反射谱的宽度，人们提出了各种相位采样（所谓相位采样，实际上就是指对采样做的相位调制）方法。这些方法大概分两类：

（1）Dammann 编码的相位采样[②]，该方法源于人们对衍射光栅的研究。该方法的特点是采样内只含有离散的 $\pi/-\pi$ 的相移，相移不等间距。它不要求单个采样的

---

① Jose Azana, Miguel A Muriel. Temporal self-imaging effects: theory and application for multiplying pulse repetition rates[J]. Journal on Selected Topics in Quantum Electronics, 2001, 7(4): 728-744.

② Hongpu Li, Yunlong Sheng, Yao Li, et al. Phase-only sampled fiber Bragg gratings for high-channel-count chromatic dispersion compensation[J]. Journal of Lightwave Technology, 2003, 21(9): 2074-2083.

反射谱平坦,但要求在等间隔的频率点上具有相同且尽量大的反射率。该方法无须幅度采样。

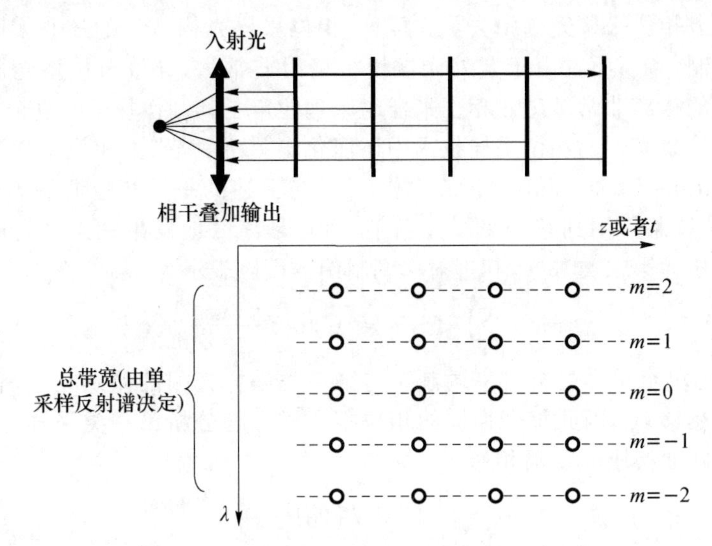

图 5-2-1 第一类采样光栅的级联反射模型示意图

(2) 类平方相位调制的相位采样,该方法首次是在半导体激光器中提出的[①]。该方法利用啁啾扩展单个采样的带宽,而啁啾正好是二次相位调制(注意,单个采样比较短而需要的带宽又很大,因此需要的这种二次相位调制非常大,比如几十个纳米每毫米)。首次应用到采样光栅中去的是文献[②]提出的 interleaved sampled grating,这是一种离散化的平方相位调制;直接将非常大的啁啾作用到单个采样中去的方式通常被称为频率采样。这两种方式一般情况下都需要对单个采样做切趾,即并非纯相位采样结构(这两个方案只有仿真结果)。后来的文献[③]发展了这一方法,优化成为一种类平方相位调制,去掉了对单个采样切趾的要求。类平方相位调制的特点是采样内部的相位变化是连续(或者准连续)的。

基于 Dammann 编码的相位采样布拉格光栅曾在 2003 年由美国 Pheathon 公司报道过 5 个信道的色散补偿器,但是之后信道数目就无法再提高了。他们解释了实验中的困难:虽然他们把布拉格光栅的结构刻在了相位模板上,但是由于模板所含的相位调制过大,对紫外光衍射产生了比较大的影响,布拉格光栅的结构不再对应

① Hiroyuki Ishii, Yuichi Tohmori, Yuzo Yoshikuni, et al. Multiple-phase-shift super structure grating DBR lasers for broad wavelength tuning[J]. Photonics Technology Letters, 1993, 5(6): 613-615.

② Loh W H, Zhou F Q, Pan J J. Sampled fiber grating based-dispersion slope compensator[J]. Photonics Technology Letters, 1999, 11(10): 1280-1282.

③ Rothenberg J E, Li H, Li Y. et al. Dammann fiber Bragg gratings and phase-only sampling for high channel counts[J]. Photonics Technology Letters, 2002, 14(9): 1309-1311.

模板的结构。不过他们发现，这种衍射变形对连续的类平方相位调制的影响比 Dammann 编码要小，而且能够补偿，因此以后 Pheathon 和 Teraxion 公司的研究都集中到类平方相位采样光栅中去了。可见，相位采样光栅技术的核心实际在相位模板的设计和制作上；而且由于紫外光被模板衍射非常大，导致布拉格光栅的结构对光纤到模板的距离非常敏感。相位采样的原理注定了其制作技术的复杂。

从半导体激光器的相位采样技术中还演化出另一种“平方相位采样”，在文献中被称为“Multiple Phase shift(MPS)”技术①。与上述的平方相位调制不同，在 MPS 中，这种相位调制作用到整个采样光栅上，而且是离散地发生在采样之间。本书称这种采样光栅为第二类采样，其折射率调制函数可以表示为

$$s(z)=\sum_k f(z-kP)\exp\left[\mathrm{i}\frac{k(k-1)}{2}\varphi\right] \tag{5-2-3}$$

其中，$f(z)$是单个采样的折射率调制。与第一类采样光栅的差别在于，它在第 k 个采样后做了相移 $k\varphi$，因此每个采样的相位不一样。与分析第一类采样光栅一样，我们通过傅里叶变换求其传播相移：

$$\theta_k=\frac{1}{2}k^2\varphi+k\left(2\sigma P-\frac{\varphi}{2}\right) \tag{5-2-4}$$

对比式(5-2-1)，我们定义该类采样光栅的特征为传播相移对 k 成二次方的关系。该采样光栅的第 k 个 FP 腔的往返相移则为

$$\psi_k=\theta_{k+1}-\theta_k=k\varphi+2\sigma P \tag{5-2-5}$$

即往返相移和 k 成正比。

第二类采样光栅的往返相移依然和 σ 成正比，而且比例系数和第一类采样光栅相同，说明对每一个 FP 腔而言，仍然存在间隔由式(5-2-2)决定的谐振反射频率点；但是零级峰的位置，对每一个 FP 腔而言却不一样。由 $\psi_k=0$ 可得到 0 级峰的位置：

$$\sigma_0=-k\frac{\varphi}{2P} \tag{5-2-6}$$

这种移动可以用图 5-2-2 表示。各 FP 腔零级峰的移动不一致破坏了多信道的产生(注意，该图只表示了采样光栅的四个采样；当采样数目很多的时候，这种移动，对多信道的破坏非常明显)。

显然零级峰的这种移动会破坏多信道的产生(图 5-2-2 中零级峰移动但是每个 FP 腔的反射谱轮廓不移动，所以零级峰会慢慢移到反射谱边缘甚至移出，而从反射谱另一端进入)。但是有一种情况可以在移动的时候依然维持多信道，即相邻两个 FP 腔的零级峰的移动距离差为信道间隔的整数分之一。以二分之一为例，如图 5-2-3 所示。

---

① Nasu Y, Yamashita S. Multiple phase-shift superstructure fibre Bragg grating for DWDM systems[J]. Electronics Letters, 2001, 37(24): 1471-1472; Yusuke Nasu, Shinji Yamashita. Densification of sampled fiber Bragg gratings using multiple-phase-shift (MPS) technique[J]. Journal of Lightwave Technology, 2005, 23(4): 1808-1817.

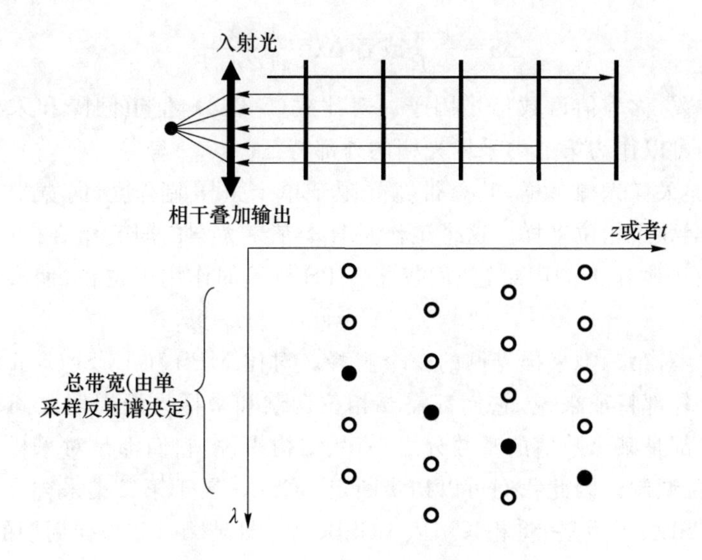

图 5-2-2 第二类采样光栅示意图

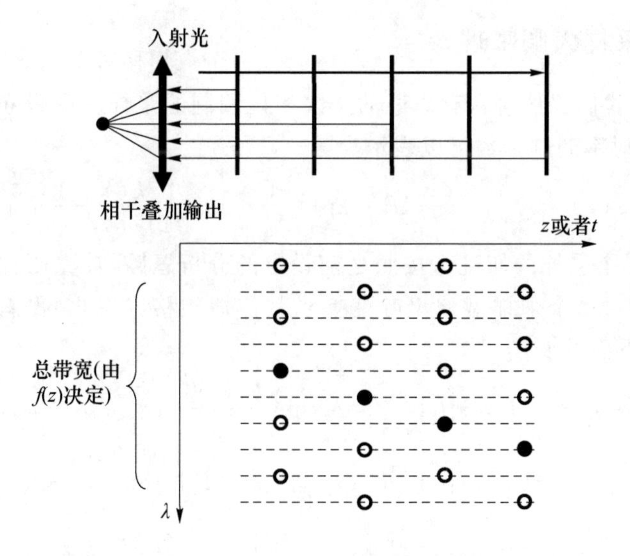

图 5-2-3 第二类采样光栅相邻两个 FP 腔的零级峰移动差的距离为信道间隔的整数分之一的情形

这时候，信道间隔就成为原信道间隔的二分之一。推广开来，就是：相邻两个 FP 腔的零级峰的移动距离差，即 $\varphi/2P$，为信道间隔的整数分之一

$$\frac{\varphi}{2P}=\frac{1}{T}\frac{\pi}{P}\left(\text{即 } \varphi=\frac{2\pi}{T}\right) \tag{5-2-7}$$

时，第二类采样光栅将产生多信道反射谱，信道间隔为

$$\Delta\sigma=\frac{1}{T}\frac{\pi}{P}\text{或者 }\Delta\lambda=\frac{1}{T}\frac{\lambda^2}{2n_{\mathrm{eff}}P} \tag{5-2-8}$$

其中，T 为整数，称为信道数倍增因子。对比式(5-2-2)，信道间隔和采样周期的关系式(5-2-8)可以作为第二类采样光栅的外部特征。

与第一类采样光栅一样，其总带宽受限于单个采样的宽度，向宽带宽反射谱的发展也同样会导致相位采样。这个工作是日本东京大学的研究组在 2001 年首次提出的，可能由于制作上的困难，他们仅将 MPS 技术的作用定位在"使多信道反射谱信道变密"上。

上面仅是对第二类采样光栅的一个解释。对比 MPS 和 LCSBG，我们不难发现其相似性：从外部特征来说，它们都需要相位调制和采样光栅周期之间存在一个关系，信道间隔都是某个数值的整数分之一；从结构来说，它们都是对采样光栅整体的一个二次相位调制。因此我们可以初步断定 LCSBG 属于第二类采样光栅。下面就是本章对 LCSBG 的发展：将相移引入 LCSBG 中，打破啁啾和采样周期的固定关系；分析 LCSBG 结构和性质之间的关系，由此引入色散和信道间色散斜率。

5.2.2 采样大啁啾理论

为了简单，我们仍然将含有离散的二次相位调制的采样大啁啾布拉格光栅称为 LCSBG。其折射率调制函数可以表示为

$$s(z)=\sum_k f(z-kP)\exp\left(\mathrm{i}\,\frac{\pi C}{\Lambda^2}z^2\right)\exp\left[\mathrm{i}\,\frac{k(k-1)}{2}\varphi\right] \tag{5-2-9}$$

其中，$f(z)$是单个采样的切趾。按照之前设定的分析思路，首先研究其级联反射模型，这样就需要对单个采样做傅里叶变换求其传播相移。为此，我们对该采样光栅第 k 个采样做下面的变换：

$$\begin{aligned}
f_k(z)&=f(z-kP)\exp\left(\mathrm{i}\,\frac{\pi C}{\Lambda^2}z^2\right)\exp\left[\mathrm{i}\,\frac{k(k-1)}{2}\varphi\right]\\
&=f(z-kP)\exp\left\{\mathrm{i}\,\frac{\pi C}{\Lambda^2}[(z-kP)+kP]^2\right\}\exp\left[\mathrm{i}\,\frac{k(k-1)}{2}\varphi\right]\\
&=f(z-kP)\exp\left[\mathrm{i}\,\frac{\pi C}{\Lambda^2}(z-kP)^2\right]\times\exp\left[\mathrm{i}\,\frac{2\pi C}{\Lambda^2}kP(z-kP)-\mathrm{i}\,\frac{k\varphi}{2}\right]\\
&\quad\times\exp\left[\mathrm{i}\,\frac{\pi C}{\Lambda^2}(kP)^2+\mathrm{i}\,\frac{k^2}{2}\varphi\right]\\
&=g(z-kP)\times\exp\left[\mathrm{i}\,\frac{2\pi C}{\Lambda^2}kP(z-kP)-\mathrm{i}\,\frac{k\varphi}{2}\right]\times\exp\left(\mathrm{i}\,\frac{1}{2}k^2\varphi\right)
\end{aligned} \tag{5-2-10}$$

其中，

$$g(z)=f(z)\exp\left(\mathrm{i}\,\frac{\pi C}{\Lambda^2}z^2\right) \tag{5-2-11}$$

$$\varphi=\frac{2\pi CP^2}{\Lambda^2}+\varphi \tag{5-2-12}$$

这样,我们就能对 $f_k(z)$ 做傅里叶变换,得到其反射谱

$$\rho_k(\sigma)=G\left(2\sigma+\frac{2k\pi PC}{\Lambda^2}\right)\times\exp\left[\mathrm{i}k\left(2\sigma P-\frac{\varphi}{2}\right)\right]\times\exp\left(\mathrm{i}\ \frac{1}{2}k^2\varphi\right) \tag{5-2-13}$$

其中,$G(\beta)$是 $g(z)$的傅里叶变换。很显然,$g(z)$是该采样光栅中单个采样的折射率调制(含啁啾),而 $G(2\sigma)$是其反射谱。一般采样长度比较短,采样内部的啁啾可以忽略(即采样的带宽比啁啾带来的展宽要大得多),可以不考虑 $G(\beta)$的相位变化。这样,我们可以得到第 k 个采样的传播相移:

$$\theta_k=\frac{1}{2}k^2\varphi+k\left(2\sigma P-\frac{\varphi}{2}\right) \tag{5-2-14}$$

很明显,LCSBG 是第二类采样光栅,对比公式(5-2-4)和公式(5-2-7),LCSBG 产生多信道的条件是

$$\varphi=\frac{2\pi}{T}\left(\text{即}\frac{2\pi CP^2}{\Lambda^2}+\varphi=\frac{2\pi}{T}\right) \tag{5-2-15}$$

生成的多信道间隔为公式(5-2-8)。

至此,我们证明了 5.2.1 小节中的结论:啁啾和二次相位调制对采样光栅在产生多信道方面的作用是一样的;而且,从公式(5-2-15)可见,相移的引入使得文献①等提到的啁啾和采样周期之间的关系已不存在。当 $\varphi=0$、$T=1$ 时,P 和 C 由下式决定:

$$P_0=\frac{\pi}{\Delta\sigma},\quad C_0=\frac{\Lambda^2}{P_0{}^2} \tag{5-2-16}$$

我们称 P_0为给定信道间隔的"匹配采样周期",而 C_0为给定信道间隔的"匹配啁啾系数"(该啁啾系数在长度为 P_0的距离上引起的 Bragg 波长的变化正好是采样周期为 P_0的采样光栅的信道间隔,文献②正是从该关系出发的)。设实际中采用的设计为

$$P=\frac{P_0}{T},\quad C=MC_0 \tag{5-2-17}$$

公式(5-2-15)可以表示为

$$\frac{2\pi M}{T^2}+\varphi=\frac{2\pi}{T} \tag{5-2-18}$$

该式即为给定信道间隔下 LCSBG 的多信道条件,它决定了在给定信道间隔情况下采样光栅的采样周期、啁啾系数和相移之间的关系。显然,$\varphi=0$ 时即为相关文献讨论的基于 Talbot 效应的采样光栅;$M=0$ 时即为 MPS 技术。这两者的结合,一方面

① Buryak V A, Kolossovski Y K, Stepanov Y D. Optimization of refractive index sampling for multichannel fiber Bragg gratings[J]. IEEE Journal of Quantum Electronics, 2003, 39(1):91-98.

② Chen X F, Fan C C, Luo Y, et al. Novel flat multichannel filter based on strongly chirped sampled fiber Bragg grating[J]. IEEE Photonics Technology Letters, 2000, 12(11):1501-1503.

去掉了啁啾和采样周期的限制，可以在保持信道间隔不变的情况下降低啁啾系数或缩小采样周期，这一点对色散的引入非常重要；另一方面则由啁啾扩展了带宽，无须在 MPS 技术中再引入相位调制。

带宽的扩展可以从公式(5-2-13)看到。去掉为了形成“多信道框架”所需的相位，第 k 个采样的反射谱为

$$\rho_k(\sigma)=G\left(2\sigma+\frac{2k\pi PC}{\Lambda^2}\right) \tag{5-2-19}$$

即该采样的反射谱的中心波长为

$$\sigma_k=-\frac{k\pi PC}{\Lambda^2} \tag{5-2-20}$$

也就是说，无论入射波长是多少，只要采样光栅足够长，就能找到满足公式(5-2-19)的采样，它和它周围的采样，即 k 满足

$$\sigma+\frac{k\pi PC}{\Lambda^2}<B_G \tag{5-2-21}$$

的采样(B_G表示单个采样能够提供明显反射率的带宽范围)构成第二类采样光栅，对该入射光进行作用。该现象可以用图 5-2-4 表示。该图中我们取 $T=1$ 的情况，对应第二类采样光栅中相邻 FP 零级峰移动距离差等于信道间隔的情形。与图 5-2-3 所示不同，在图 5-2-3 中，当 FP 零级峰移动的时候，单个采样的反射谱并不移动，所以随着 k 增加零级峰会移动到该 FP 腔反射谱的边缘；但在图 5-2-4 中反射谱随着 FP 零级峰的移动而移动，从而使得采样光栅的总带宽随着光栅的长度的增加而增加。由图 5-2-4 可见，各个信道在采样光栅的不同区域反射，也就是说它们对应的子光栅叠印在采样光栅的不同地方，因此，LCSBG 是不同于模型(5-1-1)的一类采样光栅。所以，总带宽并不要求采样光栅的某一个采样来提供，单个采样的带宽可以比较窄，从而解决了 5.2.1 小节两类采样光栅模型必须引入相位采样的困难。同时，我们也得到了一个对总带宽的估计：

$$B\approx 2n_{\text{eff}}CL \tag{5-2-22}$$

上面我们分析了 LCSBG 的多信道形成条件。有了多信道这个“框架”后，下面讨论每一个信道的性质。这就需要知道每个信道对应的子光栅的折射率调制函数。直接对(5-2-9)做叠印展开是比较困难的，我们采用一个近似的方法。对采样光栅而言，信道的形成是各个采样反射、透射的贡献，因而我们从各个采样对某一个信道的贡献入手。由公式(5-2-19)，以 σ 接近于 0 的信道为例(其他信道的分析一样)，第 k 个采样对其反射率为(即使采样光栅比较强的时候，由于单个采样也是比较弱的，所以其傅里叶变换就是其反射谱)

$$\rho_k=G\left(\frac{2k\pi PC}{\Lambda^2}\right) \tag{5-2-23}$$

这是一个离散的表示形式，我们可以将其“连续化”($kP\to z$)，用一般的形式表示：

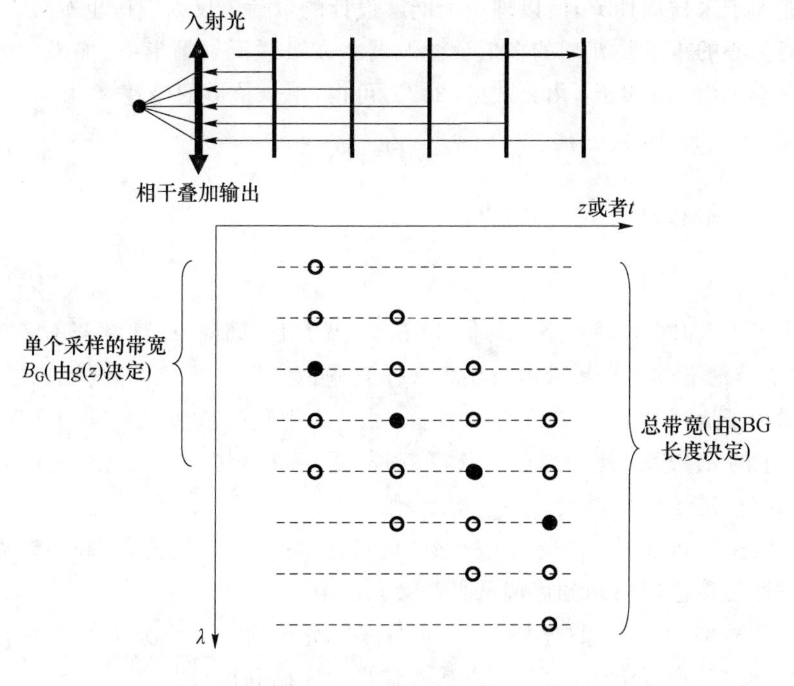

图 5-2-4 LCSBG 示意图

$$A(z)=G\left(\frac{2\pi C}{\Lambda^2}z\right) \tag{5-2-24}$$

也就是说,如果 LCSBG 满足多信道条件(5-2-18),它每个信道对应的子光栅的切趾就如公式(5-2-24)所示。与第一、第二类采样光栅的差别在于,基于公式(5-1-1)的采样光栅其子光栅切趾取决于采样光栅的整体切趾,而 LCSBG 的子光栅切趾取决于单个采样的切趾。在级联弱反射下,该信道的反射谱为 $A(z)$ 的傅里叶变换。由于 $G(2\pi Cz/\Lambda^2)$ 的傅里叶变换为 $g(\Lambda^2\beta/2\pi C)$,可得该反射峰的反射响应为

$$\rho(\sigma)=g\left(\frac{\Lambda^2}{\pi C}\sigma\right) \tag{5-2-25}$$

注意,在上面的推导中我们忽略了一些常数因子。

公式(5-2-25)表明,单个信道的反射谱和单个采样的折射率调制类似;而且,似乎给出了一种设计具有任意单信道反射响应的多信道滤波器的途径:如果给定单个信道的反射响应,就可以利用公式(5-2-25)设计合适的单个采样的切趾轮廓来得到单个信道反射响应为给定值的多信道反射谱。虽然这仅是弱反射下的近似情况,但即使在强反射情况下,我们也可以利用重构的方法从给定的单个信道的反射响应得到公式(5-2-24)中的折射率调制函数 $A(z)$,从而求得单个采样的折射率调制函数 $g(z)$。由于得到的采样光栅结构过于复杂,很难用常规的方法制备,我们这里就不做深入的讨论了。而且,该方法有个基本的限制,就是经过上述过程得到的 $g(z)$ 的

宽度不能大于采样周期 P，所以理论上能够设计的单信道反射响应也有限。

我们关心的重点是普通的多信道滤波器。在级联反射情形下，如果单个采样的形状是占空比为 γ 的矩形，由公式(5-2-25)可得，单个信道的带宽 δ_σ 由下式决定：

$$\frac{\Lambda^2}{\pi C}\delta_\sigma=\gamma P \tag{5-2-26}$$

由公式(5-2-17)和公式(5-2-18)可得

$$\frac{\delta_\sigma}{\Delta\sigma}=\frac{\gamma M}{T} \tag{5-2-27}$$

该式给出了 LCSBG 频域占空比的估计：在给定的信道间隔下(注意若不满足这个条件，则这个结论不成立)，频域占空比和采样光栅占空比成正比，和啁啾成正比，和信道数倍增因子成反比。这个结论很明显：因为减小啁啾或者减小采样间隔都会使图 5-2-4中的 B_G 变大，使子光栅的长度变长，从而减小其带宽。这个结论给我们设计不同的多信道滤波器提供了一个指示，尤其是：

(1) 增加 T 或者减小啁啾可以得到单信道带宽很窄的滤波器，利用该方法制作的多信道滤波器已经应用到可调谐光纤激光器中。

(2) 只要 M/T 小于 1(比如 0.5)，即使采样光栅的占空比为 1(即不做切趾)，仍然可以得到多信道反射谱，这样可以达到最高的光栅利用率。

由于实际中要求的采样光栅不能工作在弱反射状态，矩形的采样并不能带来矩形的单信道反射谱，实际设计时可以通过仿真来选择合适的单采样切趾轮廓。

然后我们再分析一下该模型折射率调制的要求。我们在图 5-2-4 中已经证明，该模型不属于公式(5-1-1)所定义的采样光栅模型，而是基于“空间复用”的思想，所以公式(5-1-2)的限制并不存在。而且，从图 5-2-4 可以看出，在给定信道间隔的情况下，总信道数目只受采样光栅长度的制约，即随着信道数目的增加，LCSBG 的折射率调制不会增加，这是该模型的一个特点。根据公式(5-2-18)，在给定信道间隔的情况下，采样光栅的结构由 M 和 T 决定，所以要求的折射率调制也由这两个参数决定。从公式(5-2-24)或图 5-2-4 可以看出，当 C 减小或者 T 变大时，参与对某一信道反射的采样数目也会增加(B_G 增大)，所以要求的折射率调制随 C 的增大而增大，随 T 的增大而减小。具体的关系，可以通过占空比公式(5-2-27)和帕塞瓦尔定理求出。根据帕塞瓦尔定理，由于采样光栅的折射率调制和其反射谱成傅里叶变换的关系，所以在空间域对采样光栅折射率调制平方的积分，等于在频域对反射响应平方的积分。如果假设采样光栅长度不变(意味着总带宽不变)，那么空间积分和折射率调制的平方×占空比成正比；假设反射率不变，那么频域积分和频域占空比(式(5-2-27))×带宽(式(5-2-22))成正比。所以，折射率调制的平方正比于 $\frac{\gamma M}{T}\times C$，为达到给定的反射率，要求的折射率调制 δ_{n_R} 由下式决定：

$$\delta_{n_R}(M,T)=\delta_{n_R}(1,1)\times\frac{M}{\sqrt{T}} \tag{5-2-28}$$

其中，$\delta_{n_R}(1,\ 1)$正对应了文献[①]所述的最简单情况下 LCSBG 的折射率调制。该关系可以用图 5-2-5 所示的等高图表示。

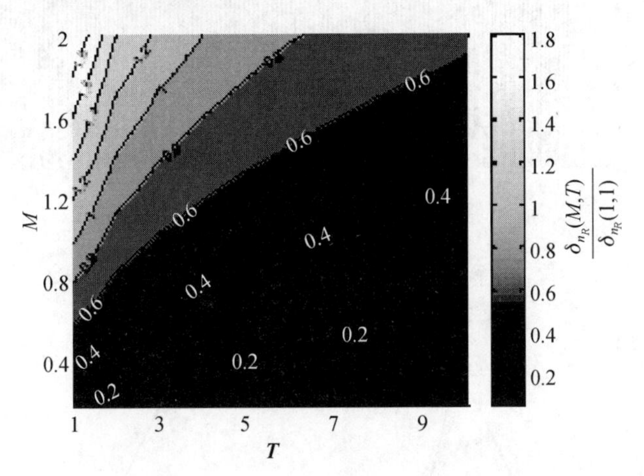

图 5-2-5　LCSBG 对折射率调制的要求

至此，LCSBG 作为普通梳状滤波器的基本性质都有所讨论。对于普通的梳状滤波器，针对不同的应用，可以按照总带宽(5-2-22)、占空比(5-2-27)和折射率调制要求(5-2-28)的原则，结合实验的可实现性，对采样光栅的各个参数进行优化。下面我们举几个例子。

图 5-2-6 是一个信道间隔为 100 GHz、60 信道的梳状滤波器的例子，其中 $n_{\text{eff}}=1.455$，$\Lambda=532.65$ nm，$C=2.664$ nm/cm，$T=2$，单采样切趾采取汉宁(Hanning)函数

$$f(z)=\frac{\delta_n}{2}\left[1+\cos\left(\frac{2\pi z}{P}\right)\right],\quad -\frac{P}{2}\leqslant z\leqslant\frac{P}{2} \tag{5-2-29}$$

计算可得采样光栅的其他参数：$P=0.516$ mm，$\varphi=0.5\pi$。取采样光栅长度为 7.74 cm，折射率调制取 $\delta_n=8\times10^{-4}$，反射谱如图 5-2-6 所示。图 5-2-7 是其中中间信道和边缘信道的反射谱。该例子中单信道带宽为 32 GHz，具有很好的均匀性；信道内群时延差小于 15 ps。而且，从上面的两个信道的群时延可以看出，这两个信道的光是在采样光栅的不同位置被反射的，这和图 5-2-4 中空间复用的结论是一致的。

① Chen X F, Fan C C, Luo Y, et al. Novel flat multichanel filter based on strongly chirped sampled fiber Bragg grating[J]. IEEE Photonics Technology Letters, 2000, 12(11):1501-1503.

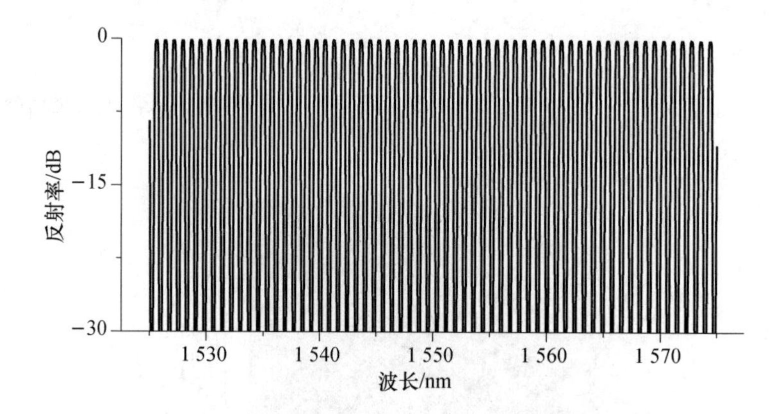

图 5-2-6　信道间隔为 100 GHz、60 信道的梳状滤波器

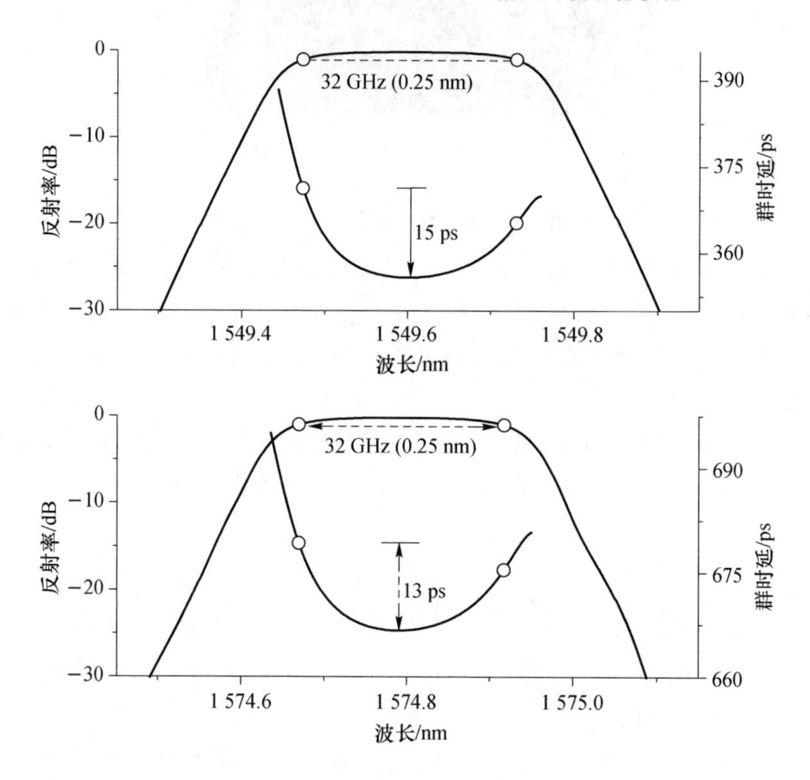

图 5-2-7　反射谱 5-2-6 中中间信道(上)和边缘信道(下)的反射谱

引入相移，使得 LCSBG 允许利用同一相位模板制作具有各种信道间隔的梳状滤波器。例如，利用啁啾系数为 1.041 nm/cm 的相位模板，可以得到信道间隔为 50 GHz、100 GHz 和 200 GHz 的多信道滤波器，如图 5-2-8 所示。在仿真中，$n_{\mathrm{eff}}=1.455$，$\Lambda=532.65$ nm，单个采样的切趾仍然采用公式(5-2-29)，$\delta_n=5\times10^{-4}$，光栅长度大概 6.6 cm。图 5-2-8 只截取了反射谱的部分。图 5-2-8 中从上到下的 T 参

数分别为 4、2 和 1,其他参数(P 和 φ)可以通过公式(5-2-17)和公式(5-2-18)求得。

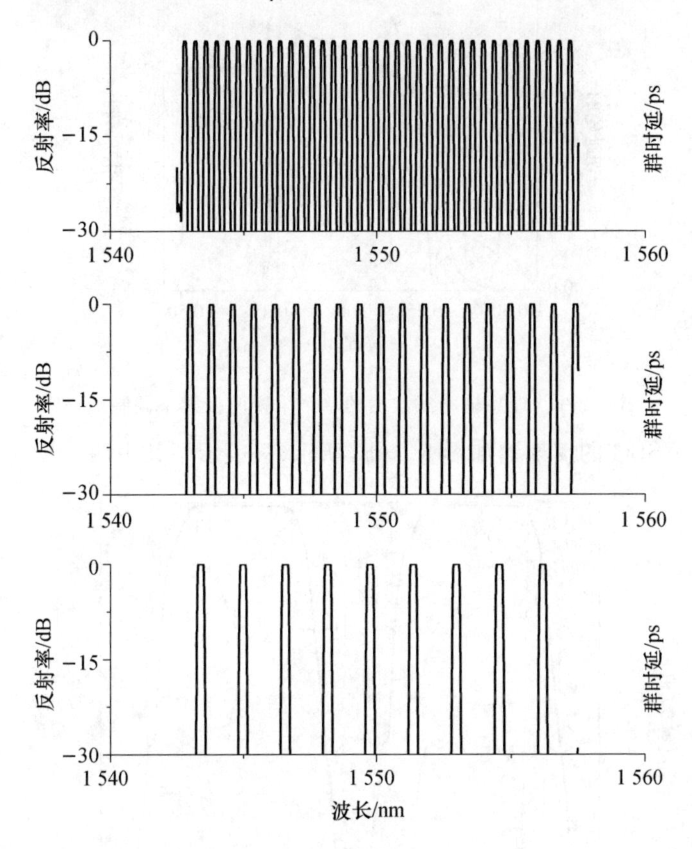

图 5-2-8 利用同一相位模板制作信道间隔为 50 GHz(上)、100 GHz(中)和 200 GHz(下)的多信道滤波器

人们对梳状滤波器的理想要求是信道内无色散。对满足模型(5-1-1)的采样光栅而言,就是要求光栅的整体切趾采取 sinc 切趾的方式,导致采样光栅的长度很短,相应的折射率调制很高,无法实现。而公式(5-2-24)、公式(5-2-25)给出了一个设计基于大啁啾采样(即空间复用)的、具有任意单信道反射响应的滤波器的可能的过程。以信道间隔 100 GHz、频域占空比 0.5 的理想梳状滤波器为例,设种子光栅为四阶超高斯形,反射率为 0.9,重构得到单个反射峰对应的子光栅的折射率调制函数 $A(z)$,然后利用公式(5-2-24)求得 $G(\beta)$,傅里叶逆变换后再根据公式(5-2-11)求得单个采样的切趾函数 $f(z)$。设计的时候取 $M=1,T=1$(整个设计过程和 T 无关,但是根据最后的 $f(z)$ 的宽度可知,T 只有等于 1 才能保证相邻的采样不重叠),结果如图 5-2-9 所示。

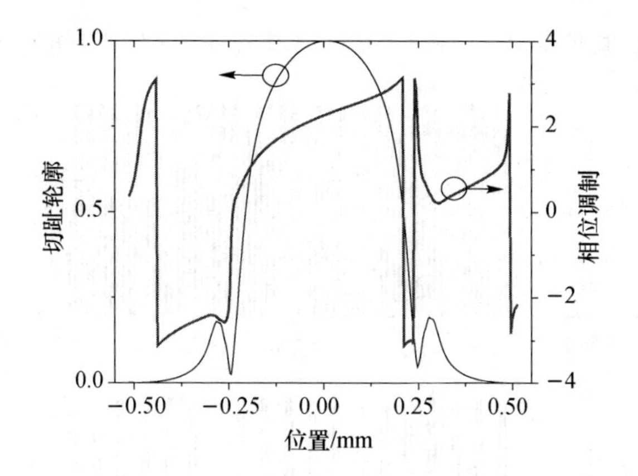

图 5-2-9　理想梳状滤波器的单个采样的折射率调制函数

由此构成的 LCSBG 的反射谱如图 5-2-10 所示(只表示了其中两个反射峰)。

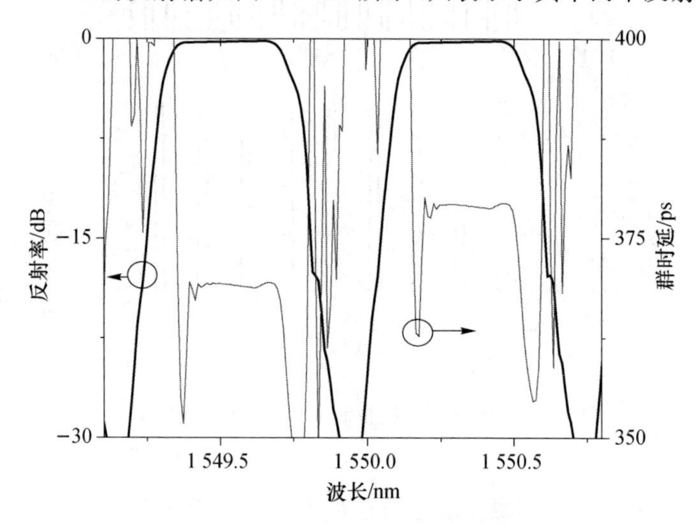

图 5-2-10　零色散的梳状滤波器的反射谱

可见,特殊设计的采样光栅信道内群时延起伏要比采取一般采样的设计(例如图 5-2-7)小得多,图 5-2-10 的设计小于 2 ps。但是,图 5-2-9 所示的单个采样的结构过于复杂,现阶段没有简单的方法能够实现。另外,图 5-2-10 所示的结果和目标值有一些误差,表明上述对基于空间复用的多信道采样光栅的重构过程即使在理论上也还是比较粗略的(主要出现在从公式(5-2-23)到公式(5-2-24)的连续化表示上:我们只考虑信道内中心频率点的情况,对信道内其他频率,这个转换只是近似成立),由于实用化存在问题,本书不作深入讨论。至于其他的多信道技术,文献[①]证明

① Buryak V A, Kolossovski Y K, Stepanov Y D. Optimization of refractive index sampling for multichannel fiber Bragg gratings[J]. IEEE Journal of Quantum Electronics, 2003, 39(1):91-98.

了基于模型(5-1-1)的采样光栅当 $A(z)$ 调制比较大的时候多信道"框架"会受影响，因此在理论上相位采样光栅的这种重构也比较困难，更不用说实用化了。

最后需要提一下的是，基于相位采样光栅以及第二类采样光栅的梳状滤波器在使用时和其他"常规"的梳状滤波器有差别。我们在5.1节提过，对于模型(5-1-1)，$\varphi_k \equiv 0$ 的采样光栅是难以制作的；同样，对于 $T \neq 1$ 的第二类采样光栅而言，由其信道间隔和采样周期的关系(5-2-8)可看出 φ_k 也不全等。φ_k 不全等带来的后果是梳状滤波器对宽带入射光具有"信道间相位调制"，即对入射光的各个频带具有不同的相移。在一般的应用中，我们不考虑各个信道的光之间的相位关系，这种采样光栅和一般梳状滤波器(如FP腔)没有什么差别；但是在关系到相位的应用中，比如用于主、被动锁模激光器的腔内时，这种"信道间相位调制"会抑制脉冲的产生。文献①指出了基于类平方相位调制的相位采样光栅和基于Talbot效应的采样光栅(即第二类采样光栅)中"信道间相位调制"的大小，它们都是随信道级次线性变化的。对于LCSBG而言，这种"信道间相位调制"可以等效地认为是啁啾引起的，因此级联一个啁啾系数相等但是符号相反的大啁啾光栅就可以补偿。这种"信道间相位调制"可以用来对入射脉冲序列的重复频率进行"升频"，类似于其他基于Talbot效应的对入射脉冲序列的重复频率进行"升频"的方案，这里就不详细介绍了。

5.2.3 基于LCSBG的多信道色散补偿

有了5.2.1小节和5.2.2小节的基础，我们就可以讨论单个信道内部的色散了。4.2.1小节提出，色散是对谐振反射点的倾斜。由此，第一类采样光栅中色散的产生可以用图5-2-11表示。可见，各个信道的反射点的连线不再水平，即信道内部不同频率的光将在采样光栅的不同位置反射，从而形成色散。对比图5-2-2、图5-2-3和图5-2-4，这些移动具有相同的特点，就是相邻 FP 腔的零级峰移动距离随 k 线性变化，这也是采样的传播相移具有和 k 成二次关系的相位调制的特征。只不过图5-2-11中的这种二次相位调制很弱，各个信道没有重叠，即零级峰的最大移动距离也小于信道间隔。显然，对于上两小节所有的采样光栅模型，引入色散的方式都和图5-2-11类似，就不一一图示了。总之，使FP腔的零级峰平移是在采样光栅内引入色散的基本思路，具体来讲，就是在采样光栅各个采样的传播相移中引入随 k 成二次变化的弱相位调制。

将上述结论用于LCSBG中，即令公式(5-2-13)中

$$\varphi = \frac{2\pi}{T} + \frac{2\pi C_D P^2}{\Lambda^2} \tag{5-2-30}$$

---

① Rothenberg J E, Li H, Li Y, et al. Dammann fiber Bragg gratings and phase-only sampling for high channel counts[J]. Photonics Technology Letters, 2002, 14(9): 1309-1311; Jose Azana, Miguel A Muriel. Temporal self-imaging effects: theory and application for multiplying pulse repetition rates[J]. Journal on Selected Topics in Quantum Electronics, 2001, 7(4): 728-744.

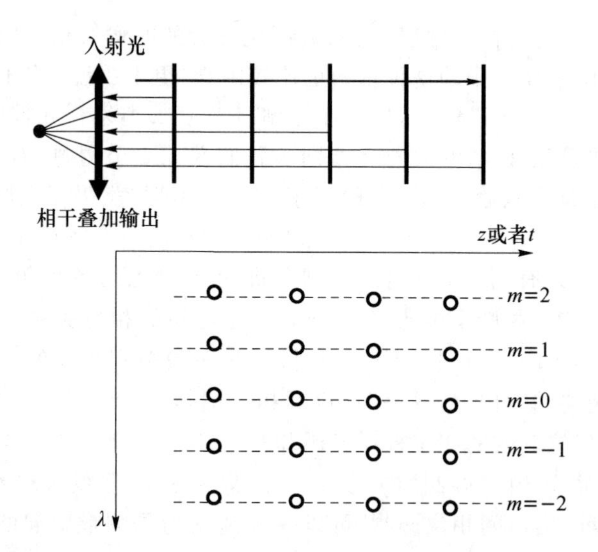

图 5-2-11　在第一类采样光栅内引入啁啾而产生色散

和 5.2.2 小节的分析思路一样，我们可以得到这时 LCSBG 中单信道对应的子光栅的折射率调制函数由公式(5-2-24)变为

$$A(z)=G\left(\frac{2\pi C}{\Lambda^2}z\right)\exp\left(\mathrm{i}\,\frac{\pi C_D}{\Lambda^2}z^2\right) \tag{5-2-31}$$

可见，通过公式(5-2-30)的处理，即 LCSBG 如果满足：

$$\frac{2\pi C}{\Lambda^2}P^2+\varphi=\frac{2\pi}{T}+\frac{2\pi C_D}{\Lambda^2}P^2,\quad \frac{2\pi M}{T^2}+\varphi=\frac{2\pi}{T}+\frac{2\pi}{T^2}\frac{C_D}{C_0} \tag{5-2-32}$$

在其每个子光栅内都会产生 C_D 的啁啾，这个啁啾即可以用相移 φ 产生，也可以通过啁啾 M 来产生，两者是等价的。和普通色散补偿布拉格光栅一样，产生的色散 D 和啁啾 C_D 的关系近似地可以用公式(3-3-4)表示。

利用 M 引入色散的方法在早期工作中研究过，但是得到的信道内色散具有很高的高阶色散。一般都认为高阶色散的存在是因为非线性啁啾的存在；在这里我们证明了在 LCSBG 中并没有非线性啁啾。线性啁啾光栅的切趾轮廓应当是具有一定长度的、平顶的函数；图 5-2-12 是一些对比结果。可见，当啁啾布拉格光栅比较短时，其群时延谱线具有较高的非线性(图 5-2-12 左上图)；增加长度但是利用高斯(圆顶)切趾时，群时延线性性好但是反射谱是尖顶的(右上图)；增加折射率调制可以得到平顶的反射谱，但是群时延谱线的非线性有增加(左下图)；只有对有一定长度的啁啾光栅进行超高斯(平顶)切趾时才能使反射谱和群时延都具有良好性质(右下图)。

由式(5-2-31)，子光栅的长度是由 G 的带宽和啁啾决定的：

$$L_{\mathrm{eff}}=\frac{\Lambda^2}{2\pi C}B_G \tag{5-2-33}$$

在没有引入相移 φ 之前，只能减小采样占空比，这样又使得光栅利用率低，所需的折

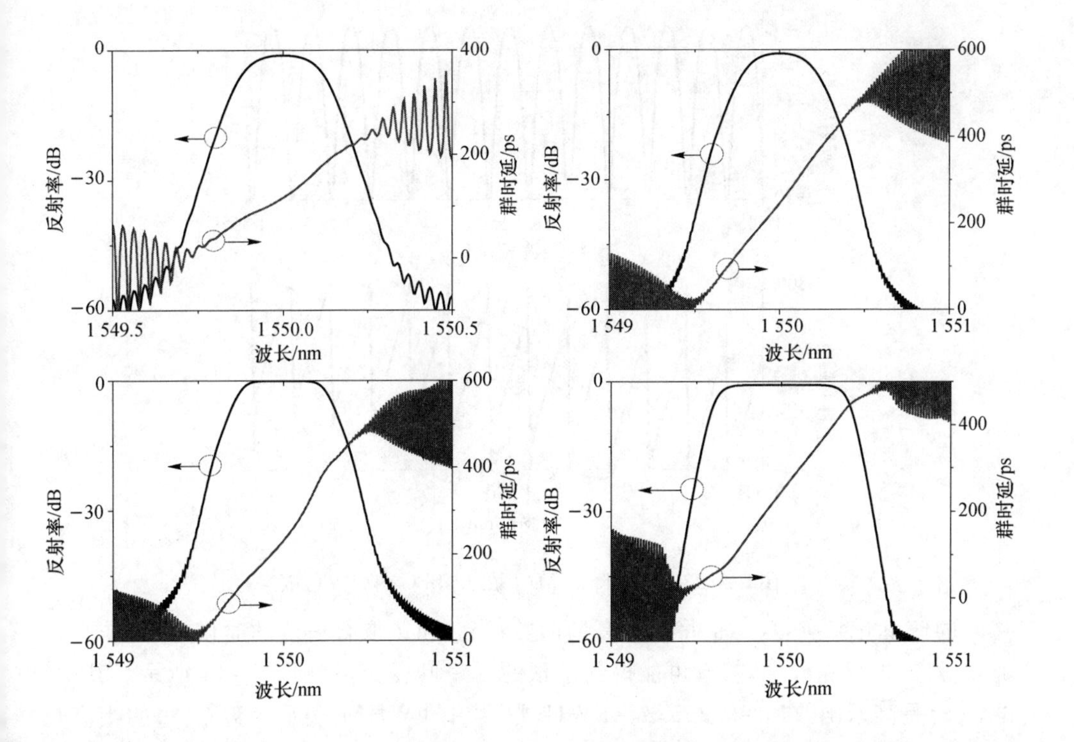

图 5-2-12 不同长度和切趾下啁啾布拉格光栅的谱线

射率调制很高。然而相移 φ 的引入，就可以在保持信道间隔不变的情况下增加子光栅的长度（实际上增加 L_{eff} 和减小无色散时的频域占空比（5-2-27）是等价的）。图 5-2-13给出了一个仿真例子。在这个仿真例子中，$\Lambda=1\,550$ nm，$C=1.29$ nm/cm，$\Delta\lambda=0.8$ nm，$T=3$，计算可得 $P=0.345$ mm，$\varphi=0.554\pi$；在仿真中单个采样为FWHM＝0.1 mm 的高斯函数，折射率调制为 4×10^{-4}。

但从该例中可以看出，仅是增长子光栅的手段不能改善单个信道反射谱的形状，如果提高折射率调制来得到平顶的反射谱，必然导致非线性色散。所以得到多信道色散的第二步就是改善 G 的形状。在设计普通的梳状滤波器的时候，我们常常采用高斯、升余弦等切趾函数来对单个采样进行切趾，所以 G 通常是类高斯函数。而现在需要的是平顶的类超高斯函数，因此对应的 f 函数应该是类 sinc 函数。

为了兼顾制作工艺的可实现性，可以采取一种最简单的类 sinc 函数对单个采样进行切趾：

$$f(z)=q(z)-\alpha\left[q\left(z-\frac{d}{2}\right)+q\left(z+\frac{d}{2}\right)\right] \tag{5-2-34}$$

其中，$\alpha>0$，$q(z)$是类高斯函数，即非平顶的函数，三个这样的函数如公式（5-2-34）的叠加使得 $f(z)$成为具有一个主峰、两个对称旁瓣的类 sinc 函数。从频域上看，

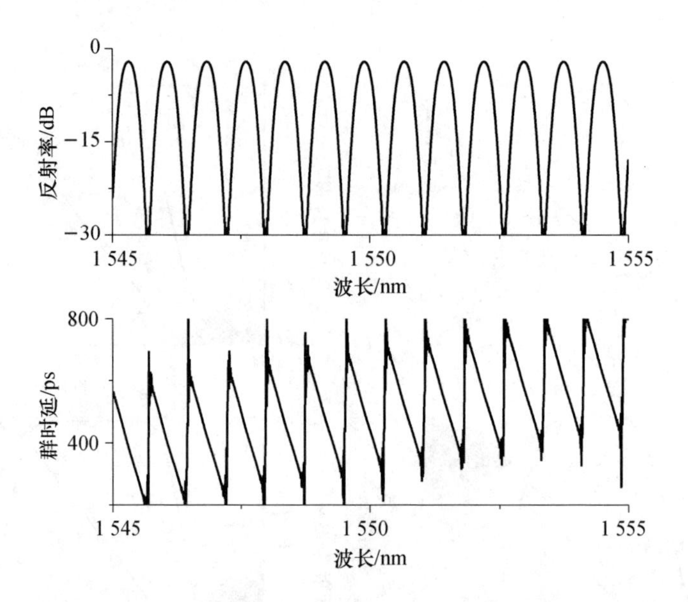

图 5-2-13 通过降低 M/T 在 LCSBG 内引入色散

$q(z)$的傅里叶变换$Q(\beta)$也将是类高斯函数；当α和d取合适值的时候，三个非平顶函数$Q(\beta)$的反相叠加，就有可能得到平顶的傅里叶变换，如图 5-2-14 所示。其中，设$q(z)$是高斯函数，$\alpha=0.255$，$d=\mathrm{FWHM}_q$，其中FWHM_q表示函数$q(z)$的半高全

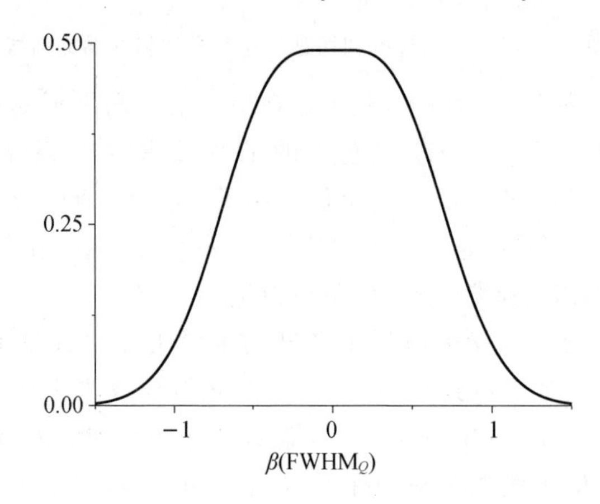

图 5-2-14 公式(5-2-34)可以具有平顶的傅里叶变换；
FWHM_Q表示$Q(\beta)$的半高全宽

宽(注意$\mathrm{FWHM}_Q\times\mathrm{FWHM}_q=8\ln 2$)。这样就解决了 LCSBG 作为多信道色散补偿光栅的单个采样切趾问题，既可以实现平顶的子光栅切趾，又可以利用比较简单的工艺制备。值得注意的是，这里的 sinc 切趾和其他文献采用的 sinc 切趾不同，它不会降低 SBG 的利用率，因为我们可以通过减小采样周期来提高 SBG 的利用率(通过

φ 保持信道间隔不变)。

利用上述设计实现多信道色散补偿布拉格光栅的优点是设计灵活,这和前面介绍的梳状滤波器一样,可以基于同一相位模板制作具有不同信道间隔和不同色散值的多信道色散补偿光栅。下面是两个仿真实例。在两个例子中,$n_{\text{eff}}=1.455$,$\Lambda=532.65$ nm,$C=1.29$ nm/cm,两个例子单采样切趾函数相同,$\alpha=0.3$,$d=0.045$ mm,$\text{FWHM}_q=0.06$ mm,光栅长度均为 12 cm,峰值折射率调制为 8×10^{-4};两个采样光栅的不同之处在于 P 和 φ。例 1 中信道间隔为 100 GHz,目标色散为 $-1\,000$ ps/nm,对应 $C_D=-0.033\,3$ nm/cm,设计时取 $T=5$,计算得到 $P=0.207$,$\varphi=0.361\pi$。例 2 中信道间隔为 200 GHz,目标色散为 -500 ps/nm,对应 $C_D=-0.066\,6$ nm/cm,设计时取 $T=2$,计算得到 $P=0.259$,$\varphi=0.939\pi$。两个仿真结果如图 5-2-15 所示。例 1(左),100 GHz 信道间隔、$-1\,000$ ps/nm 的色散补偿采样光栅;例 2(右),200 GHz 信道间隔、-500 ps/nm 的色散补偿采样光栅。可见,通过对 LCSBG 的两个改进,达到了在其中引入色散的目的。

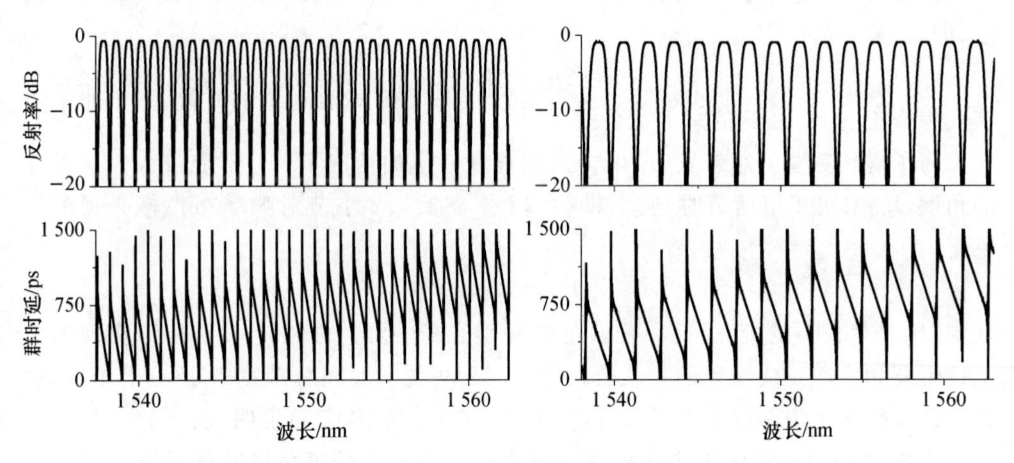

图 5-2-15 例 1(左)、例 2(右)仿真结果

最后,我们讨论一下 LCSBG 作为多信道色散补偿时设计应该考虑的问题。我们在本章开头时说,任何多信道采样光栅都可以看成某种叠印的布拉格光栅,LCSBG也不例外,但是它的叠印方式和传统的采样光栅不同,如图 5-2-16 所示。

图 5-2-16 是"空间复用"的示意图。根据 LCSBG 的模型定义公式(5-2-9),各个采样的折射率调制轮廓 $f(z)$ 都是一样的,所以该叠印过程实际上是在叠印之后把叠印光栅两段折射率调制下降的部分给截断去掉了(如图 5-2-16 所示的叠印后的虚线部分)。所以,该模型对反射谱两侧的边缘信道的反射是不完全的,由此破坏了这些信道的子光栅的切趾函数,造成这些信道的不可用,如图 5-2-16 所示子光栅对应的信道。对前述的梳状滤波器而言,由于其子光栅的长度(公式(5-2-33))一般情况下比较小,这个效应带来的影响也小(但是当频域占空比很小时,该效应也要计

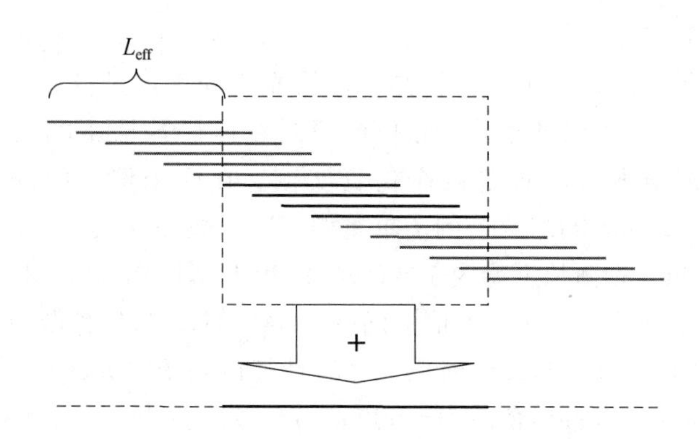

图 5-2-16 LCSBG 的叠印示意图

入);但对于多信道色散补偿采样光栅而言,我们有意延长了子光栅的长度,所以 L_{eff} 会明显增大,公式(5-2-22)的估计将不准确。为了使公式(5-2-22)估计的带宽所覆盖的信道对应的子光栅的切趾函数完整,采样光栅应该在其两侧各增加 $L_{eff}/2$ 的长度,即

$$B\approx 2n_{eff}C(L-L_{eff}) \tag{5-2-35}$$

该式为修正的 LCSBG 的总带宽公式。

为了得到更宽的总带宽,在采样光栅长度一定的情况下,L_{eff} 不能过大。从设计的角度,L_{eff} 取决于单信道时延差,即(可以参考 3.3.2 小节对啁啾布拉格光栅的讨论)

$$L_{eff}\propto D * B_S \tag{5-2-36}$$

其中,B_S 是单信道的带宽,这和普通色散补偿光栅一样。在给定 L_{eff} 时,可实现的单信道带宽和色散是成反比的。从公式(5-2-35)可见,L_{eff} 和总带宽 B 是一个矛盾,这在相位采样光栅中是没有的。公式(5-2-35)和公式(5-2-36)说明,由于相位模板的长度有限,利用 LCSBG 无法做到总时延差比较大的多信道色散补偿采样光栅。公式(5-2-36)可以和梳状滤波器的公式(5-2-27)相对应,都是对单信道形状和性质的估计;例如,图 5-2-15 的两个例子具有相同的频域占空比(大概为 0.5),就是因为它们的 L_{eff} 相同。

另一方面,如果可能的话,可以通过增加啁啾来增大采样光栅总带宽。但是由公式(5-2-33)或公式(5-2-17),又必须通过增加 T 来保持需要的 L_{eff},即要减小采样周期 P,这可能造成实现上的困难(为了保持采样不重叠,制作时紫外光斑要相应地缩小),所以对多信道色散的采样大啁啾光栅而言,啁啾系数 C 和实现难度也是一对矛盾。

总之,设计需要的多信道色散补偿采样光栅时,要根据总带宽公式(5-2-35)、单信道性质公式(5-2-36)和对折射率调制的估计公式(5-2-28),结合实验的可实现性,对采样光栅的各个参数进行优化。

从这两小节对 LCSBG 在梳状滤波器和多信道色散补偿器方面的讨论可见，相移的引入起了非常重要的作用。一方面它使得原来的 LCSBG 设计灵活性大大提高，可以利用同一相位模板制作具有各种信道间隔和色散的多信道器件。例如，文献[①]利用该方法制作了信道间隔非常接近的两个多信道滤波器，用于宽带可调谐 DBR 激光器。如果没有相移的引入，只能制作信道间隔为已有模板的"匹配信道间隔"的整数分之一的器件。另一方面，如果没有相移的引入，没有办法在 LCSBG 中引入色散。所以说，相移的引入解决了 5.1 节提出的 LCSBG 存在的问题，大大扩展了 LCSBG 这一结构的应用性。

5.2.4 采样大啁啾光栅的修正模型·信道间色散斜率

上两小节里我们都是从一个理想的模型出发来讨论 LCSBG 的各种行为；然而实际中，我们往往无法得到和理想模型完全吻合的布拉格光栅，或者我们有意地在模型中引入一些修正来改善采样光栅的性能和引入新功能。本小节我们就讨论对上两小节的模型施加微扰时，模型的性能。本小节的出发点和 4.2.3 小节是一样的，都是从理论到实现的关键一步。本小节的后半小节将在这个修正模型上指出在 LCSBG 中引入色散斜率的方法。

本小节的讨论从公式(4-2-9)入手，该公式定义了 LCSBG 的模型。考察其中的各个参量：其中 C 是由相位模板决定的，f 是由制作平台决定的，一般情况下这两个量都不会变化，也不容易被改动；相移和采样点的位置是可以自由控制的量，而且尤其是相移，由于它对平台精度等要求比较高，出现偏差是合理的；相位模板的非理想性也是合理的假设，它是对采样光栅的一种相位调制。综合上面的考虑，我们定义下面一个 LCSBG 的修正模型：

$$f_k(z)=f(z-z_k)\exp\left(\mathrm{i}\frac{\pi C}{\Lambda^2}z^2\right)\exp\left[\mathrm{i}\frac{k(k-1)}{2}\varphi\right]\exp(-\mathrm{i}\varepsilon_k) \tag{5-2-37}$$

其中，z_k 是第 k 个采样的位置，ε_k 是由于各种附加的相位调制给第 k 个采样带来的相位调制，是对附加相位调制的离散化表示。和上两小节的分析一样，我们要在建立起多信道框架后分析子光栅的折射率调制函数。所以首先对公式(5-2-37)作傅里叶变换求其反射谱：

$$\begin{aligned}\rho_k =&G\left(2\sigma+\frac{2\pi C}{\Lambda^2}z_k\right)\exp\left(\mathrm{i}2\sigma z_k-\mathrm{i}\frac{1}{2}k\varphi\right)\\&\times\exp\left(\mathrm{i}\frac{\pi C}{\Lambda^2}z_k^2+\mathrm{i}\frac{1}{2}k^2\varphi-\mathrm{i}\varepsilon_k\right)\end{aligned} \tag{5-2-38}$$

---

① Ximing Xu, Yitang Dai, Xiangfei Chen. Chirped and phase-sampled fiber Bragg grating for tunable DBR fiber laser[J]. Optics Express, 2005, 13(10): 3877-3882.

设 $z_k = kP + \eta_k$，带入公式(5-2-38)得

$$\begin{aligned}\rho_k =& G\left(2\sigma+\frac{2\pi C}{\Lambda^2}kP+\frac{2\pi C}{\Lambda^2}\eta_k\right)\\ &\times\exp\left[\mathrm{i}k\left(2\sigma P-\frac{1}{2}\varphi\right)\right]\exp\left(\mathrm{i}\,\frac{1}{2}k^2\varphi\right)\\ &\times\exp\left[-\mathrm{i}\left(\varepsilon_k-\frac{2\pi C}{\Lambda^2}kP\eta_k-\frac{\pi C}{\Lambda^2}\eta_k{}^2\right)\right]\\ &\times\exp(\mathrm{i}2\sigma\eta_k)\end{aligned} \tag{5-2-39}$$

只考虑弱微扰，设 $\eta_k \ll P$，有

$$\begin{aligned}\rho_k =& G\left(2\sigma+\frac{2\pi C}{\Lambda^2}kP\right)\\ &\times\exp\left[\mathrm{i}k\left(2\sigma P-\frac{1}{2}\varphi\right)\right]\exp\left(\mathrm{i}\,\frac{1}{2}k^2\varphi\right)\\ &\times\exp\left[-\mathrm{i}\left(\varepsilon_k-\frac{2\pi C}{\Lambda^2}kP\eta_k\right)\right]\\ &\times\exp(\mathrm{i}2\sigma\eta_k)\end{aligned} \tag{5-2-40}$$

φ 的定义同公式(5-2-12)。公式(5-2-40)中各个因子的含义如下：第一、二项与5.2.2小节、5.2.3小节中对应项形式一样且含义相同，第一项对应了“空间复用”，第二项是传播相移，当满足公式(5-2-15)时，该采样光栅就会具有多信道的“框架”了；第三项是对各个采样反射率的相位调制，和 k 有关系但是和 σ 没有关系，它是各个子光栅的相位调制；唯有第四项是上两小节模型中没有出现过的，和频率量 σ 有关系的相位调制，即第4章讨论的中心：等效啁啾，公式(4-3-1)。

等效啁啾的处理，在这里仿照4.3.1小节的讨论：它是由载波带来的相位调制，在载波附近该相位调制基本上和频率没有关系，也就是说，在上面的模型中，如果我们只考虑某一个信道的性质时，该信道内的等效啁啾可以利用该信道中心频率处的载波引起的相位调制来代替。设我们考虑中心波长为(或者近似为) σ 的信道，其中 σ 满足：

$$2\sigma+\frac{2\pi C}{\Lambda^2}mP=0 \tag{5-2-41}$$

这样，根据公式(5-2-40)和公式(5-2-41)，第 k 个采样对该波长附近频率的反射率为

$$\rho_k = G\left[\frac{2\pi C}{\Lambda^2}(k-m)P\right]\exp\left\{-\mathrm{i}\left[\varepsilon_k-\frac{2\pi C}{\Lambda^2}(k-m)P\eta_k\right]\right\} \tag{5-2-42}$$

公式(5-2-42)中我们已经把公式(5-2-40)中形成“多信道框架”的那部分相位调制去掉了。和上两小节一样，根据公式(5-2-42)，我们就可以得到该信道(中心频率为 σ)对应的子光栅的折射率调制函数

$$A(z)=G\left[\frac{2\pi C}{\Lambda^2}(z-z_0)\right]\exp\left\{-\mathrm{i}\left[\varepsilon(z)-\frac{2\pi C}{\Lambda^2}(z-z_0)\eta(z)\right]\right\} \quad (5\text{-}2\text{-}43)$$

其中，$z_0=mP$，显然 z_0 是该子光栅的中心位置（注意，"连续化"要求 $\varepsilon_k=\varepsilon(kP)$，$\eta_k=\eta(kP)$）。为了便于分析，我们可以作一个坐标变换，将空间位置的零点移动到 z_0 处，则该子光栅的折射率调制函数即为

$$A(z)=G\left(\frac{2\pi C}{\Lambda^2}z\right)\exp\left\{-\mathrm{i}\left[\varepsilon(z+z_0)-\frac{2\pi C}{\Lambda^2}z\eta(z+z_0)\right]\right\} \quad (5\text{-}2\text{-}44)$$

公式(5-2-44)即为中心波长为 σ 的信道对应的子光栅的折射率调制函数。

显然，修正模型并不改变切趾轮廓，它还是单个采样的傅里叶变换；变化的是子光栅的相位调制。采样位置的变化 $\eta(z)$ 和第 4 章一样，会产生对子光栅的等效的相位调制；同样，$\varepsilon(z)$ 也会产生相位调制。但是，值得注意的是，对布拉格光栅而言，一阶（或者常数）的相位调制对其反射谱没有本质的影响，只是对其反射谱的平移（或者没有变化），所以从公式(5-2-44)可以看出，只有当 $\varepsilon(z)$ 高于一次、$\eta(z)$ 高于零次（即非常数）时各个信道才会有形状上的变化；而且，如果要产生各个信道的反射响应不同的现象（比如色散不同），则公式(5-2-44)要含有和 z_0 相关（也就和 σ 相关了）的二次项，这时就要求 $\varepsilon(z)$ 高于二次，$\eta(z)$ 高于一次。总的来说，就是：

(1) 对原模型，即公式(5-2-9)定义的 LCSBG 没有什么影响，该采样光栅还是一个梳状滤波器，要求：$\varepsilon(z)$ 是线性的，$\eta(z)$ 是常数。

(2) 原模型各个信道发生了变化，但是变化一样，即各个信道还是形状一致，要求：$\varepsilon(z)$ 是二次函数的，$\eta(z)$ 是一次的。

(3) 原模型各个信道发生了变化，而且变化不一样，要求：$\varepsilon(z)$ 高于二次，$\eta(z)$ 高于一次。

情形 1 是显然的，我们先看情形 2。情形 2 即对各个子光栅加入了二次相位调制，即啁啾；这表明，如果要利用 LCSBG 得到各个信道形状一致的多信道器件，在采用简单的单个采样切趾函数的条件下，只能得到多信道色散补偿器；像图 4-3-7 那样复杂的单信道滤波响应只有通过复杂的单个采样的切趾实现。

5.2.3 小节我们研究了 LCSBG 的色散问题。本小节的思路和 5.2.3 小节完全不同，本节研究的是如何在原本没有色散的多信道滤波器中，通过调节某些参数来实现要求的色散。然而，不同的思路应该带来相同的结果。下面我们就来证明这一点。

根据公式(5-2-44)，要引入 C_D 的啁啾，则 $\varepsilon(z)$ 是二次函数的，$\eta(z)$ 是一次的，我们设 $\varepsilon(z)=\alpha z^2$，$\eta(z)=\beta z$，根据上面的分析去掉公式(5-2-44)的相位中的一次项和常数项，并令其等于由于啁啾 C_D 引起的相位调制，有

$$\alpha+\frac{\pi C_D}{\Lambda^2}=\frac{2\pi C}{\Lambda^2}\beta \quad (5\text{-}2\text{-}45)$$

这是本小节的修正模型给出的得到给定色散时 LCSBG 的参数条件。我们应该能够从公式(5-2-32)得到相同的结论。修正 $\varepsilon(z)=\alpha z^2$，$\eta(z)=\beta z$ 后，根据公式(5-2-44)，原采样光栅模型的周期和 φ 参数分别变为

$$\hat{P}=P+\beta P,\quad \hat{\varphi}=\varphi-2\alpha P^2 \tag{5-2-46}$$

这时新的模型仍然是 LCSBG，令其满足公式(5-2-32)，有

$$\frac{2\pi C}{\Lambda^2}P^2\ (1+\beta)^2+\varphi-2\alpha P^2=\frac{2\pi}{T}+\frac{2\pi C_D}{\Lambda^2}P^2 \tag{5-2-47}$$

注意到修正前的模型是梳状滤波器，所以 P 和 φ 满足公式(5-2-15)，因此可以简化公式(5-2-47)，并作近似去掉 β 的二次项，得到的就是公式(5-2-45)。从而证明了该修正模型的正确性。这里提醒一点，各个信道的色散并非等效啁啾产生的，等效啁啾产生的色散的特点是各个信道色散不一样；由于 $\eta(z)$ 是线性的，所以它虽然改变了原采样光栅的周期，但各个采样周期仍然相同。

下面我们研究情形 3。情形 3 在采样光栅中引入了和信道相关的相位调制，因此可以引入信道间色散斜率。为此，我们假设 $\varepsilon(z)=uz^3+\alpha z^2$，$\eta(z)=vz^2+\beta z$，则公式(5-2-44)表示的子光栅的相位调制可以表示为

$$\Phi(z)=\left(u-\frac{2\pi C}{\Lambda^2}v\right)z^3+\left(\alpha-\frac{2\pi C}{\Lambda^2}\beta\right)z^2+\left[\left(3u-\frac{4\pi C}{\Lambda^2}v\right)z_0\right]z^2 \tag{5-2-48}$$

其中，第一项表示各个信道内部相同的非线性啁啾，一般情况下由于修正都是很小的微扰，这个非线性啁啾对子光栅的影响几乎可以忽略；第二、第三项都是随 z 成二次关系的相位调制，对应了该子光栅的线性啁啾，其中第二项我们已经研究过了，是对各个信道相同的部分，第三项和 z_0 相关，即各个信道线性啁啾不同的部分，对应了该采样光栅的信道间色散斜率。我们可以令

$$\begin{aligned}&\left(\alpha-\frac{2\pi C}{\Lambda^2}\beta\right)+\left[\left(3u-\frac{4\pi C}{\Lambda^2}v\right)z_0\right]\\&=-\frac{\pi C_D(\Delta\lambda)}{\Lambda^2}\\&=-\frac{\pi}{c\Lambda^2(D_0+S\Delta\lambda)}\\&\approx-\frac{\pi C_D(0)}{\Lambda^2}+\frac{\pi S}{cD_0^2\Lambda^2}\Delta\lambda\end{aligned} \tag{5-2-49}$$

令等式两边的频率相关项相等(由公式(5-2-41)，z_0 是频率相关量)，并由 σ 和 $\Delta\lambda$ 的关系，我们可以得到

$$3u-\frac{4\pi C}{\Lambda^2}v=\frac{2n_{\text{eff}}\pi SC}{cD_0{}^2\Lambda^2} \tag{5-2-50}$$

公式(5-2-50)即为信道间色散斜率为 S 时对原采样光栅模型的修正公式。该公式成立的条件是公式(5-2-49)中的近似处理成立，即色散斜率导致的色散变化远小于色散。

从公式(5-2-50)中我们可以看出，色散斜率可以由对采样位置的非线性调整$\eta(z)$实现；对采样位置的非线性调制即等效啁啾，由于$\eta(z)$是非线性的，所以采样周期将随着z的变化而变化。另一方面，附加在各个采样上的相位调制$\varepsilon(z)$也可以实现信道间色散斜率，这适合属于公式(5-1-1)的采样光栅，如相位采样光栅根本不同的地方。由公式(5-1-1)可见，$\varepsilon(z)$是加到所有子光栅上的，因此各个信道的反射响应将完全一样；对于相位采样光栅而言，$\varepsilon(z)$改变的仅仅是各个FP腔的零级峰的位置，由图(5-2-30)或者其他级联反射模型示意图可见，如果保持各个FP腔的信道间隔一致，那么无论怎么调节各个FP腔零级峰的位置，各个信道的反射谱都完全一样，所以无法达到要求。所以对于相位采样光栅，只有通过等效啁啾改变各个FP腔的信道间隔才能实现信道间色散斜率，如图4-2-3所示（顺便提一下，等效啁啾一开始提出并非针对单信道的应用，虽然目前这个概念主要应用在单信道中；而且，等效啁啾也是目前在相位采样光栅内引入信道间色散斜率的唯一方法）。在LCSBG内可以通过$\varepsilon(z)$实现色散斜率，正是因为“空间复用”使得各个不同位置的子光栅感受到的$\varepsilon(z)$不一样。

下面这个例子和图5-2-15中的例2一样，不同的是折射率调制为1×10^{-3}，色散斜率S为4 ps/nm^2，$v=0$。采样光栅的反射谱如图4-5-1所示。从结果可见$\varepsilon(z)$引起了信道间色散斜率，计算可得该信道间色散斜率为3.4 ps/nm^2。设计值和仿真值之间有误差，说明上面的修正公式具有近似性；但是这个误差仅导致色散斜率的不同，信道间的色散仍然是线性变化的，说明修正式的误差仅在常数因子上，通过仿真比较就可以达到理想的设计。

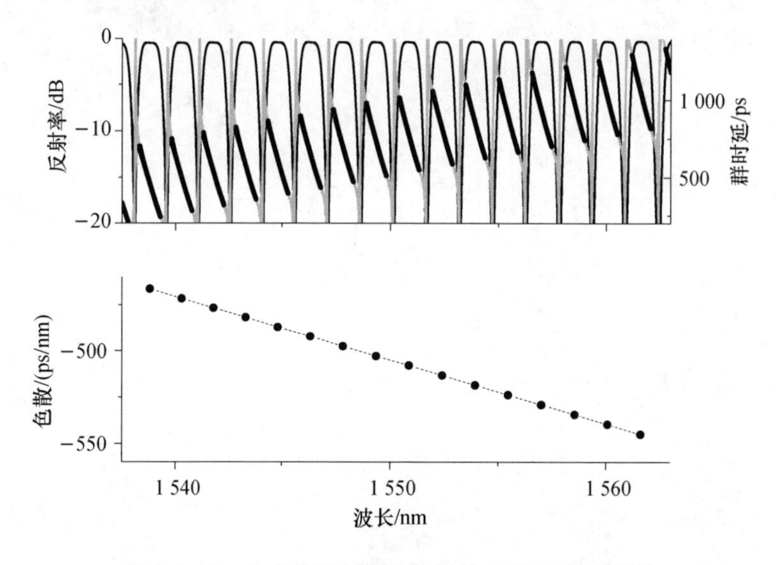

图 5-2-17　含有信道间色散斜率的LCSBG的反射谱

由于含相移的LCSBG在常规实验室的制作平台的水平下制作还是比较困难的

(尤其是 PZT 的精度不够),所以对色散斜率和情形 3 更深入的讨论就不继续了。而且,这也并非本小节讨论的最主要的目的,从公式(5-2-44)可见,对子光栅而言,相位调制 $\varepsilon(z)$和对采样光栅的采样位置调制 $\eta(z)$是等效的,即可以相互抵消;从制作角度上讲,就可以用 $\eta(z)$来补偿难以直接补偿的相位扰动 $\varepsilon(z)$。在 4.2.3 小节中,我们也证明了可以通过调整单个采样的折射率调制和采样位置来补偿外界对采样光栅的影响。这两小节的共同出发点,都是利用实验中可以简单控制的量来实现对难以直接控制的量的补偿,达到理想的反射谱。

第 6 章　基于重构的采样布拉格光栅的制作

6.1　面向采样光栅的重构和修正方法

主动地将理论应用到实验中去。

6.1.1　制作平台和可重复性

我们在第 4、第 5 章分别讲述了采样光栅在频域信号处理器和多信道器件方面对原有布拉格光栅技术的发展；本章的目的就是介绍如何实现它们，以及如何实现更好的性能。

本章介绍的布拉格光栅制作平台是基于氩离子倍频紫外激光器的，可以用图 6-1-1 表示。在该平台上，紫外激光器输出的激光被平面镜反射；平面镜安置在平

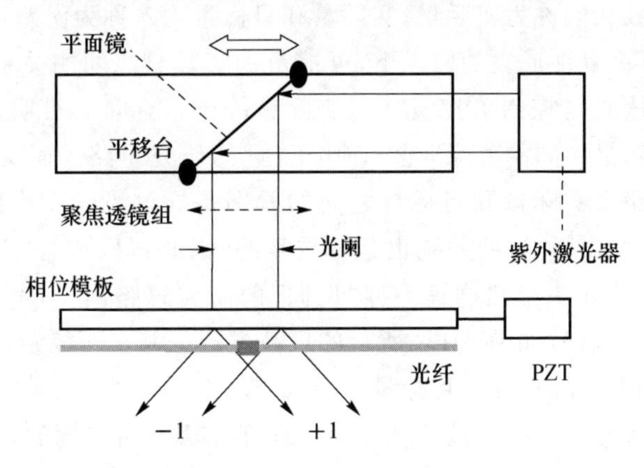

图 6-1-1　基于氩离子倍频紫外激光器的光纤光栅制作平台

移台上，将紫外光的方向转 90°；平移台的移动方向和入射的紫外光平行；紫外光被聚焦透镜组聚焦之后，通过光阑垂直入射到相位模板上，被衍射之后形成±1 级衍射光；光纤置于模板之后，和模板平行贴近；通过控制光阑的打开时间来控制紫外曝光的时间。这是一个传统的光纤光栅制作平台；由于在制作 LCSBG 时需要在其中引入相移，可以通过加入一个 PZT 来控制模板和光纤之间的相对位置来实现。

初步分析一下采样光栅的制作过程。通过图 6-1-1 所示平台得到的实际采样光

栅和上两章中通过建模得到的光栅有两个基本差别：

（1）制作过程中有随机量。随机量来源于平台任何部分的抖动。显然这是无法避免的现象，需要提高实验稳定性来降低随机扰动。稳定性的提高分为两个方面。一是硬件上的，比如实验台和各个夹具的固定、防震，提高平移台、PZT、光阑的精度，等等。二是软件上的，比如人不要在实验室内走动，光路调谐要满足各项指标，要有一个统一的标准将光纤放到夹具上调节光路，使得同类实验的光路差异尽量减少（最好用CCD等检测手段来替代人眼，国外一些实验室有类似的装置），等等。采取这些措施可以很大幅度地降低随机扰动的影响，使它们不会成为恶化光纤光栅质量的主要因素。也就是说，如果两次实验设计完全一样，那么通过平台可以得到基本相同的实验结果；最起码，在短时间内（进行几次实验的时间内）这个要求是成立的。这也是任何器件平台必需的，否则，将无法从实验结果分析出实验过程所存在的问题，也无法进行下一步的研究。当随机扰动的影响足够低时，我们就可以假设两次相同设计的实验会得到相同的实验结果，该假设称为“可重复性”假设。

（2）制作采样光栅和设计光栅虽然都有相同的目标，但控制的参数不同（即“输入”不同）。在以前，我们关心的是每个采样的形状、采样的折射率调制大小和相位、采样的位置，等等；而在制作时，我们面对的则是在哪儿曝光、曝光的强度和时间、精密平移台的位移，等等。在这里我们称后者为可控量，而前者为目标量；实际得到的光纤光栅各个参数我们称为实际量；实际量和目标量之差称为误差。

很显然，在可重复性成立的假设下，可控量和实际量之间的关系是固定的，光纤光栅工艺研究的核心是控制可控量使得实际量等于目标量。最明显的思路是直接研究可控量和实际量之间的关系，是一种“正向”的研究思路。而文献[①]给出了工艺研究的另一个思路。实际量和目标量之间的差别是导致光纤光栅质量恶化的根本原因，在可重复性假设下，这些差别也是可重复的，因此可以称为“系统误差”。该思路可以用图6-1-2表示。显然这是一种“反向”的研究思路，它不直接考虑可控量和实际量之间的关系，通过如图6-1-2所示的反馈过程来修正可控量，一步步降低系统误差，间接地实现了实际量等于目标量。

本章介绍的大部分实验是按照图6-1-2的“反向”思路实现的，“正向”的思路只是在某些地方起辅助作用。例如，设计一些“预备性实验”来大体估计交流折射率调制和曝光时间、紫外光能量之间的关系，测量PZT的微位移和引起的相移之间的关系，等等。之所以这样选择是因为：

（1）一般实验室中的平台只具有短期的“可重复性”。正向思路最好是用于具有长期稳定性的平台中。

---

① Alexander V Buryak, Dmitrii Yu Stepanov. Correction of systematic errors in the fabrication of fiber Bragg gratings[J]. Optics Letters, 2002, 27(13): 1099-1101.

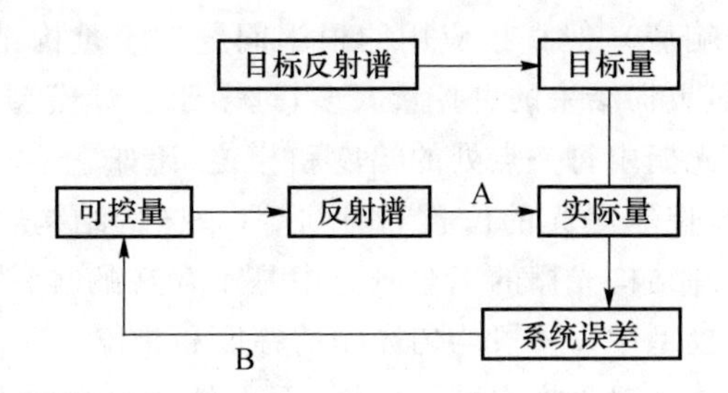

图 6-1-2 采样光栅工艺研究的思路

(2) 当采样光栅需要切趾时,直流补偿是必需的。直流调制在实验中发现比较难估计准确,只能去假设一个分布。模板的非线性啁啾也难以估计。

(3) 这些都可以用反向的研究方式方便地解决。

思路虽然相同,但是方法却不能套用上述方法,因为采样光栅具有和一般窄带光栅不同的特点,不管在原理上还是实验实现上。本章是在分析这些不同的基础上,提出一套适用于采样光栅的反向工艺改进流程。本章将通过介绍采样光栅的应用(可调谐色散补偿器、OCDMA 编解码器、梳状滤波器和多信道色散补偿器)来具体介绍这一流程,同时还简单介绍了一些其他的应用。

6.1.2 光谱的局部重构与光栅的整体修正

应用图 6-1-2 的流程,首要解决的是如何得到实际量,即如何得到采样光栅的结构。文献①采用对光纤光栅的重构来得到;还有一些文献直接利用物理的方法来测量制作的光纤光栅②。在实际应用中我们认为重构还是比较准确的。重构需要知道光纤光栅的反射谱和相位谱,在所有的实验中,我们对光栅性质的测量采用美国 LUNA 公司生产的光矢量分析仪(OVA)来得到光纤光栅的反射谱(反射率通过透射率来估算)和群时延谱线。

但是,直接将重构应用到采样光栅时,出现了下面的问题:

(1) 采样光栅的带宽非常宽,DLP 重构算法很慢。4.1.2 小节对 DLP 算法作了比较详细的介绍,实际上它相当于利用定义计算离散傅里叶变换。

(2) 重构需要测量相位响应,一般的仪器都只提供群时延,然后利用群时延的积分计算相位响应。群时延的测量精度和反射率相关;由于采样光栅通带反射率很低,该处群时延测量误差很大,导致峰峰之间的相位关系不确定,相位响应误差太大。

(3) 上面的两个问题都有可能解决(例如,美国 LUNA 公司生产的光矢量分析

---

① Buryak V A, Stepanov Y D. Correction of systematic errors in the fabrication of fiber Bragg gratings [J]. Optics Letters, 2002, 27(13): 1099-1101.

② Baskin L M, Sumetsky M, Westbrook P S, et al. Accurate characterizstion of fiber Bragg grating index modulation by side-diffraction technique[J]. IEEE Photonics Technology Letters, 2003, 15(3):449-451.

仪可以直接提供相位响应)，但直接应用的根本问题在于重构结果和设计模型之间不“对接”。简单地说，重构结果的可控量太多，远多于设计模型的可控量：重构的结果要求我们控制光纤光栅中每一点处的幅度和相位，比如它会具体到采样内部的结构；而实验中我们只能控制曝光的位置和时间等，采样的结构细节我们是无法控制的。这个矛盾在针对超结构光栅的工艺研究中是不存在的，因为在那里控制量就是重构得到的传输矩阵模型中每一段均匀光栅的幅度和相位。

之所以重构会具体到对采样内部的控制，而不是把采样作为整体给出误差的启示，是因为直接应用时我们考虑的是采样光栅的整个反射谱。因此，本书提出基于对单个反射峰重构的方法来实现反向过程。

回忆我们在 4.2.3 小节和 5.2.4 小节提出的重构一等效啁啾(REC)方法的修正模型：

$$\Delta n_{-1}(z)=\frac{1}{2}\left[F_{-1}A(z)+F_{-1}\Delta A(z)+A_E(z)\right]$$
$$\times\exp\left[\mathrm{i}\,\frac{2\pi f(z)}{P}-\mathrm{i}\varphi(z)+\mathrm{i}\,\frac{2\pi\Delta f(z)}{P}-\mathrm{i}\varphi_E(z)\right] \tag{6-1-1}$$

和 LCSBG 的修正模型：

$$A(z)=G\left(\frac{2\pi C}{\Lambda^2}z\right)\exp\left\{-\mathrm{i}\left[\varepsilon(z+z_0)-\frac{2\pi C}{\Lambda^2}z\eta(z+z_0)\right]\right\} \tag{6-1-2}$$

可见，这两个模型也都是针对单个反射峰的；而且，这两个模型直接反映了在外界的作用(可以认为是上两式中的 A_E、φ_E 和 ε)以及我们对可控量的调整(可以认为是 ΔA、Δf 和 η)下采样光栅的单个反射峰的行为。如果我们采用针对单个反射峰的重构方法，就可以通过公式(6-1-1)和公式(6-1-2)式得到外界对该峰的作用(图 6-1-2 中步骤 A)，再利用公式(6-1-1)和公式(6-1-2)得到对可控量的调整(图 6-1-2 中步骤 B)，就可以完成对外界影响的补偿和采样光栅性能的提高，而且这个过程可以循环下去。因此，针对单个反射峰的重构和上面两个修正模型是“配套”的；实际上，不管是重构还是修正模型，都是作为一个整体考虑的，没有先后之分。它们的出发点都是为了迎合采样光栅的设计模型。

针对单个信道的重构最后还有个数学上的问题。不管 DLP 还是傅里叶变换，计算的时候都需要对反射谱和空间进行离散；由于这些算法空间步长和考虑的频域范围成反比，所以如果仅仅考虑单个反射峰的带宽，会造成很大的空间步长。为了解决这个问题，我们依然采用 4.2.2 小节最后提出的“零拓展频域”的方法处理：对于傅里叶变换重构，我们直接拓展频率范围到所需的空间步长精度，新的频率范围内反射谱为零，然后进行重构；对于 DLP 算法，我们采用 4.2.2 小节介绍的过程处理。

这样，我们在程序上解决了图 6-1-2 流程的每一步。下面我们分别介绍该流程在基于 REC 方法的采样光栅和 LSFBG 制作过程中的应用。

6.2 应用举例

6.2.1 重构-等效啁啾方法

对基于 REC 的采样光栅而言，图 6-1-2 的流程可以具体化为图 6-2-1 所示的制作流程。补偿就是让外界的影响和人为的调整这两者对−1 级反射峰的作用相互抵消，即公式(4-2-27)。下面介绍的几个例子大部分都是按照该流程得到的。

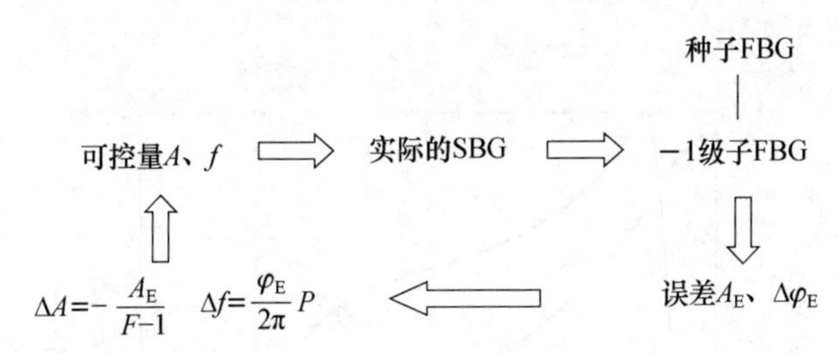

图 6-2-1 基于 REC 的采样光栅的制作流程

1. **可调谐色散补偿器(TDC)**

随着系统速率的提高，系统的色散容限急剧下降，可调谐色散补偿成为系统必需的器件。基于光纤光栅的 TDC 有两种方案。一是对均匀光栅或者线性啁啾光栅作非均匀调谐。例如，利用悬臂梁在光纤光栅内造成应力梯度，在光栅表面非均匀镀金属膜，通过电流产生温度梯度，或者利用贴膜的方式在光栅表面做很多独立的电极，通过控制每一个电极的电流来得到温度梯度。该方案的优点是光纤光栅制作简单，但是后期制作比较复杂。另一种方案是利用非线性啁啾光栅(NLCFBG)，NLCFBG本身具有二次群时延谱线，因而对其作均匀的调谐，比如均匀拉伸或加热，即可得到不同的色散值。NLCFBG 首先由南加州大学于 1999 年提出，之后实现了 40 Gbit/s的 TDC①。基于 NLCFBG 的方案后期制作简单，但是 NLCFBG 本身制作比较困难。南加州大学采用 SSFBG 结构，因此光栅内部包含很多相移。在他们的 40 Gbit/s 的实验报道中，NLCFBG 的群时延抖动有±20 ps，反射谱不平坦，在整个反射带内有大于 2 dB 的倾斜。由此可见，基于 SSFBG 的方案在实现高性能器件上有很大难度。现在商品化的基于光纤光栅的 TDC，基本都基于第一种方案，而且都是通过贴膜的方式进行电控调谐。

这里采用的是基于 NLCFBG 的 TDC。利用等效啁啾，NLCFBG 的制作工艺已经大大简化，并成功应用到 10 Gbit/s 的系统中。将该设计应用到 40 Gbit/s 系统的

---

① Pan Z, Yu Q, Song Y W. 40-Gb/s RZ 120-km transmission using a nonlinearly-chirped fiber Bragg grating (NL-FBG) for tunable dispersion compensation[D]. OFC2002, paper ThGG50.

困难是:为了保证调谐范围,TDC 的带宽要宽(2 nm);由于等效啁啾不考虑切趾的具体形式,而是采用假定形式(比如高斯函数),这样就导致了反射谱比较严重的倾斜和大的群时延抖动。于是这里采用 REC 方法和图 6-2-1 的流程来设计和实现用于 40 Gbit/s 的 TDC。本章实际制作出群时延抖动在±5 ps 以内的 NLCFBG,采用均匀镀金属 Ni 的方法得到电可控 TDC,并在 40 Gbit/s 系统中得到验证。

下面是一个实例。在该实例中,种子光栅的设计值为:3 dB 带宽 2 nm,反射谱具有 4 阶超高斯形状,色散变化为−260～−60 ps/nm。根据傅里叶变换,我们可以得到种子光纤的结构,如图 6-2-2 所示。根据重构-等效啁啾方法就可以得到采样光栅的设计,如图 6-2-3 所示。

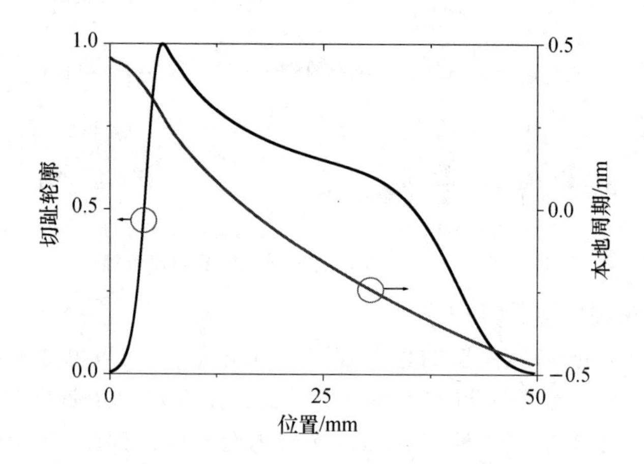

图 6-2-2　种子光栅的结构

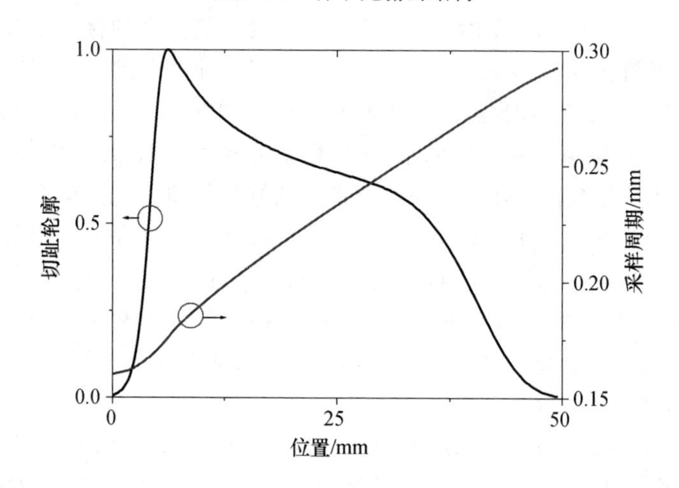

图 6-2-3　采样光栅的结构

设计使用了线性啁啾系数为−0.048 nm/cm 的相位模板,以及载氢的普通单模光纤。利用该结构和图 6-1-1 的采样光栅制作平台,得到如图 6-2-4 所示的反射谱。

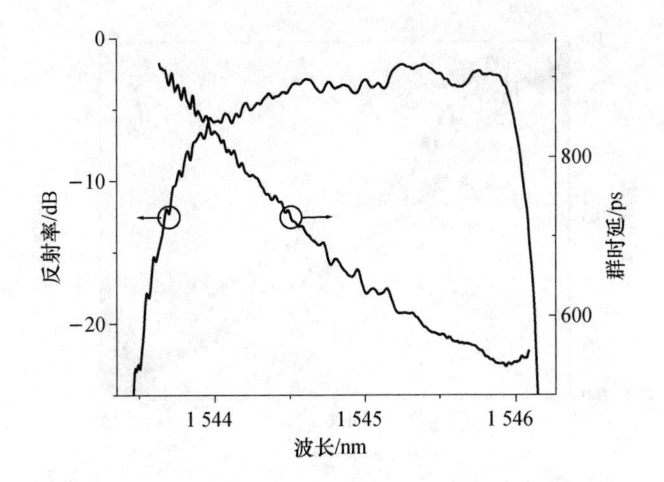

图 6-2-4 采样光栅的反射谱(这里只表示了－1 级反射峰)

可见,由直接利用原设计得到的反射谱不平坦,而且具有较大的群时延抖动,如图 6-2-5所示。该抖动峰峰值大概有±15 ps,难以满足 40 Gbit/s 系统的要求(系统要求为±5 ps)。

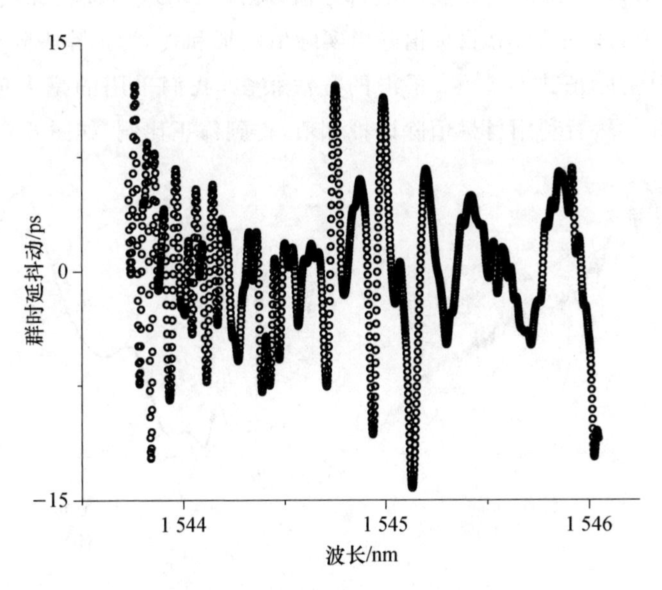

图 6-2-5 采样光栅的群时延抖动

我们利用图 6-2-1 的流程来修正这些误差。首先我们对制作得到的采样光栅的－1 级峰进行重构,得到实际值如图 6-2-6 所示。和图 6-2-2 的目标值相比,实际值有比较大的误差;我们利用实际值减去目标值,就可以得到误差。根据这里的实际情况,由于我们只考虑切趾的轮廓,不考虑其绝对值(含色散的光栅的重构方法,傅里

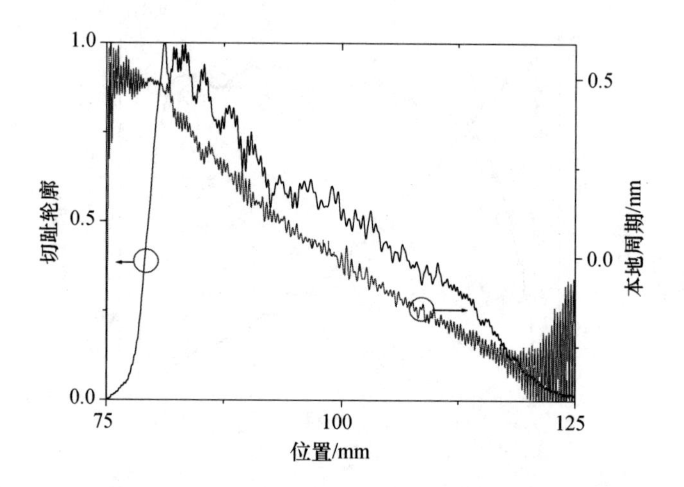

图 6-2-6 采样光栅的－1 级子光栅的实际值

叶变换是比较准确的，也就说明了这时候折射率调制的绝对值不重要），因此我们采用切趾轮廓的比例来表示切趾的误差，如图 6-2-7 所示。图 6-2-7 中(a)实线表示切趾轮廓的实际值；点线表示切趾轮廓的目标值；虚线表示对切趾轮廓实际值的拟和。图 6-2-7(b)所示为修正比例（目标值除以实际值的拟和）。为了除去随机抖动带来的影响，我们先对实际值进行平滑；平滑的方法很多，我们采用的是多项式拟和的方法，效果比较好。然后利用目标值除以拟和值，得到修正比例，如图 6-2-7(b)所示。

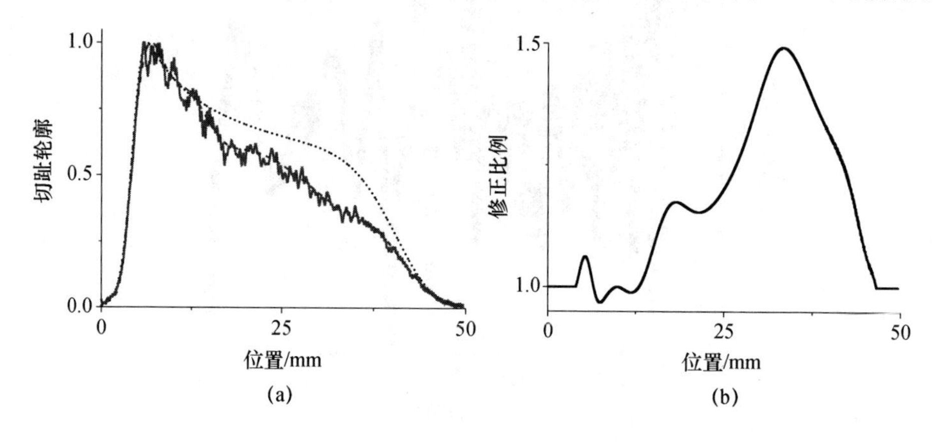

图 6-2-7 切趾轮廓和修正比例

实际值的相位误差等于实际相位减去目标相位（注意，不是本地周期的差。因为相位随位置变化很快，我们在图中都用它的导数，也就是本地周期来表示光纤光栅的结构，计算的时候应该利用相位值），如图 6-2-8 所示。实线表示计算的相位误差；虚线表示拟和值。同样，我们利用多项式拟和的方法去除随机扰动。这样，我们

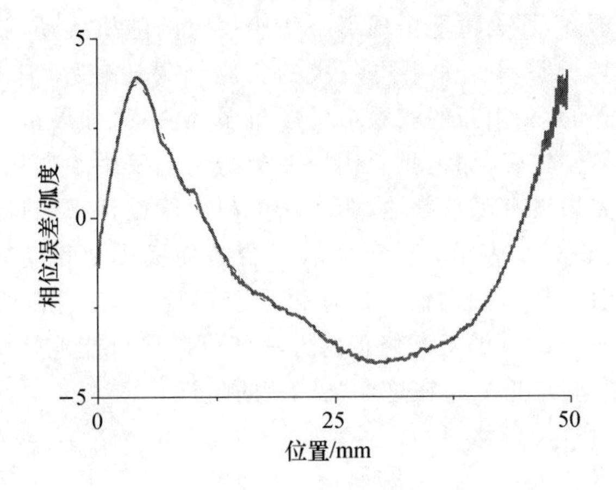

图 6-2-8 相位误差

从第一次实验得到了如图 6-2-1 所示流程的修正量。根据图 6-2-7(b)和图 6-2-8 的修正量,我们得到新的采样光栅设计(如图 6-2-9 所示)。其中,虚线表示原采样光栅设计;实线表示修正设计。

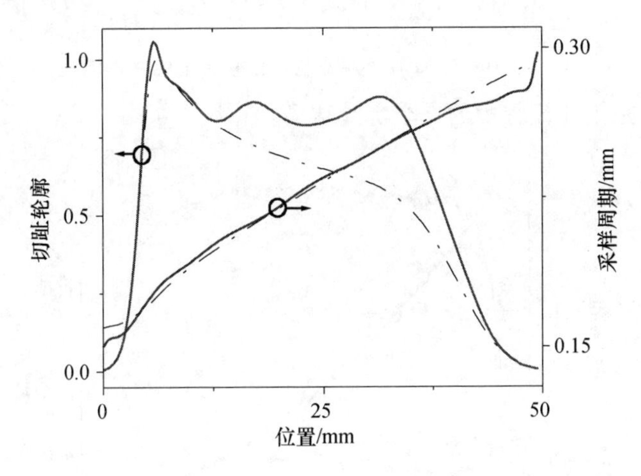

图 6-2-9 修正的采样光栅设计

利用修正的采样光栅设计,又可以得到新的实验结果;对新的实验结果再重构、求误差,又可以得到更新的设计。这样,这个工艺过程就循环起来了。如果实验平台完全满足可重复性,那么经过一、两次的工艺循环,就可以得到理想的 TDC(由于设计的改变会带来直流调制等的略微变化,引起新的误差,所以理论上一次循环不能完全补偿误差),而且该设计也就不用再修正了。实际中我们发现,如果实验平台的稳定性比较好,一次修正往往就能得到比较好的效果;但是实验平台只具有短期的可重复性,所以每次实验之后都要根据当前实验结果来判断下一步的设计:如果实验结果比较好,那么我们利用图 6-2-1 的流程进行修正,下一次实验利用新的设计;如果实验结果不好,那么可能出现了一些比较大的随机扰动,我们认为这次实验结果"不可信",维持原设计。如果再一次的实验结果比较好,那么我们的"随机扰动"的假设就是成立的,利用新的实验结果参与循环流程;如果再一次的实验结果依然不好,但是可重复性较好,那么我们认为平台的状态发生了变化,利用新的实验结果进行循环设计;如果没有可重复性,那么就再利用原设计来测量平台的可重复性。这个流程可以用图 6-2-10 表示。由于实验平台的随机扰动和仅具有的短期可重复性,每次制作都会引入新的扰动而无法使得误差得到完全补偿,所以修正的效果具有一个极限;利用图 6-2-10 的不断修正的方法就可以尽可能地补偿不稳定性带来的影响,使得大部分实验结果分布在这个"极限"的附近。

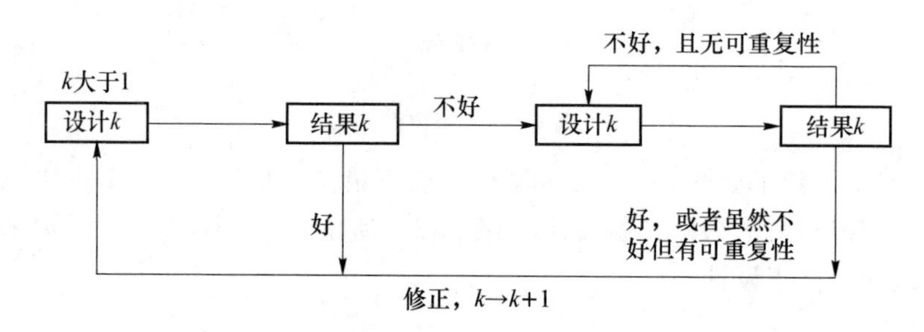

图 6-2-10 在具有短期可重复性平台上的制作流程

图 6-2-11 是上述流程中的一个实验结果。

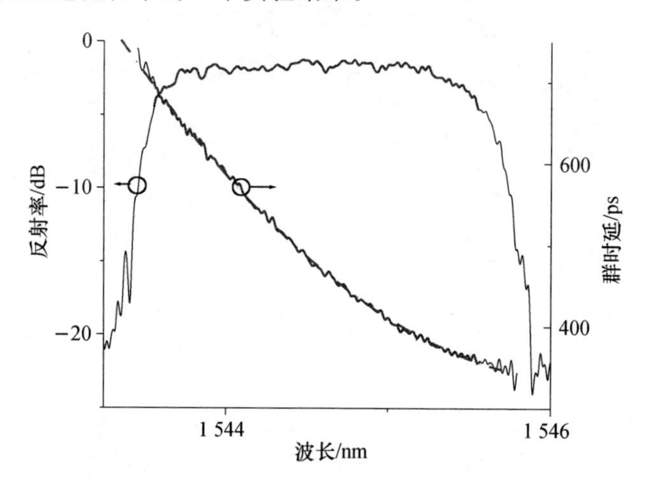

图 6-2-11 一个比较好的 TDC 实验结果

图 6-2-11 中虚线是对群时延的拟和值,粗实线表示了 TDC 的 3 dB 带宽内的反射谱。3 dB 带宽约为 2 nm,通过对其透射谱的测量,可以估计出该 TDC 的插入损耗为 3 dB;由图 6-2-11 可见,在 3 dB 内反射谱的抖动在±0.5 dB 之内。我们通过对群时延的二阶拟和计算得到该 TDC 的色散在 3 dB 内从 −268 ps/nm 变化到

－70 ps/nm；由于群时延测量值和对其的二阶拟和值吻合得非常好，可以得知其色散线性性非常好，而且也符合我们的设计值(3 dB 带宽 2 nm，色散从－260 ps/nm 线性变化到－60 ps/nm)。利用群时延减去其拟和值，就可以得到该 TDC 的群时延抖动，如图 6-2-12 所示。可见，该 TDC 的群时延抖动在 3 dB 带宽内小于±5 ps，符合 40 Gbit/s 系统的应用；其性能也远比基于 SSFBG 或者等效啁啾的要好。

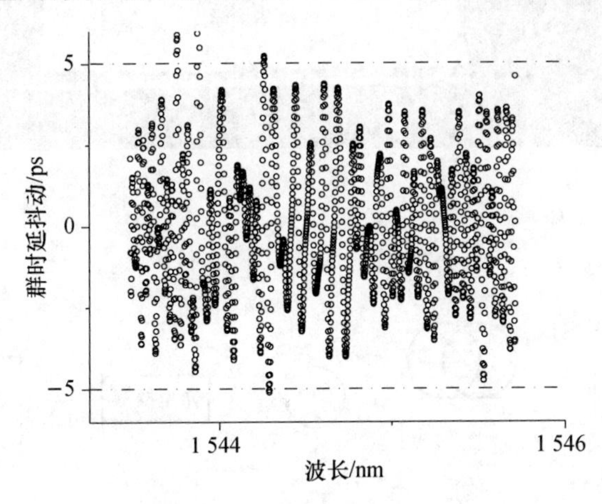

图 6-2-12　TDC 的群时延抖动

早期的工作利用啁啾系数为 0.048 nm/cm 的线性啁啾模板和光敏光纤作 TDC，由于光敏光纤能够得到的最大折射率调制比较小，制作的 TDC 的插入损耗都在 10 dB左右；而且，由于光敏光纤的折射率调制随曝光时间的变化关系比较复杂，对切趾轮廓的补偿也比较复杂，需要反复的调整。后来采用了载氢的普通单模光纤，可以得到的最大折射率调制大概为 5.5×10^{-4}(这是我们通过透射率估计的数值)，其折射率调制随时间大概呈线性关系，大大简化了对切趾的修正，上面的 TDC 的例子就是采用这个方案得到的。最新的方案采用啁啾系数为 0.33 nm/cm 的线性啁啾相位模板和载氢普通单模光纤制作，其原理同上，此处不再赘述。对制作的采样光栅我们在其表面利用化学沉积的方法镀上一层均匀的 Ni，就可以得到一个电可控的 TDC。与其他基于光纤光栅的 TDC 方案相比，我们提出的基于 REC 方法的 NLCF-BG 和均匀镀膜的方案，在光纤光栅制作和后期处理两方面都比较简单。

图 6-2-13 是一个简单封装的电控 TDC。TDC 的实验验证可以利用图 6-2-14 所示的装置结构。TDC 的引入可以大大增加系统的色散容限，如图 6-2-15 所示。图中，方块表示无 TDC；圆点表示有 TDC。在该实验中我们使用的是早期制作的 TDC (0.048 nm/cm的啁啾模板和光敏光纤)，利用拉伸来实现调谐。可见，系统的色散容限从原来的几乎为零提高到 175 ps/nm(TDC 的参数为：3 dB 带宽 2 nm，色散变化从－360 ps/nm 到－125 ps/nm)。

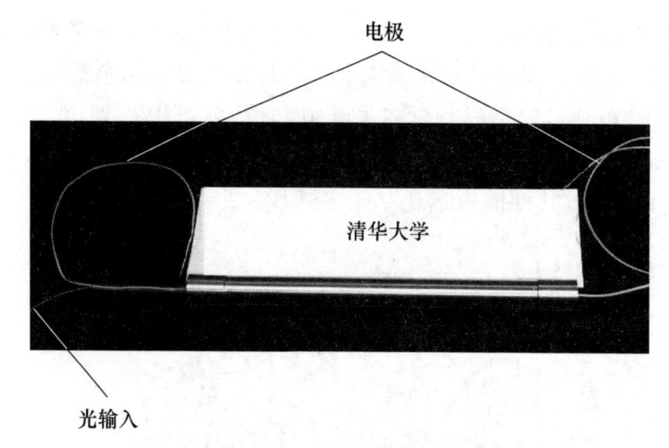

图 6-2-13　封装的电控 TDC

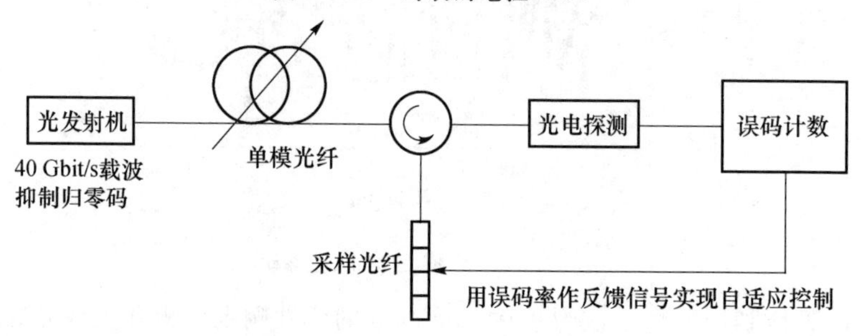

图 6-2-14　TDC 的实验验证装置图

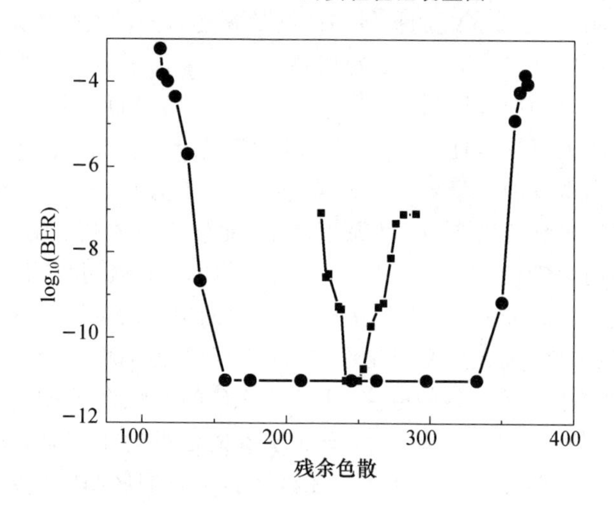

图 6-2-15　40 Gbit/s 系统色散容限

图 6-2-16 是系统插入 TDC 之后的误码曲线。图中，圆点表示背对背的误码曲线；方块表示 10 km 单模光纤＋TDC 时的误码曲线；三角表示 5 km 单模光纤＋TDC 时的误码曲线。TDC 的设计采用的是新方案（0.33 nm/cm 的啁啾模板和载氢普通

单模光纤,参数为:3 dB 带宽为 2 nm,色散变化从 −60 ps/nm 到 −260 ps/nm),电调谐方式如图 6-2-13 所示。由于镀膜的技术不够完善,其略微的非均匀性导致了 TDC 群时延抖动的增加。但是在整个调谐范围内群时延抖动仍在 ±7 ps 范围之内,系统的功率代价为 0.7 dB,优于之前的结果(1 dB)。

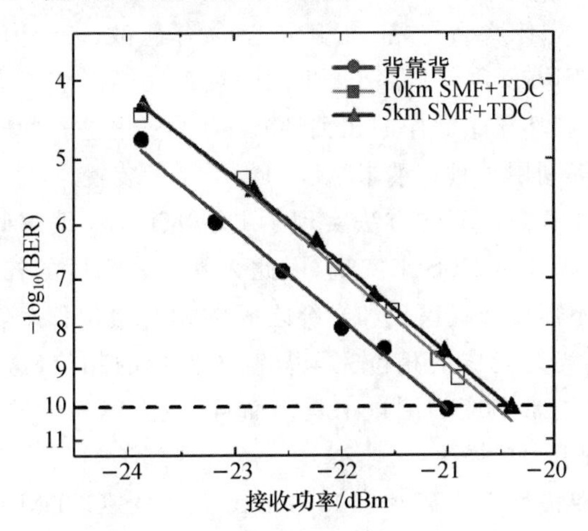

图 6-2-16 插入 TDC 后系统的误码率曲线

总之,利用 REC 技术可以实现即容易制作又容易调谐的用于 40 Gbit/s 系统的 TDC,并得到很好的实验结果。

2. 直接扩频 OCDMA(DS-OCDMA)编解码器

OCDMA 系统是最近发展起来的一种组网方式或者传输系统,应用于宽带接入或者保密通信。之所以引起广泛的关注是因为 OCDMA 系统具有一些独特的优点:全光处理,完全的异步接入,保密性好,等等。编解码器是 OCDMA 系统的核心器件之一。按照编码方式,OCDMA 可以分为时域编码(即 DS-OCDMA)、频域编码和跳频编码三种,前两种是一维编码方式,第三种是二维码。按照光源的不同,还可以分为相干和非相干的 OCDMA 系统。不管哪种方式,编码的码片个数是 OCDMA 系统的关键参数,直接决定了接入用户的个数、抗噪声能力等系统的关键性质。超长的码片个数和高速的编码速率显然是人们的追求。在各种编解码方案中,以基于 FBG 的时域编码方案最具优势:人们已经制作出具有双极性、511 码片、编码速率为 640 Gchip/s(相当于单用户速率为 1.25 Gbit/s)的 DS-OCDMA 编解码器,其码片个数远远超过了其他编解码方案[①]。

现有的基于光纤光栅的 DS-OCDMA 的编解码方案都基于 SSFBG。码片的增

① Xu Wang, Koji Matsushima, Ken-ichi Kitayama. High-performance optical code generation and recognition by use of a 511-chip, 640-Gchip/s phase-shifted superstructured fiber Bragg grating[J]. Opt. Lett., 2005,30(4):355-357.

加使得 SSFBG 的制作变得非常困难。首先，这时的 SSFBG 含有非常之多的相移，其实现需要制作系统具有 nm 量级的控制精度；其次，为了保证具有很好的自相关和互相关特性，编解码器对 SSFBG 每一个码片的相位关系要求非常严格，而且这个要求在整个 FBG 的长度内是一样的，即在第一个码片和最后一个码片之间（在其他 SSFBG 内这个要求没有这么严格，尤其是在含有色散的 SSFBG 中。很显然，在 NLCFBG 中，如果 SSFBG 含有非常小的啁啾，对其性能影响不大；但是在编解码器中，很小的啁啾就会破坏整个码序的相关性）。为了实现这种“长程纳米精度”，很多实验室的制作平台都利用了具有纳米精度的相干测量装置。

本章利用等效相移（EPS）的方法实现了 DS-OCDMA 编解码器。在该方案中，一方面，所有的相移都通过 EPS 来实现，因此无须纳米精度的控制；另一方面，由于制作过程中我们也不需要通过模板和光纤之间的相对微位移来实现任何相移，即模板和光纤是固定的，光纤光栅的相位完全复制了模板的相位，这样长程的精度要求自然就达到了，无须纳米精度的测量工具。而且，该方案易于转化为基于幅度模板的制作工艺，从而易于大规模生产。

下面介绍一个双极性 511 码片、500 Gchip/s 的 DS-OCDMA 编解码器的例子。采样光栅的设计采用公式（4-2-33），码片长度为 0.207 mm，总长度为 10.56 cm。实验时我们对紫外光进行了仔细的聚焦，估计的光斑为半高全宽大约 70 μm 的高斯形状，由此得到的折射率调制大概为 1×10^{-4}。采用原设计得到的实验结果如图 6-2-17 所示（编码方案和 4.2.4 小节中的 OC-A 相同）。由于缺少短脉冲源，我们依然采用 4.2.4 小节的方式通过计算来评估编解码器的性能，不同的是在这里我们利用实际测量得到的反射谱和群时延谱来替代 4.2.4 小节中利用仿真得到的光栅。在实验中我们制作的编解码器的码依然采用 4.2.4 小节中的 OC-A、OC-B 和 OC-C。

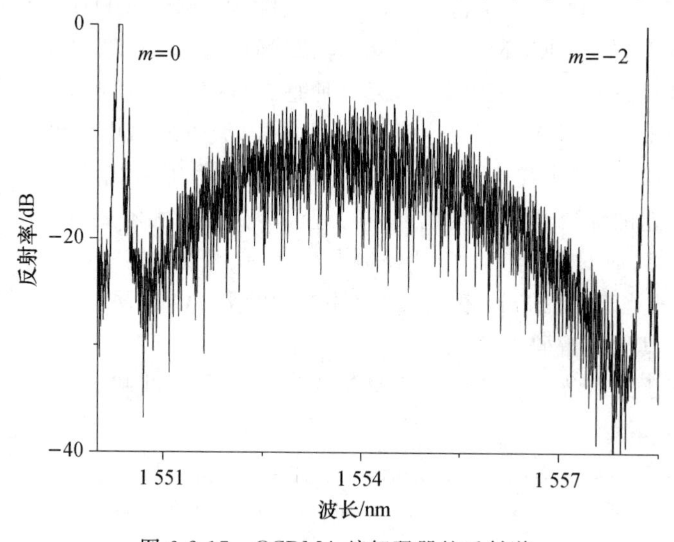

图 6-2-17　OCDMA 编解码器的反射谱

利用图 4-2-15 的结构，我们计算得到基于实验结果的编解码器的性能(设入射脉冲依然是半高全宽为 2 ps 的高斯脉冲；图 6-2-18 对应于图 4-2-16 中的下面两幅图)。

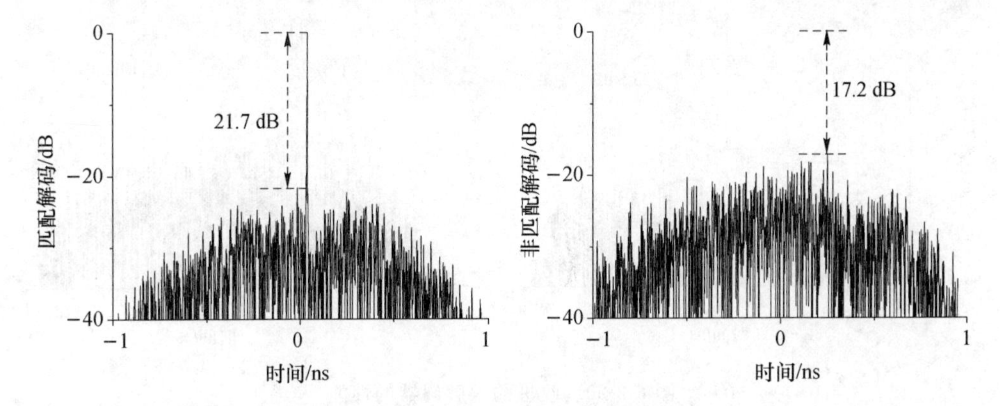

图 6-2-18 实验得到的编解码器的性能

与计算值相比，大概各有 3 dB 的性能下降。为此，我们利用图 6-2-1 的流程对这三个采样光栅进行误差补偿。由于该光栅不用切趾，因此我们只分析其相位误差即可。经过重构和计算(过程和 TDC 的计算一样)，这三个编解码器的相位误差可以用图 6-2-19 表示。可见这三个编解码器的相位误差基本相同，都很小，可能来源于相位模

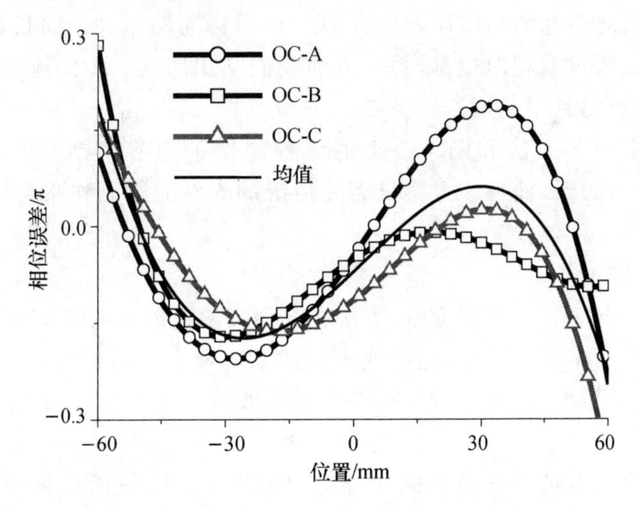

图 6-2-19 三个编解码器的相位误差

板(制作时采用的均匀相位模板是用电子束曝光制作的，因此会有相位误差；使用基于全息方法的相位模板其相位误差会小一些)。我们根据这三个编解码器的相位误差的平均值对各个采样光栅进行补偿、制作，并基于新制作的编解码器的测量谱线和群时延，利用图 4-2-15 对其进行性能评估，得到的编解码效果如图 6-2-20 所示。可见，经过相位误差的补偿，三个编解码器的性能得到了提高，而且接近于理论计算

值(理论值分别为 24 dB 和 20 dB)。

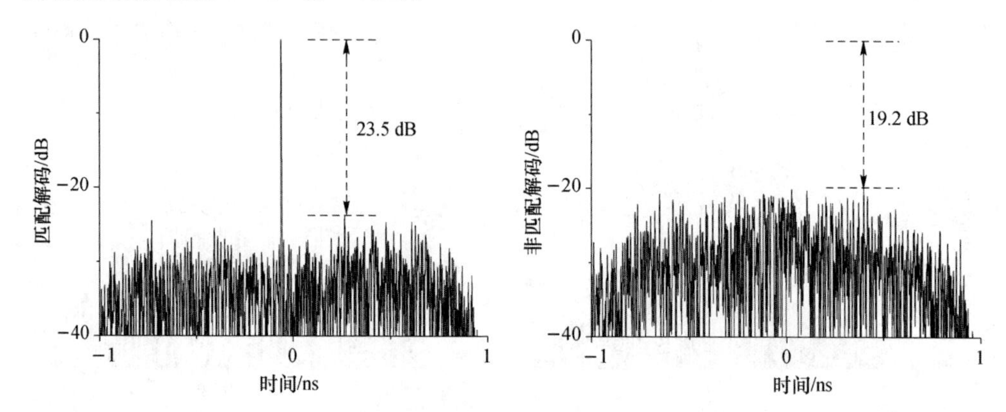

图 6-2-20　改进的编解码器的性能

我们可以对由于平移台的随机扰动给编解码器带来的误差作一个简单的分析。根据采样光栅的设计公式(4-2-33),这种随机扰动 δ_z 带来的相位误差 $\delta\varphi$ 为

$$\delta_{\varphi_k}=2\pi\frac{\delta_{z_k}}{L_{\text{Chip}}} \tag{6-2-1}$$

由于码片长度为 0.2 mm,我们使用的平移台(德国 PI 公司制作)定位精度为 0.1 μm,所以由此引起的相位误差仅有 $10^{-3}\pi$,可以忽略不计。而长程的精度,一方面光纤和模板之间没有相对位移,另一方面我们又用图 6-2-1 的流程补偿了相位模板的相位误差,也得到了保证。

总之,利用 EPS 方法和图 6-2-1 的流程制作了当前世界上码片数目最高的 DS-OCDMA 编解码器,而且该方案只需要传统的光纤光栅制作平台即可完成,并达到理想的效果。

3. 高阶色散

这里我们举两个例子说明 REC 方法在补偿高阶色散方面的能力,采样光栅的设计流程和上面的两个例子一样,这里就不详述了。现有的高阶色散补偿光纤光栅都基于 SSFBG,同 TDC 一样,其制作也需要纳米精度的控制。在这里我们都采用 REC 技术。

下面是一个具有纯三阶色散的光纤光栅的例子。纯三阶色散补偿器可以用来补偿由于传统的滤波器的级联引起的带内色散,其应用背景参见文献[①]。基于 REC 方法和均匀相位模板的采样光栅的结构如图 6-2-21 所示。从该光栅的结构可以看出,种子光栅内部含有众多 π 相移,分别处于切趾轮廓为零的地方。与 OCDMA 的

① Ibsen M, Feced R. Broadband fiber gratings for pure third-order dispersion compensation[D]. OFC2002, PD Paper FA7; Yisi Liu, Liang Dong, Pan J J. Strong phase-controlled fiber Bragg gratings for dispersion compensation[J]. Optics Letters, 2003, 28(10): 786-788.

编解码器的设计一样，这些相移利用 EPS 实现。

制作的采样光栅反射谱如图 6-2-22 所示。该光栅的－1 级峰的 3 dB 带宽约为 0.8 nm(100 GHz)，从透射谱估计的插入损耗是 3.5 dB，在该带宽内的反射谱抖动为 ±0.5 dB；3 dB 带宽内的群时延利用二次多项式的拟和结果为

$$\tau \approx 3\,675 + 10\Delta\lambda - 1\,257\Delta\lambda^2 \tag{6-2-2}$$

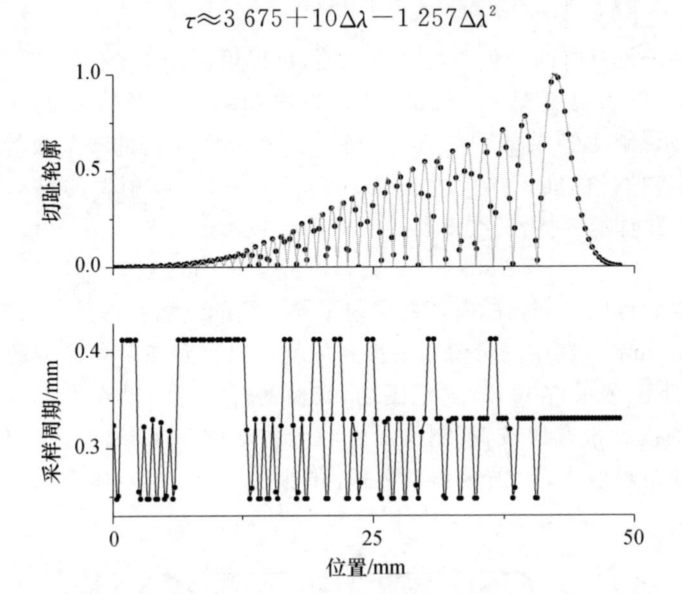

图 6-2-21 具有纯三阶色散的采样光栅的设计结构

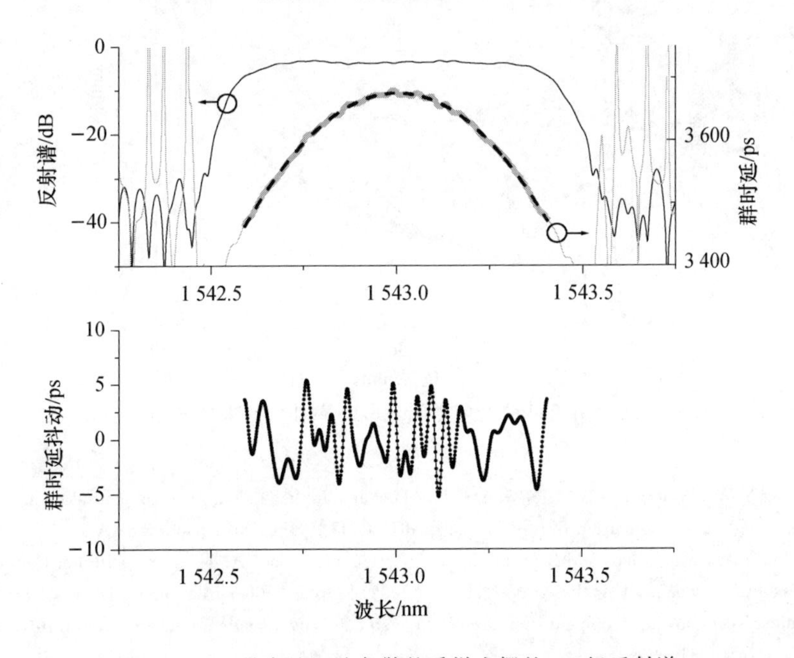

图 6-2-22 具有纯三阶色散的采样光栅的－1 级反射谱

其中，$\Delta\lambda=\lambda-1\,543$ 是偏离中心波长的大小，单位为 nm；τ 是群时延，单位为 ps。从该拟和值我们可以得到，在 3 dB 带宽内光栅的色散约从 1 000 ps/nm 线性变化到 −1 000 ps/nm，三阶色散值为 −2 514 ps/nm^2。利用测量值减去拟和值就可以得到该采样光栅的群时延抖动，由图 6-2-22 下图表示，在 3 dB 的范围内，光栅的群时延抖动在 ±5 ps 之内。

第 2 个例子是具有四阶色散的采样光栅，可以用作可调谐信道间色散斜率补偿，其应用背景可以参见文献[①]。基于 REC 方法和均匀相位模板的光栅的结构如图 6-2-23 所示。制作结果如图 6-2-24 所示。该采样光栅的 −1 级峰的带宽约为 3 nm，从透射谱估计的插入损耗为 5 dB，在 3 dB 带宽内反射率的抖动为 ±0.7 dB；3 dB带宽内的群时延，利用三次多项式的拟和结果，为

$$\tau\approx 2\,863-199\Delta\lambda-0.5\Delta\lambda^2+16.3\Delta\lambda^3 \tag{6-2-3}$$

从该拟和值我们可以得到，在 3 dB 带宽内采样光栅的色散斜率从 −150 ps/nm^2 线性变化到 150 ps/nm^2。利用测量值减去拟和值就可以得到该采样光栅的群时延抖动，由图 6-2-24 下图表示，在 3 dB 的范围内，光栅的群时延抖动在 ±10 ps 之内。由于该采样光栅的设计带宽比较宽，制作的群时延抖动比 TDC 和上面具有纯三阶色散的采样光栅的结果要大，但仍然小于文献[②]的报道(±20 ps)，体现出 REC 方法的优越性。

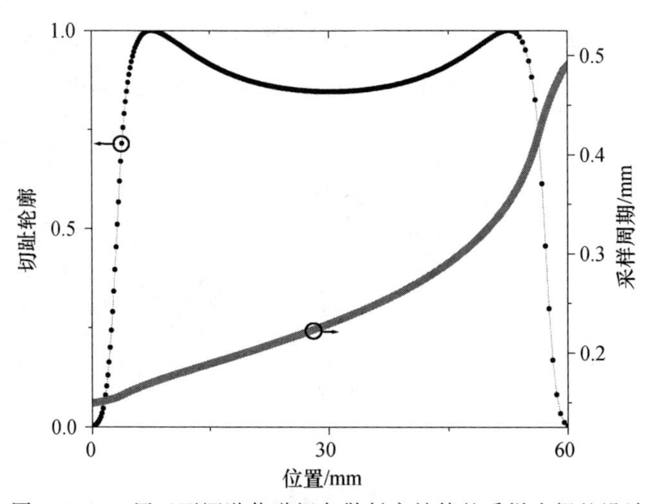

图 6-2-23　用于可调谐信道间色散斜率补偿的采样光栅的设计

---

① Song Y W , Motaghian S M R, Starodubov D. Tunable dispersion slope compensation for WDM systems using a single non-channelized third-order-chirped FBG[D]. OFC2002, paper ThAA4.

② Song Y W, Motoghian S M R, Starodubov D, et al. [Opt Soc. America Optical Fiber Communications Conference(OFC)-Anaheim, CA, USA(17-22 March 2002)] Optical Fiber Communication Conference and Exhibit-Tunable dispersion slope compensation for WDM systems using a single non-channelized third-order-chirped FBG[J]. 2002:580-581.

4. 双波长 *DFB* 激光器

多波长激光器在WDM通信系统、微波产生、高精度光谱学以及光纤传感中都有比较重要的应用。光纤激光器由于和光纤系统集成、线宽窄等特点日益受到人们的重视。然而，基于掺铒光纤(EDF)的多波长光纤激光器受限于室温下的均匀展宽效应，尤其是激射波长间隔比较接近的时候。为了抑制均匀展宽的作用，人们提出了各种光纤激光器的方案。这些方案大概分为三类：第一类是基于非线性作用或者外界附加的调制等，这些措施使得腔内模式耦合起来，激射的波长对其他波长产生一定的泵浦效果，从而得到多波长起振；第二类是基于非均匀损耗或者空间烧空效应，这些效应在一定程度上破坏了铒纤内的均匀展开效应，一个波长的激射不会钳制住整个增益谱；第三类是在空间上或者时间上把增益介质对不同波长的光的放大分开，从削弱模式竞争的思路出发来得到多波长起振。

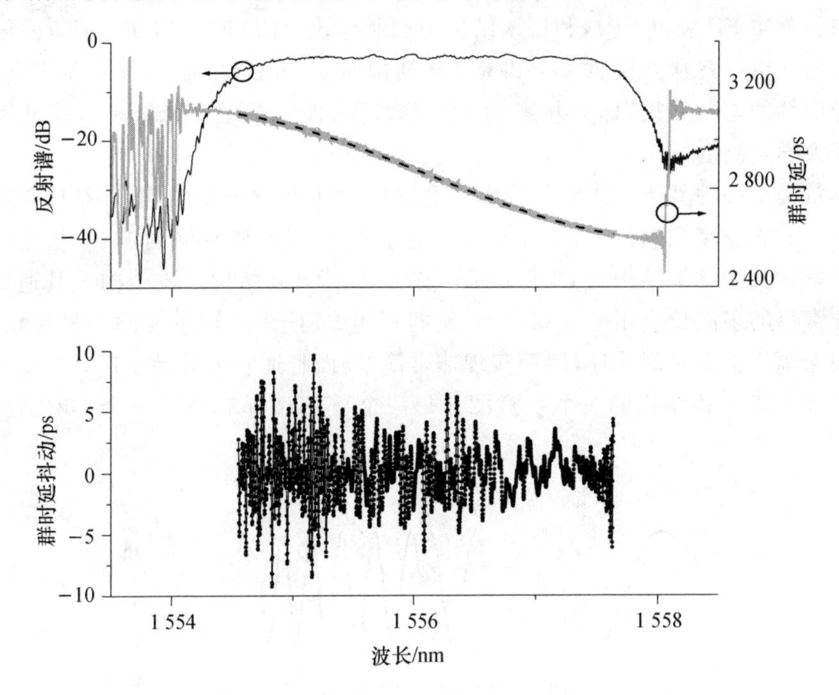

图 6-2-24　用于可调谐信道间色散斜率补偿的采样光栅的－1反射谱

这些方案基本上都是基于线性腔或者环腔的，这种光纤激光器的腔长一般都很长，难以形成单纵模起振，这样就限制了光纤激光器在一些高精度方面的应用；而且，长腔结构对偏振的控制也比较复杂。如果考虑单纵模，显然DFB结构比任何方案都具有优势：DFB腔短，而且DFB的结构对模式的选择作用也非常强，单纵模很容易就可以得到。但是，DFB的缺点也是由于其腔短造成的：内部的模式竞争要比长腔的结构严重得多，多波长激射也相应地困难起来。

基于DFB结构的多波长激光器，现有的报道有两个。一个是英国南安普敦大学在 2000 年关于双波长 DFB[①] 的报道。他们的方案基于空间烧空效应，光纤光栅的设计基于两个具有不同布拉格波长、中部都含有 π 相移的叠印。但是为了充分利用空间烧空对均匀展宽的抑制，必须保证两个子光栅的相位关系，直接的叠印方法是无法实现的；因此，他们在制作中直接在光纤内写入的是叠印后光栅总的折射率调制，即一次扫描曝光。这样制作的光纤光栅既有复杂的切趾，又有众多相移，制作起来比较困难；另外，由于短腔内模式竞争比较激烈，相关文献证明了空间烧空对多波长的支持作用随腔的缩短很快降低，因此必须保证这两个模式对应的腔的 Q 值基本相当，才能得到多波长的激射，这也增加了制作的困难。该方案也不适合模式间隔比较小的双波长激光器，因为模式间隔降低时叠印子光栅的串扰会增加，影响彼此的腔。另一个是关于多波长方案的报道，是加拿大 Laval 大学 2004 年提出的[②]，他们的方案基于模式之间的空间分离，光纤光栅的设计是叠印的大啁啾光栅（他们称这种结构为分布 FP 腔，DFP），利用该结构他们制作出 16 信道、50 GHz 信道间隔的短腔激光器。该方案从严格意义上讲是 FP 结构而非 DFB 结构，而且需要很高增益、很高光敏性的增益介质，即对材料的要求非常高（他们的增益光纤是直接从英国南安普敦大学定制的）。

本章提出一种基于模式空间分离的多波长 DFB 激光器的结构，该结构是对啁啾光栅引入 π 相移来实现的，每个 π 相移对应了一个 DFB 腔和激射波长，从而抑制了模式竞争。我们称该结构为 CDFB，即含有啁啾的 DFB 结构。该结构尤其适合纵模间隔非常窄的多波长应用。在制作上，我们利用 REC 来实现需要的啁啾和相移，并且利用振幅模板来实现采样，因而实现非常简单，而且适合大规模生产。

图 6-2-25 是该结构的一个示意图。每一个 π 相移都对应了一个 DFB 腔，这个

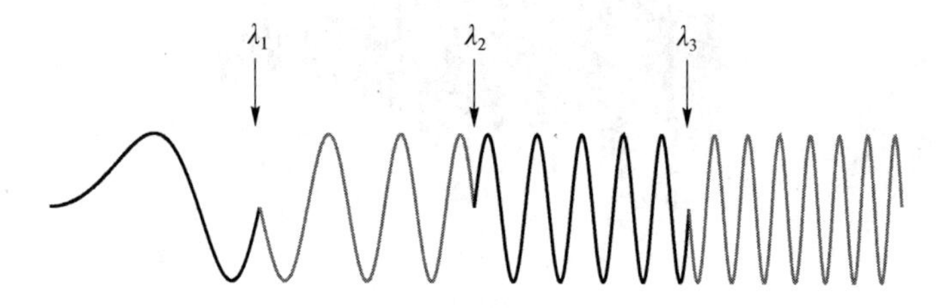

图 6-2-25　CDFB 结构示意图

DFB 腔的激射波长是本地的布拉格波长，因此实现了模式空间分离的多波长激射。以两个波长为例，波长间隔 $\Delta\lambda$ 和啁啾系数 C 的关系为

① Ibsen M, Ronnekleiv E, Cowle G J. Multiple wavelength all-fiber DFB lasers[J]. Electronics Letters, 2000, 36(2): 143-144.

② Slavík R, Castonguay I, LaRochelle S. Short Multiwavelength Fiber Laser Made of a Large-Band Distributed Fabry-Pérot Structure[J]. Photonics Technology Letters, 2004, 16(4): 1017-1019.

$$C=\frac{\Delta\lambda}{2n_{\text{eff}}L} \tag{6-2-4}$$

其中,L 是两个 π 相移的空间距离。如果利用 REC 来实现所需的相位调制,就可以灵活方便地控制模式间隔了。

下面是一个 CDFB 的例子,我们设纵模间隔为 24 pm(3 GHz),L=16.67 mm,整个光栅长度为 50 mm,即两个 π 相移等分了该光栅,由公式(6-2-4)即可得需要的啁啾系数为 0.495 pm/mm。我们根据 REC 方法设计了对应的采样光栅,图 6-2-26 是为实现该光栅结构设计的幅度模板。制作时的相位模板是均匀相位模板。注意,这时采用的是方波采样 REC 模型,即公式(4-2-13),设计时的占空比为 0.5。图 6-2-26 非常形象地表示出了 EPS 的引入。

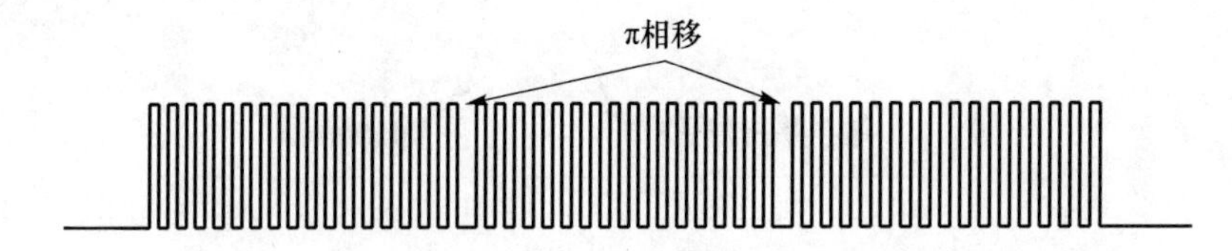

图 6-2-26 为实现 CDFB 制作的幅度模板

图 6-2-27 是对上述采样光栅的一个仿真结果。该设计使得光栅的±1 级反射峰

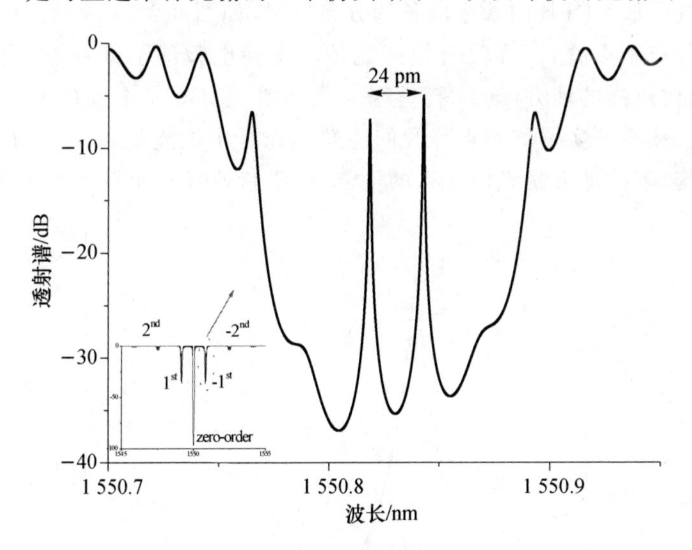

图 6-2-27 为实现 CDFB 的采样光栅的−1 级透射谱

内都会产生透射峰,即谐振腔,但是+1 级反射峰一般受包层模式损耗比较大,不会激射;0 级峰虽然反射率比较高,但是由于没有透射峰,不会起振;其他具有透射峰的奇数次模式由于损耗很大也不会起振,只有−1 级模式会激射。图 6-2-28 是实际制作的采样光栅的激射谱线。实验时我们采用的是 KrF 准分子紫外激光器,光纤采用的是载氢的高掺杂 EDF,该 Er 纤在 980 nm 处的吸收系数为 15 dB/m,在 1 550 nm

的增益系数为 20 dB/m。使用的泵浦为输出功率约 120 mw 的 980 nm 的泵浦，得到两个激射波长的总输出功率为 31 μW，波长间隔 25 pm(3.125 GHz)，边模抑制比为 51 dB。输出的谱线非常稳定，从结果来看 CDFB 很好地抑制了模式竞争。

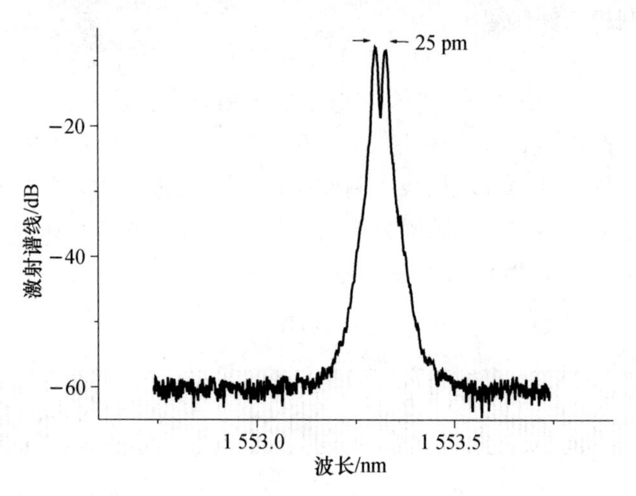

图 6-2-28 制作的 CDFB 的激射谱线

我们仿真了该 CDFB 内两个波长的分布情况，如图 6-2-29 所示。可见光腔中的两束激光的分布不重叠，因而没有模式竞争。实验也验证了这一点，我们在实验中发现，在光强比较强的地方 Er 纤会呈现绿光。图 6-2-30 是上面的 CDFB 在激射时的外观照片。从而证实了这一点。我们还发现光纤中荧光亮暗交替的分布，正对应了采样的结构，暗的地方是光栅写入的地方，说明紫外曝光使得该处的损耗增大。

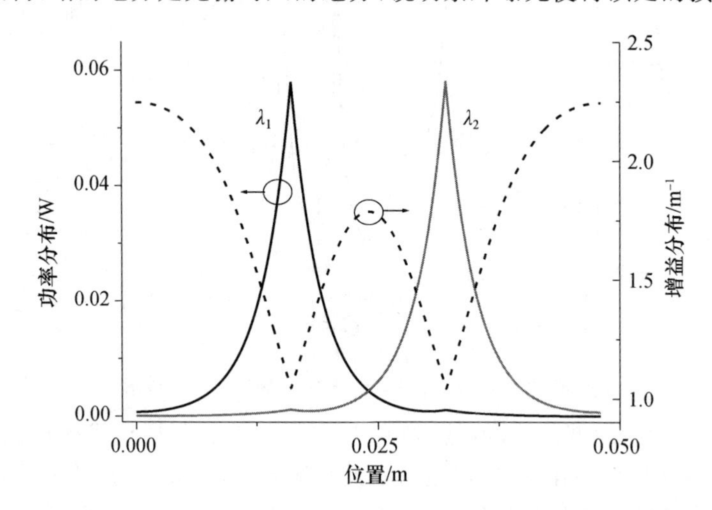

图 6-2-29 仿真得到 CDFB 内的两个激射光强的分布和 Er 纤增益分布

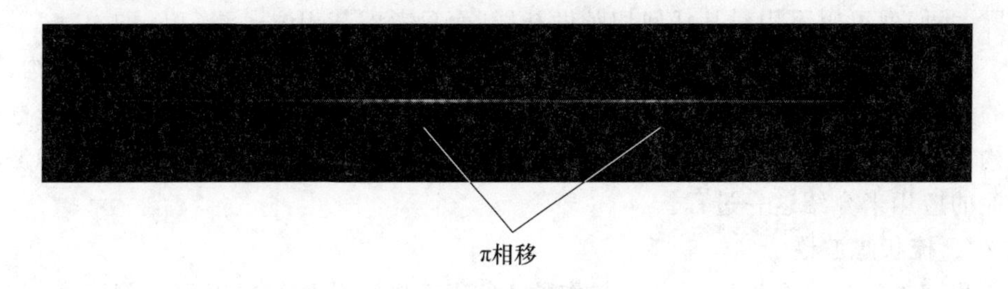

图 6-2-30 CDFB 激射时的外观照片

最后我们研究了这两束光之间的相关性，测量了它们的拍频。利用频谱仪测量的拍频信号（频率范围为 10 MHz），约为 3.1 GHz，但是该拍频信号会在 10 MHz 的范围内漂动，很不稳定。这种漂移也让我们无法测量其细节，比如拍频信号的带宽等。深入的研究发现，利用高掺杂铒纤制作的 DFB 激光器具有较高的弛豫振荡。直接用 PIN 接收的激光器的输出光在 0 频附近的频谱，显示的频率范围为 1 MHz；在 100～200 kHz 之间的噪声就是由弛豫振荡引起的。弛豫振荡造成 CDFB 内激光腔的抖动，使用低掺杂的铒纤或者铒镱共掺的光纤作增益介质会得到更好的结果。近期对双波长 DFB 的一些实验也证实了这一点。

总之，这里提出一种产生双波长（或多波长）稳定激射的 DFB 结构的激光器，该结构特别适合于纵模间隔小的情况。我们利用 REC 方法和幅度模板制作了波长间隔为 3.1 GHz 的双波长 DFB 激光器，并得到了稳定的双波长激射。该波长间隔是目前报道的所有短腔结构中间隔最小的。窄波长间隔的双波长 DFB 激光器有望在传感中得到应用。同时，本例也表现了结合幅度模板时 REC 方法在制作上的优势。而且，该例子也给我们一个启示：光纤 DFB 激光器腔很短，因此其结构一直都比较简单，我们可以对其腔做一些“复杂化”以实现更多的性能，并利用 REC 方法方便地实现。

上面我们通过 4 个实例，详细地阐述了利用 REC 方法实现各种光纤光栅器件的过程；和其他方法相比（尤其是 SSFBG），REC 方法既可以方便地实现各种复杂的光栅，又可以得到更高的性能。本小节中提出的 REC 制作流程图 6-2-1 连同第 4 章的理论部分，组成了一个完整的利用 REC 来设计、制作各种光纤光栅器件的体系。

6.2.2 采样大啁啾光纤光栅

有关多信道光纤光栅技术的发展和现状，我们在第 5 章已经做了详细的讨论，在这里我们直接讨论我们的方案。LCSBG 的结构看起来要比基于 REC 方法的采样光栅复杂，但是其最终的修正模型(6-1-2)却比较简单，在那里我们仅仅考虑了外界对 LCSBG 的相位扰动，而忽略了幅度上的扰动。原因在于 LCSBG 无须对采样光栅的整体轮廓切趾，如果平台的稳定性好，尤其是紫外激光器的稳定性好，各个曝光之间的差异我们就可以忽略。所以，只要紫外曝光能够达到我们所需的单个采样的切趾轮廓，我们就可以不用对其任何切趾做补偿，而只考虑其相位误差。

和 REC 一样，我们依然利用对单个反射峰的重构来得到子光纤光栅的结构；不同的是，在 LCSBG 中我们需要对所有子光栅的结构进行分析，得到整个采样光栅的结构误差 ε，进而通过公式(6-1-2)进行修正。下面我们就通过 LCSBG 在梳状滤波器方面的应用来介绍这一过程。

1. 梳状滤波器

我们首先对一个根据原设计制作的 LCSBG 进行分析。在下面的例子中，啁啾系数 $C=2.66$ nm/cm，设计参数 $M=1$，$T=1$，得到的 LCSBG 的反射谱如图 6-2-31 所示。可见，该反射谱具有很大的整体起伏。为了分析其来源，我们针对其中任一反射峰进行重构。重构的方法可以通过公式(6-1-2)(这时 $\eta=0$)以及 G 和单个采样的关系得到，这个过程可以用图 6-2-32 表示。也就是说，LCSBG 的重构比 REC 的重构过程多了一道傅里叶变换再变型的工序。利用该重构过程，我们首先可以得到单个采样的切趾轮廓，如图 6-2-33 所示。其中，点线是重构结果，实线是半高全宽为 0.1 mm 的高斯函数。可见，紫外激光器的在光纤一点处的曝光可以比较好地实现具有高斯切趾的单个采样，而且通过对 LCSBF 不同反射峰的这种重构得到的不同位置处的单个采样形状基本一样，证明了我们在本节开始的分析，可以近似忽略 LCSBG 中单个采样的切趾的误差。

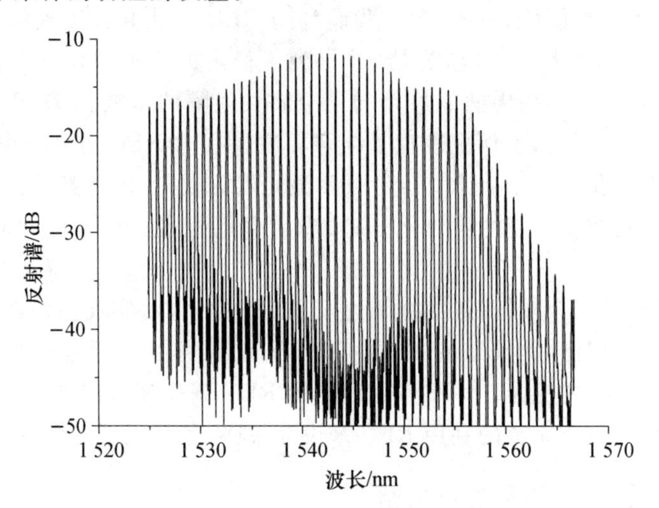

图 6-2-31 补偿前 LCSBG 的反射谱

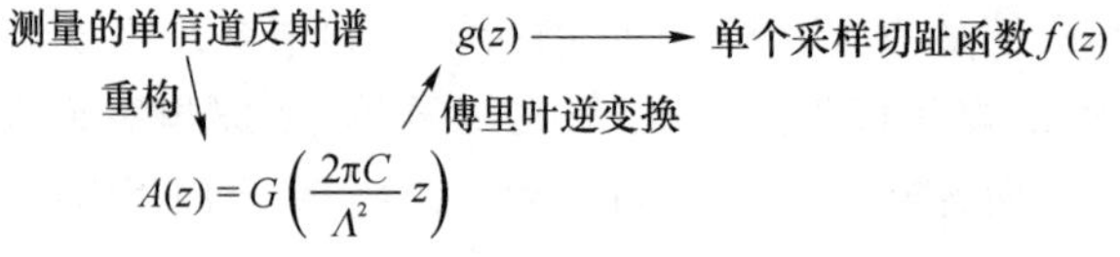

测量的单信道反射谱 → 重构 → $A(z)=G\left(\dfrac{2\pi C}{\Lambda^2}z\right)$ → 傅里叶逆变换 → $g(z)$ → 单个采样切趾函数 $f(z)$

图 6-2-32 LCSBG 中针对单个反射峰的重构过程

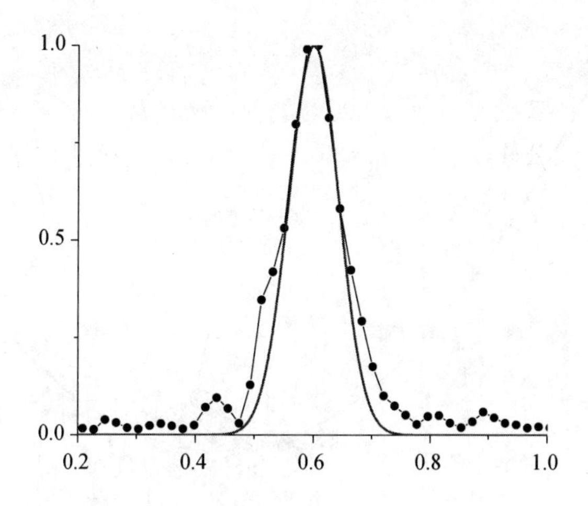

图 6-2-33 LCSBG 中单个采样的切趾轮廓

于是我们的重点放在了外界对 LCSBG 的非线性啁啾 ε 上。通过图 6-2-32 同样可以得到每个子光栅的相位调制(只通过第一次重构,这里不考虑单个采样内部的相位调制,因此后面的傅里叶变换在这里不用进行),该相位调制即为公式(6-1-2)中不同位置处的 ε。需要注意的是,相位是一个多值函数(相差 2π),数学上的处理比较复杂。我们只考虑其导数(数值计算的时候就是其差分),因为差分表示随距离变化比较小,我们可以将相位化到 0～2π 之内,方便处理;而且我们在 5.2.4 小节也讨论了,ε 的线性项对 LCSBG 没有实质影响。这样,我们可以对各个反射峰重构,得到各个子光栅内 ε 的导数。各种点线对应了各个子光栅的相位导数分布(我们取的是切趾轮廓 3 dB 内的值);实线是对所有非零点的拟和。物理上,相位对 z 的导数是子光栅的周期,从图 6-2-34 可见,各个子光栅内周期不同,即各个子光栅含啁啾;而且子光栅之间的啁啾不同,这是相位模板导致的。计算的时候我们只取了子光栅切趾轮廓 3 dB 以内的相位值,我们认为之外的值误差比较大。从图 6-2-34 可见,这些相位导数形成一条曲线,我们利用二次函数去逼近它,在图 6-2-34 中用实线来表示,这条实线就是 ε 的导数的分布。

我们对各个子光栅内的相位导数做线性拟和,每个子光栅的线性拟和值可以用图 6-2-35 表示。显然这是 ε 的二阶导数的分布,其线性性非常好,因此我们可以假设 ε 为随 z 的三次函数:

$$\varepsilon(z)=uz^3+\alpha z^2 \tag{6-2-5}$$

通过信道中心波长和位置的对应关系,我们在图 6-2-35 中确定 LCSBG 的中心位置,通过对该离散点的线性拟和,我们可以得到公式(6-2-5)中的参数,即 $u=0.001\,4\ \text{mm}^{-3}$,$\alpha=0.031\,4\ \text{mm}^{-2}$。通过上述的过程,我们就得到了外界对 LCSBG 的扰动误差。我们对不同实验的结果进行上述的重构分析,会得到近似的结果,说明这个误差是由相位模板的非线性啁啾引起的。每一点表示中心位置位于该点处的子光栅内 ε 的二阶导数。对该

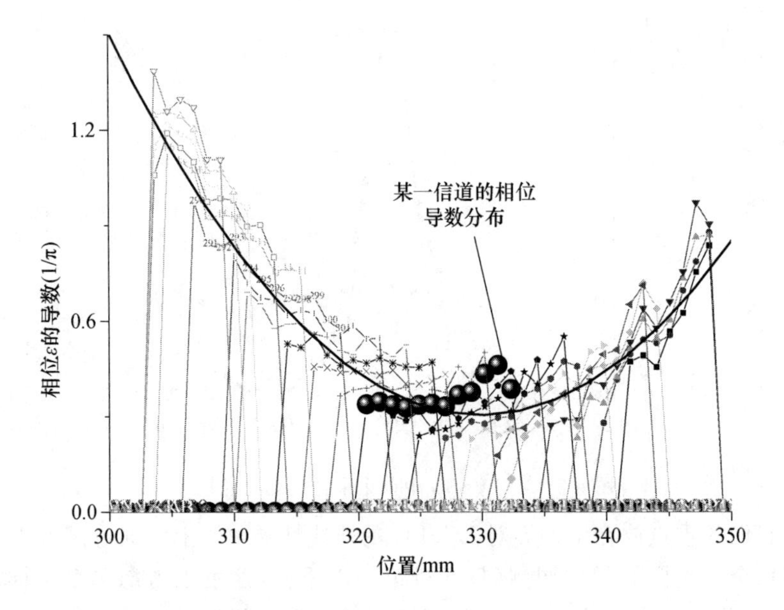

图 6-2-34　LCSBG 的相位导数分布

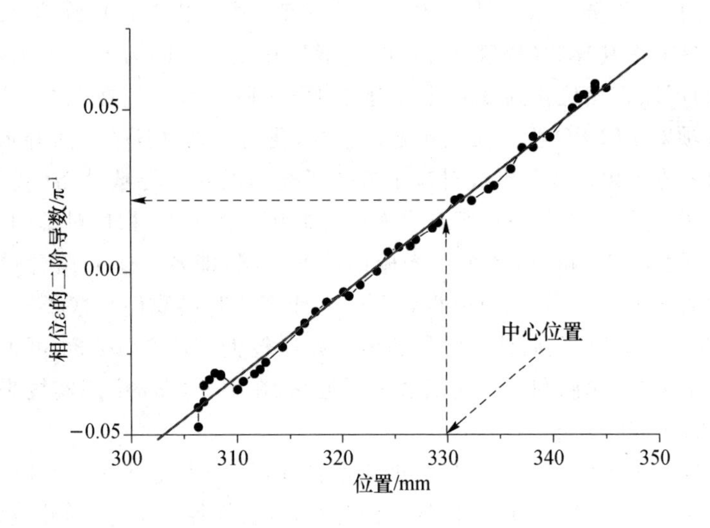

图 6-2-35　LCSBG 的相位二阶导数分布

误差的补偿,我们通过控制 η 来实现。根据 5.2.4 小节的讨论,η 的形式可以为随 z 的二次函数:

$$\eta(z)=vz^2+\beta z \tag{6-2-6}$$

我们令修正模型(6-1-2)中补偿量等于扰动量,于是有

$$\varepsilon(z+z_0)-\frac{2\pi C}{\Lambda^2}z\eta(z+z_0)=0 \tag{6-2-7}$$

将公式(6-2-5)带入公式(6-2-7),忽略掉线性相位项,有

$$\left(u-\frac{2\pi C}{\Lambda^2}\right)z^3+z_0\left(3u-\frac{4\pi C}{\Lambda^2}v\right)z^2+\left(\alpha-\frac{2\pi C}{\Lambda^2}\beta\right)z^2=0 \quad (6\text{-}2\text{-}8)$$

公式(6-2-8)左边即为补偿之后的残余相位调制。一般而言,外界的影响和调整都很小,三次项非常小,我们可以忽略;左边第二项是随 z_0 变化(即随信道中心波长变化)的啁啾调制,我们在 5.2.4 小节讨论过,它会引起 LCSBG 的高阶色散;左边第三项是每个信道都具有的啁啾,会引起信道内的色散。我们令后两项为零,则有

$$\left.\begin{aligned}v&=\frac{3\Lambda^2}{4\pi C}u\\ \beta&=\frac{\Lambda^2}{2\pi C}\alpha\end{aligned}\right\} \quad (6\text{-}2\text{-}9)$$

这样,我们就得到调整量 η 的具体形式了,从而得到修正模型(5-2-37)中各个曝光点的位置:

$$z_k=kP+\eta(kP)=kP\left(1+\frac{\Lambda^2}{2\pi C}\alpha\right)+k^2P^2\,\frac{3\Lambda^2}{4\pi C}u \quad (6\text{-}2\text{-}10)$$

我们利用该修正,再一次进行实验,可以得到如图 6-2-36 所示的实验结果。可见,反射谱的抖动得到了极大的改善,在 30 nm 的范围内幅度的抖动在 0.5 dB 之内。

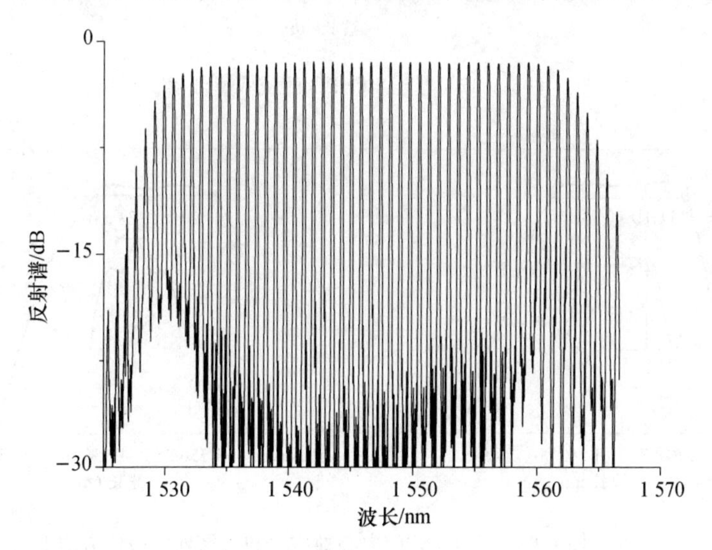

图 6-2-36 修正后 LCSBG 的反射谱

由于相位误差 ε 的来源比较固定,只要不更换模板,对于各种设计,公式(6-2-10)的修正及其其中的修正参数基本上不用改动,这是和 REC 方法修正过程不同的地方(从这里也可以看出,REC 方法解决了相位调制问题后,切趾及其切趾补偿就成了制作中的关键问题;LCSBG 没有切趾的问题,事情就简单)。图 6-2-37 是一个频域占空比比较大的 LCSBG 的例子。相位模板同上;设计时,$M=1$,$T=2$,光纤光栅的长

度为 4.3 cm。得到的梳状滤波器信道间隔为 100 GHz，信道数目为 35，反射谱平均信道 1 dB 带宽为 41 GHz，插入损耗约为 3 dB，反射谱抖动在 1 dB 以内，信道隔离度在 23 dB 到 32 dB 之间。各个信道在 1 dB 的带宽内的群时延抖动都小于 12 ps。图 6-2-38 是其中的中心信道和边缘信道的反射谱。

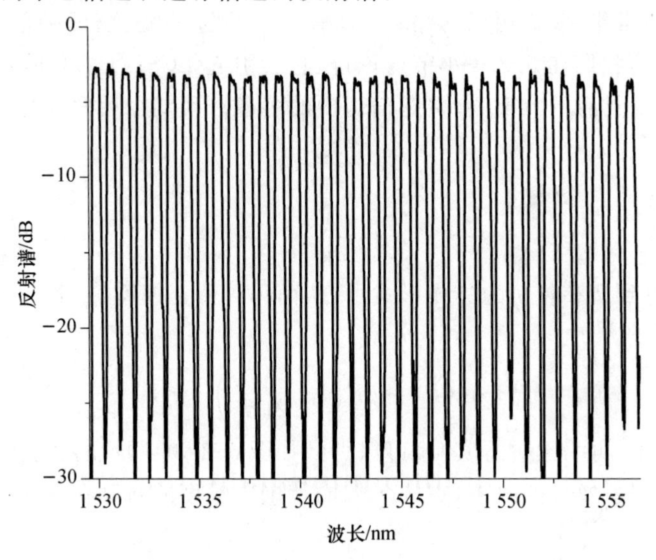

图 6-2-37 基于 LCSBG 的梳状滤波器

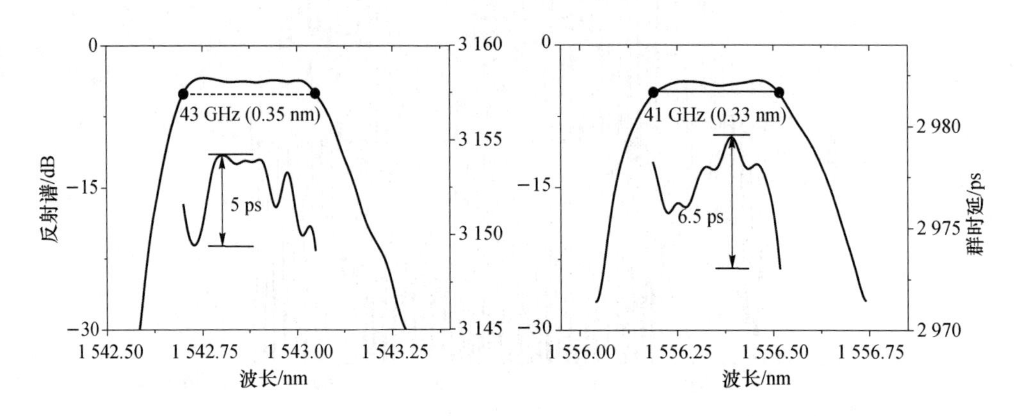

图 6-2-38 图 6-2-37 中 LCSBG 中心处(左)和边缘处(右)信道的细节

上面的例子中在 LCSBG 内引入了相移，相移的引入使用的是 PZT，由于其精度比较低(误差大概 5～10 nm)，得到的 LCSBG 效果不是非常理想，包括后面的多信道色散补偿器，其性能最终都受限于 PZT 的精度。

2. 多信道色散补偿器

有了上面的基础，多信道色散补偿器制作起来就简单了。多信道色散补偿的 LCSBG 和梳状滤波器的 LCSBG，结构上的差别主要在单个采样的形状上，它采用公式(5-2-34)所示的切趾轮廓。我们同样可以利用图 6-2-32 的过程来评估并依此调整单采样切趾。但是为了简单，我们实际制作的时候还是利用"预备性实验"，即在均匀模板上，利用该切趾组成采样光栅，通过调整该光栅的反射谱轮廓来调整公式(5-2-34)中的参数 α 和 d。通过实验，我们发现，如果紫外激光聚焦为半高全宽约为 0.1 mm 的光斑，选择 α 和 d 分别为 0.3 mm 和 0.085 mm，可以得到比较平坦的反射谱轮廓，如图 6-2-39 所示。其中，上图为类 sinc 切趾轮廓；下图为该切趾轮廓应用到均匀采样光栅后的反射谱。

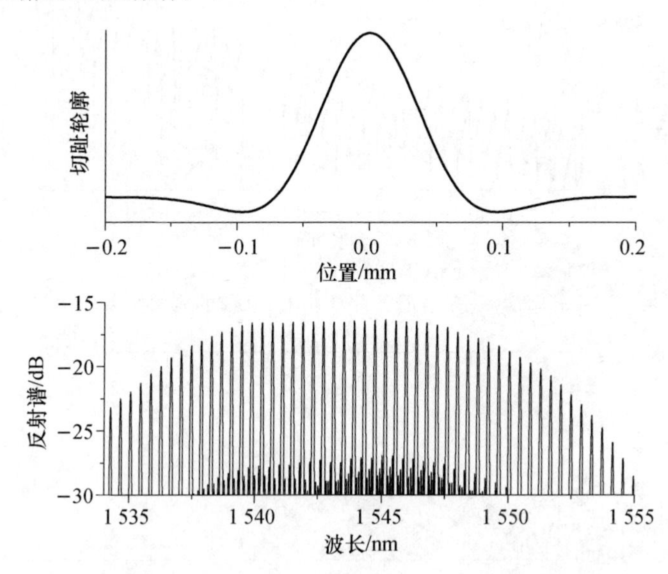

图 6-2-39 类 sinc 切趾函数及其反射谱

根据傅里叶变换，图 6-2-39 的反射谱轮廓即为单个采样的反射谱，由其平坦性我们可以推断上述单个采样切趾的制作方法满足多信道色散补偿 LCSBG 的要求。

解决了单个采样的问题后，我们就可以将其制作到 LCSBG 上，由于其制作流程和上述的梳状滤波器一样，主要需要补偿相位误差 ε，我们就不重复了。最终的实验结果如图 6-2-40 所示。设计时采用的啁啾系数为 1.29 nm/cm，$M=1$，$T=3$，光栅长度约为 11 cm，采用的 C_0 为 −0.058 nm/cm。考虑到 PZT 的误差，我们利用对采样周期 P 的微扰来实现 C_0，即：利用公式(5-2-18)求 φ，然后维持 φ 不变，利用公式(5-2-32)求解 P，最后求得 P 为 0.337 mm(该数值相当于对通过公式(5-2-18)求得的 P 乘以 0.977 5)。制作得到的多信道色散补偿具有 32 nm 带宽、40 信道数目。在整个反射谱内，平均反射率为 −3.3 dB，平均的 3 dB 带宽为 53 GHz，反射谱抖动约为 1 dB。单信道色散约 560 ps/nm，群时延抖动在 ±10 ps 左右，可以用图 6-2-41 表示。

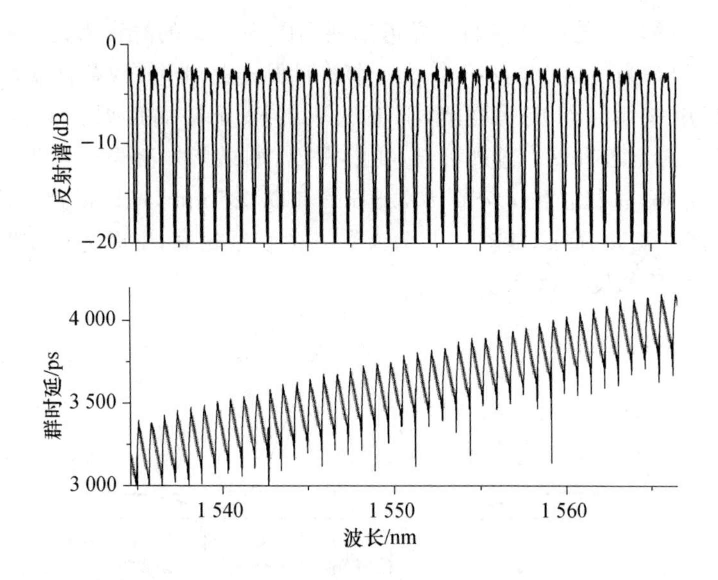

图 6-2-40　多信道色散补偿 LCSBG 的实验结果

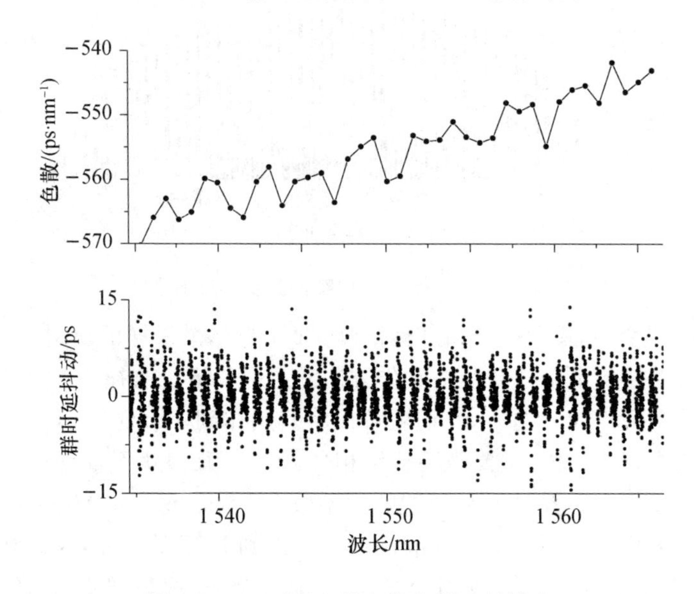

图 6-2-41　LCSBG 的色散和群时延抖动

信道间色散不同，存在着较小的色散斜率，这是残留的相位误差导致的。群时延误差也比较大，受限于我们使用的 PZT。图 6-2-42 是该多信道色散补偿器的中心信道和边缘信道的反射谱。

该方法是继相位采样后第 2 个能够实现带宽超过 30 nm 的多信道色散补偿器件。

LCSBG 结构比较固定，因此制作和修正过程基本上一样；而且对于同一相位模板，尽管设计的结构不同，但是修正参数的起伏都很小。本节介绍的分析修正过程和第 5 章 LCSBG 理论的讨论构成了另一个完整的设计和制作多信道 FBG 器件的体系。在现有条件下，制作宽带宽多信道 FBG 器件不可避免地要使用相移；但是，通过上面的实例可见，LCSBG 方案和其他方案（相位采样方案）相比，同样能够实现非常宽的总带宽，而且实现方法相对简单得多，灵活得多。

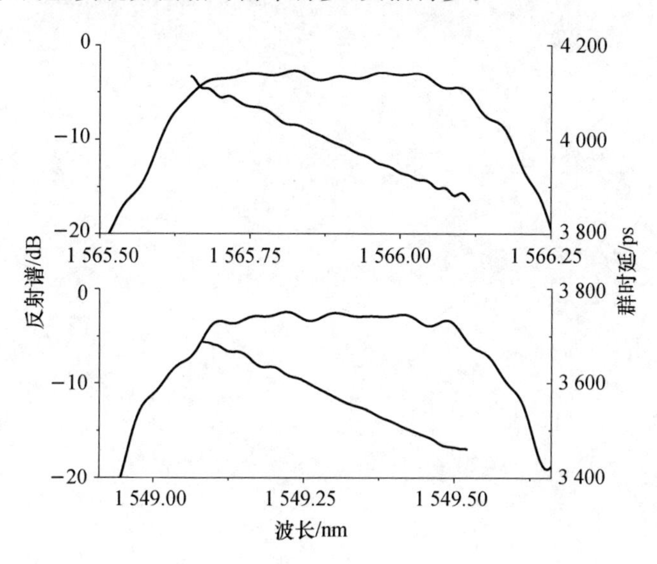

图 6-2-42　LCSBG 边缘信道（上）和中心信道（下）的反射谱

从上面对基于 REC 方法的采样光栅的制作和 LCSBG 的制作的讨论来看，虽然表面上这两种采样光栅的结构、原理、功能、应用以及制作都不相同，但是却采用相同的工艺思路来改善其性能。即：针对单个反射峰的分析，得到子光栅的结构，进而得到整个采样光栅的结构参数和改进意见。这也是本章将这两种看起来不同的采样光栅的实验部分放在一起的原因。实际上，这是“叠印模型”的思想在采样光栅制作分析中的体现。